高等学校计算机应用规划教材

网页设计与网站建设实例教程

(微课版)

方其桂 著

清华大学出版社

北 京

内 容 简 介

本书通过精选案例引导读者深入学习，以简明生动的语言，采用实例式教学方式，由浅入深地介绍了网页制作的过程，并详细介绍了实践中的经验和技巧，同时系统地介绍了网站建设的相关知识和应用方法。本书从实用的角度出发，全书图文并茂，理论与实践相结合，每个实例都给出了详细的步骤，便于读者学习。

本书可作为高等院校计算机、多媒体、电子商务等专业的教材，也可作为信息技术培训机构的培训用书，还可作为网页设计与制作人员、网站建设与开发人员、多媒体设计与开发人员的参考书。

图书在版编目(CIP)数据

网页设计与网站建设实例教程：微课版 / 方其桂著. —北京：清华大学出版社，2021.1（2023.8 重印）
高等学校计算机应用规划教材
ISBN 978-7-302-55949-8

Ⅰ. ①网…　Ⅱ. ①方…　Ⅲ. ①网页制作工具－高等学校－教材 ②网站－建设－高等学校－教材
Ⅳ. ①TP393.092

中国版本图书馆 CIP 数据核字(2020)第 120431 号

责任编辑：刘金喜
封面设计：高娟妮
版式设计：孔祥峰
责任校对：马遥遥
责任印制：宋　林

出版发行：清华大学出版社
网　　址：http://www.tup.com.cn，http://www.wqbook.com
地　　址：北京清华大学学研大厦 A 座　　邮　　编：100084
社 总 机：010-83470000　　邮　　购：010-62786544
投稿与读者服务：010-62776969，c-service@tup.tsinghua.edu.cn
质 量 反 馈：010-62772015，zhiliang@tup.tsinghua.edu.cn
印 装 者：三河市龙大印装有限公司
经　　销：全国新华书店
开　　本：185mm×260mm　　印　　张：21　　字　　数：498 千字
版　　次：2021 年 1 月第 1 版　　印　　次：2023 年 8 月第 4 次印刷
定　　价：78.00 元

产品编号：063778-03

前　言

一、学习网站制作的意义

随着互联网的发展，人们的生活、学习、娱乐、购物都越来越多地离不开网络，而网站是互联网上一个重要的“沟通工具”，人们可以通过网站来发布自己想要的信息，或者利用网站来获得相关的服务等。其中最常用的功能有如下几个。

1. 企业宣传

企业宣传可帮助企业介绍自己、展示产品种类、整合相关案例等，产品规格和型号方便潜在客户随时查看产品信息。

2. 发布信息

个人和企事业单位发布某个行业的专业信息，专一性、专业性较强，以某个行业的企业为中心，整合行业资源，可形成一个行业信息专属平台。

3. 在线服务

例如，中国移动官网，是一个可以实现在线选择业务、提交订单、在线支付的互动平台，并且它提供一个意见反馈窗口(在线留言或电子邮件)，用来解答问题和处理用户意见，从而形成一个友好、便捷的在线服务中心。

4. 论坛社区

论坛社区是为业内人士、专家、学者和普通大众提供讨论和发表看法的场所，如知乎、天涯等。

为适应社会的需求，目前，网页设计与制作已经成为众多高校计算机专业及越来越多的非计算机专业学生必须掌握的基本技能之一，因此各高校纷纷开设了网页设计及网站制作的相关课程。

二、本书结构

本书是专门为一线教师、师范院校的学生和专业从事网页设计与制作的人员编写的教材，为便于学习，特设计了如下栏目。

- 跟我学：每个实例都通过“跟我学”轻松学习掌握，其中包括多个“阶段框”，将任务进一步细分成若干个更小的任务，以降低阅读难度。
- 创新园：对所学知识进行多层次的巩固和强化。
- 知识库：介绍涉及的基本概念和理论知识，以便深入理解相关知识。
- 小结与习题：对全章内容进行归纳、总结，同时用习题来检测学习效果。

三、本书特色

本书打破传统写法，各章节均以实例入手，逐步深入介绍网页设计与制作、网站建设与制作方法和技巧。本书有以下几个特点。

- 内容实用：本书所有实例均选自网页主要应用领域，内容编排结构合理。
- 图文并茂：在介绍具体操作步骤过程中，语言简洁，基本上每一个步骤都配有对应的插图，用图文来分解复杂的步骤。路径式图示引导，便于读者一边翻阅图书，一边上机操作。
- 提示技巧：本书对读者在学习过程中可能会遇到的问题以“小贴士”和“知识库”的形式进行了说明，以免读者在学习过程中走弯路。
- 便于上手：本书以实例为线索，利用实例将网页设计与制作技术及网站建设技术串联起来，书中的实例都非常典型、实用。

四、本书资源

为了便于高等院校教师使用，更为了便于高校学生使用，本书配套相关资源，希望能借助这些资源采用项目学习的方式完成本书的教学。

- 本书实例：完整收录了本书中每个实例所用到的各种素材，以及初始作品和最终作品。
- 教学课件：为节省教师的宝贵备课时间，我们制作了教学课件，教师可以适当对其进行修改、完善，以应用到教学中。
- 自学微课：对于相关知识我们制作了微课，读者在自主学习本书时，可以扫描对应的二维码进行自学。

本书的全部资源可通过扫描下方二维码下载。

PPT 课件+实例文件

自学微课

五、本书作者

参与本书修订编写的作者有省级教研人员、一线信息技术教师，他们不仅长期从事信息技术教学，而且都有较为丰富的计算机图书编写经验。

本书由方其桂著，参与编写的人员还有赵青松、殷小庆、李东亚、周逸、王斌、唐小华、黄金华等。随书资料由方其桂整理制作。

虽然我们有着十多年撰写计算机图书(累计已编写、出版一百余本)编写方面的经验，并尽力认真构思验证和反复审核修改，但仍难免有一些瑕疵。我们深知一本图书的好坏，需要广大读者去检验评说，在这里，我们衷心希望您对本书提出宝贵的意见和建议。读者在学习使用过程中，对同样实例的制作，可能会有更好的制作方法，也可能对书中某些实例的制作方法的科学性和实用性提出质疑，敬请读者批评指正。

服务电子邮箱：476371891@qq.com。

方其桂

2020 年 8 月

目 录

第 1 章

网页与网站基础

网站是在软硬件基础设施的支持下，由一系列网页、资源和后台数据库等构成的，具有多种网络功能，能够实现诸如广告宣传、经销代理、金融服务、信息流通等商务应用。互联网上丰富的信息和强大的功能，就是由这些网站提供和实现的。这里所说的网站，就是常说的 Web。

网站规划与网页制作是一项综合性非常强的工作，需要设计者具备一定的互联网基础知识，理解 Web 的工作原理，对网页的类型风格和网页制作软件有所认识，如此才能更好地开展开发设计工作。

通过本章的学习，我们将认识网站和网页的基本概念，了解网页设计语言和常用的制作工具。

本章内容：

- 了解网站
- 认识网页
- 初识网页设计语言与制作工具

1.1 了解网站

网站(Website)，是指在互联网上向全世界发布信息的站点。网站是一种沟通工具，人们可以通过网页浏览器访问网站，以获取自己需要的资讯或享受网络服务。

1.1.1 网站的概念

网站由网页组成，如果每个网页是一片“树叶”，那么网站就是那棵“树”，Internet 就是“地球”。

1. 什么是网站

网站就是建立在互联网上的 Web 站点，面向公众提供互联网内容服务。一句话概括，网站就是“网页的集合地”。

2. 网站的组成

网站设计者先将整个网站结构规划好，然后再分别制作各个网页。大多数网站是为浏览者提供一个首页，然后再将其他网页与首页链接起来。如图 1-1 所示为教育部网站的首页。

图 1-1　教育部网站的首页

网站由多个网页组成，通过链接将多个网页链接成一个整体，利用网站首页所提供的主菜单、导航菜单以及关键词搜索等，我们可以方便地查找所需网页的内容。

1.1.2　网站的访问方式

随着移动互联网技术的发展，网站的访问方式也由传统的浏览器网址访问方式转变为扫描二维码分享访问等多种访问方式。

1. 域名访问

域名，是由一串用点分隔的名字组成的互联网上某一台计算机或计算机组的名称，用于在数据传输时标识计算机的电子方位。每个网站都有一个固定的域名，例如，可以在浏览器地址栏中输入百度地图的域名 map.baidu.com 来访问网站。

2. IP 地址访问

IP 地址(Internet Protocol)，是互联网协议地址。域名和 IP 地址是一一对应的，每个网站都有一个 IP 地址，访问网站其实就是访问网站所在的 IP 地址。如图 1-2 所示，可以在浏览器地址栏中输入当前百度网站的 IP 地址“39.156.69.79”来访问网站。

图 1-2　IP 地址访问网站

3. 二维码访问

二维码又称二维条码，是近几年移动设备上非常流行的一种编码方式，它比传统的条形码能储存更多的信息，也能表示更多的数据类型。如图 1-3 所示，可以使用移动设备扫描二维码访问问卷星调查网站。

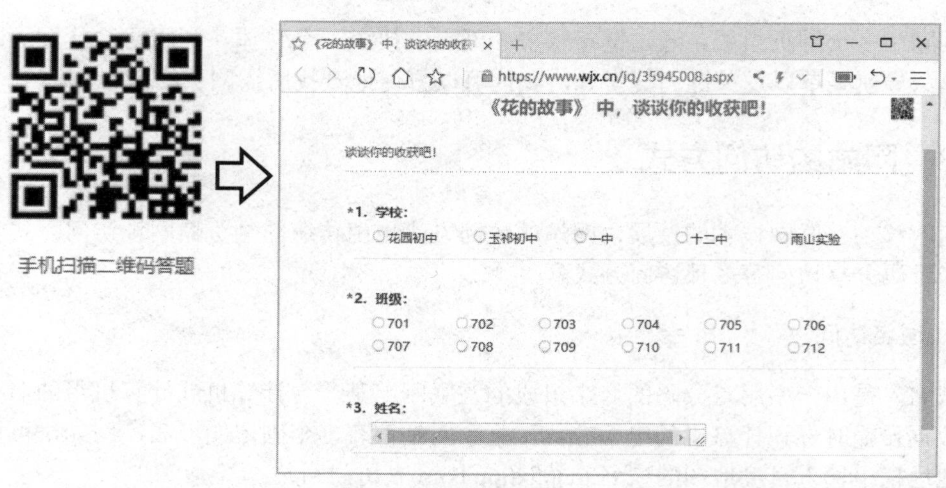

图 1-3　二维码访问网站

1.1.3　网站的工作过程

浏览网站，就是打开一个 Web 浏览器，输入某一个网站的地址，然后转到该网址，在浏览器中便能得到该网址的页面，如图 1-4 所示。从这个场景中可以抽象出几个基本对象，即我们(用户)、Web 浏览器(客户端)和发送页面的地方(服务端)，这些对象就是整个 Web 工作流程中的重要组成部分。

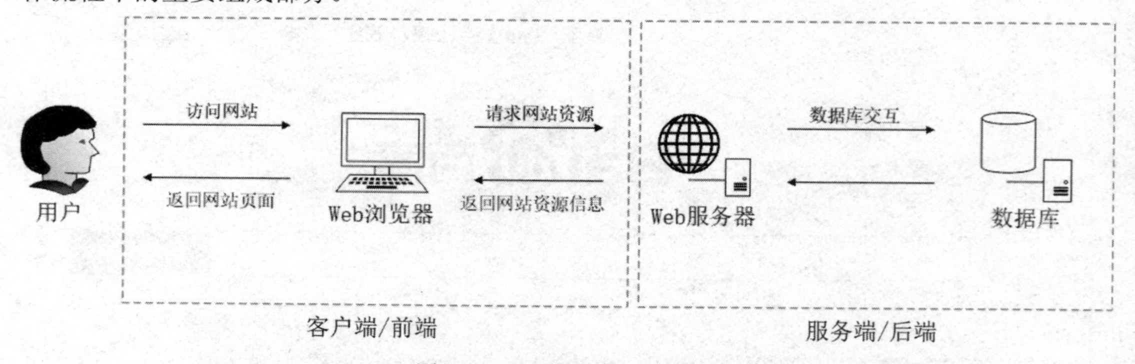

图 1-4　Web 的基本工作流程

1. HTTP

HTTP(Hyper Text Transfer Protocol，超文本传输协议)，是用于从 Web 服务器传输超文本到本地浏览器的传输协议，是互联网中的“多媒体信使”。它不仅能保证计算机正确、快速地传输超文本文档，还能确定传输文档中的哪一部分内容首先显示(如文本先于图形)等。

HTTP 使用的是可靠的数据传输协议，即使是来自地球另一端的数据，它也可以确保数据在传输过程中不会丢失和损坏，保证了用户在访问信息时的完整性。HTTP 是互联网上应用最为广泛的一种协议，互联网常用协议如表 1-1 所示。

表 1-1　互联网常用协议

协　议	功　能
HTTP	超文本传输协议
FTP	文件传输协议
E-mail	电子邮件
Telnet	远程登录
DNS	域名管理系统
TCP/IP	网络通信协议

2. 客户端

最常见的 Web 客户端就是 Web 浏览器，浏览器是应用于互联网的客户端浏览程序。如图 1-5 所示，客户端用于向互联网上的服务器发送各种请求，并对从服务器发来的超文本信息和各种多媒体数据格式进行解释、显示和播放。常见的浏览器包括 Internet Explorer、360 安全浏览器、搜狗浏览器、QQ 浏览器等。

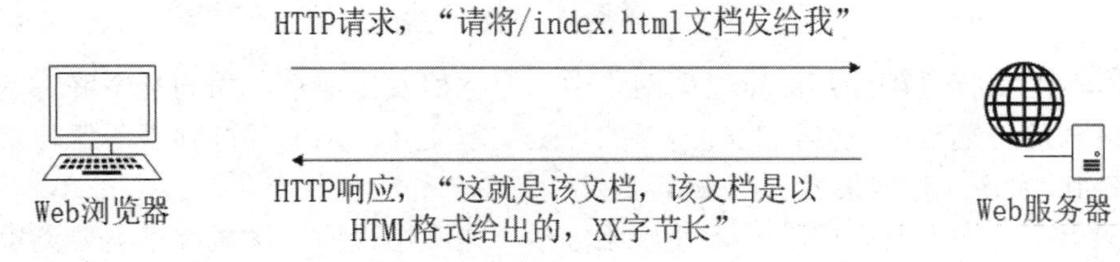

图 1-5　浏览器的工作流程

3. 服务器

服务器是专指具有固定 IP 地址，能够通过网络对外提供服务和信息的某些高性能计算机，如图 1-6 所示，用户通过服务器才能获得丰富的网络共享资源。

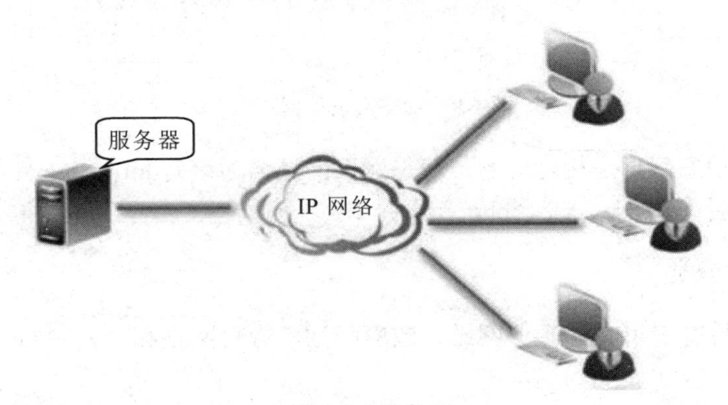

图 1-6　服务器

服务器可以分为 Web 服务器、E-mail 服务器、FTP 服务器等。我们也可以只用一台计算机来同时实现 Web 服务器、E-mail 服务器、FTP 服务器等服务器的功能。相对于普通机计算机来说，服务器在稳定性、安全性、性能和硬件配置等方面都要求更高。

1.1.4 网站的分类

网站有很多不同的分类方法，根据不同的分类方式可将网站分成不同的类别，如根据网站所用编程语言分类，可分为 ASP 网站、PHP 网站、JSP 网站、ASP.NET 网站等。

1. 按技术分类

网站按照其使用的技术可分为静态网站和动态网站。静态网站是指浏览器与服务器端不发生交互的网站，网站中的 Gif 动画、Flash 及 Flash 按钮等都会发生变化，但并不是说网站中的元素是静止不动的。静态网页访问方式如图 1-7 所示。

图 1-7 静态网页访问方式

静态网页的执行过程为：浏览器向网络中的服务器发出请求，指向某个静态网页；服务器接到请求后传输给浏览器，此时传送的只是文本文件；浏览器接到服务器传来的文件后解析 HTML 标签，将结果显示出来。

动态网页除了静态网页中的元素外，还包括一些应用程序，这些程序需要浏览器与服务器之间发生交互行为，而且应用程序的执行需要服务器中的应用程序服务器才能完成。无论网页是否具有动态效果，采用动态网站技术生成的网页都称为动态网页。动态网页访问方式如图 1-8 所示。

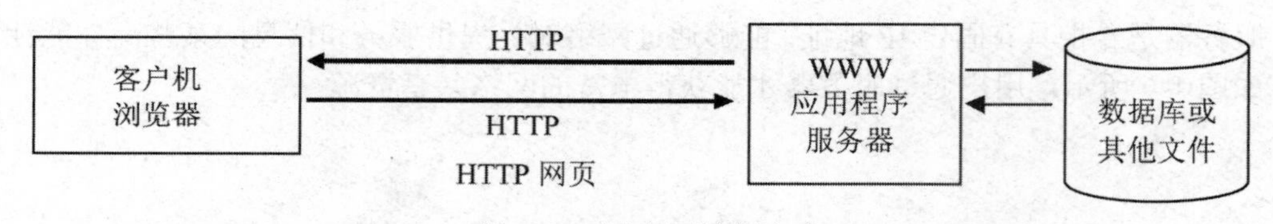

图 1-8 动态网页访问方式

静态网页与动态网页是相对应的，静态网页的域名后缀有 htm、html、shtml、xml 等，动态网页的域名后缀有 asp、jsp、php 等。

2. 按持有者分类

网站按照其持有者可分为企业网站、政府网站、教育网站和个人网站等。

1) 企业网站

企业网站是企业在互联网上进行网络营销和形象宣传的平台，相当于企业的网络名片，不但对企业的形象是一个良好的宣传，同时可以辅助企业的销售，即通过网络直接帮助企业实现产品的销售，企业还可以利用网站来进行宣传、产品资讯发布、招聘等。华为企业官方网站如图 1-9 所示。

图 1-9　华为企业官方网站

2) 政府网站

政府网站是指一级政府在各部门的信息化建设基础之上，建立起跨部门的、综合的业务应用系统，使公民、企业与政府工作人员都能快速、便捷地接入所有相关政府部门的政务信息与业务应用，使合适的人能够在恰当的时间获得恰当的服务。中国政府网站如图 1-10 所示。

图 1-10　中国政府网站

3) 教育网站

教育网站是指专门提供教学、招生、学校宣传、教材共享的网站。由于教育系统信息化平台的发展应用，根据教育部的“十二五”规划，众多教育网站将融入整体的教育云平台中，为无网站的学校提供新一代教育网、校园网、班级网。一般情况下，教育网站的后缀域名是 edu，代表教育的意思，也有部分域名是 com/cn/net，如图 1-11 所示。

图 1-11　教育网站

4) 个人网站

个人网站是指互联网上一块固定的面向全世界发布消息的地方，个人网站由域名、程序和网站空间构成，通常包括主页和其他具有超链接文件的页面。网站是一种通信工具，就像布告栏一样，人们可以通过网站来发布自己想要公开的资讯，或者利用网站来提供相关的网络服务。

3. 按功能分类

网站按照其功能可分为电子商务网站、搜索引擎网站、社区论坛网站、在线翻译网站、软件下载网站和音乐欣赏网站等。下面介绍几个常用网站。

1) 电子商务网站

如图 1-12 所示，电子商务网站类似于现实世界中的商店，差别是其利用电子商务的各种手段达成交易，是虚拟商店，减少了中间环节，消除了运输成本和代理中间的差价，造就了对普通消费和加大市场流通带来的巨大发展空间。目前，常见的电子商务网站有淘宝、京东、苏宁易购等。

图 1-12　电子商务网站

2) 搜索引擎网站

搜索引擎网站可以根据一定的策略、运用特定的计算机程序从互联网上收集信息，在对信息进行组织和处理后，为用户提供检索服务，将用户检索的相关信息展示给用户的系统。如图 1-13 所示，百度已成为目前国内最常用的搜索引擎网站。

图 1-13　百度搜索引擎网站

3) 在线翻译网站

如图 1-14 所示，百度在线翻译网站可以提供即时免费的多语种文本翻译和网页翻译服务，支持中文、英语、日语、韩语、泰语、法语、西班牙语、德语等 28 种热门语言互译，覆盖 756 个翻译方向，能基本满足日常翻译需求。

图 1-14　在线翻译网站

1.1.5 网站的架构

网站整体架构的设定，会根据客户需求分析的结果，准确定位网站目标群体，规划、设计网站栏目及其内容，制定网站开发流程及顺序，其内容有程序架构、呈现架构、信息架构三种表现，主要分为硬架构和软架构两个步骤。

1. 硬架构

网站架构中的硬件成本是网站运行的关键因素，是选择合适的硬件条件，最大限度地进行高效资源分配与管理的设计。

1) 机房的选择

在选择机房时，根据网站用户的地域分布，可以选择网通、电信等单机房或双机房。越大的城市，机房价格越贵，从成本的角度来看，可以在一些中小城市托管服务器，例如，上海的公司可以考虑把服务器托管在苏州、常州等地，距离较近，而且价格会便宜很多。

2) 带宽大小

预估网站每天的访问量，根据访问量选择合适的带宽，计算带宽大小主要涉及峰值流量和页面大小两个指标。

3) 服务器的划分

选择需要的服务器，如图片服务器、页面服务器、数据库服务器、应用服务器、日志服务器，对于访问量大的网站而言，分离单独的图片服务器和页面服务器相当必要。数据库服务器是重中之重，网站的瓶颈问题大多数是因为数据库，现在一般的中小网站多使用MySQL数据库。

2. 软架构

网站架构设计时需要根据各个框架的了解程度进行合理选择，当网站的规模到了一定程度后，代码会出现错综复杂的情况，还需要对逻辑进行分层重构。

1) 框架的选择

现在的PHP(超文本预处理器)框架有很多选择，如CakePHP、Symfony、Zend Framework，可根据创作团队对各个框架熟悉程度进行选择。很多时候，即使没有使用框架，也能写出好的程序，是否用框架、用什么框架，一般不是最重要的，重要的是我们的编程思想里要有框架的意识。

2) 逻辑的分层

网站规模逐渐扩大后，会给维护和扩展带来巨大的障碍，这时我们的解决方式其实很简单，那就是重构，将逻辑进行分层。通常，逻辑自上而下可以分为表现层、应用层、领域层和持久层。

- 表现层：所有和表现相关的逻辑都应该被纳入表现层的范畴，如网站某处的字体要显示为红色、某处的开头要空两格等都属于表现层。
- 应用层：主要作用是定义用户可以做什么，并把操作结果反馈给表现层。

- 领域层：包含领域逻辑的层，是让用户了解具体的操作流程。
- 持久层：即数据库，将领域模型保存到数据库，包含网站的架构和逻辑关系等。

1.2　认识网页

网页是构成网站的基本元素，实际上就是一个文件，该文件存放在世界上某台与互联网相连接的计算机中。在浏览器的地址栏中输入网页地址，经过复杂而又快速的程序解析后，网页文件就会被传送到计算机中，然后再通过浏览器展现在浏览者的眼前。

1.2.1　网页的页面结构

网页也是可分的，其页面结构一般由标题、网站 Logo、页眉、页脚、导航区、主体内容、功能区、广告区组成，浏览者可以根据网页的需求合理选择栏目。

1. 标题

每个网页的最顶端都有一条信息，该信息是对网页中主要内容的提示，即标题，如图 1-15 所示。这条信息往往出现在浏览器的标题栏，而非网页中，但其也是网页布局中的一部分。

图 1-15　网页标题

2. 网站 Logo

Logo 是网站所有者对外宣传自身形象的工具。如图 1-16 所示，Logo 集中体现了网站的文化内涵和内容定位，是最为吸引人、最容易被人记住的网站标志。Logo 在网站中的位置都比较醒目，目的是要使其突出，容易被人识别与记忆。在二级网页中，页眉位置一般都留给 Logo，也有设计者习惯将 Logo 设计为可以回到首页的超链接。

图 1-16　网站 Logo

3. 页眉

网页的上端即是页面的页眉，并不是所有网页中都有页眉，一些特殊的网页就没有明确划分出页眉。页眉往往在一个页面中相当重要的位置，容易引起浏览者的注意，所以很多网站都会在页眉中设置宣传本网站的内容，如图 1-17 所示，也有一些网站将这个“黄金地段”作为广告位出租。

图 1-17　网站页眉

4. 页脚

网页的最底端部分被称为页脚，如图 1-18 所示，页脚部分通常被用来介绍网站所有者的具体信息和联络方式，如名称、地址、联系方式、版权信息等，其中一些内容会被做成标题式的超链接，引导浏览者进一步了解详细的内容。

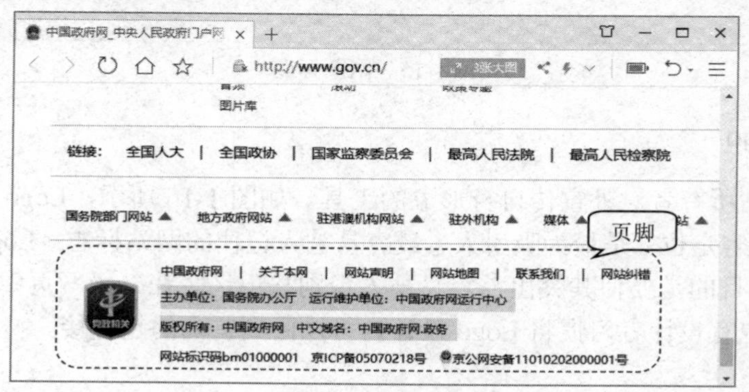

图 1-18　网页页脚

5. 导航区

导航区的设计非常重要，因为其所在位置左右着整个网页布局的设计。导航区一般分为四个位置，分别是左侧、右侧、顶部和底部。一般网站使用的导航区都是单一的，但是也有一些网站为了使网页更便于浏览者操作，增加可访问性，往往采用了多导航技术，如图 1-19 所示，该网站采用了左侧导航与顶部导航相结合的方式。但是无论采用几个导航区，网站中的每个页面的导航区位置均是固定的。

图 1-19　网站导航区

6. 主体内容

主体内容是网页中最重要的元素，其内容并不完整，往往由下一级内容的标题、内容提要、内容摘编的超链接构成。主体内容借助超链接，可以利用一个页面，高度概括几个页面所表达的内容，而首页的主体内容甚至能在一个页面中高度概括整个网站的内容。

主体内容一般均由图片和文档构成，现在的一些网站的主体内容中还加入了视频、音频等多媒体文件。由于人们的阅读习惯是由上至下、由左至右，所以主体内容的分布也是按照这个规律，依照重要到不重要的顺序安排内容。

7. 功能区

功能区是网站主要功能的集中表现。如图 1-20 所示，一般位于网页的右上方或右侧边栏。功能区包括用户名注册、登录网站、电子邮件、信息发布等内容。有些网站使用了 IP 定位功能，定位浏览者所在地，还可在功能区显示当地的天气、新闻等个性化信息。

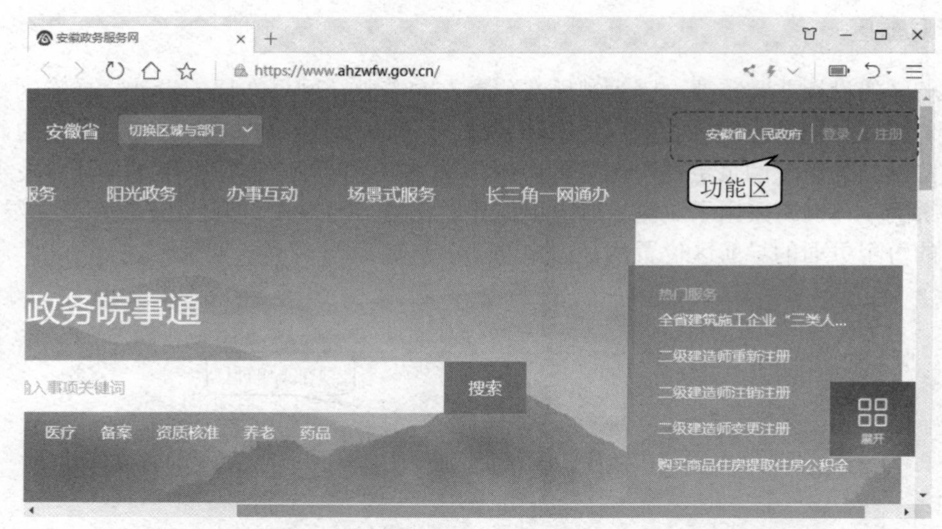

图 1-20　网站功能区

8. 广告区

广告区是网站实现盈利或自我展示的区域，其一般位于网页的页眉、右侧和底部。广告区内容以文字、图像、Flash 动画为主，通过吸引浏览者点击链接的方式达成广告效果。广告区设置要达到明显、合理、引人注目的目的，这对整个网站的布局很重要。

1.2.2　网页中的主要元素

网页中的组成元素种类很多，主要包括文本、图像、动画、视频、音频、超链接和表单等。

1. 文本

文字是最重要的网页信息载体与交流工具，网页中的主要信息一般都以文本形式为主。与图像网页元素相比，文字虽然不如图像那样容易被浏览者注意，却能包含更多的信息，并能更准确地表达信息的内容和含义。选择合适的文字标记可以改变文字显示的属性，如字体的大小、颜色、样式等，使文字在 HTML 页面更加美观，并且有利于阅读者的浏览。

2. 图像

图像是网页的重要组成部分，与文字相比，图像更加直观、生动。图像在整个网页中可以起到画龙点睛的作用，图文并茂的网页比纯文本更能吸引人的注意力。

计算机图像格式有很多种，但在网页中最常用的有 JPEG/JPG、GIF 和 PNG 格式。GIF 格式可以制作动画，但最多只支持 256 色；JPEG 格式可以支持真彩色，但只能为静态图像；PNG 格式既可以制作动画又可以支持真彩色，但文件大，下载速度慢。

3. 动画

如图 1-21 所示，动画在网页中的作用是有效地吸引访问者更多的注意，用户在设计网页时可以通过在页面中加入动画使页面更加生动。用 Flash 可以创作出既漂亮又可改变尺寸的导航界面及各种动画效果。Flash 动画文件体积小，效果华丽，还具有极强的互动效果，由于它是矢量的，所以即使放大也不会出现变形和模糊。

图 1-21　网页中动画展示

4. 视频

随着网络带宽的增加，越来越多的视频文件被应用到网页中，使得网页效果更加精彩且富有动感。常见的视频文件格式有 MP4 和 FLV 等。

5. 音频

音频是多媒体网页重要的组成部分。在为网页添加声音效果时应充分考虑其格式、文件大小、品质和用途等因素。另外，不同的浏览器对声音文件的处理方法也有所不同，它们彼此之间有可能并不兼容。用于网络的音频文件的格式种类很多，常用的有 MP3、MIDI、WAV 等。

6. 超链接

互联网上有数以百万的站点，要将众多分散的网页联系起来，构成一个整体，就必须在网页上加入链接，如图 1-22 所示。超链接实现了网页与网页之间的跳转，是网页中至关重要的元素。浏览者通过超链接可以将链接指向图像文件、多媒体文件、电子邮件地址或可执行程序。

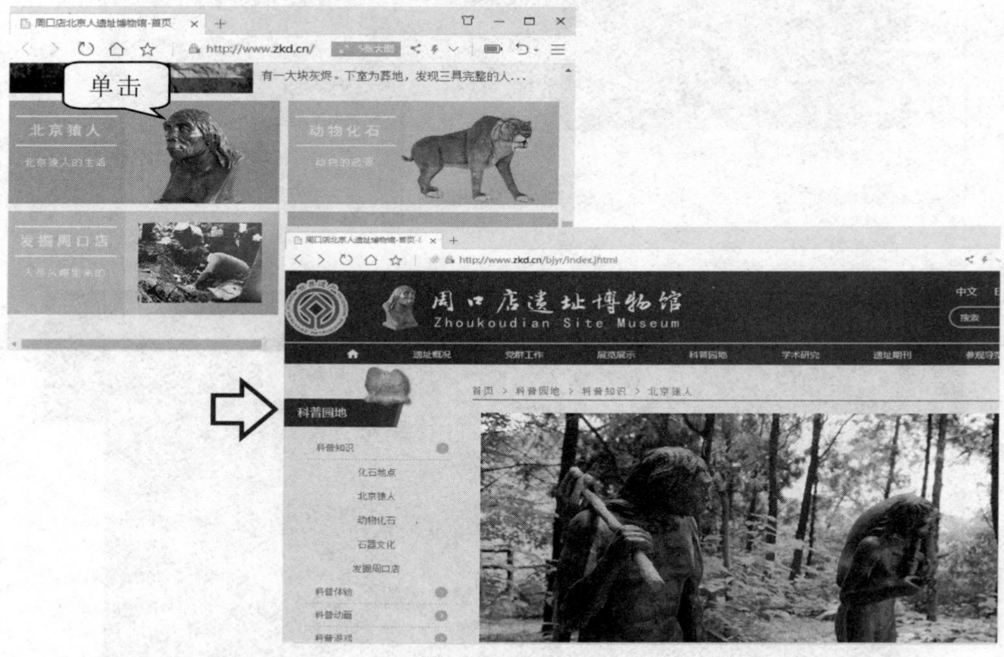

图 1-22　网页超链接

7. 表单

表单是获取访问者信息并与访问者进行交互的有效方式，在网络中应用非常广泛。访问者可以在表单对象中输入信息，然后提交这些信息。表单分为文本域、复选框、单选按钮、列表/菜单等。如图 1-23 所示，我们可在网页中加入搜索引擎、跳转菜单等。

图 1-23　表单

1.2.3　网页的结构类型

网页的结构类型取决于网页的功能，一般包括导航型、内容型和导航内容结合型。一个网站为了满足浏览者需求，会设置多种类型的网页结构。

1. 导航型

导航型网页可以让浏览者直观地找到所需求的信息条目，一般网站的主页多以导航型结构呈现，以方便浏览者查找内容。一些专业的导航网站也是以导航型网页结构为主的，如图 1-24 所示。

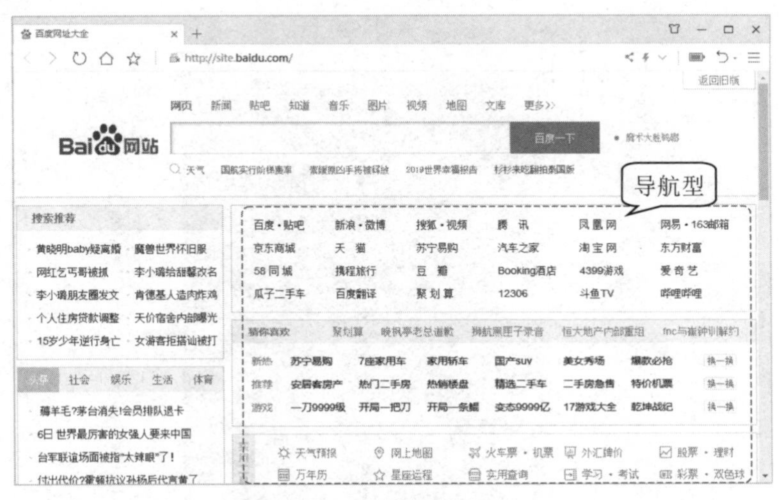

图 1-24　导航型网页

2. 内容型网页

浏览者通过导航型网页中的超链接进入内容型网页时，一般会以图文的形式呈现具体的内容信息，这也是浏览者浏览网页时需要获取的信息。内容型网页如图 1-25 所示。

图 1-25　内容型网页

3. 导航内容结合型

导航型网页没有具体的内容信息，内容型网页不容易实现内容信息的跳转浏览。为了满足这个需求，我们可以设计导航内容结合型网页，网页中既有导航又有内容信息，能方便浏览者阅读网站信息，如图 1-26 所示。

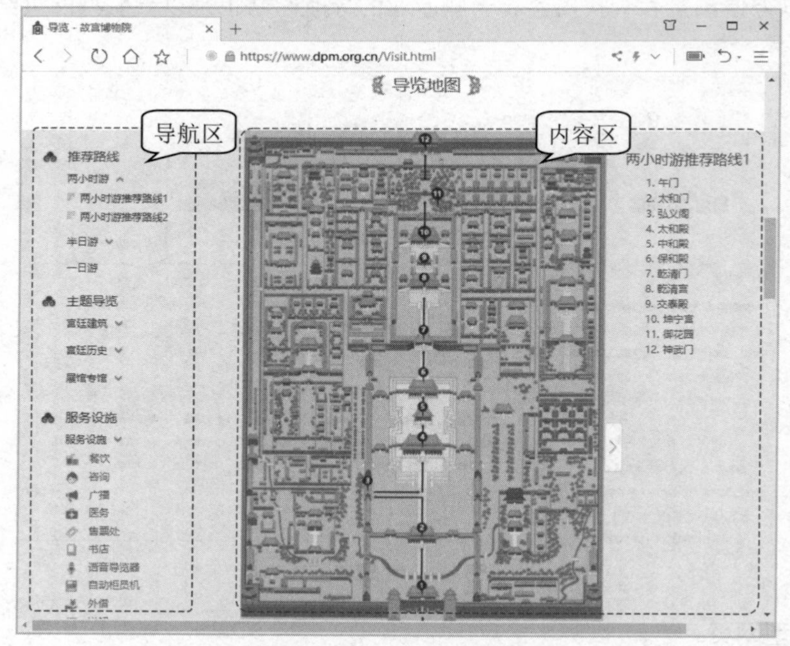

图 1-26　导航内容结合型网页

1.3　初识网页设计语言与制作工具

网页元素具有多样化特点，因此要想制作出精致美观、丰富生动的网页，单靠一种语言和工具是很难实现的，需要结合使用多种语言和工具软件才能实现。

1.3.1　网页设计语言

网页编写语言有很多种，常用的静态网页设计语言包括 HTML、XML 和 CSS，动态网页脚本语言有 JavaScript、VBScript，动态网页编程语言有 ASP。其中 HTML 语言是最基础的网页设计语言。

1. HTML

HTML(Hyper Text Markup Language，超文本标记语言)，是用特殊标记来描述文档结构和表现形式的一种语言。严格地说，HTML 并不是一种程序设计语言，它只是一些由标记和属性组成的规则，这些规则规定了如何在页面上显示文字、表格、超链接等内容。

1) HTML文档结构

如图 1-27 所示，HTML 的结构包括“头”部分和“主体”部分，<html>和</html>标记文件的开头和结尾，其中“头”部提供关于网页的标题、序言、说明等信息，“主体”部分提供网页中显示的实际内容。

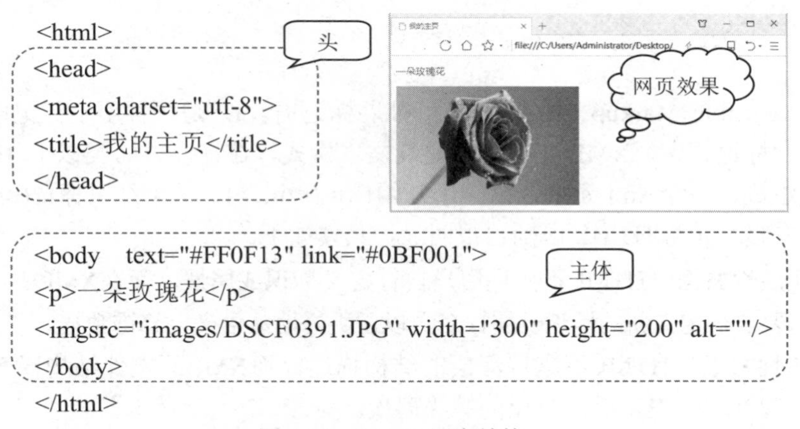

图 1-27　HTML 语言结构

2) 头部内容

<head></head>两个标记符分别表示头部信息的开始和结尾，它本身不作为内容来显示，但会影响网页显示的效果。头部中最常用的标记符是标题标记符 title 和 meta，其中，title 标记符用于定义网页的标题，它的内容显示在网页窗口的标题栏中，网页标题可被浏览器用作书签和收藏清单。HTML head 中一般元素的功能如图 1-28 所示。

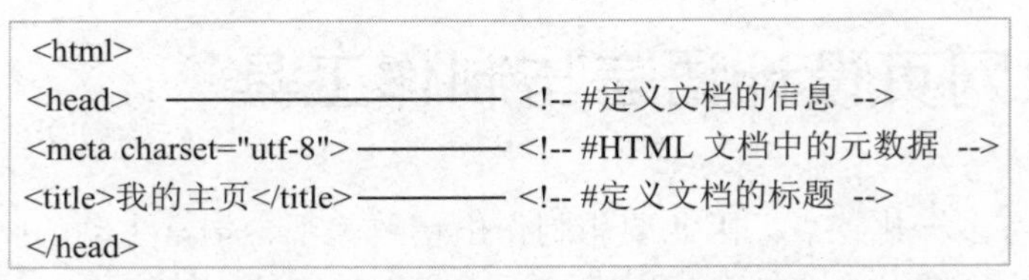
<html>
<head> ———— <!-- #定义文档的信息 -->
<meta charset="utf-8"> ———— <!-- #HTML 文档中的元数据 -->
<title>我的主页</title> ———— <!-- #定义文档的标题 -->
</head>

图 1-28　HTML head 中一般元素的功能

3) 主体内容

文档主体是指包含在<body>和</body>之间的所有内容，它们显示在浏览器窗口内。文档主体可以包含文字、图片、表格等各种标记。在文档主体中还可以添加许多属性(如 background、text 等)，用来设置网页背景、文字、页边距等，设计主体内容时，我们会使用到不同的 HTML 标签。HTML body 常用的标签及功能如表 1-2 所示。

表 1-2　HTML body 常用的标签及功能

标　签	功　能	标　签	功　能
<!--...-->	定义注释	<hr>	定义水平线
<audio>	定义声音内容	<img>	定义图像
 	定义简单的换行	<p>	定义段落
<button>	定义按钮	<table>	定义表格
<font>	定义文字	<time>	定义日期/时间
<h1> -<h6>	定义 HTML 标题	<video>	定义视频

2. XML

XML(eXtensible Markup Language，可扩展标记语言)，是一种用于标记电子文件使其具有结构性的标记语言。XML 文件格式是纯文本格式，在许多方面类似于 HTML，XML 由 xml 元素组成，每个 xml 元素包括一个开始标记(<title>)、一个结束标记(</title>)及两个标记之间的内容。其与 HTML 区别也很明显，具体如下。

- **可拓展性方面**　HTML不允许用户自行定义标识或属性，而在XML中，用户能够根据需要自行定义新的标识及属性名，以便更好地从语义上修饰数据。
- **结构性方面**　HTML不支持深层的结构描述，而XML的文件结构嵌套可以复杂到任意程度，能表示面向对象的等级层次。
- **可校验性方面**　HTML没有提供规范文件以支持应用软件对HTML文件进行结构校验，而XML文件可以包括一个语法描述，使应用程序可以对此文件进行结构校验。

3. CSS

CSS(Cascading Style Sheets，层叠样式表)是一种格式化网页的标准方法，它是 HTML 功能的扩展，能使网页设计者以更有效的方式设计出更具有表现力的网页。在 HTML 语言中可以直接编写 CSS 代码控制网页字体的变化和大小，如图 1-29 所示，CSS 完整的代码，以<style>开始，以</style>结束。

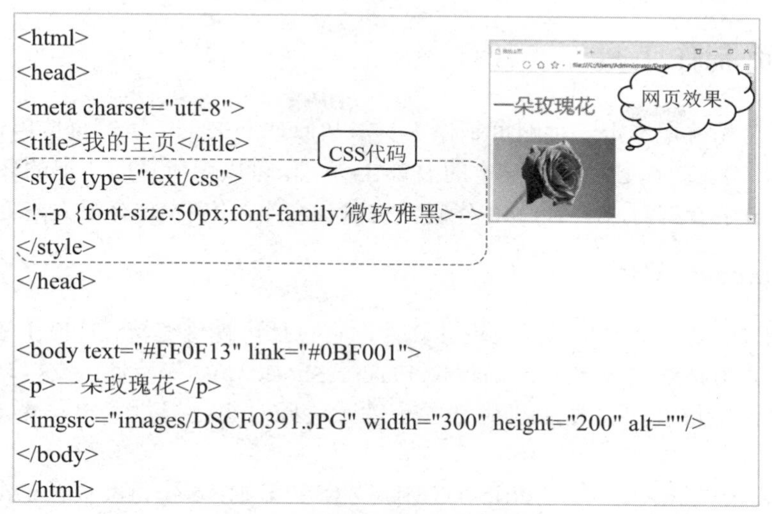

图 1-29　添加 CSS 语言后效果

网页中的标题、正文文字的格式、段落的间距、页面布局一般都是用 CSS 控制的。CSS 是目前唯一的网页页面排版样式标准，它能使任何浏览器都听从指令，知道该以何种布局、格式显示各种元素及其内容。

4. JavaScript

JavaScript 语言可以和 HTML 语言结合，在 HTML 中可以直接编写 JavaScript 代码，其可以实现类似弹出提示框这样的网页交互性功能。JavaScript 代码以<Script>开始，以</Script>结束，如图 1-30 所示，用户在浏览网页时会弹出一个提示框。

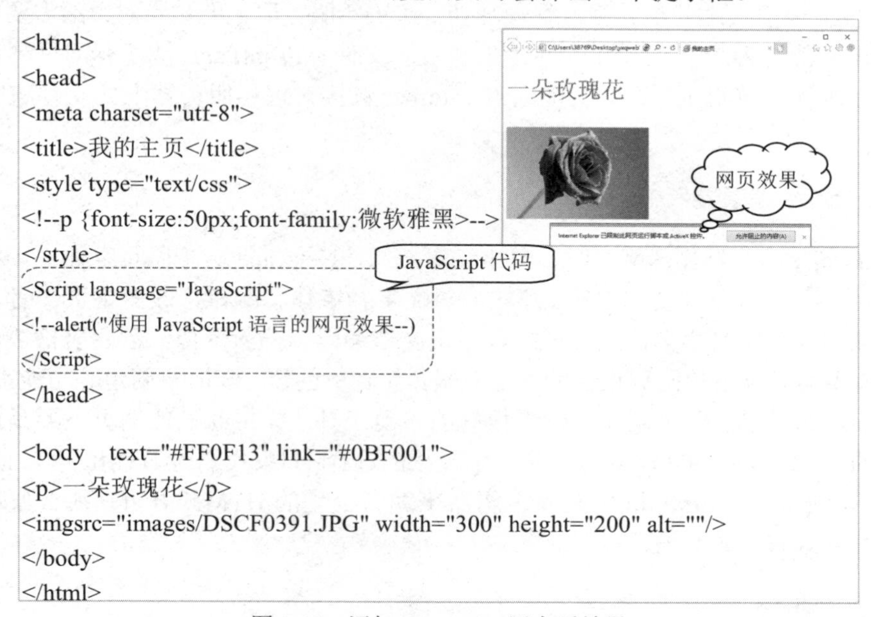

图 1-30　添加 JavaScript 语言后效果

1.3.2 网页制作工具

制作网页首先就是选定一种网页制作工具。从原理上来讲，虽然直接用记事本也能写出网页，但是对网页制作必须具有一定的 HTML 基础，可以用所见即所得的环境制作网页，同时可以在视窗中看到对应的 HTML 代码，这对我们学习 HTML 有很大好处。

1. Dreamweaver 软件

Dreamweaver 是一个很酷的网页设计软件，它包括可视化编辑、HTML 代码编辑的软件包，并支持 ActiveX、JavaScript、Java、Flash、ShockWave 等特性，支持动态 HTML 的设计，使得页面能够在浏览器中正确地显示动画，同时它还提供了自动更新页面信息的功能。

Dreamweaver 还采用了 Roundtrip HTML 技术，该项技术使得网页在 Dreamweaver 和 HTML 代码编辑器之间进行自由转换，HTML 句法及结构不变。这样，专业设计者可以在不改变原有编辑习惯的同时，充分享受到可视化编辑带来的益处。Dreamweaver 最具挑战性和生命力的是它的开放式设计，该项设计使任何人都可以轻易扩展它的功能。

2. FrontPage 软件

使用 FrontPage 制作网页，能真正体会到“功能强大，简单易用”的含义。其工作窗口由“所见即所得”的编辑页、HTML 代码编辑页、预览页三个标签页组成。FrontPage 带有图形和 GIF 动画编辑器，支持 CGI 和 CSS。向导和模板都能使初学者在编辑网页时感到更加方便。

FrontPage 最强大之处是其站点管理功能，在更新服务器上的站点时，不需要创建更改文件的目录，其会为我们跟踪文件并拷贝新版本文件。FrontPage 是现有网页制作软件中唯一既能在本地计算机上工作，又能通过 Internet 直接对远程服务器上的文件进行工作的软件。

3. Netscape 编辑器

用 Netscape 浏览器显示网页时，单击编辑按钮，Netscape 会把网页存储在硬盘中，即可开始编辑。我们可以像使用 Word 那样编辑文字、字体、颜色，改变主页作者、标题、背景颜色或图像，定义描点，插入链接，定义文档编码，插入图像，创建表格等，但是，Netscape 编辑器对复杂的网页设计的功能有限，如表单创建、多框架创建等功能都不支持。

Netscape 编辑器是网页制作初学者很好的入门工具。如果我们的网页主要是由文本和图片组成的，那么 Netscape 编辑器将是一个轻松的选择；如果我们对 HTML 语言有所了解，能够使用 Notepad 或 UltraEdit 等文本编辑器来编写少量的 HTML 语句，那么便可以弥补 Netscape 编辑器的一些不足。

4. Pagemill

Adobe Pagemill 功能不算强大，但使用起来很方便，适合初学者制作较为美观又不复杂的主页。如果主页需要很多框架、表单和 Image Map 图像，那么 Pagemill 的确是首选，因为 Pagemill 创建多框架页十分方便，可以同时编辑各个框架中的内容。Pagemill 在服务器端或客户端都可创建与处理 Image Map 图像，它也支持表单创建。

Pagemill 允许在 HTML 代码上编写和修改，支持大部分常见的 HTML 扩展，还提供拼写检错、搜索替换等文档处理工具。在 Pagemill 3.0 中还增加了站点管理能力，但仍不支持 CSS、TrueDoc 和动态 HTML 等高级特性。Pagemill 另一大特色是其有一个剪贴板，可以将任意多的文本、图形、表格拖放到里面，需要时再打开。

5. Claris Home Page

使用 Claris Home Page 软件可以在几分钟之内创建一个动态网页，这是因为它有一个很好的创建和编辑 Frame(框架)的工具。Claris Home Page 3.0 集成了 FileMaker 数据库，增强的站点管理特性还允许检测页面的合法链接，但界面设计过于粗糙，对 Image Map 图像的处理并不完全。

6. HotDog

HotDog 是较早基于代码的网页设计工具，其最具特色的是提供了许多向导工具，能帮助设计者制作页面中的复杂部分。HotDog 的高级 HTML 支持插入 marquee，并能在预览模式中以正常速度观看。

HotDog 对 plug-in 的支持也远超过其他产品，它提供的对话框允许以手动方式为不同格式的文件选择不同的选项。HotDog 是一个功能强大的软件，对于希望在网页中加入 CSS、Java、RealVideo 等复杂技术的高级设计者来说，是一个很好的选择。

1.3.3　网页美化工具

网页制作最重要的一项工作是让页面看着美观，而通过一些专业的网页美化工具软件便能让所制作的网页赏心悦目。

1. Photoshop 图形处理

Photoshop 是由 Adobe 公司开发的图形处理软件，是目前公认的通用平面美术设计软件，其功能完善、性能稳定、使用方便，所以对几乎所有的广告、出版、软件公司来说，Photoshop 都是首选的平面制作工具。

Photoshop 作为一款优秀而强大的图形图像处理软件，可以对图像做各种变换，如放大、缩小、旋转、倾斜、镜像、透视等；也可以进行复制、去除斑点、修补、修饰图像的残损等操作，它具有的强大功能完全涵盖了网页设计的需要。

2. Flash 动画制作

Flash 是美国 Macromedia 公司开发的矢量图形编辑和动画创作的专业软件，是一种交互式动画设计工具，用它可以将音乐、声效、动画及富有新意的界面融合在一起，以制作出高品质的网页动态效果。Flash 主要应用于网页设计和多媒体创作等领域，功能十分强大和独特，已成为交互式矢量动画的标准，在网上非常流行。Flash 广泛应用于网页动画制作、教学动画演示、网上购物、在线游戏等的制作中。

3. Fireworks 图形处理

Fireworks 是由 Macromedia 公司开发的图形处理工具，它的出现使 Web 作图发生了革命性的变化，因为 Fireworks 是第一套专门为制作网页图形而设计的软件，同时也是专业的网页图形设计及制作的解决方案。

Fireworks 作为一款为网络设计而开发的图像处理软件，不仅能够自动切割图像、生成光标动态感应的 JavaScript 程序等，而且具有强大的动画功能和一个相当完美的 网络图像生成器。

4. CorelDraw 软件

CorelDraw 是 Corel 公司出品的矢量图形制作工具软件，该图形工具给设计师提供了矢量动画、页面设计、网站制作、位图编辑和网页动画等多种功能，可一方面用于矢量图及页面设计，另一方面用于图像编辑。

使用 CorelDraw 软件可以制作简报、彩页、手册、产品包装、标识、网页等。CorelDraw 软件提供的智慧型绘图工具及新的动态向导可以充分降低用户的操控难度，允许用户更加容易、精确地创建物体的尺寸和位置，减少点击步骤，节省设计时间。

5. Illustrator 软件

Adobe Illustrator 是一种应用于出版、多媒体和在线图像的工业标准矢量插画的软件，如印刷出版、海报书籍排版、专业插画、多媒体图像处理和互联网页面的制作等，并可以提供较高的精度和控制，适合任何小型设计及大型的复杂项目。

该软件能提供丰富的像素描绘功能及顺畅灵活的矢量图编辑功能，具有相当典型的矢量图形工具，如三维原型、多边形和样条曲线工具等，可以为网页创建复杂的设计和图形元素。

1.3.4 网页调试工具

在做网站前端开发时，我们需要使用调试工具调试 HTML、CSS 或 JavaScript 代码，以便精准进行纠错。

1. Chrome 的开发者工具

使用 Google Chrome 浏览器的开发者工具调试网页文件是最普遍使用的，打开网页文件，选择“自定义及控制”→“更多工具”→“开发者工具”命令，如图 1-31 所示，可以查看、调试网页文件的代码。

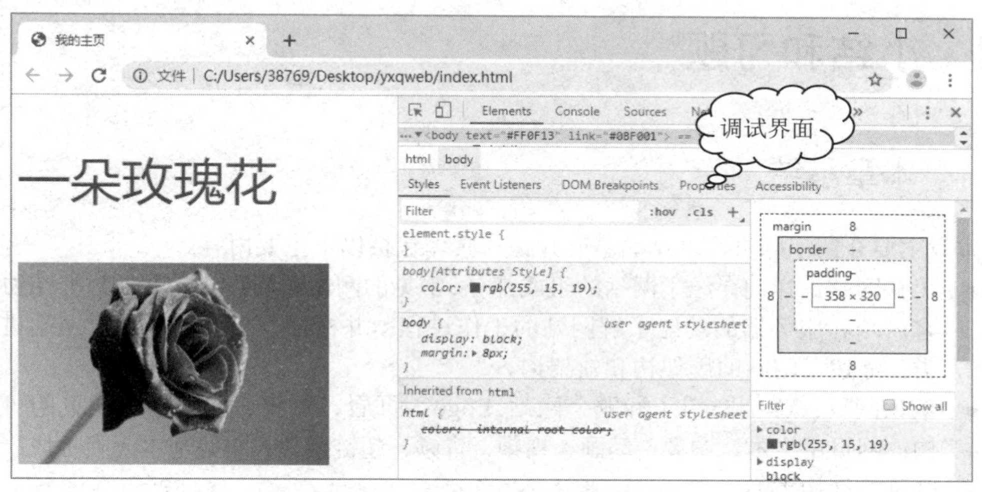

图 1-31　Chrome 浏览器调试网页

2. Firefox 调试工具

使用 Firefox 浏览器打开网页文件，选择“工具”→“添加附件”命令，进入界面搜索 Firebug，再进行安装；Firefox 也内置了开发者的工具，可以选择“工具”→“Web 开发者”→“查看器”命令，如图 1-32 所示，可以选择不同的标签查看网页文件的运行情况。

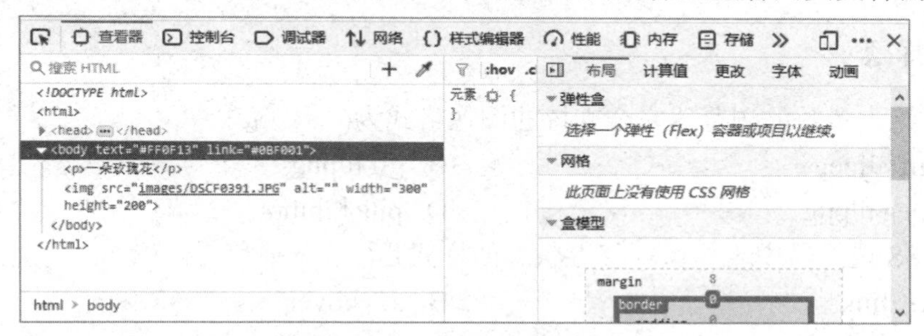

图 1-32　Firefox 浏览器调试网页

3. Internet Explorer 的开发者工具

某些内部应用的项目都是对 Internet Explorer 有较好支持的，在之前的 Internet Explorer 版本中内置的调试工具是相当简陋的，但 Internet Explorer11 的调试工具功能非常强大，可以通过按 F12 键打开，效果如图 1-33 所示。

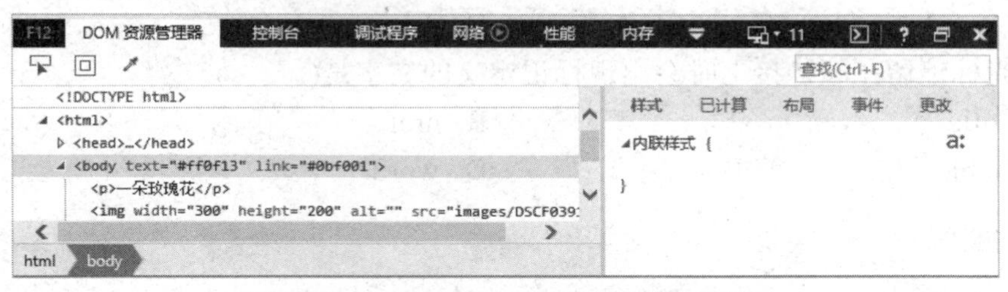

图 1-33　Internet Explorer 浏览器调试网页

1.4 小结和习题

1.4.1 本章小结

本章主要介绍了网页与网站的基础知识，具体包括以下主要内容。

- 了解网站：详细介绍了网站的组成部分、常见的网站访问方式，并通过介绍协议、客户端和服务器的功能了解网站的工作过程；并根据三个不同维度对网站进行分类，简述了网站的硬架构和软架构。
- 认识网页：详细介绍了标题、网站 Logo、页眉、页脚、导航区等网页的页面结构；网页由文本、图像、动画、视频、音频、超链接和表单等基本元素组成；了解网页的结构类型。
- 初识网页设计语言与制作工具：介绍了 HTML 语言基本知识，并通过一组实例讲解 HTML 语言简单的编写过程；介绍了 CSS 代码片段、JavaScript 代码片段，以及常用的网页制作、美化和调试工具。

1.4.2 本章练习

一、选择题

1. 能被绝大多数的浏览器完全支持的图像格式为(　　)。
   A. gif和jpeg　　B. gif和png
   C. jpeg和png　　D. png和bmp
2. 在 CSS 选择器中表示鼠标移上状态的样式是(　　)。
   A. a：link　　B. a：hover
   C. a：active　　D. a：visited
3. 下列说法正确的是(　　)。
   A. 创建网页前必须先创建站点　　B. 创建网页就是创建站点
   C. 创建网页也可以不必创建站点　　D. 网页和站点都是文件
4. 下列软件中不能编辑 HTML 语言的是(　)。
   A. 记事本　　B. FrontPage
   C. Word　　D. C语言
5. 当光标停留在超链接上时会出现标记定义的文字是(　　)。
   A. title　　B. href
   C. table　　D. word

二、判断题

1. 使用模板能够做到使众网页风格一致、结构统一。　　(　)

2. 基于模板的文件只能在模板保存时得到更新。 （ ）
3. 在网页的源代码中表示段落的标记是<p></p>。 （ ）
4. 某个网页中使用了库以后，只能更新不能分离。 （ ）
5. 获取网站空间的方法有申请免费主页、申请付费空间、自己架设服务器。 （ ）

三、问答题

1. 简述网页特点。
2. 简述网站的特征。
3. 请使用 HTML 语言写一段古诗代码。
4. 简述 CSS 语言在网页设计中的作用。
5. 请规划设计一个企业网站的开发流程。

第 2 章

网站规划设计

规划设计是针对一个项目或一个目标进行的。规划具有全局性、整体性和指引性，要在设计之前进行。设计是通过一定的形式将规划的结果呈现，要在规划的框架内实施。

本章主要介绍网站规划设计的相关知识，包括网站规划设计方法、网站配色和布局、网站内容设计三部分内容。通过学习，读者要对网站的规划设计有一个整体、直观的认识，从而规划设计出合理美观的网站，以便更好地为后面的网页开发建设服务。

本章内容：

- 网站初步规划
- 网站配色与布局
- 网站内容设计

2.1 网站初步规划

网站规划也称为网站策划，是网站建设的基础和指导纲要，决定着一个网站的发展方向。网站建设的目的是开展网络营销，因此网站的规划要有全局观念，将每一个环节都与网络营销目标相结合，增强针对性、适应性。

2.1.1 网站的建设流程

在开始网站建设之前，我们需要思考三个问题：网站的目的是什么？网站的受众是哪些？如何给浏览者提供便捷的交互方式？这就是网站的规划设计。合理的网站规划设计可以大幅度提高网页制作效率。

1. 确定网站主题

网站所要表达的主要内容就是网站的主题。网站是用于宣传、娱乐还是销售？是否需要提供信息？是否需要购物车和接受电子支付？不同主题的网站，因所要达到的目的不同，其呈现方式、网站结构也不同，如奔驰公司和淘宝，如图 2-1 所示。根据网站主题，我们才能确定将要开发和使用的内容类型，以及需要加入哪些类型的技术。

图 2-1　不同行业类型的网站首页

2. 预测网站用户

确定网站主题后，还需要预测网站用户。网站用户是成年人、儿童、专业人员、男性、女性，还是面向全体人群？了解网站用户，对于站点的整体设计和功能是至关重要的。针对不同用户的特点，需要进行一些优化设计。例如，儿童使用的网站可以多用动画、交互性体验，页面使用活泼的风格和亮丽的色彩；针对专业人员使用的网站，要结合行业或产品特点，如图 2-2 所示。

图 2-2　面向不同用户群体的网站首页

3. 选择访问模式

随着 5G 时代的来临，访问互联网的方式日益丰富，平板电脑和手机用户也随之逐渐增多，这就要求网页设计能够满足在平板显示器和手机浏览器上都能有效工作，并且页面美观。搜狐网站在 IE 浏览器和手机浏览器中的效果，如图 2-3 所示。

图 2-3　搜狐网站在 IE 浏览器和手机浏览器中的效果

用户使用哪一种终端访问网站，台式机、笔记本、平板电脑或手机？最常用的浏览器是什么？常用显示器的尺寸和分辨率是多少？例如，使用大屏幕显示器和高速网络连接的用户，在访问设计、电影和游戏类网站时，会追求画面的震撼效果。

这些因素决定着用户期望的使用体验。因此在设计网站时，我们要充分考虑用户的访问模式。

4. 绘制结构图

通过绘制结构图可以设计出基本的网站导航结构，清晰地展示出网站分为几个栏目、每个栏目下设的子栏目、子栏目的个数等。以医院网站为例，网站结构如图 2-4 所示。

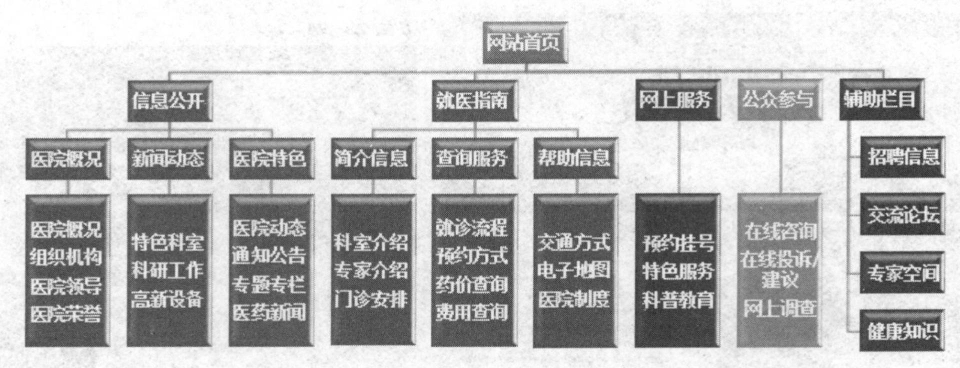

图 2-4 医院网站结构图

5. 收集素材

根据网站栏目设置，可以明确网站设计所需的素材，包括文字、音视频、动画和图片等。素材的来源，一般有自主制作和网络下载两种途径。

6. 规划站点

根据网站划分的结构，对所使用的素材和资料进行管理和规划。在计算机中构建站点的框架，将素材合理地安置到各个文件夹中，方便后期对网站进行管理。

7. 制作网页

网页制作过程相对复杂和细致，制作中一般先设计制作简单的框架内容，再对具体的细节进行完善，以便修改。

8. 测试站点

站点测试主要包括检测网页在各种浏览器中的兼容性、超链接的正确性、语法错误和交互使用的体验性等。

9. 发布站点

申请域名和网络空间，对本地计算机进行相关配置，将网站发布到互联网供浏览者访问。

2.1.2 网站的设计原则

一个网站需要满足两部分人的需求：一部分是网站所有者，网站内容必须满足所有者展示、宣传、交流和推广等方面的需求，另一部分是网站使用者，网站最重要的是实用性，能为使用者提供良好的用户体验，才能使网站被认可和受欢迎。

1. 简洁醒目

“简洁”是网站设计的首要原则，通常情况下，用户希望迅速找到他们需要的信息。整洁简单的设计，有利于导航和标题的清晰识别。

网站标志和页面形象要醒目，能够吸引浏览者的注意力。在设计时要注重使用生动、鲜明和概括性的视觉语言，利用图形和色彩等创意展示文字内容，从而使表达方式更有吸引力。

2. 风格统一

网站的构成页面虽多，但作为一个整体，必须有统一的风格。主页风格往往决定了整个网站的风格，如奔驰中国官网的首页和内页，如图 2-5 所示。

图 2-5　奔驰中国官网的首页和内页

3. 内容丰富

网站的价值体现在网站内容上，丰富、专业、精准的网站内容，能够吸引更多的浏览者，增加网站访问量，从而创造出更大的价值。

4. 记忆持久

网页内容的布局，可以借助结构比例、视觉诱导、动静对比、调和与均衡等关系来设计，使网站更加新颖、有创意，从而使浏览者印象深刻，形成长久性的记忆。

5. 便捷有效

网页内容及时更新，定期检查链接的有效性，能保证用户使用顺畅。优化网页内容，提升页面加载速度，让浏览者在访问网站时速度更快，体验更好。功能简单、操作便利，已经成为网站、APP 设计的主流趋势。

2.1.3　网站的设计技术

网站设计一般涉及网页设计语言、网页制作技术、网页美化工具和站点建设技术。其中网页设计部分已经在第 1 章做了相关介绍，下面我们来了解一下简单的站点建设技术。

1. URL

URL 用于完整地描述 Internet 上网页和其他资源地址的一种标识方法，称为网址。互联网上的每一个网页都具有唯一的名称标识，这一标识可以是计算机上的本地磁盘，也可以是局域网内的某一台计算机，而更多的是互联网内的站点。

2. 域名

域名是由一串用点分隔的名字组成的 Internet 上某一台计算机或计算机组的名称，用于在数据传输时标识计算机的电子方位(有时也指地理位置)。域名已经成为网络生活中品牌、网上商标保护必备产品之一。

3. FTP

FTP(File Transfer Protocol，文件传输协议)是一种快速、高效的信息传输方式，我们通过该协议可以将任何类型的文件从一个地方传输到另一个地方。

4. IP 地址

IP 地址是给每个连接在 Internet 上的主机分配一个 30 位的地址，使用点分十进制表示法，如 202.112.7.0。

2.2 网站配色与布局

在网站的整体视觉效果中，色彩搭配决定着用户对网站的第一印象，而页面布局则体现着页面信息的安排是否合理，能否为用户提供舒适的使用体验。

2.2.1 网站配色

色彩设计是网站风格设计的决定性因素。了解基本的配色知识，才能将网站需要传达的信息准确地表达出来，从而达到预期效果。

1. 色彩的基础知识

红、绿、蓝是自然界的三原色，它们不同程度的组合可以形成各种颜色，所以在网页中，使用它们的不同颜色值来表示各种颜色。

网页中的颜色通常采用 6 位十六进制的数值来表示，每两位代表一种颜色，从左到右依次表示红色、绿色和蓝色。颜色值越高表示这种颜色越深，如红色数值为#FF0000，白色数值为#FFFFFF，黑色数值为#000000。或者用 3 个以“,”相隔的十进制数来表示某一颜色，如红色的十进制表示为 Color(255,0,0)。

在传统的色彩理论中，颜色一般分为彩色和非彩色。在网页中，如果 3 种颜色的数值相等，就显示为灰色。

太阳光是彩色的，按颜色的色调通常将其划分为 7 种颜色：红、橙、黄、绿、蓝、青、紫。如果将这 7 种颜色按这个顺序渐变为一条色带，则越靠近红色，给人的感觉越温暖，越靠近蓝色和紫色，给人的感觉越寒冷，所以红、橙、黄的组合又称为暖色调，青、蓝、紫的组合又称为冷色调。

2. 色彩三要素

色相、饱和度和亮度是色彩的三要素，人眼看到的任一彩色光都是这三个特性的综合效果，其中色相与光波的波长有直接关系，亮度和饱和度与光波的幅度有关。

- 色相：指色彩的名称，是一种色彩区别于另一种色彩的最主要的因素，如紫色、绿色、黄色等代表着不同的色相。同一色相的色彩，调整一下亮度或对比度很容易搭配，如深绿、暗绿、草绿、亮绿。色相反差越大，人眼越容易辨认。
- 亮度：指的是色彩的明暗程度，亮度越大，色彩越明亮。鲜亮的颜色，让人感觉绚丽多姿，生气勃勃，适用于购物、儿童类的网站。亮度越低，颜色越暗，适用于游戏类网站，充满神秘感，即亮度对比越强，人眼越容易辨认。
- 饱和度：指色彩的鲜艳程度，饱和度越高的色彩，越纯和鲜亮，饱和度越低的色彩，越暗淡(含灰色)，即饱和度越高，人眼越容易辨认。

3. 网页安全色

不同的平台(Mac、PC 等)有不同的调色板，不同的浏览器也有自己的调色板。这就意味着对于一幅图，显示在 Mac 上的 Web 浏览器中的图像，与它在 PC 上相同浏览器中显示的效果可能差别很大。

为了解决 Web 调色板的问题，人们一致通过了一组在所有浏览器中都类似的 Web 安全颜色，如图 2-6 所示，这些颜色可以安全地应用于所有的 Web 中，而不需要担心颜色在不同应用程序之间的变化。

000	300	600	900	C00	F00	003	303	603	903	C03	F03
006	306	606	906	C06	F06	009	309	609	909	C09	F09
00C	30C	60C	90C	C0C	F0C	00F	30F	60F	90F	C0F	F0F
030	330	630	930	C30	F30	033	333	633	933	C33	F33
036	336	636	936	C36	F36	039	339	639	939	C39	F39
03C	33C	63C	93C	C3C	F3C	03F	33F	63F	93F	C3F	F3F
060	360	660	960	C60	F60	063	363	663	963	C63	F63
066	366	666	966	C66	F66	069	369	669	969	C69	F69
06C	36C	66C	96C	C6C	F6C	06F	36F	66F	96F	C6F	F6F
090	390	690	990	C90	F90	093	393	693	993	C93	F93
096	396	696	996	C96	F96	099	399	699	999	C99	F99
09C	39C	69C	99C	C9C	F9C	09F	39F	69F	99F	C9F	F9F
0C0	3C0	6C0	9C0	CC0	FC0	0C3	3C3	6C3	9C3	CC3	FC3
0C6	3C6	6C6	9C6	CC6	FC6	0C9	3C9	6C9	9C9	CC9	FC9
0CC	3CC	6CC	9CC	CCC	FCC	0CF	3CF	6CF	9CF	CCF	FCF
0F0	3F0	6F0	9F0	CF0	FF0	0F3	3F3	6F3	9F3	CF3	FF3
0F6	3F6	6F6	9F6	CF6	FF6	0F9	3F9	6F9	9F9	CF9	FF9
0FC	3FC	6FC	9FC	CFC	FFC	0FF	3FF	6FF	9FF	CFF	FFF

图 2-6　网页安全色

4. 配色原则

在网站中使用色彩，既要考虑网站风格，又要考虑网站的功能性和实用性。色彩设计要能够突出网站主题，选定的色彩组合要结合网页框架来分配色彩面积和位置。

- 特色鲜明：网站的色彩要鲜艳，容易引人注目。要有与众不同的色彩，使用户对网站印象深刻。
- 搭配合理：色彩要和网站主题所要表达的内容、气氛相适应。
- 联想效应：不同的色彩会产生不同的联想。人对所看到的色彩的视觉刺激和心理暗示，叫作色彩心理。例如，红色让人有冲动、愤怒、热情和活力的感觉。

5. 配色方法

遵循色彩搭配原则，并结合网站主题需要选择合适的色彩，才能使网站形象鲜明又合理。

1) 根据风格确定主色

色彩有心理暗示的作用，很多品牌有其品牌色，并有一套自己的 VI，对颜色的使用有具体的规定，例如，KFC 和可口可乐官网主页都以红色为主色，如图 2-7 所示。

图 2-7　KFC 和可口可乐网站主色

2) 根据主色确定配色

颜色搭配得是否合理会直接影响用户的情绪。好的色彩搭配会给浏览器带来好的视觉冲击，不恰当的色彩搭配则会让浏览者的情绪浮躁不安。

- 同种色彩搭配：指选定一种色彩，通过调整其透明度和饱和度，将色彩变淡或加深，从而产生新的色彩，这样的页面看起来色彩统一，具有层次感。其网页特点是：色相相同，亮度或饱和度不同，如蓝与浅蓝(蓝+白)、绿与粉绿(绿+白)与墨绿(绿+黑)。
- 相近色搭配：其特点是色相环上相邻二至三色对比，距离大约 30 度左右，为弱对比类型，如红橙与橙与黄橙色。
- 类似色搭配：邻近色是指在色环上相邻的颜色，如绿色和蓝色、红色和黄色即互为邻近色。邻近色搭配易于达到页面和谐统一，避免色彩杂乱。其特点是：色相距离约 60 度左右，为较弱对比类型，如红与黄橙色对比等。

- 对比色搭配：一般来说，色彩的三原色(红、黄、蓝)最能体现色彩间的差异。色彩的强烈对比具有视觉诱惑力，可以突出重点，产生强烈的视觉效果。合理使用对比色，能够使网站特色鲜明。在设计时，我们通常以一种颜色为主色调，其对比色作为点缀，起到画龙点睛的作用。其特点是色相对比距离120度左右，为强对比类型，如黄绿与红紫色。
- 互补色搭配：在色环上划直径，正好相对(即距离最远)的两种色彩互为补色。其特点是：色相对比距离180度左右，如红色和绿色、橙色和蓝色、黄色和紫色等。
- 暖色与冷色搭配：暖色搭配是指使用红色、橙色、黄色等色彩的搭配，这种运用可为网页营造出和谐热情的氛围。冷色搭配是指使用绿色、蓝色及紫色等色彩的搭配，这种搭配可为网页营造出宁静高雅的氛围。
- 搭配消色：消色是指黑白灰(也有说是黑白金银灰)，这类颜色由于本身没有色性，所以可以说是万用搭配色。使用时需要注意，必须和色性比较强的颜色搭配，才能有较好的效果；要控制好使用的比例，尤其是灰色，使用得过多，会使页面灰蒙蒙没有质感。

6. 配色技巧

随着网站设计者制作经验的积累，用色有如下的趋势：单色→五彩缤纷→标准色→单色。最初因为技术和知识缺乏，只能制作出简单的网页，色彩单一；在有一定基础后，会将最好的图片，最满意的色彩堆砌在页面上，造成色彩杂乱，没有个性和风格；第三次重新定位网站时，会选择切合的色彩，推出的网站往往比较成功；最后当设计理念和技术达到顶峰时，则又返璞归真，用单一色彩甚至非彩色就可以设计出简洁精美的站点。

- 用一种色彩：即同种色彩搭配。
- 用两种色彩：对比色搭配，整个页面色彩丰富但不花哨。
- 用一个色系：简单地说就是用一个感觉的色彩，如淡蓝、淡黄、淡绿或土黄、土灰、土蓝。
- 不宜过多：在网页配色中，不要将所有颜色都用到，尽量控制在3种色彩以内；背景和前文的对比尽量要大(绝对不要用花纹繁复的图案作背景)，以便突出主要文字内容。

2.2.2 网站布局

网站布局一般是指网站的结构，对网站的搜索引擎友好度、用户体验有着非常重要的影响。网站布局一般使用DIV+CSS实现，通过CSS文件和DIV标签的搭配使用，可以实现全局调用，布局结构简单。

1. 网站布局的意义

网站布局就像房屋的装修一样，舒适优美的环境能让人心情愉悦。一个布局合理的网站，才能使浏览者愿意驻足，从而提高访问量，达到好的宣传效果。

- 影响搜索引擎对页面的收录：合理的网站布局可以引导搜索引擎抓取到更多、更有价值的网页，提升网站的排名。
- 影响用户使用体验：清晰的网站布局可以帮助用户快速获取所需信息，提升用户使用体验，从而留住用户。
- 影响内部页面重要性：合理的内部链接策略，可以对重要页面进行推荐操作，突出该页面的重要性。

2. 网站布局设计

如何把自己的网站推广出去？如何在同类型网站中更容易被用户找到？如何成为受用户欢迎的网站？解决这些问题，就需要系统地进行网站布局设计。

- 网站标签布局：系统性地布局好网站标签(如 Title、Keyword、Description 等)，简洁清晰地告诉搜索引擎，我们的网站主题是什么、是做什么的。
- 网站分类布局：根据网站的不同类型和性质来决定目录分类，设置好关键词，如价格、行业、产品类型、时间、人群等。搜索引擎抓取关键词做网页评价的时候，会根据关键词的密度和泛起频率对其进行排名。
- 网站位置布局：合理利用网站位置，将重要的信息在重要的位置展示。位置越靠前，越容易被用户找到；代码越靠前，越容易被搜索引擎抓取。例如，企业网站应将产品放在重要位置，企业信息和联系我们等栏目则要靠后。
- 网站内容布局：搜索引擎喜欢原创的、用户有需求的信息，因此要做好网站更新及原创性工作。
- 网站链接布局：内部链接结构上要形成一张网，让搜索引擎在网站内部不断地抓取，在提高搜索排名的同时还能提升用户体验。

3. 通用网站布局

纷繁多彩的各类网站看似区别很大，各不相同，但在网站布局上却有着共通性。一般网站布局涉及如下几项。

- 首页布局：包括 Logo、导航、Bannder 图、公司简介、案例、最新新闻等。网站的首页一是为访问网站的用户提供导航分类的作用，按用户需求的重要性去布局，二是体现和突出网站主题的作用。搜索引擎的抓取规则是从上到下，从左到右，在这里建议把网站的头部留上可以填写一行字的位置，在网站的顶部添加网站的关键字，在Logo中添加ALT标签，这样不仅可以提高网站的关键字密度，而且对网站的排名也很有好处。
- 栏目布局：包括 Logo、导航、位置导航、新闻或产品列表、新闻浏览排行或最新新闻列表等。各个页面最好都独立设置关键词和描述，栏目页或分类页，可以考虑用栏目名称或分类名称当关键词，而描述也可以同关键词一样。层次要简洁，不能太深，最好是用户点击一到三次就能找到想要的内容。
- 内容页布局：包括 Logo、导航、位置导航、标题、文章发布日期、文章浏览次数、文章内容、相关文章列表或最新新闻等。页面结构要清晰，主次分明，可以设置友情链接、热门搜索等模块，把关键词单独展示出来。

2.3 网站内容设计

在网站的整体视觉效果中，色彩搭配决定着用户对网站的第一印象，而页面布局则体现着页面信息的安排是否合理，能否为用户提供舒适的使用体验。

2.3.1 网站主题的定位

网站的主题也就是网站的题材，准确鲜明的主题能吸引用户，产生流量，而流量正是网站生存的“血液”。

网上比较知名的 10 类题材有：①网上求职；②网上聊天/即时信息/ICQ；③网上社区/讨论/邮件列表；④计算机技术；⑤网页/网站开发；⑥娱乐网站；⑦旅行；⑧参考/资讯；⑨家庭/教育；⑩生活/时尚。在选择网站题材的时候要注意以下几点。

1. 主题小，内容精

网站的定位要小。如果想制作一个包罗万象的网站，把所有认为精彩的东西都放在上面，会让人感觉网站没有主题和特色。网站建成后，往往没有足够的能力去维护和及时更新。另外，网站范围太大，会造成搜索引擎优化竞争更激烈，影响网站的排名，不利于网站推广传播。

网站的内容要精。网络用户大多有着明确的目的性，对信息质量的要求也很高。创新的内容是网站的“灵魂”，只有能为用户提供最新、最全、最精准的信息，才能吸引用户，网站才具有生命力。

2. 网站题材内容恰当

网站的题材最好是自己擅长或喜爱的内容。一个企业建立网站，要密切结合自己的业务范围来选择内容，突出自己的业务或产品专长，不要设置与本身业务不相关的内容(如国际新闻、娱乐动态等)，也不需要为了增加访问量而去设置一些自身不熟悉且技术难度较大的栏目(如网游、即时通信等)。

3. 题材新，目标准

题材不要太滥，目标不要太高。“太滥”是指普遍性的，人人都有的题材，如免费信息、软件下载等；“目标过高”是指在这一题材上已经有非常优秀、知名度很高的网站，很难超越。

2.3.2 网站风格的确定

网站风格，是指网站页面设计上的视觉元素组合在一起的整体形象(包括网站的配色、字体、页面布局、页面内容、交互性、海报、宣传语等)，展现给人的直观感受。一个企业的网站风格一般与企业整体形象相一致，企业的整体色调、行业性质、文化、提供的相关产品或服务特点等都要能在网站的风格中得到体现。个人网站则可将个人的审美、理念、创新性等体现在网站风格上。

1. 网站风格确定的原则

网站风格犹如人的穿衣搭配，要注重整体性和一致性，从而让人产生深刻的印象。杂乱的混搭往往无法产生美感。

- 色彩搭配的一致性：首先要确定背景色、版块内容的颜色、重点要素的颜色，要选择协调的搭配，一般不超过三种，以免影响用户的浏览效果。内页的色彩搭配要与首页一致。
- 视觉元素的一致性：一般包括图片的运用、有知识功能的图标及操作性质的按钮等，这些元素要在风格上保持一致。尤其是图片的使用，一定要切合网站的主题和类型。
- 网站排版的一致性：为了加强网站视觉平衡感，排版时要保证整体统一，包括每一个版块中的文字大小、间距和行距等。

2. 常见的网站设计风格

在文学作品中，个性鲜明的人物总是让人印象深刻，网站也是如此，只有具有了自己的风格，才能在众多同类网站中脱颖而出。

- 全屏图片设计：一种应用图片的组合进行网站页面设计的风格，其特点是用图片填充网页大部分的空间，简单明了，能够突显网站想要展示的主体。设计感强的图片，通过合理整齐的页面布局，添加简短新颖的文字，能带给用户强烈的视觉冲击。此类设计由于所承载的内容较少，比较适合摄影或个人网站等。
- 扁平化设计：一种简洁、轻便的设计风格，其理念是去繁除臃。该风格将不必要要的装饰元素全部去掉，只留下信息中最为核心的部分，强调的是一种极简化和符号化。网页扁平化设计在手机网站建设的应用中较多，能提升网站的加载速度，降低内存占用量，同时为用户提供一个干净整齐的 UI 界面。
- 3D 动态设计：将 3D 技术应用于网站制作，用户通过鼠标滚轮或触屏来带动网站信息的展现，带给用户一种控制感和交互体验的趣味性。此类设计多用于广告宣传类或科技感强的网站。
- 垂直排布设计：也称为“瀑布流式”设计，即将所有内容展示在一个页面上，用户通过滚动条，可以不间断地更新网页内容，提升站内搜索的速度。此类设计适用于每日更新且信息量大的网站。
- 个性化设计：多采用个性化的字体、生动有趣的动画和具有冲击力的色彩视觉效果来实现，用以突出网站的个性。网站的目的是展示给用户与众不同的东西，从而吸引用户。

2.3.3　网站结构设计

在明确了网站主题和风格之后，网站结构要做的就是将网站内容划分为清晰合理的层次体系，包括栏目的划分及其关系、网页的层次及其关系、链接的路径设置、页面的功能分配等。

1. 设计目标

网站结构的设计不是盲目的，更不能有边做边完善的思想。在设计之前，我们首先要明确以下设计目标。

- 层次清晰，突出主题。
- 突显特征，注重特色设计。
- 方便用户使用。
- 网页功能强大，分配合理。
- 网站的可扩展性能好。
- 网页设计与结构在用户体验上完美结合。
- 面向搜索引擎的优化。

2. 网站结构分类

网站的内容量影响着网站的结构。互联网上既有内涵丰富的大型门户网站，也有仅用于个性展示的个人网站。常见的网站结构有如下几种。

- 平面结构：也称为扁平结构，指所有的网页都在根目录下。它多用于建设一些中小型企业网站或博客网站。优点：有利于搜索引擎抓取。缺点：内容杂乱，用户体验不好。
- 树形结构：主要是目录结构，网站根目录下设有多个分类，也就是给网站设立栏目。此种结构适合类别多、内容量大的网站，多用于资讯站、电子上网网站等。优点：分类详细，用户体验好。缺点：分类深，不利于搜索引擎抓取。

2.3.4　网站形象设计

网站像企业一样，需要整体的形象包装和设计，精确的、有创意的形象设计，对网站的推广宣传有事半功倍的效果。

1. Logo 设计

网站的 Logo 是网站特色和内涵的集中体现，可以是中文、英文字母、符号、图案，也可以是动物或人物，如图 2-8 所示。

Logo 的设计创意一般来自网站的名称和内容。专业性的网站，可以用本专业有代表性的物品作为标志，如奔驰汽车的标志、中国银行的行标。最简单常用的方式是用网站的英文名称作为 Logo，通过字体、字母的变形和组合，很容易制作。

图 2-8 网站 Logo

2. 网站的标准字体

网站的默认字体是宋体，一般设计会选择显示器中看起来优美的字体——微软雅黑。为了体现出网站的风格，也可以根据需要选择一些特殊的字体，如广告体可以体现精美的设计、手写体有利于网站亲和度的传播、粗体仿宋能够体现专业性等。

3. 网站的标准色彩

网站的 Logo、标题、主菜单和主色块要用标准色彩，给人一个统一的视觉效果。色彩的使用是为了点缀和衬托，不能喧宾夺主。网页标准色主要有蓝色、黄/橙色、黑/灰/白色三大系列色等。

4. 网站的宣传标语

网站的宣传标语要体现网站的目标、理念、内涵与精神，使网站更具文化性和社会性。一般用一个词或一句话来高度概括，要求具有亲和力，使人印象深刻，如图 2-9 所示的中国科普网首页标语。

图 2-9 中国科普网首页标语

2.3.5 网站导航设计

网站导航的作用是快速、准确地将用户带到其想要访问的页面。合理的导航设计能提升用户的使用体验，提高搜索引擎对网站的友好性。

Web 导航有很多种，常见的有主导航、副导航、面包屑导航和网站地图导航等。

1. 主导航

主导航位于网站的最上面，一般包括网站的首页及各个栏目的导入链接，如图 2-10 所示。用户可以通过主导航了解网站的定位和主要内容。

图 2-10 中国科普网主导航

搜索引擎对主导航多的网站非常友好，它会根据网站的主导航进入网站的各个子页面。网站主导航对用户的浏览体验和搜索引擎抓取都是有利的。

2. 副导航

副导航对主导航起辅助作用，常位于网站首页的最下端。网站首页设置副导航是为了方便用户进一步查询自己需要的信息，如产品或服务项目等，如图 2-11 所示。

关于我们 | 法律声明 | 人员招聘 | 注册协议 | 投稿须知 | 咨询与建议

图 2-11　中国科普网副导航

副导航能增加网站长尾关键词的密度，有利于在搜索引擎中增加网站关键词的排名。

3. 面包屑导航

面包屑导航是指上一栏目与下一栏目之间的“桥梁”，一般是在首页与二级栏目、三级栏目之间相互切换，让每一级栏目都转成锚文本的形式，使用户明确自己在网站中所处的位置，如图 2-12 所示。

您现在的位置：首页 > 电子银行 > 企业电子银行 > 服务与功能 > 重点产品

图 2-12　银行业网站的面包屑导航条

4. 网站地图导航

网站地图导航好比人类大脑的神经元，控制着所有的“神经”。网站地图包含所有的网站页面，页面链接均从网站导航地图中导出。网站地图为搜索引擎蜘蛛的爬行提供了方便。

2.4　小结和习题

2.4.1　本章小结

规划是设计制作的前提基础，相当于搭建网站的骨骼框架，后期的制作只有基于框架开展工作，才能有序展开。完整的网站制作规划设计通常包括主题规划、结构规划、页面规划和内容规划，网站制作完成后还要涉及发布、运营和推广的规划。本章着重介绍制作过程的规划，具体包括以下主要内容。

- 网站初规划：我们通过网站的建设流程、设计原则和设计技术的分析，给制作者一个清晰的网站设计思路，为后续搭建网站框架做铺垫。
- 网站配色与布局：主要介绍了色彩基础知识、色彩三要素和网页安全色，学习配色的原则、方法和技巧，并在此基础上了解网站布局的意义及设计。制作者通过这部分的学习，避免在设计过程中因出现错误的色彩运用和页面布局而导致设计的失败。

● 网站内容设计：本小节进入具体的设计流程分析，包括主题定位、风格的确定、结构设计、形象设计和导航设计五部分。

2.4.2 本章练习

一、选择题

1. 下列不属于网站设计原则的是(　　)。

A. 简洁醒目　　B. 便捷有效

C. 内容丰富　　D. 风格多变

2. 下列配色的误区是(　　)。

A. 多用颜色　　B. 用同一色系

C. 用同一颜色　　D. 主色不超过三种

3. 下列属于网站的形象设计的是(　　)。

A. 项目类别　　B. 服务对象

C. 标准字体和颜色　　D. 网站域名

二、填空题

1. 网站的建设流程一般包括确定__________、预测__________、选择访问模式、绘制结构图、收集素材、__________、__________、测试站点和发布站点。

2. 色相、__________和__________是色彩的三要素。

3. 常见的导航有__________、副导航、面包屑导航和__________等。

三、操作题

尝试规划设计一个以个人展示空间为主题的网站。

第3章

初识网页制作软件

Dreamweaver 是一款常用的网页设计软件，将网页制作、网站开发、站点管理集于一身，具有易学、易用的特点，为用户提供了功能强大的可视化设计工具、应用开发环境和代码编辑工具。无论是开发人员还是设计人员，都能快速创建基于标准网站和应用程序的界面。

本章从 Dreamweaver CC 2018 的操作界面入手，主要介绍了站点的创建与管理、网页的新建与属性设置、外部参数设置等基础知识。

本章内容：

- Dreamweaver 工作环境
- 站点的创建与管理
- Dreamweaver 基本操作

3.1 Dreamweaver 工作环境

Dreamweaver CC 2018 的开发环境精简、高效，突出人性化设计，使用者可以根据个人喜好和工作方式重新排列面板和面板组，定制工作空间。熟悉软件的工作环境，可以使操作更加得心应手。

3.1.1 使用界面

Dreamweaver CC 2018 的使用界面主要包括菜单栏、文档工具栏、通用工具栏、文档窗口、状态栏、属性面板、浮动面板组等，如图 3-1 所示。

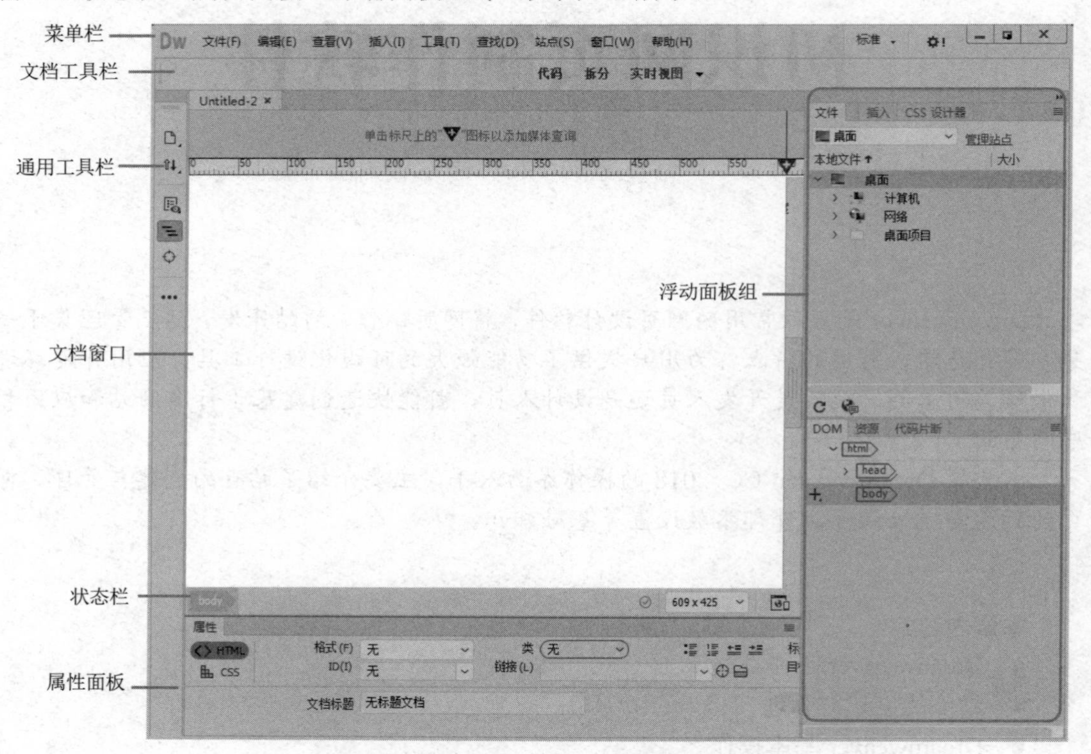

图 3-1 Dreamweaver CC 2018 的工作界面

1. 菜单栏

菜单栏位于工作界面的最上方，包括“文件”“编辑”等 9 个菜单，单击任一菜单，可以打开其子菜单。Dreamweaver 的大多数操作命令都包含在内。

2. 文档工具栏

在文档工具栏中包含了一些图标按钮和弹出菜单，可以通过各种功能按钮实现切换视图、站点间传输文档、预览设计效果等操作。各个按钮的功能如下：

- **代码** 显示代码视图。
- **拆分** 在同一屏幕中显示“代码”和“设计”两个视图。
- **实时视图** 在制作过程中实时预览页面的效果。单击按钮右侧的倒三角形按钮，可以选择“设计”视图。

3. 通用工具栏

通用工具栏主要集中了一些与查看文档、传输文档、代码编辑等有关的常用命令和选项。在不同视图和工作区模式下，显示的通用工具栏也会有所不同。

4. 文档窗口

文档窗口会显示当前打开或编辑的文档，可以选择“代码”“拆分”或“设计”视图。窗口顶部选项卡显示的是当前编辑的文档的文件名。当有多个文档被打开时，可以通过选项卡在文档间进行切换。

5. 状态栏

状态栏显示当前文档的有关信息，如页面大小。

6. 属性面板

属性面板显示文档窗口中被选中的对象的属性，用户可以通过修改面板中的数据，改变被选中对象的属性。在默认状态下，Dreamweaver没有开启“属性”面板，用户可以通过“窗口”命令打开。

7. 浮动面板组

浮动面板组位于工作环境的右侧，包括当前打开的各种功能面板，可以折叠或移动。

3.1.2 浮动面板

Dreamweaver 的大部分功能都可以通过面板进行操作。用户可以根据设计需要选择不同的面板，并可以随意在屏幕上显示、隐藏、布局面板。

1. 显示/隐藏面板

使用 F4 键，可以显示或隐藏包括“属性”在内的所有面板。“窗口”菜单可以打开所有的面板，面板名称前有✓标记的，表示该面板已打开。

2. 移动面板

拖动面板标签或面板组的标题栏，可以移动面板或面板组。移动时，我们可以看到蓝色显示的区域，它表示可以在该区域内移动和放置面板。如果拖动到的区域不是放置区域，则被移动的面板或面板组将在窗口中浮动，如图 3-2 所示的“文件”面板。

图 3-2　浮动的“文件”面板

3. 关闭面板

单击面板或面板组上的≡按钮，可以在打开的菜单中选择“关闭”或“关闭标签组”命令，如图 3-3 所示，从而关闭面板。

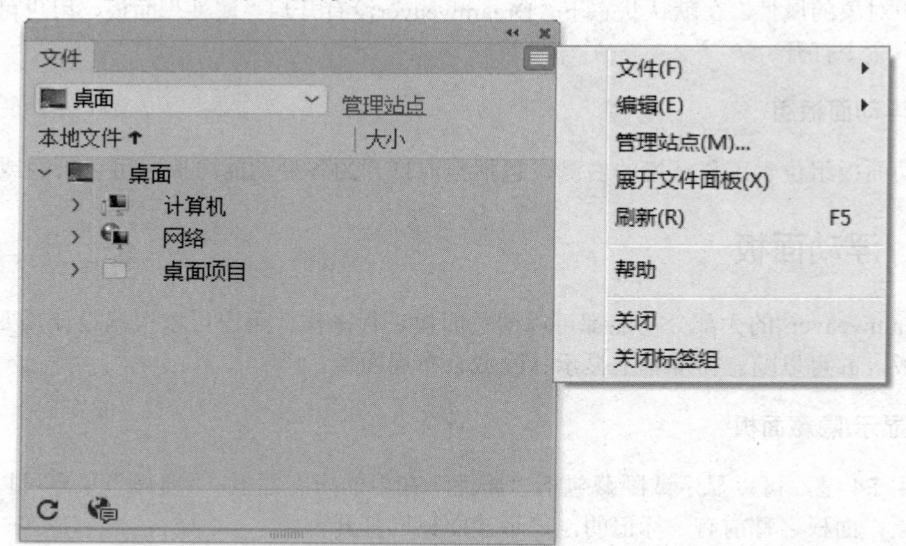

图 3-3　关闭“文件”面板

单击面板组上的»按钮，可以将面板折叠为图标；单击«按钮，展开面板。

3.1.3　视图模式

Dreamweaver CC 2018 针对不同程度的使用者，提供了 4 种视图模式，可以通过文档工具栏上的按钮进行切换，默认为“实时”视图。

1. 代码视图

代码视图用于编辑 HTML、JavaScript 等代码的手工编码环境，如图 3-4 所示。对于代码使用熟练的操作者，可以直接在此视图中输入代码，实现网页的编辑制作。

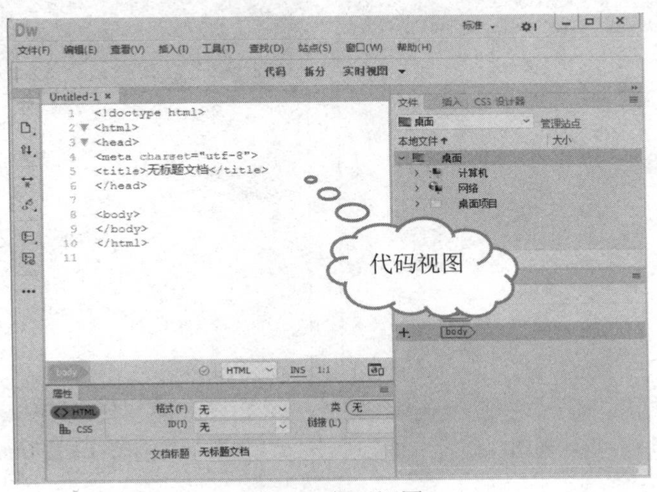

图 3-4　代码视图

2. 拆分视图

拆分视图为用户提供了一个复合设计空间，可以同时访问设计和代码视图。在任一窗口进行的更改，将在另一视图窗口中实时更新。当窗口拆分显示时，还可以选择两个窗口的显示方式。我们通过“查看”菜单，可以把代码窗口放在顶部、底部、左侧或右侧。如图 3-5 所示，文档窗口分为上下部分，分别显示“设计”和“代码”两个视图。

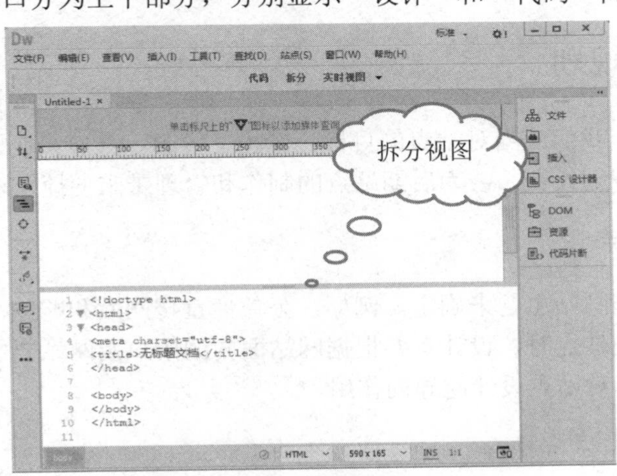

图 3-5　拆分视图

3. 设计视图

设计视图与“实时”视图使用相同的文档窗口，如图 3-6 所示。大部分 HTML 元素和 CSS 格式可以正常显示，但 CSS3 属性、动态内容、交互性行为(如链接行为、视频等)例外。

4. 实时视图

实时视图是 Dreamweaver CC 2018 默认工作区，如图 3-7 所示。用户可在与浏览器类似的环境中以可视化的方式创建和编辑网页，它支持大部分动态效果和交互性的预览。

图 3-6　设计视图

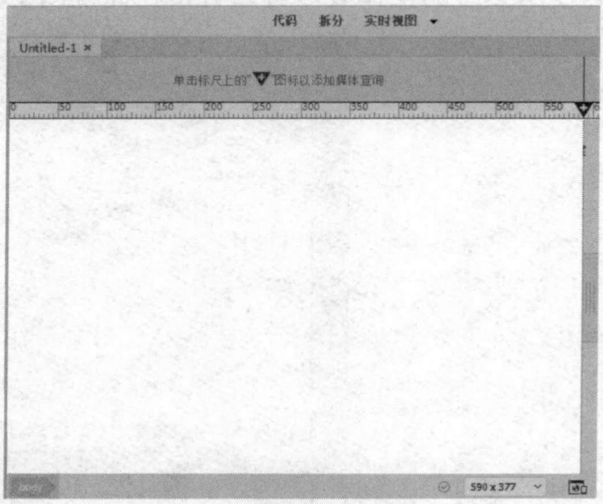

图 3-7　实时视图

3.2　站点的创建与管理

站点是网站中使用的所有文件和资源的合集，由文件和文件所属的文件夹组成。Dreamweaver 可以帮助使用者在计算机的磁盘中建立本地站点，通过站点来管理文件、设置网站结构，在完成所有文件的编辑之后，将本地站点上传到 Internet。

3.2.1　站点的规划

创建站点之前，我们应当对站点的目标、结构、内容、导航机制、风格等内容进行合理的规划。有效的规划设计，会为后期站点的制作和管理带来便捷，避免盲目设计。

1. 明确站点目标

站点目标要根据网站主题来确定。例如，公益性宣传网站和购物平台网站，两者的主题截然不同，在规划站点时，设计者要根据网站面向的用户及网站要实现的功能，准确地定位站点目标，目标对站点设计起导向作用。

2. 站点结构的规划

站点包含的文件数量众多，为了便于管理，我们应对文件进行分类存放。以文件夹的形式组织文件，可以使站点具有清晰的结构，易于后期的维护和管理。在对文件或文件夹命名时，要尽量使用小写英文名，避免使用中文名称。例如，images 文件夹用来存放图像文件，当文件较多时，还可以建立子文件夹，对图像文件进行分类。

3. 站点内容的规划

一个好的站点，必须具备丰富的内容。在规划时，我们要根据网站主题划分不同的内容板块(如景点、交通、饮食等)，再根据这些板块进一步细化具体内容(包括文本、图像、多媒体素材等)。站点内容的规划，既能方便网站的设计，又能使网站用户便捷地获取信息。

4. 站点导航的设计

导航系统能够帮助使用者迅速地查找到有用信息。导航可以是标题文字，也可以是图像，但必须具有明确的指示作用，如“本地交通”。一般在每个页面上，都应该有清晰的导航栏，方便用户返回上一级目录或网站首页。

5. 站点风格的规划

站点风格指的是页面整体形象和风格，必须贴合网站的主题和内容，能够凸显网站的主旨。在制作过程中，可以通过使用模板来制作风格统一的页面。站点的页面应当具有一定的整体性。

3.2.2　站点的创建

Dreamweaver 的站点包括本地站点和远程站点。我们通过 Dreamweaver 可以实现文件的上传和下载，以及本地站点和远程站点的同步更新。

1. 本地站点的创建

本地站点是计算机中用来存放网站文件的场所。在创建本地站点之前，创建者应在本地磁盘建立一个网站文件夹，用来存放站点的所有文件，如 F:\myweb。

实例 1　创建本地站点
在 F 盘创建“我的练习”站点，并保存。

跟我学

1. **新建文件夹**　在 F 盘新建文件夹 myweb，并在此文件夹内建立子文件夹 images。
2. **新建站点**　运行 Dreamweaver CC 2018，选择“站点”→“新建站点”命令，按图 3-8 所示操作，创建“我的练习”站点。

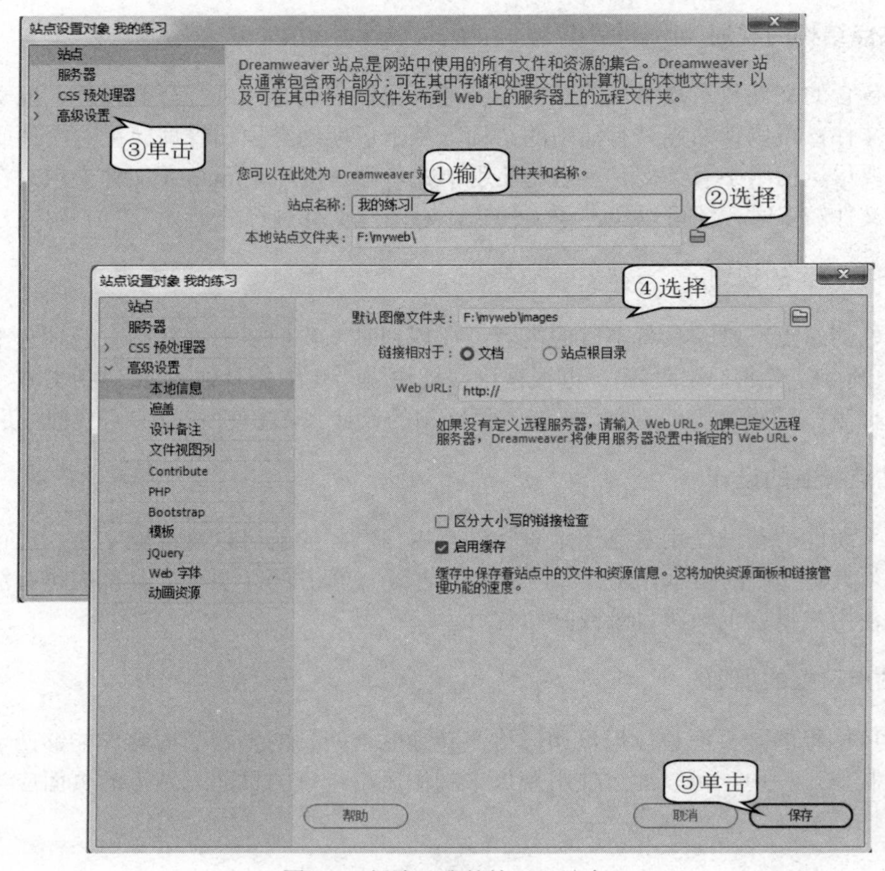

图 3-8　新建“我的练习”站点

3. **查看站点**　在“文件”面板中，可以查看新建的站点及文件夹，如图 3-9 所示。

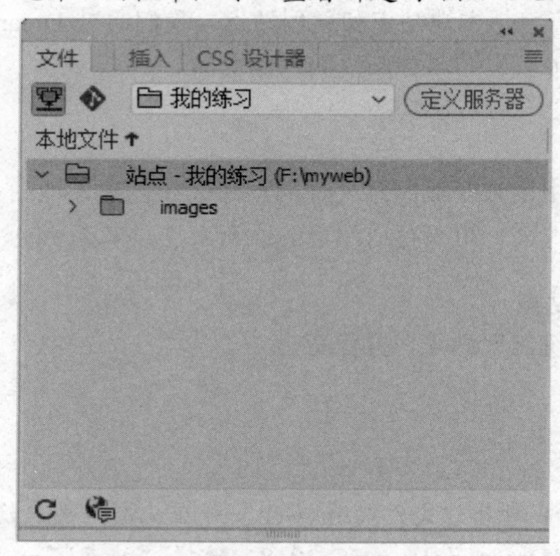

图 3-9　查看“我的练习”站点

2. 远程站点的创建

通过设置远程站点，我们可以实现本地站点与远程站点的关联，从而进行文件的上传和下载，管理远程服务器上的文件。使用者可以通过FTP、SFTP、本地/网络等多种方式建立远程站点。

实例2 创建远程站点

使用FTP连接远程服务器，创建“我的练习”站点对应的远程站点。

跟我学

1. **设置远程站点** 选择“站点”→“管理站点”命令，按图3-10所示操作，使用由服务器运营商提供的信息，创建远程服务器。

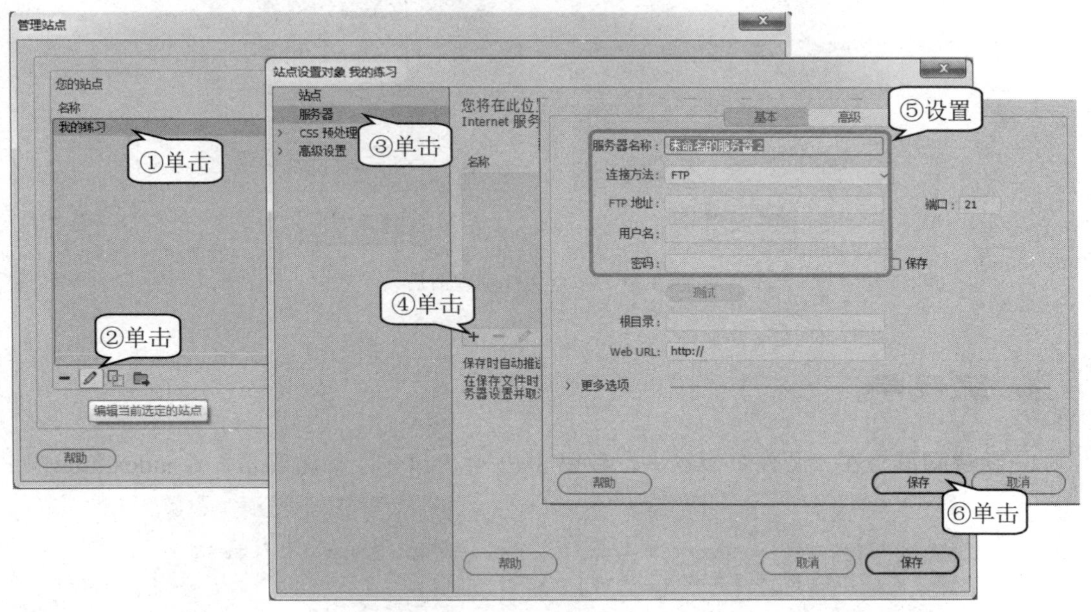

图3-10 创建远程站点

2. **保存站点** 依次单击对话框中的“保存”“完成”按钮，完成远程站点的创建。

FTP地址、用户名和密码信息，必须从托管服务器的系统管理员处获取，并按管理员提供的形式输入。

3.2.3 站点的管理

Dreamweaver可以将本地站点和远程站点统一管理，同步更新，便捷地管理站点中的文件。本地站点与远程站点内的文件管理操作方法相同。

1. 本地站点的管理

管理本地站点分为站点文件管理和站点管理两部分。文件管理包括新建网页和文件夹、移动和复制文件、删除和重命名文件。站点管理包括新建和删除站点、编辑站点等。

实例 3　站点文件管理

在“我的练习”站点内新建 index.html 文件和 book 文件夹，并在 book 文件夹内新建 work.html 文件。如图 3-11 所示是文件管理操作前后的站点。

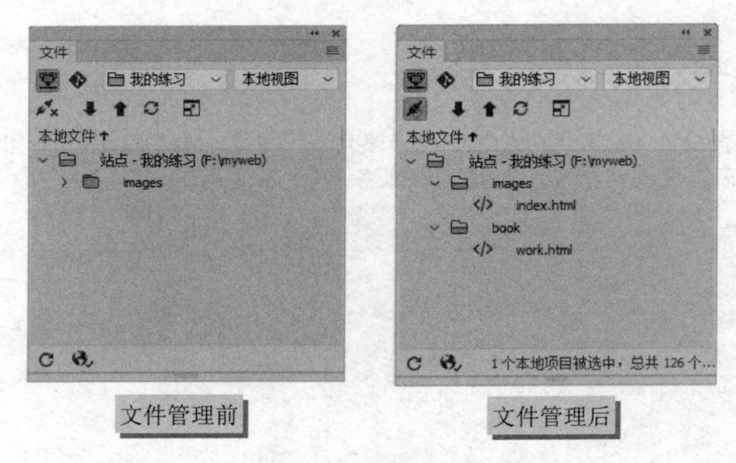

图 3-11　站点文件管理前后

跟我学

1. **新建网页**　在“文件”面板中，按图 3-12 所示操作，新建网站首页 index.html。

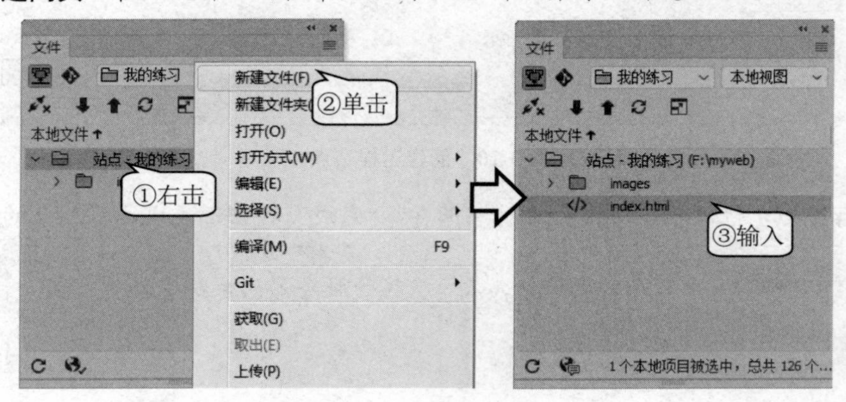

图 3-12　新建网页

2. **新建文件夹**　仿照图 3-12 所示操作，新建 book 文件夹。
3. **复制文件**　按图 3-13 所示操作，复制 index.html 文件到 book 文件夹中。

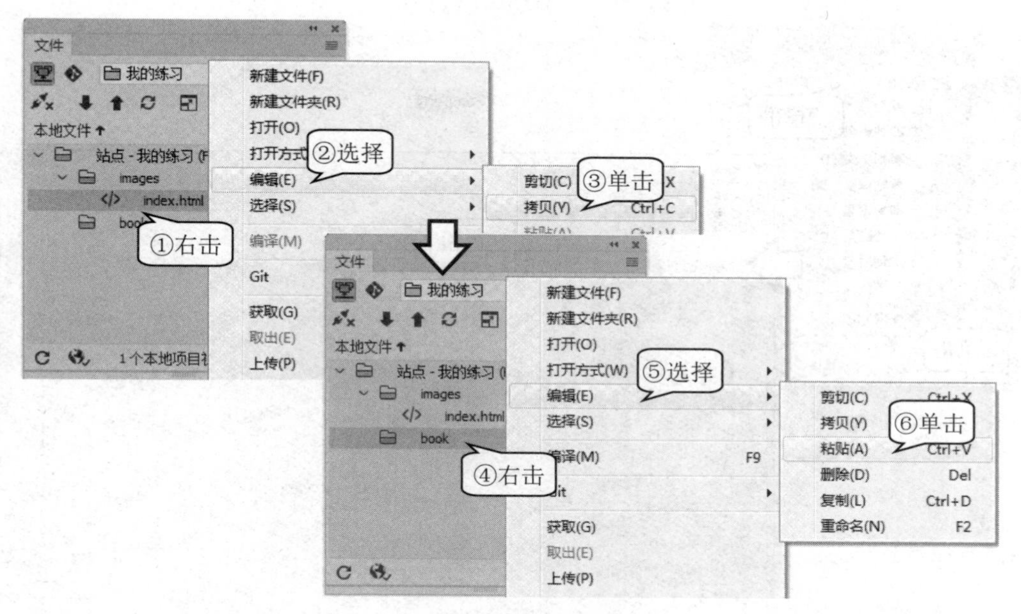

图 3-13　复制文件

4. **文件重命名**　按图 3-14 所示操作，重命名文件为 work.html。

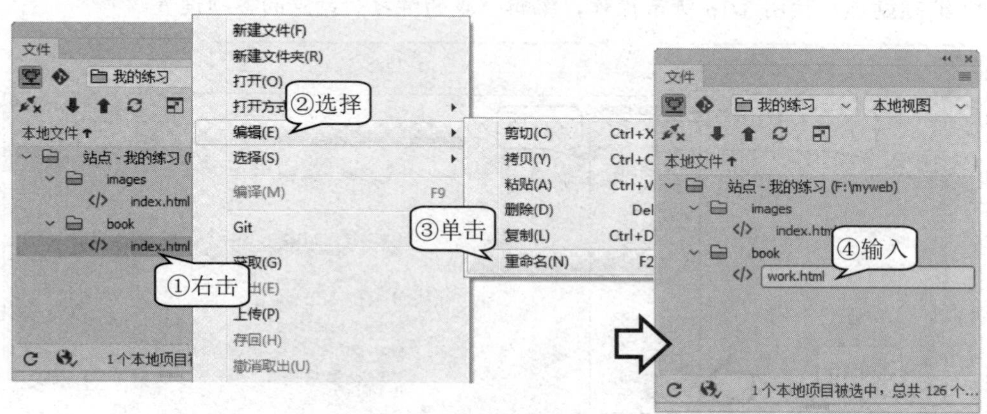

图 3-14　重命名文件

5. **删除文件**　仿照图 3-14 所示操作，在菜单中选择“删除”命令即可。

实例 4　站点管理

复制和编辑“我的练习”站点，并将复制后的站点删除。

跟我学

1. **复制站点**　在“文件”面板中，按图 3-15 所示操作，复制“我的练习”站点。

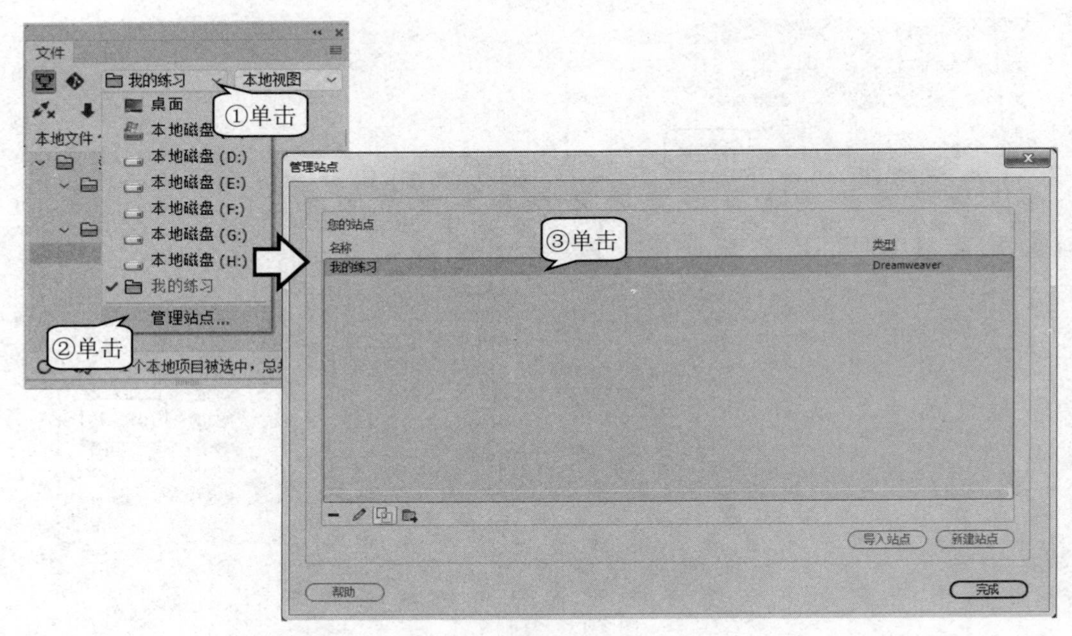

图 3-15　复制“我的练习”站点

2. **编辑站点**　按图 3-16 所示操作，编辑“我的练习”站点的各项设置。

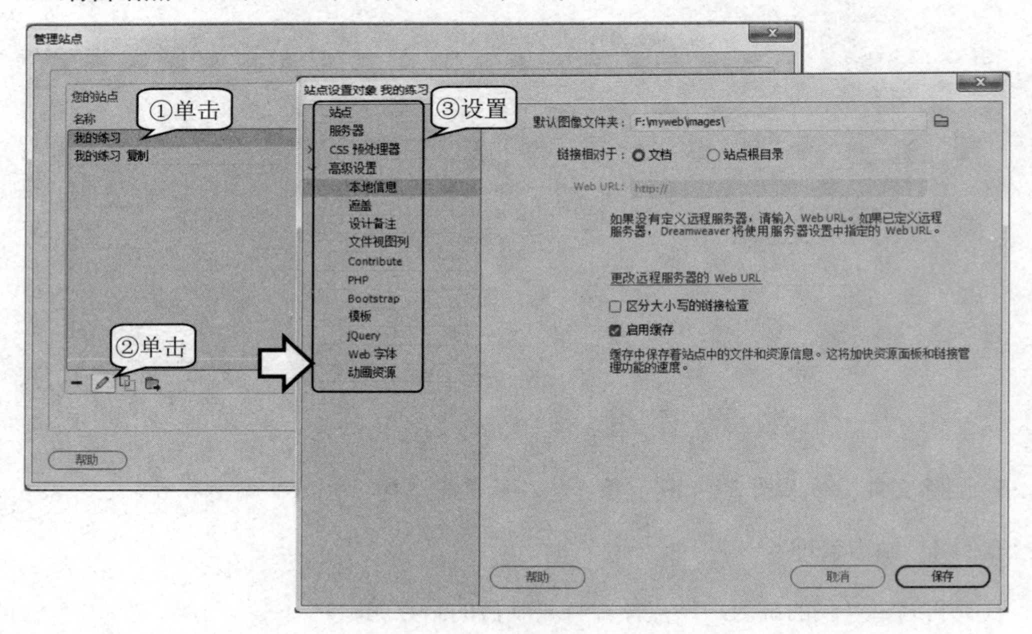

图 3-16　编辑“我的练习”站点

3. **删除站点**　按图 3-17 所示操作，删除“我的练习 复制”站点。

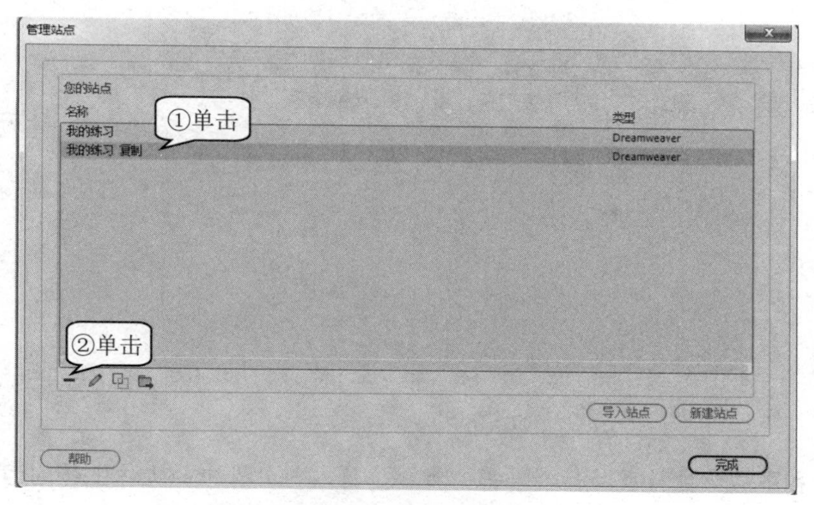

图 3-17　删除“我的练习 复制”站点

2. 远程站点的管理

当本地站点与服务器连接后，我们就可以对远程站点进行各项管理操作，如文件的上传与下载、新建与复制等。

实例 5　管理远程站点

将“我的练习”站点与远程站点连接，尝试在两个站点间上传和下载文件。

跟我学

1. **展开面板**　在“文件”面板中，按图 3-18 所示操作，同时显示本地和远程站点。

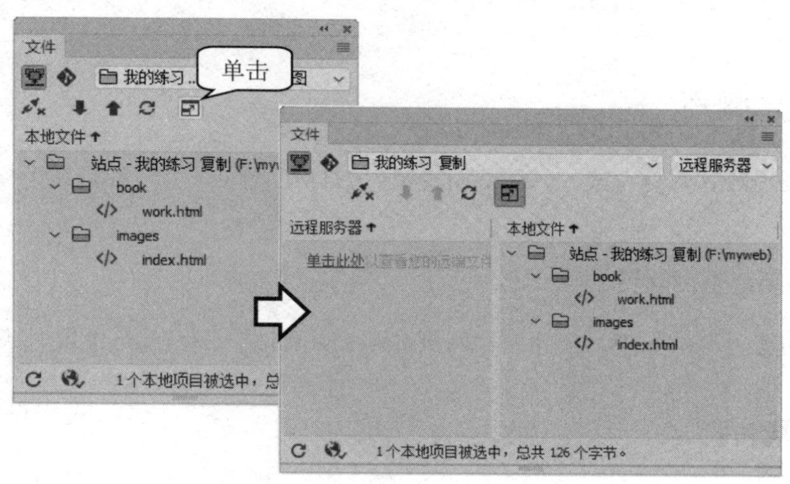

图 3-18　展开“文件”面板

2. **连接服务器**　按图 3-19 所示操作，将本地站点与远程服务器连接。

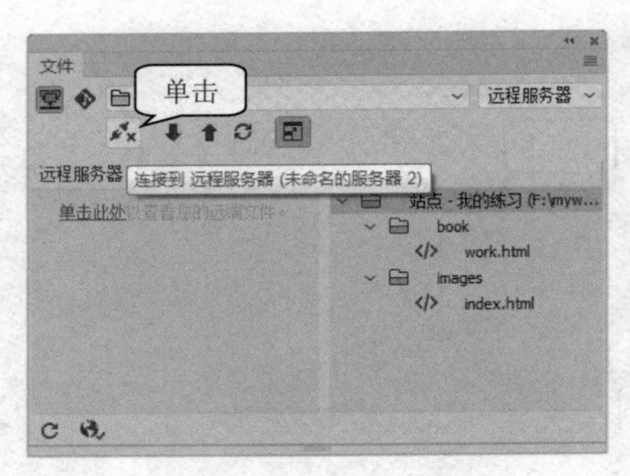

图 3-19　连接服务器

3. **上传和下载**　连接成功后，单击⬆按钮，将本地站点中的文件上传到远程站点；单击⬇按钮，将远程站点中的文件下载到本地站点；单击🔄按钮，可以实现文件的同步。

在远程服务器窗口中，右击文件或文件夹，在弹出的菜单中，可以进行新建、复制、删除和重命名等操作，方法与管理本地站点相同。

3.3　Dreamweaver 基本操作

Dreamweaver CC 2018 可以创建基本的 HTML 页面，默认文档类型为 HTML5，也可以创建具有专业水准的 CSS 样式表、JavaScript 和 XML 等网页。用户也可以选择预设的模板来创建网页。

3.3.1　新建网页

新建网页一般有两种方式，一种是创建空白 HTML 网页，另一种是使用模板创建带有格式的网页。

实例 6　新建空白网页

在“我的练习”站点中，新建空白网页 novel.html，并保存在 book 文件夹中。

跟我学

1. **新建网页**　选择“文件”→“新建”命令，按图 3-20 所示操作，新建空白页。
2. **保存网页**　选择“文件”→“保存”命令，按图 3-21 所示操作，保存网页。

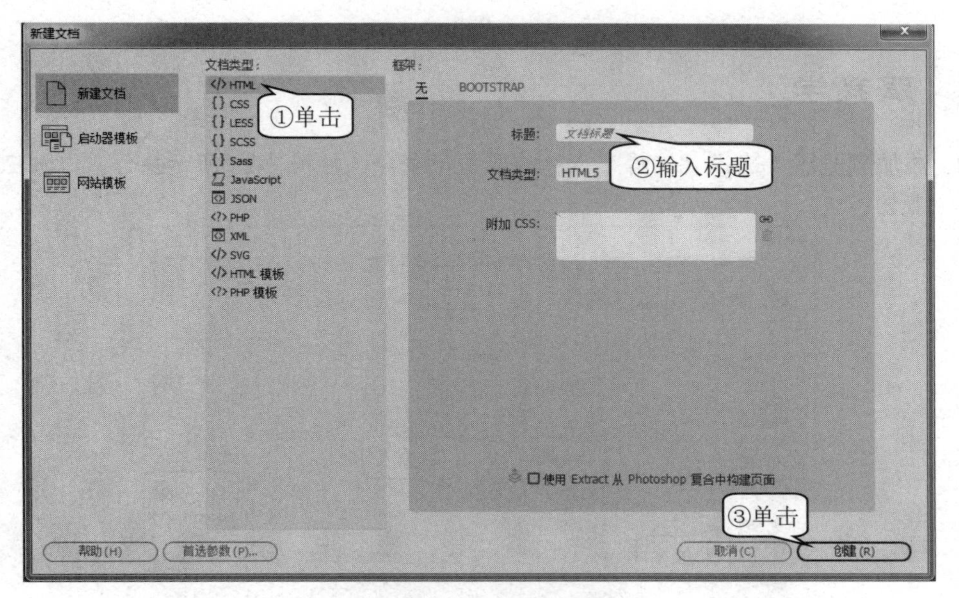

图 3-20　新建空白网页

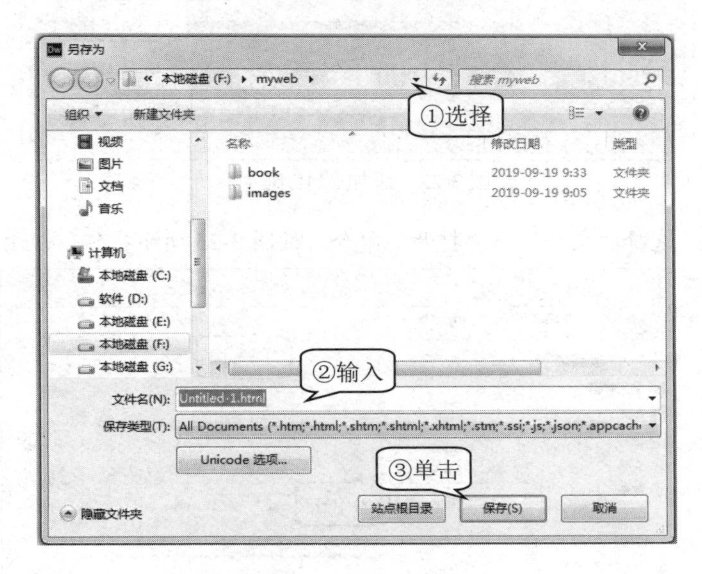

图 3-21　保存网页

3.3.2　预览网页

在网页制作过程中，我们需要经常在浏览器中查看页面效果，以便进行修改和完善。由于目前广泛使用的浏览器众多，使用者想在多种浏览器中测试效果，就需要进行预览设置。

实例 7　设置预览参数并预览网页

添加 2345 浏览器为新的浏览器，预览“我的练习”站点中的 index.html 页面。

跟我学

1. **添加浏览器** 选择“编辑”→“首选项”命令，按图 3-22 所示操作，添加 2345 浏览器。

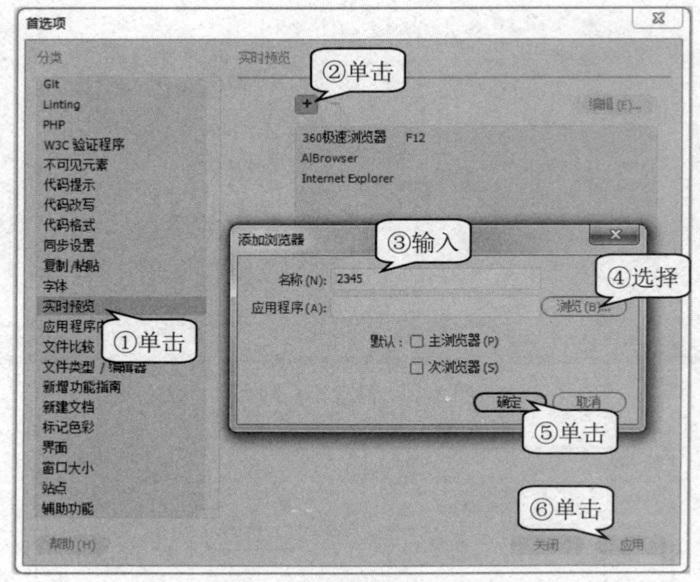

图 3-22 添加 2345 浏览器

2. **打开网页** 选择“文件”→“打开”命令，按图 3-23 所示操作，打开 index.html 网页。

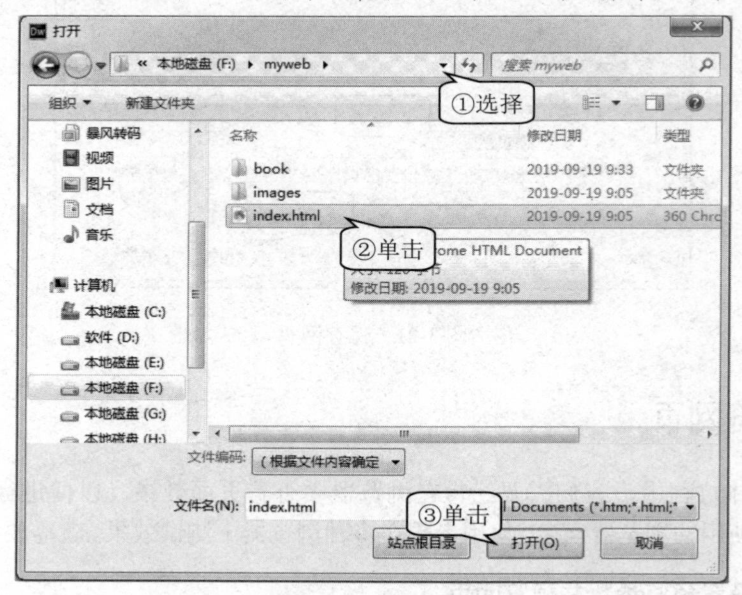

图 3-23 打开 index.html 网页

3. **预览网页**　选择“文件”→“实时预览”→2345Explorer 命令，即可使用 2345 浏览器预览 index.html 网页。

3.3.3　设置网页属性

网页的基本属性包括网页标题、背景颜色和图像、文本格式和超链接格式等，正确设置页面属性可以更好地完成网页的制作。

实例 8　设置页面属性

为 index.html 网页设置标题“我的主页”，再设置背景、文本及超链接的颜色。

跟我学

1. **设置页面标题**　选择“文件”→“页面属性”命令，按图 3-24 所示操作。

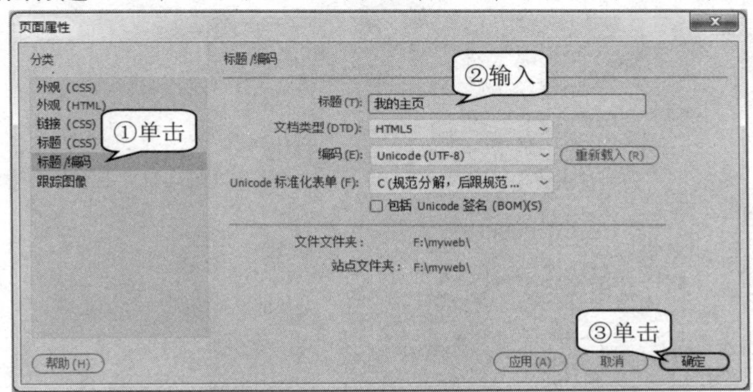

图 3-24　设置页面标题

2. **设置 HTML 外观**　按图 3-25 所示操作，设置网页的背景、文本和链接颜色。

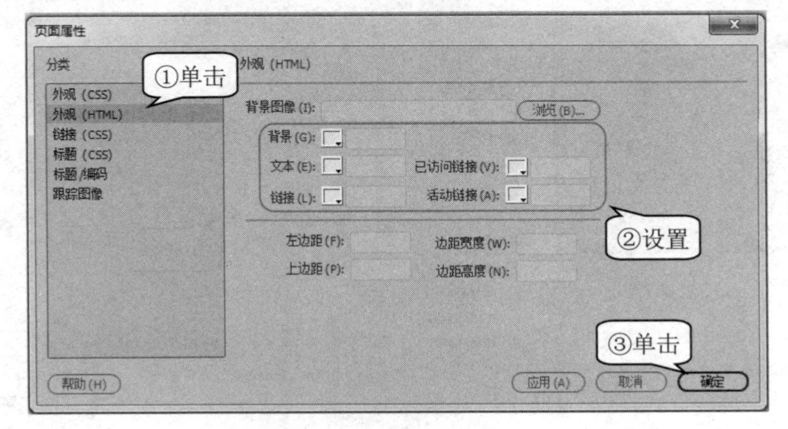

图 3-25　设置 HTML 外观

“背景颜色”和“背景图像”可以同时设置，背景图像会覆盖背景颜色，但在透明背景图像部分可以显示背景颜色。

知识库

1. 设置外部编辑器

网页内的各种元素，如图片、动画等，需要借助外部软件进行编辑。Dreamweaver 能在编辑过程中调用这些外部程序来编辑页面元素，并能将编辑后的元素直接应用在页面编辑中。

在 Dreamweaver 中设置外部编辑器的方法：选择“编辑”→“首选项”命令，按图 3-26 所示操作，设置 Photoshop 为.jpg、.jpe、.jpeg 文件的外部编辑器。

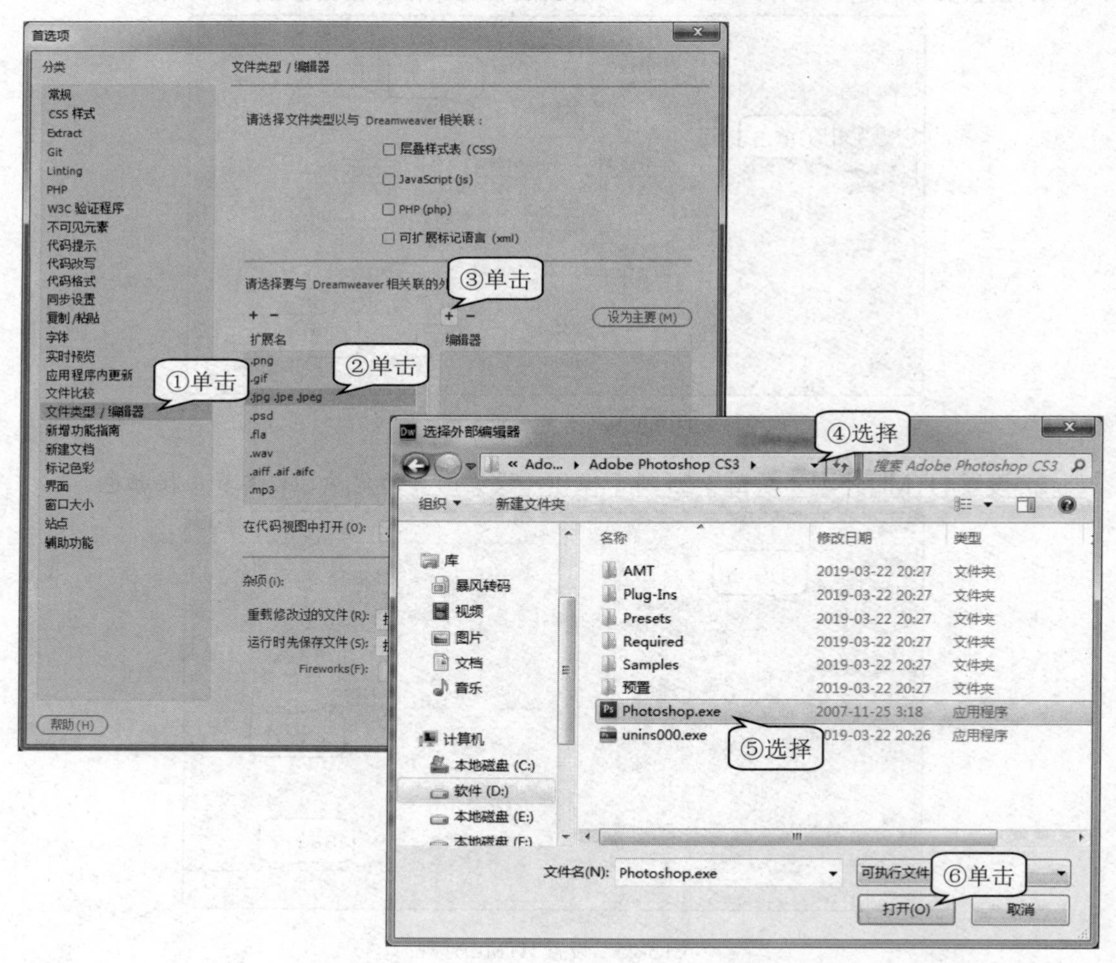

图 3-26　设置 Photoshop 为外部编辑器

2. 文件的保存

选择“文件”→“保存全部”命令，将打开的所有网页文件进行保存。“保存”的快捷键为 Ctrl+S，“另存为”的快捷键为 Ctrl+Shift+S。网页必须保存在本地站点中才能正常显示网页中的各项元素。

3.4　小结和习题

3.4.1　本章小结

Dreamweaver 是一款操作简单、易学好用的软件，集网页制作与网站管理功能于一身，可以制作跨平台、跨浏览器限制的各种网页。Dreamweaver 可与 Flash、Photoshop 等多种设计软件完美搭配，在 Dreamweaver 界面内即可使用这些软件进行编辑。本章主要介绍了 Dreamweaver 软件基本功能，具体包括以下主要内容。

- Dreamweaver 工作环境：主要介绍了开始页、工作界面、自定义工作界面和软件的基本视图模式。
- 站点的创建与管理：主要介绍了站点的规划、本地站点和远程站点的创建与管理。
- Dreamweaver 基本操作：主要介绍了新建空白网页、网页的预览、网页参数设置及页面属性的设置等。

3.4.2　本章练习

一、选择题

1. 下列不属于功能菜单的是(　　)。

   A. 格式　　B. 文件

   C. 工具　　D. 站点

2. 预览网页制作效果的快捷键是(　　)。

   A. F4　　B. F2

   C. F12　　D. F5

3. 管理远程站点必须将(　　)与(　　)连接。

   A. 本地站点与远程站点　　B. 本地站点与远程服务器

   C. 远程站点与远程服务器　　D. 本地站点与网络

二、填空题

1. 文档窗口中可以实现________、________和________视图之间的切换。
2. 常用的功能面板有________、________和________等。
3. 设置网页超链接，可以通过________对话框完成。

三、操作题

1. 运行 Dreamweaver CC 2018 软件，新建一个 HTML 空文件，观察了解工作界面各部分的主要功能。

2. 规划个人网站的目录结构，建立相关文件夹。

3. 根据规划，创建个人站点，并新建主页文件。

第4章

制作网页内容

制作网页时要组织好页面的基本元素，同时再配合一些特效，构成一个绚丽多彩的网页。网页的组成对象包括文本、图像、多媒体和超链接等。内容是网页的“灵魂”，文本与图像在网页上的运用是最广泛的，一个内容充实的网页必然会用大量的文本与图像，然后将链接应用到文本和图像上，使这些文本和图像“活”起来，再辅以多媒体元素，整个网页会更加生动有趣。

本章包括两个部分：第一部分通过实例介绍如何在网页中输入文本，以及插入图像、动画、视频及音频等，掌握网页制作的基本方法；第二部分通过使用模板和超链接，掌握快速制作统一风格网页的方法，实现网页之间的有效跳转链接。

本章内容：

- 输入文本
- 插入图像
- 插入多媒体
- 使用超链接
- 使用模板快速制作网页

4.1 输入文本

文本是网页主要的信息载体，其在网络上的传输速度较快，用户可以很方便地浏览和下载文本信息。整齐划一、大小适中的文本能够体现网页的视觉效果。

4.1.1 添加文本

在 Dreamweaver 中添加文本的方式有多种，可以直接输入，也可以利用复制、粘贴命令添加文字，还可以从其他文件中导入，如 Word 文档。

添加、美化文本

实例 1 计算机的硬件组成

计算机的硬件组成有 5 个部分，制作网页时，一般标题单独一行，每个组成部分单独成一个段路，效果如图 4-1 所示。

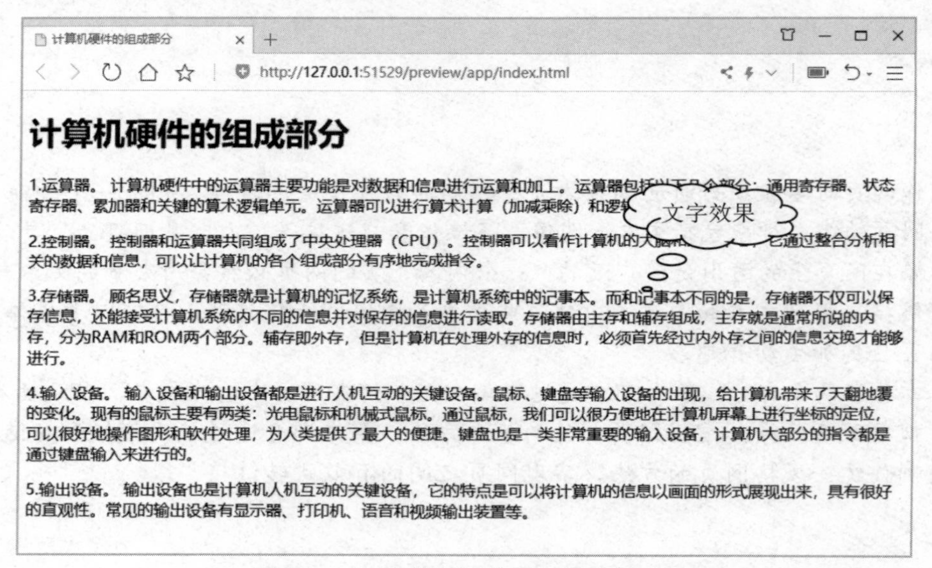

图 4-1 “计算机的硬件组成”网页效果

在网页中添加文本，需要新建一个网页。要先创建站点，再新建网页，最后在网页上输入文本。

跟我学

1. **新建站点** 运行 Dreamweaver 软件，选择“站点”→“新建站点”命令，按图 4-2 所示操作，新建“计算机硬件组成”网站。

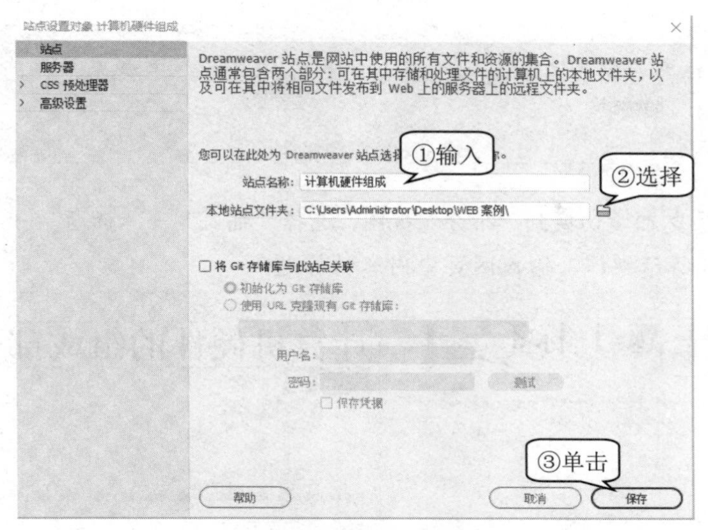

图 4-2　新建站点

2. **新建网页**　打开“计算机硬件组成”站点，按图 4-3 所示操作，创建网页文件 jsj-yj.html。

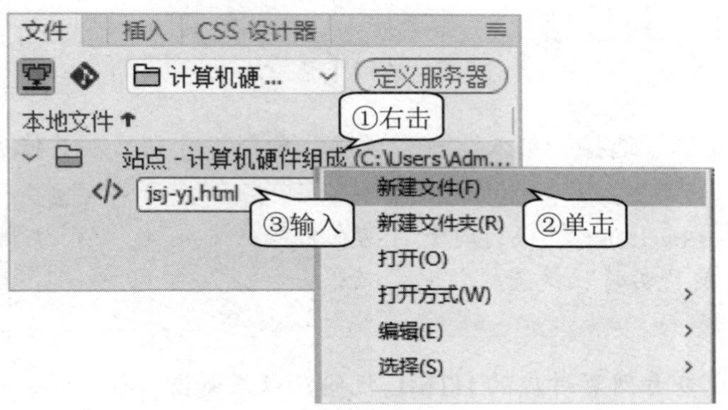

图 4-3　新建网页

3. **输入网页标题**　切换到“代码”视图，按图 4-4 所示操作，输入网页标题“计算机硬件的组成部分”。

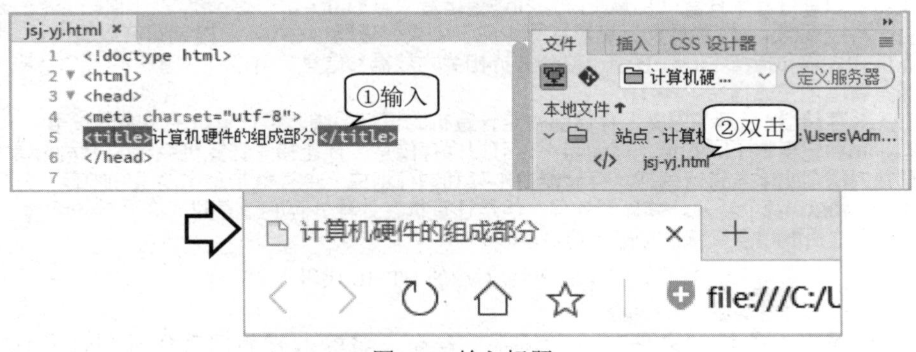

图 4-4　输入标题

网页的标题是网页在浏览器中显示时标签的名称，不会显示在网页内容中。

4. **输入标题文本** 切换到“拆分”视图，选择“插入”→“标题”→“标题 1”命令，按图 4-5 所示操作，输入网页中内容的标题。

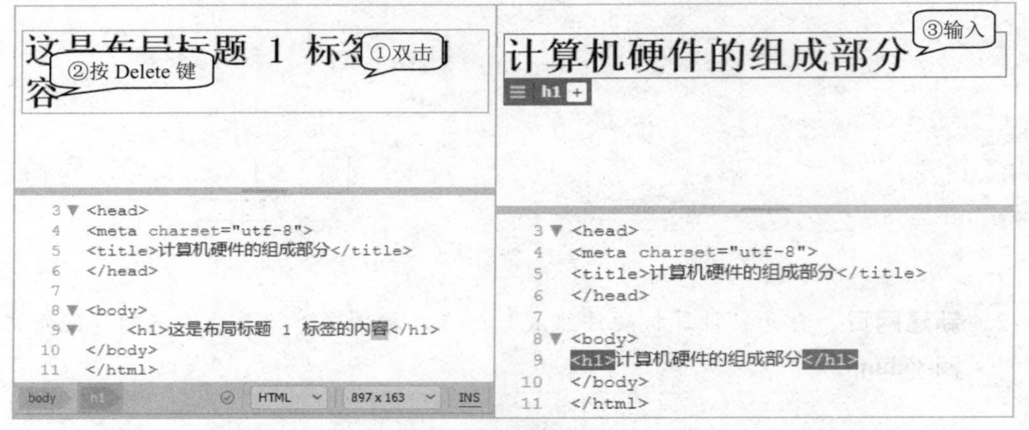

图 4-5 输入标题文本

5. **输入其他文本** 选择“插入”→“段路”命令，分别输入其他 5 段文本。

文本换行，按 Enter 键换行时会自动在代码区生成<p></p>标签；在“代码”视图或“实时”视图操作时，效果一样。

6. **查看代码** 查看网页对应的 HTML 代码，效果如图 4-6 所示。

```
<body>
<h1>计算机硬件的组成部分</h1>                          文本代码
<p>1.运算器。 计算机硬件中的运算器主要功能是对数据和信息进行[illegible]。运
算器包括以下几个部分：通用寄存器、状态寄存器、累加器和关键的算术逻辑单元。运
算器可以进行算术计算（加减乘除）和逻辑运算（与或非）。 </p>
<p>2.控制器。 控制器和运算器共同组成了中央处理器（CPU）。控制器可以看作计
算机的大脑和指挥中心，它通过整合分析相关的数据和信息，可以让计算机的各个组成
部分有序地完成指令。 </p>
<p>3.存储器。 顾名思义，存储器就是计算机的记忆系统，是计算机系统中的记事
本。而和记事本不同的是，存储器不仅可以保存信息，还能接受计算机系统内不同的信
息并对保存的信息进行读取。存储器由主存和辅存组成，主存就是通常所说的内存，分
为RAM和ROM两个部分。辅存即外存，但是计算机在处理外存的信息时，必须首先经过
内外存之间的信息交换才能够进行。 </p>
```

图 4-6 网页对应的 HTML 代码

7. **保存网页** 选择“文件”→“保存”命令，将输入好的网页保存到计算机中。

8. **浏览网页**　选择“文件”→“实时预览”→Internet Explorer 命令，浏览网页。

知识库

1. 标题标记

HTML 语言提供了一系列对文本中的标题进行操作的标记：<h1>，<h2>，<h3>，<h4>，<h5>，<h6>。其中<h1>标题最大，<h6>标题最小，在使用标题标记时，会自动给标签文本加粗。标题的大小如图 4-7 所示。选中文本，单击“编辑”→“段路格式”命令，可以切换标题大小。

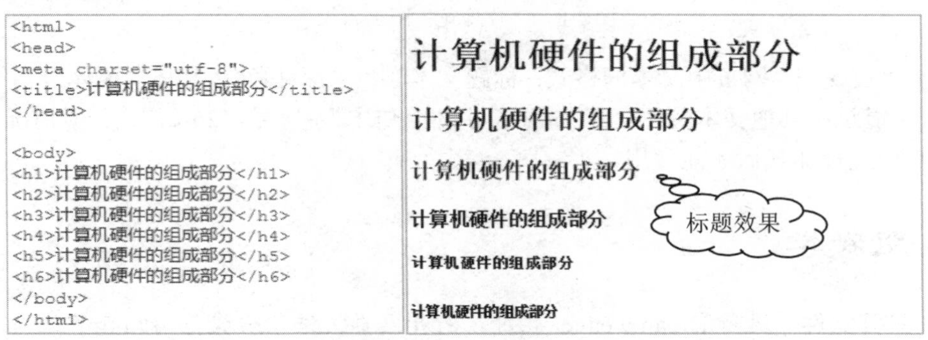

图 4-7　标题标记

2. 输入空格字符

在 Dreamweaver 中，不经过设置，无法直接输入空格字符，这时可以选择“编辑”→“首选项”命令，在弹出的对话框的左侧分类列表中选择“常规”选项，然后在右边选中“允许多个连续的空格”选项，就可以直接按“空格”键，输入空格字符。还可以使用如下方法输入不换行空格。

- 菜单命令：选择“插入”→HTML→“不换行空格”命令。
- 组合键：Ctrl+Shift+空格键。
- 工具按钮：单击“HTML 工具栏”上的“不换行空格”按钮。

4.1.2　美化网页文本

通过设置网页中文本的格式，可以更好地突出网页主题，让内容具有层次分明的段落结构，实现视觉和内容完美统一，一定程度上也影响浏览者对于网页信息的关注和阅读兴趣。

实例 2　玫瑰花

设置网页文本的字体、字号及字的颜色等格式，可以使用“属性”面板，也可以通过 HTML 语言进行设置，设置效果如图 4-8 所示。

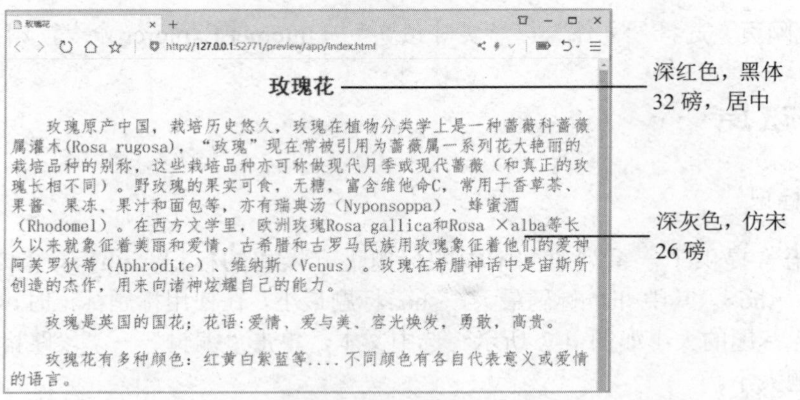

图 4-8 “玫瑰花”网页效果

设置“玫瑰花”网页中文本的格式：标题文本颜色“深红色”，字体“黑体”，字号“32 磅”，居中显示；其他文本颜色“深灰色”，字体“仿宋”，字号“26 磅”。一般情况下，常用字体需要进行加载后才能使用。

跟我学

1. **打开文件** 运行 Dreamweaver 软件，打开网页文件“玫瑰花_初.html”。
2. **加载字体** 选择“文件”→“页面属性”命令，按图 4-9 所示操作，在“页面属性”对话框中，加载“黑体”字体，使用相同的方法加载“仿宋”字体。

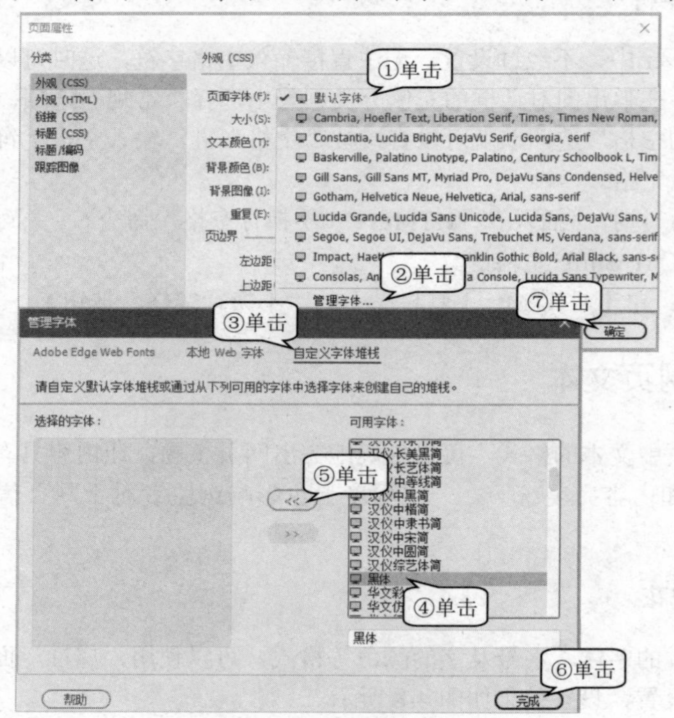

图 4-9 加载字体

3. **设置标题格式**　选中标题，选择“窗口”→“属性”命令，按图 4-10 所示操作，在“属性”面板中，设置标题的字体为“黑体”，字号为“32 磅”，颜色“深红色”，居中显示。

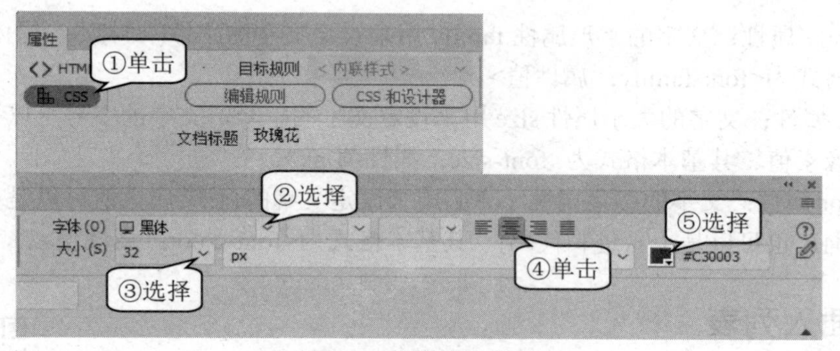

图 4-10　设置标题格式

4. **设置其他文本格式**　用上面同样的方法，设置其他文本的格式为“仿宋”“26 磅”“深灰色”。
5. **查看代码**　切换到“代码”视图，查看网页对应的 HTML 代码，如图 4-11 所示。

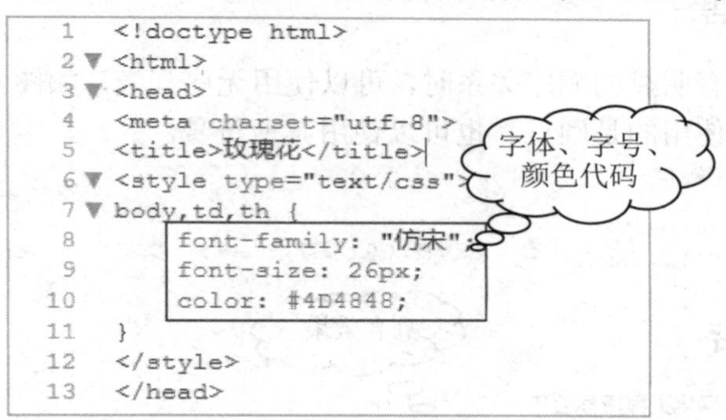

图 4-11　查看代码

6. **保存文件并浏览网页**　选择“文件”→“保存”命令，保存文件；选择“文件”→“实时预览”→Internet Explorer 命令，浏览网页。

知识库

1. 属性检查器

Dreamweaver 属性检查器，可以检查和编辑当前页面选定元素的最常用属性，属性检查器的内容根据选定的元素的不同会有所不同。它包含两个属性检查器：HTML 属性检查器和 CSS 属性检查器，展开“属性”面板，可以通过单击左上角的 HTML 按钮或 CSS 按钮，进行检查器之间的切换。

2. 通过 HTML 语言设置文本样式

HTML 语言对文本样式的设置主要通过 HTML 的 font 元素来实现，其基本格式为<font>文本</font>。

- family 属性：文字的字形属性 family 用来设定文字的字体(如宋体、黑体等)。其基本格式为<font-family：属性值>。
- size 属性：文字的大小属性 size 用来设定文字的字号，文字的字号可以设置为具体的像素值。其基本格式为<font-size：属性值 px>。
- color 属性：文字的颜色属性 color 用来设定文字的色彩(属性值可以是英语的颜色单词，也可以是十六进制代码)。其基本格式为<font-color：属性值>。

4.1.3 插入列表

插入列表

列表是网页中的重要组成元素之一，分为有序列表(如编号列表)与无序列表(如项目列表)。在网页制作过程中，通过使用列表标记，可以得到段落清晰、层次清楚的网页。

实例 3　招标公告

当给定的内容没有明显的顺序关系时，可以使用无序列表，如图 4-12 所示，每项的前面是项目符号，这里使用的是圆点，也可以使用其他符号。

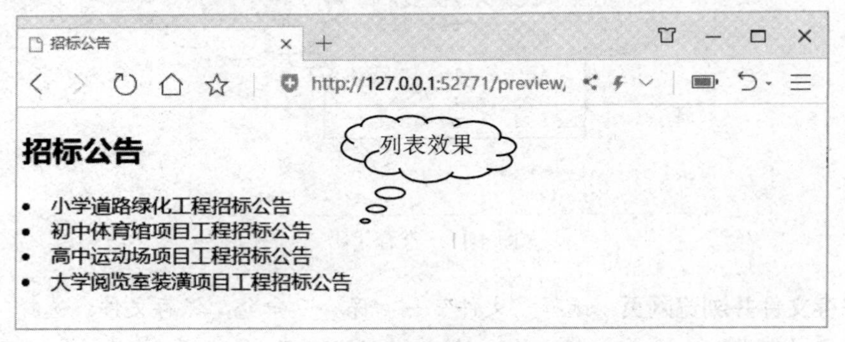

图 4-12　“招标公告”的网页效果

插入列表的方法有多种，可以先插入列表项，再输入内容；也可以先输入内容，再添加项目符号。

跟我学

1. **打开文件**　运行 Dreamweaver 软件，新建文件“招标公告.html”。
2. **插入列表**　选择“插入”→“列表项”命令，如图 4-13 所示，在列表符号后输入“小学道路绿化工程招标公告”。

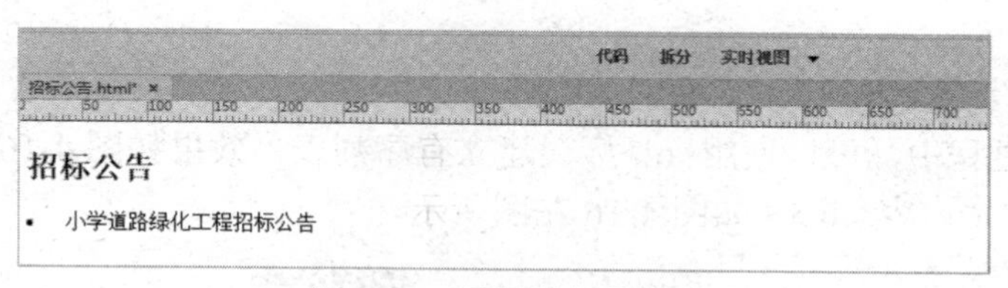

图 4-13　插入列表项效果

3. **输入其他内容**　按 Enter 键，使用相同的方法，依次插入列表项“初中体育馆项目工程招标公告”“高中运动场项目工程招标公告”“大学阅览室装潢项目工程招标公告”等。

4. **查看代码**　切换到“代码”视图，查看代码，如图 4-14 所示。

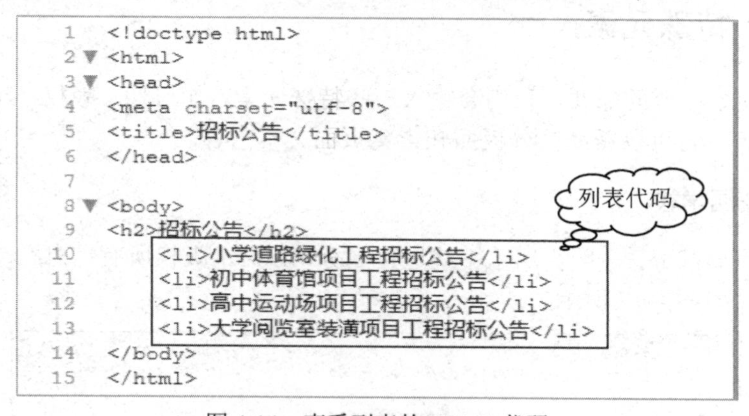

图 4-14　查看列表的 HTML 代码

5. **保存并预览网页**　选择“文件”→“保存”命令，保存网页，并按 F12 键，查看列表的效果。

知识库

1. 无序列表

无序列表有两种类型，一种是带项目符号的，每一个列表项的最前面是项目符号，如●、■等，在页面中通常使用<li>标记，可在“属性”面板中修改项目符号的样式；另一种是不带项目符号的，在页面中通常使用<ul>标记。两者行间距不同，效果如图 4-15 所示。

招标公告

- 小学道路绿化工程招标公告
- 初中体育馆项目工程招标公告
- 高中运动场项目工程招标公告
- 大学阅览室装潢项目工程招标公告

招标公告

小学道路绿化工程招标公告

初中体育馆项目工程招标公告

高中运动场项目工程招标公告

大学阅览室装潢项目工程招标公告

图 4-15　无序列表效果

2. 有序列表

在网页制作过程中，可以使用<ol>标记建立有序列表，效果如图 4-16 右图所示；列表项的标记为<li>文本内容</li>，如图 4-16 左图所示。

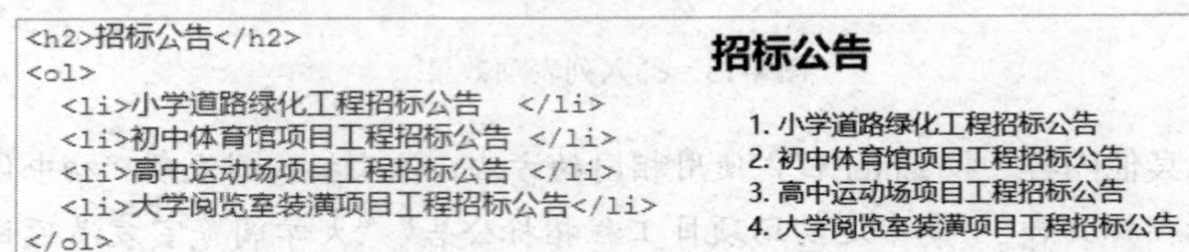

图 4-16　有序列表代码与效果

4.1.4　插入特殊元素

根据网页文本内容的需要，我们会输入一些特殊元素，如日期、版权符号、水平线等，它可以帮助区分板面和丰富页面文本内容。

插入特殊元素

实例 4　花园学校

在网页的页尾部分，一般会用水平线进行区分，并显示版权所有信息和日期等文本，如图 4-17 所示。

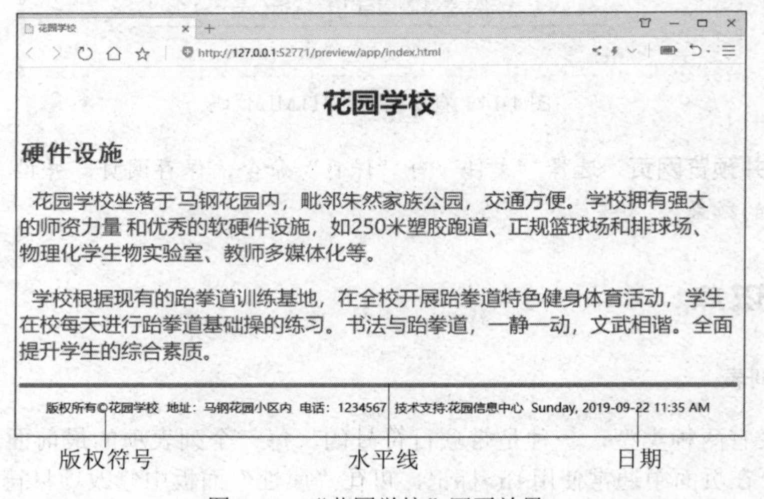

图 4-17　“花园学校”网页效果

Dreamweaver 软件中自带了一些常用的网页制作特殊元素，可以直接插入水平线、日期和特殊符号等，方便设计者使用。

跟我学

1. **打开文件**　运行 Dreamweaver 软件，打开文件“花园学校_初.html”。

2. **插入水平线**　选择“插入”→HTML→“水平线”命令，如图 4-18 所示，在页尾部分插入水平线。

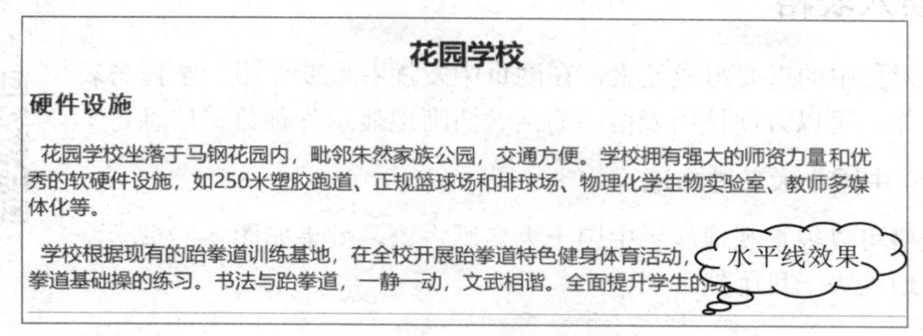

图 4-18　插入水平线

3. **设置水平线**　选中水平线，打开属性面板，按图 4-19 所示操作，设置水平线属性。

图 4-19　设置水平线

4. **插入版权符号**　按 Enter 键换行，输入页尾文本信息，选择“插入”→HTML→“字符”→“版权”命令，如图 4-20 所示，插入版权特殊符号。

版权所有©花园学校　地址：马钢花园小区内　电话：1234567　技术支持:花园信息中心

图 4-20　插入版权符号

5. **插入日期**　选择“插入”→HTML→“日期”命令，插入日期信息。

6. **查看代码**　切换到“代码”视图，查看代码，如图 4-21 所示。

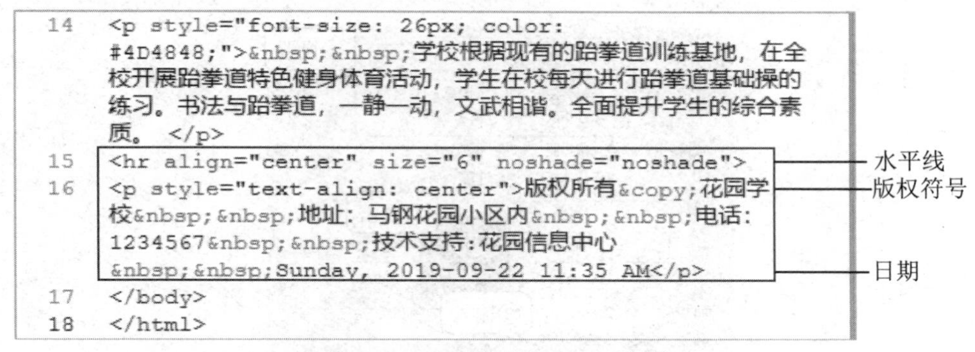

```
14  <p style="font-size: 26px; color:
    #4D4848;">  学校根据现有的跆拳道训练基地，在全
    校开展跆拳道特色健身体育活动，学生在校每天进行跆拳道基础操的
    练习。书法与跆拳道，一静一动，文武相谐。全面提升学生的综合素
    质。 </p>
15  <hr align="center" size="6" noshade="noshade">
16  <p style="text-align: center">版权所有&copy;花园学
    校  地址：马钢花园小区内  电话：
    1234567  技术支持:花园信息中心
      Sunday, 2019-09-22 11:35 AM</p>
17  </body>
18  </html>
```


图 4-21　特殊元素的 HTML 代码

7. **保存并预览网页**　选择“文件”→“保存”命令，保存网页，并按 F12 键，查看网页效果。

4.1.5 插入表格

表格是网页中的重要组成元素，在网页中发挥着重要作用。掌握与表格相关的操作，可以方便使用表格，简洁、清晰地显示各种数据信息。

插入表格

实例 5　中国十大名胜古迹

使用表格可以很直观地展示中国十大名胜古迹，效果如图 4-22 所示，古迹名称、地点等一目了然。

中国十大名胜古迹

序号	名称	地点
1	万里长城	西起嘉峪关，东至辽东虎山
2	桂林山水	广西壮族自治区桂林市
3	北京故宫	北京市
4	杭州西湖	杭州市
5	苏州园林	苏州市
6	安徽黄山	黄山市
7	长江三峡	瞿塘峡、巫峡和西陵峡的总称
8	日月潭	中国台湾
9	避暑山庄	河北省承德市
10	兵马俑	陕西省西安市

表格效果

图 4-22　“中国十大名胜古迹”网页效果

使用菜单命令，选择“插入”→Table 命令，可以快速插入表格，并可以设置表格的宽度等属性。

跟我学

1. **新建文件**　运行 Dreamweaver 软件，新建文件“中国十大名胜古迹.html”。
2. **新建表格**　选择“插入”→Table 命令，打开 Table 对话框，按图 4-23 所示操作，插入一个 3 列 11 行的表格，表格的标题是“中国十大名胜古迹”。

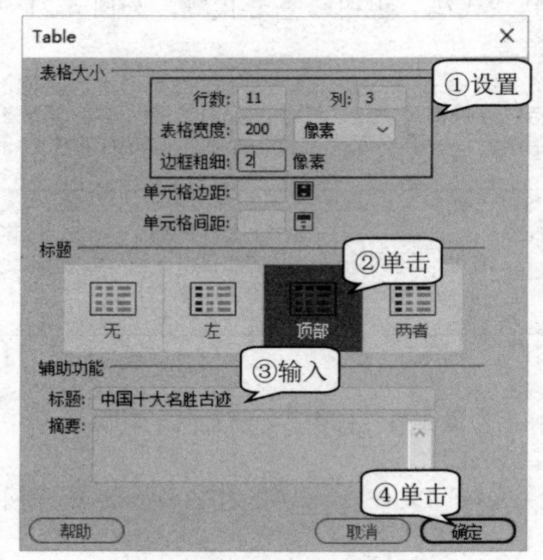

图 4-23　新建表格

3. **输入数据**　按图 4-24 所示操作，在表格中输入古迹信息。

中国十大名胜古迹

序号	名称	
1	万里长城	
2		
3		
4		
5		
6		
7		
8		
9		
10		

①双击
②输入

中国十大名胜古迹

序号	名称	地点
1	万里长城	西起嘉峪关，东至辽东虎山
2	桂林山水	广西壮族自治区桂林市
3	北京故宫	北京市
4	杭州西湖	杭州市
5	苏州园林	苏州市
6	安徽黄山	黄山市
7	长江三峡	瞿塘峡、巫峡和西陵峡的总称
8	日月潭	中国台湾
9	避暑山庄	河北省承德市
10	兵马俑	陕西省西安市

图 4-24　输入数据

4. **设置表格对齐**　选中整个表格，选择“窗口”→“属性”命令，按图 4-25 所示操作，将表格设置为“居中对齐”，显示在网页中间。

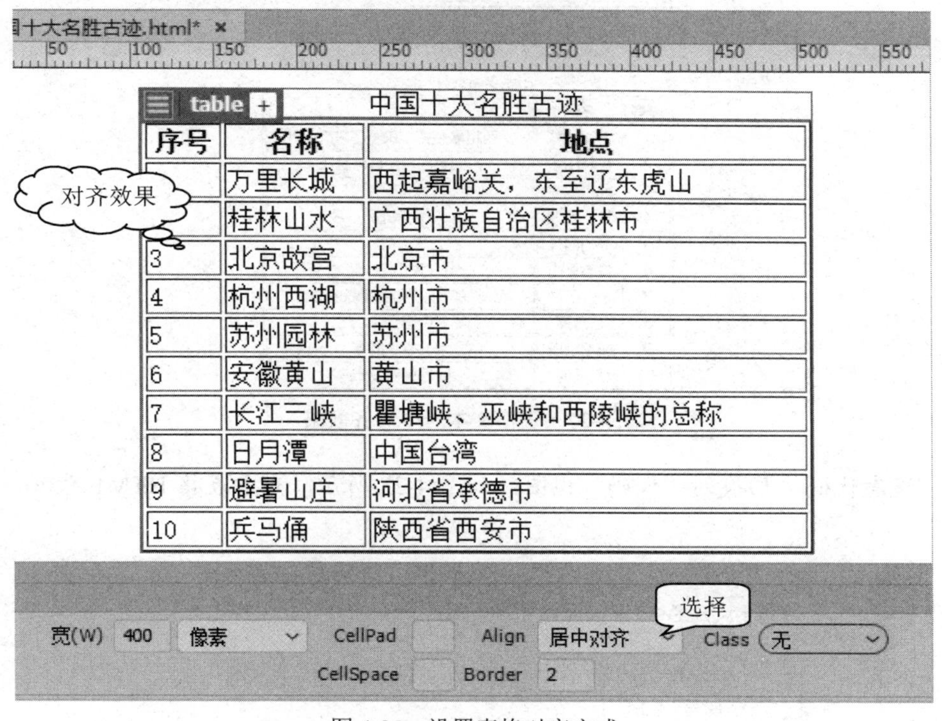

图 4-25　设置表格对齐方式

5. **设置文本对齐**　按图 4-26 所示操作，选中单元格，使用属性面板，将表格中文本内容设置为“居中对齐”。

6. **设置其他文本**　使用相同方法，将表格中所有文本均设置为“居中对齐”，如图 4-27 所示。

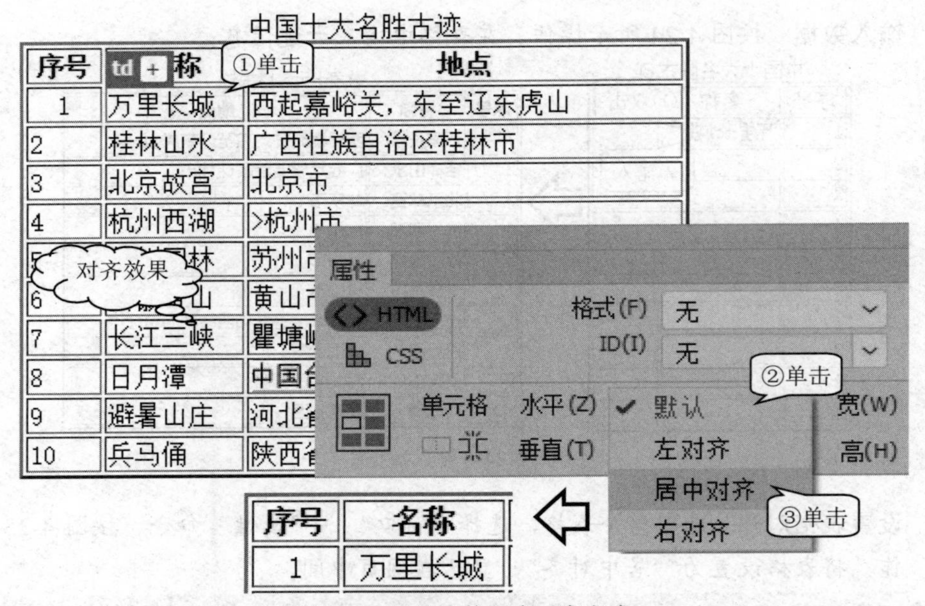

图 4-26　设置表格文本对齐方式

中国十大名胜古迹

序号	名称	地点
1	万里长城	西起嘉峪关，东至辽东虎山
2	桂林山水	广西壮族自治区桂林市
3	北京故宫	北京市
4	杭州西湖	杭州市
5	苏州园林	苏州市
6	安徽黄山	黄山市
7	长江三峡	瞿塘峡、巫峡和西陵峡的总称
8	日月潭	中国台湾
9	避暑山庄	河北省承德市
10	兵马俑	陕西省西安市

图 4-27　表格文本居中对齐效果

7. **查看代码**　切换到“代码”视图，如图 4-28 所示，查看表格 HTML 代码。

```
<body>
<table width="400" border="2" align="center">
  <caption>
    中国十大名胜古迹
  </caption>
  <tbody>
    <tr>
      <th>序号</th>
      <th>名称</th>          ——1 行 3 列表头
      <th>地点</th>
    </tr>
    <tr>
      <td align="center">1</td>
      <td align="center">万里长城 </td>          ——第 2 行内容
      <td align="center">西起嘉峪关，东至辽东虎山 </td>
    </tr>
```

图 4-28　表格的部分 HTML 代码

8. **保存并预览网页**　按 Ctrl+S 键保存文件，并按 F12 键预览网页。

知识库

1. 编辑表格

在 Dreamweaver 中对表格进行的操作包括：插入行、列，删除行、列，合并及拆分单元格，等等。

- 插入行、列：选中一行，选择“编辑”→“表格”→“插入行”命令，可以在当前行上插入一行；如果选中一列，则选择“编辑”→“表格”→“插入列”命令，可在当前列的左边插入一列。
- 删除行、列：选择需要删除的行与列，然后按键盘上的 Delete 键即可删除，也可以选择“编辑”→“表格”→“删除行/列”命令。
- 合并及拆分单元格：可以对选中的单元格区域进行合并操作，选择“编辑”→“表格”→“合并单元格”命令。同样，也可以将单个单元格拆分成几个单元格。

2. 表格标识

表格是由单元格组成的，在用 HTML 语言编写表格代码时需要按一定的结构编写。一个简单的表格由五对标签组成，分别是表格标签、表格标题标签、行标签、表头标签和单元格标签，如表 4-1 所示。

表 4-1　表格标识

标签名称	功能描述
表格标签<table></table>	定义一个表格，每一个表格只有一对<table>和</table>，一个页面中可能有多个表格
表格标题标签<caption></caption>	定义表格的标题，不会显示在表格范围内，而是默认居中显示在表格的上方
行标签<tr></tr>	定义表格的行，一个表格可以包含多行
表头标签<th></th>	定义表头单元格，位于<th>与</th>之间的文本以默认的粗体居中的方式显示
单元格标签<td></td>	定义表格的一个单元格，每行可以包含多个单元格

4.2　插入图像

在 Dreamweaver 中，可以插入 GIF、JPEG、PNG 等多种类型的图像文件，还可以设置图片的互动效果，如鼠标经过图像的特效。

4.2.1 添加图像

插入图像

网页中添加的图像，可以是本地图像，也可以是网络上的图像。本地图像，要给出相对路径，一般情况下要将本地图像复制到正在编辑的网页所在的目录下的 images 目录中，再插入图像。

实例 6 雄伟的天安门

网页上的文字配以适当的图像，可以起到烘托主题的作用，使画面更加丰富，提高阅读性，如图 4-29 所示。

图 4-29 “雄伟的天安门”网页效果

如果插入的图像大小不合适，可以使用图形图像软件处理后，再插入网页中；也可以先插入网页后再设置其大小等属性。

跟我学

1. **准备图像** 在站点文件夹中新建文件夹 images，将所需要的图片文件复制到 images 文件夹下。
2. **打开网页** 运行 Dreamweaver 软件，打开文件“雄伟的天安门_初.html”。
3. **插入图片** 在需要插入图片的地方单击，确定图片的插入点后，选择“插入”→ Images 命令，按图 4-30 所示操作，选择合适的图片插入当前位置。

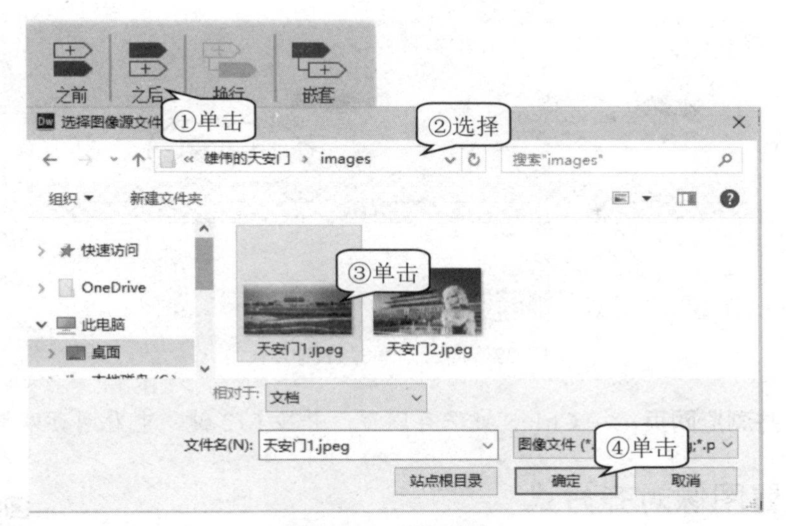

图 4-30　插入图片

4. **调整图片**　在图片的“属性”面板中，按图 4-31 所示操作，调整图片的大小。

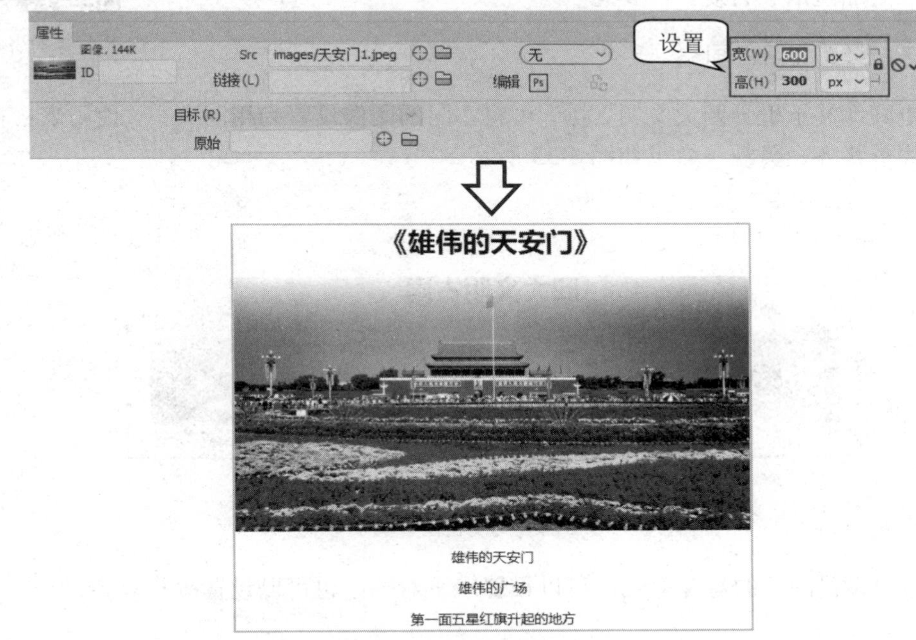

图 4-31　调整图片大小

5. **插入其他图片**　使用相同的方法，插入其他图片，并设置合适的大小和位置。
6. **查看代码**　切换“代码”视图，查看插入图片的 HTML 代码，如图 4-32 所示，也可以在代码窗口中以直接输入代码的方式插入图片。

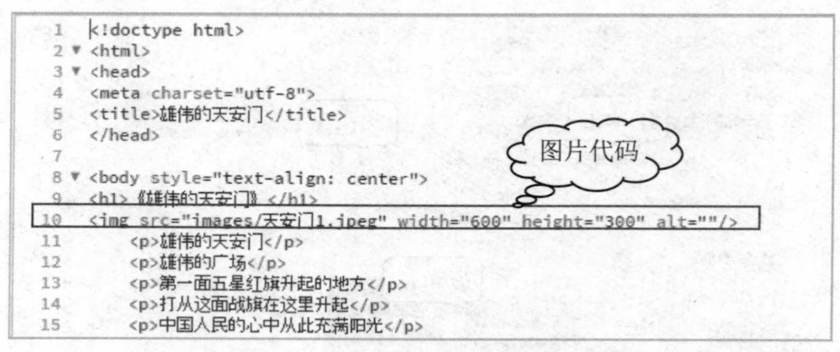

```
1   <!doctype html>
2   <html>
3   <head>
4   <meta charset="utf-8">
5   <title>雄伟的天安门</title>
6   </head>
7
8   <body style="text-align: center">
9   <h1>《雄伟的天安门》</h1>
10  <img src="images/天安门1.jpeg" width="600" height="300" alt=""/>
11      <p>雄伟的天安门</p>
12      <p>雄伟的广场</p>
13      <p>第一面五星红旗升起的地方</p>
14      <p>打从这面战旗在这里升起</p>
15      <p>中国人民的心中从此充满阳光</p>
```


图 4-32　插入图片的 HTML 代码

7. **保存并浏览网页**　按 Ctrl+S 键保存网页，并按 F12 键，查看网页效果。

4.2.2　设置图像对齐方式

设置图像对齐方式

网页中添加的多张图像，还可以使用表格来放置，并设置对齐方式，这样看起来更加整洁、直观。

实例 7　四大文明古国

为了更好地展示世界四大文明古国，可将古国的图像设置为相同大小，使用表格存放，可以使图片更整齐、美观，效果如图 4-33 所示。

图 4-33　“四大文明古国”网页效果

在表格中设置图片的对齐方式，可以设置水平对齐，也可以设置垂直对齐。

跟我学

1. **新建文件**　运行软件，新建文件“四大文明古国.html”，并插入一个 2 行 4 列的表格。
2. **插入图片**　在表格中的相应位置插入四大文明古国的照片和文字，并设置照片的大小一致，效果如图 4-34 所示。

图 4-34　表格中插入图片的效果

插入图片的位置有之前、之后、换行和嵌套 4 种方式，在表格中插入图片时，需要选择嵌套方式。

3. **设置水平对齐**　选中表格的第一行，按图 4-35 所示操作，设置图片的水平对齐方式为“居中对齐”。

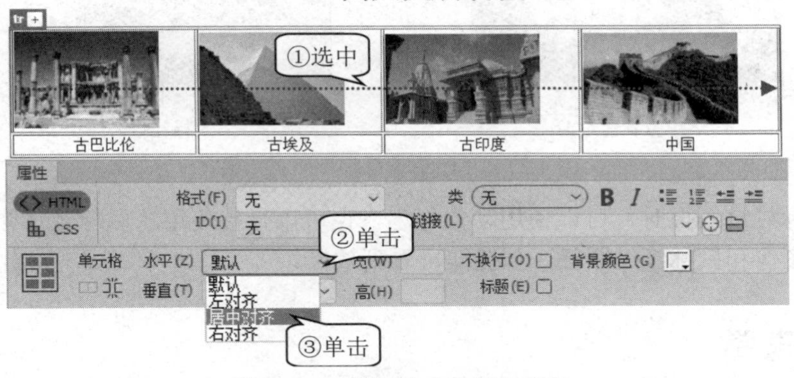

图 4-35　设置图像水平居中对齐

4. **设置垂直对齐**　用上面同样的方法，设置图像的垂直对齐方式为“底部”。
5. **查看代码**　切换“代码”视图，查看图像有序排列的 HTML 代码，效果如图 4-36 所示。
6. **保存并预览网页**　按 Ctrl+S 键保存文件，并按 F12 键浏览网页。

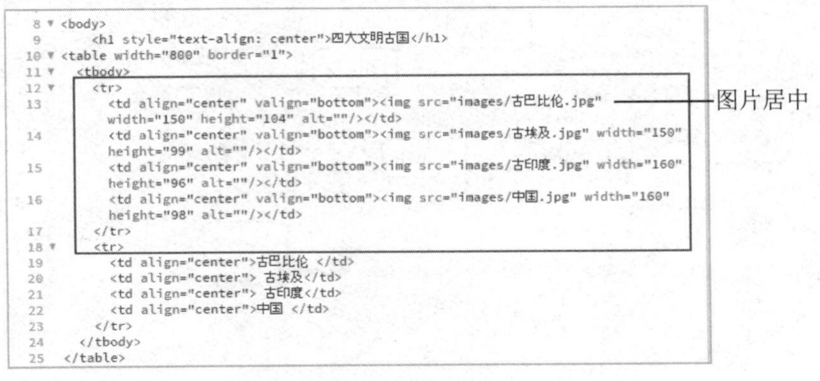

```
8  <body>
9      <h1 style="text-align: center">四大文明古国</h1>
10 <table width="800" border="1">
11   <tbody>
12     <tr>
13       <td align="center" valign="bottom"><img src="images/古巴比伦.jpg"
         width="150" height="104" alt=""/></td>
14       <td align="center" valign="bottom"><img src="images/古埃及.jpg" width="150"
         height="99" alt=""/></td>
15       <td align="center" valign="bottom"><img src="images/古印度.jpg" width="160"
         height="96" alt=""/></td>
16       <td align="center" valign="bottom"><img src="images/中国.jpg" width="160"
         height="98" alt=""/></td>
17     </tr>
18     <tr>
19       <td align="center">古巴比伦 </td>
20       <td align="center"> 古埃及</td>
21       <td align="center"> 古印度</td>
22       <td align="center">中国 </td>
23     </tr>
24   </tbody>
25 </table>
```


图 4-36　设置图像居中对齐

4.2.3 制作鼠标经过图像

制作鼠标经过图像

为了增加网页浏览的趣味性，我们可以设置图像特效，即当鼠标经过图像时变成另一幅图像，以增加网页的吸引力。

实例 8 巴黎圣母院

在介绍巴黎圣母院经历火灾事件时，我们可以配上火灾前后的图片，增强视觉感染力。网页中默认显示的是火灾前照片，鼠标移上时即变成火灾后的照片，效果如图 4-37 所示。

图 4-37 “巴黎圣母院”网页效果

制作鼠标经过图像时，可以使用动作行为，也可以直接使用“鼠标经过图像”命令，设置好原始图像和鼠标经过图像，预览即可看到效果。

跟我学

1. **打开文件** 运行软件，打开文件“巴黎圣母院_初.html”。
2. **插入鼠标经过图像** 选择“插入”→HTML→“鼠标经过图像”命令，打开“插入鼠标经过图像”对话框，按图 4-38 所示操作，选择原始图像和鼠标经过图像，还可以设置鼠标按下时跳转的网页位置。

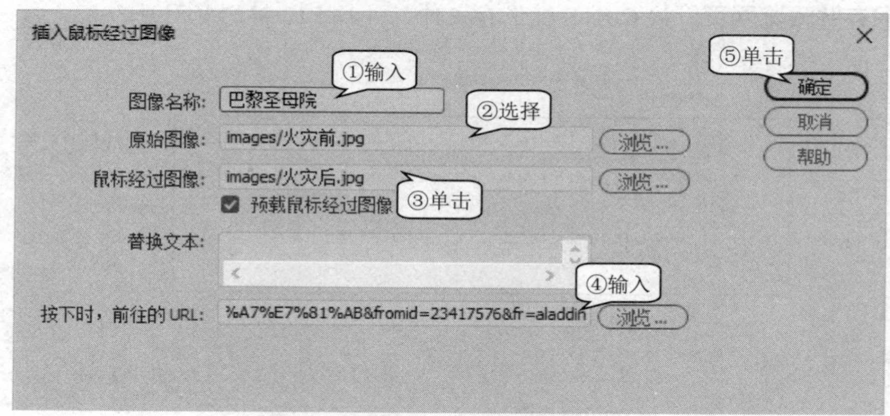

图 4-38 选择原始图像和鼠标经过图像

3. **查看代码**　切换“代码”视图，查看鼠标经过时的图像代码，如图 4-39 所示。

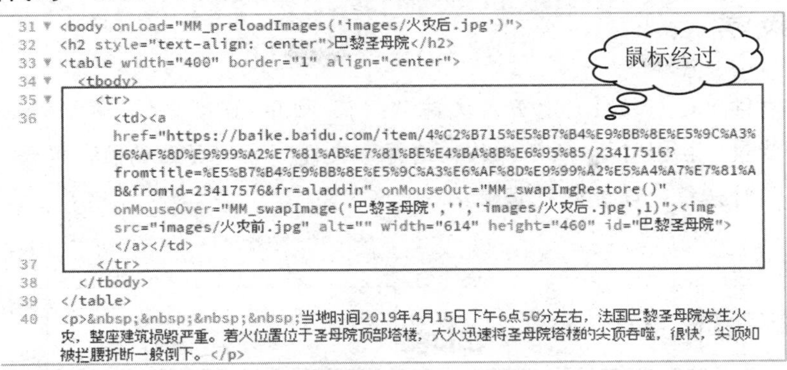


```
31 <body onLoad="MM_preloadImages('images/火灾后.jpg')">
32 <h2 style="text-align: center">巴黎圣母院</h2>
33 <table width="400" border="1" align="center">
34   <tbody>
35     <tr>
36       <td><a
         href="https://baike.baidu.com/item/4%C2%B715%E5%B7%B4%E9%BB%8E%E5%9C%A3%
         E6%AF%8D%E9%99%A2%E7%81%AB%E7%81%BE%E4%BA%8B%E6%95%85/23417516?
         fromtitle=%E5%B7%B4%E9%BB%8E%E5%9C%A3%E6%AF%8D%E9%99%A2%E5%A4%A7%E7%81%A
         B&fromid=23417576&fr=aladdin" onMouseOut="MM_swapImgRestore()"
         onMouseOver="MM_swapImage('巴黎圣母院','','images/火灾后.jpg',1)"><img
         src="images/火灾前.jpg" alt="" width="614" height="460" id="巴黎圣母院">
         </a></td>
37     </tr>
38   </tbody>
39 </table>
40 <p>    当地时间2019年4月15日下午6点50分左右，法国巴黎圣母院发生火
   灾，整座建筑损毁严重。着火位置位于圣母院顶部塔楼，大火迅速将圣母院塔楼的尖顶吞噬，很快，尖顶如
   被拦腰折断一般倒下。</p>
```

图 4-39　查看鼠标经过时的图像代码

4. **保存并浏览网页**　按 Ctrl+S 键保存文件，并按 F12 键，浏览网页效果。

4.2.4　添加背景图像

添加背景图像

选择一个合适的背景搭配文字，使页面中的文字易于阅读，并可以烘托气氛。网页的背景可以是纯色，也可以是图案或图片。

实例 9　悯农

唐代诗人李绅的组诗作品《悯农》，配上辛苦农耕的图片，更加切入古诗主题，如图 4-40 所示，但背景图片的选择要注意，不能影响文字的阅读。

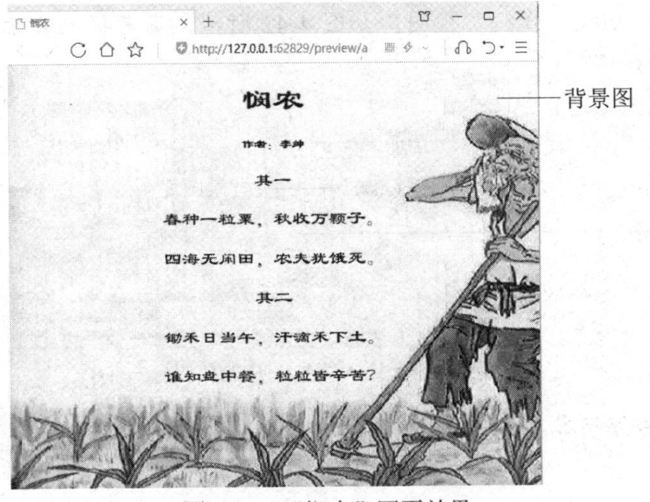

图 4-40　“悯农”网页效果

为网页添加背景，可以使用“页面设置”命令完成，也可以使用 HTML 语言进行标识，网页背景的设置可以通过“页面属性”对话框完成。

跟我学

1. **打开文件** 运行软件，打开源文件“悯农_初.html”。
2. **设置背景** 按图 4-41 所示操作，选择“文件”→“页面属性”命令，打开“页面属性”对话框，设置网页背景。

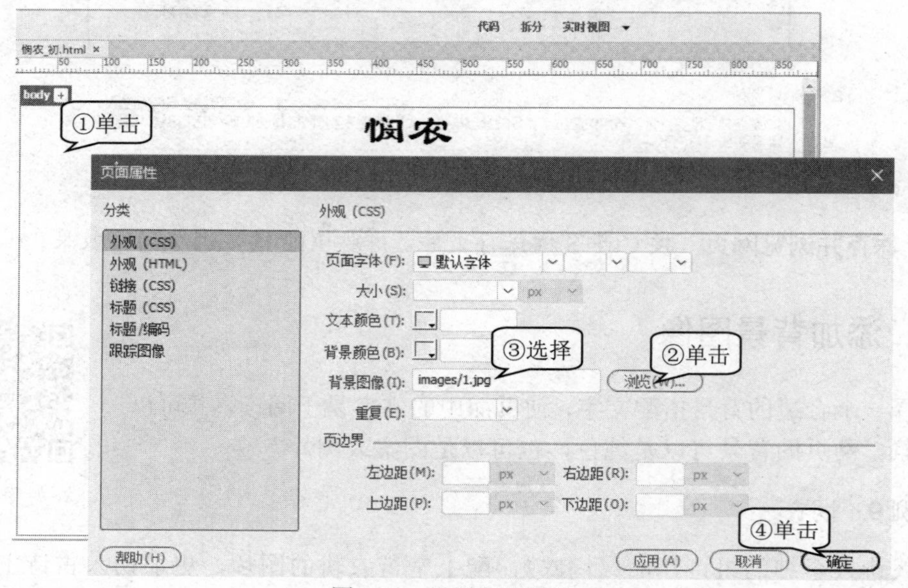

图 4-41 设置背景图片

3. **查看代码** 切换“代码”视图，如图 4-42 所示，查看插入背景图片的代码。

```
1      <!doctype html>
2 ▼   <html>
3 ▼   <head>
4      <meta charset="utf-8">
5      <title>悯农</title>
6 ▼   <style type="text/css">
7 ▼   body {
8          background-image: url(images/1.jpg);
9      }
10     </style>
11     </head>
12
13 ▼  <body>
14     <h1 style="text-align: center; font-family: '迷你简隶书'; font-size: 50px;">悯农</h1>
15     <h4 style="text-align: center; font-family: '迷你简隶书'; font-size: 20px;">作者：李绅</h4>
16     <p style="text-align: center; font-family: '迷你简隶书'; font-size: 30px;">其一</p>
```

背景图片

图 4-42 插入背景图片的代码

4. **保存并预览网页** 按 Ctrl+S 键保存文件，并按 F12 键，浏览网页效果。

知识库

1. 网页中常用的图片格式

网页中的图像是使用最多的表现方式之一，图像除了在网页中具有传达信息的作用外，还可以起到烘托主题的作用。由于图像格式、大小等差别，我们在制作网页时，要从网站的整体考虑，做到既满足页面主题和效果的需求，又可加快网页的打开和下载速度。

- GIF 格式：最多只能显示 256 种颜色，可以制作网络动画及透明图像。其适合色彩要求较低的导航条、按钮、图标和项目符号等。
- JPEG 格式：24 位的图像文件格式，图片压缩率可调节，可显示大约 1 670 多万种颜色。其适合对色彩要求较高，但对存储空间或网络传输速度要求也较高的风景画、照片等。
- PNG 格式：PNG 文件具有透明背景，文件较小。其较大的灵活性，对于几乎任何类型的 Web 图形都是最适合的。

2. 设置图像属性

在网页中插入图像后，可以对图像进行设置，达到与网页内容、风格统一的效果。对网页中图像的设置，我们可以通过“属性”面板来实现，如图 4-43 所示。

图 4-43　“属性”面板

- 图像 ID：在文本框中可以输入图像的 ID 名称，以便在以后可以调用该图像文件。
- 宽和高：在文本框中可以输入数值，以设置图像文件的宽与高。
- 源文件：显示当前图像文件的地址，单击文本框后面的文件夹按钮，可以重新设置当前图像文件的地址。
- 链接：在该文本框中可以设置当前图像的链接地址。
- 替换：在该文本框中可以输入文本，用于设置当前图像文件的描述。
- 编辑：使用该按钮可以调用系统中安装的 Photoshop 软件对图像进行加工处理。
- 原始：可以输入通过 Photoshop 或 Fireworks 编辑的图像文件位置。
- 目标：在下拉列表中可以设置图像链接文件显示的目标位置。

4.3　插入多媒体

网页上光有静态的文本和图像并不能满足用户的需要，为了增强网页的表现力，常需要在网页中插入动画、音频及视频等多媒体元素。

4.3.1　插入动画

插入动画

Flash 动画是网上广泛流行的矢量动画技术，文件容量小，动画生动，其常用文件格式为 SWF。

实例 10　校园新景

将多张图片制作成动态的电子相册动画文件，比静态图像更具感染力，如图 4-44 所示，将学校的图片制作成连续播放的相册。

图 4-44　“校园新景”网页效果

网页中 Flash 动画的格式为 SWF，插入动画的方法与图片相似，可以直接使用命令插入，也可以通过 HTML 代码实现；插入的动画还可以根据网页布局，改变大小和位置。

跟我学

1. **复制动画文件**　将动画文件“校园新景.swf”复制到网页文件“校园风景.html”所在文件夹下。
2. **新建文件**　运行 Dreamweaver 软件，新建文件“校园新景.html”，继而插入标题。
3. **插入动画**　选择“插入”→HTML→Flash SWF 命令，打开“选择 SWF”对话框，按图 4-45 所示操作，插入“校园新景.swf”。

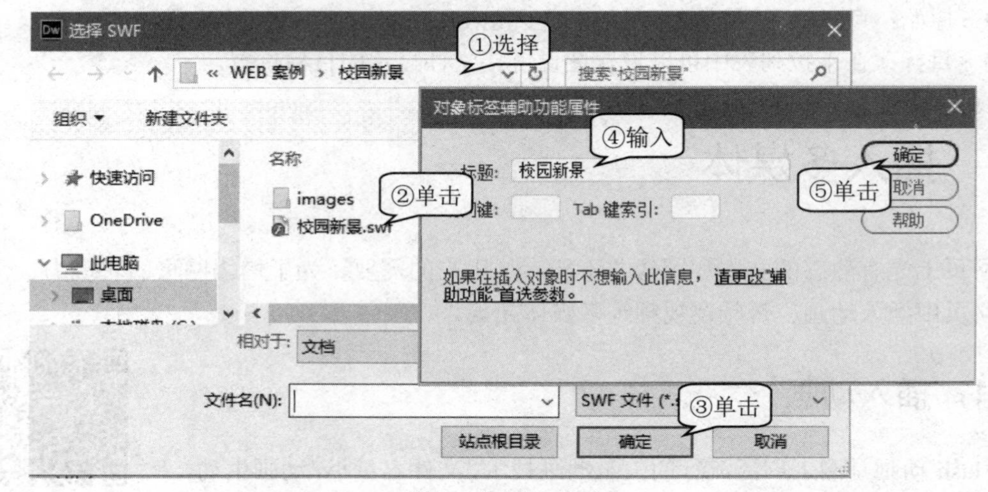

图 4-45　插入动画

4. **查看代码**　切换“代码”视图，如图 4-46 所示，查看插入 SWF 文件的 HTML 代码。

```
9  <body style="text-align: center; font-size: 16px;">
10 <img src="images/201004040124521117.png" width="40" height="40"
   alt=""/><span style="font-family: '迷你简隶书'; font-size: 40px;">校园新
   景</span><img src="images/201004040124521117.png" width="40"
   height="40" alt=""/><span style="text-align: center"></span>
11     <hr>
12 <object classid="clsid:D27CDB6E-AE6D-11cf-96B8-444553540000"
   width="320" height="240" id="FlashID" title="校园新景">
13       <param name="movie" value="校园新景.swf">
14       <param name="quality" value="high">
15       <param name="wmode" value="opaque">
16       <param name="swfversion" value="6.0.65.0">
17       <param name="expressinstall" value="Scripts/expressInstall.swf">
18       <object type="application/x-shockwave-flash" data="校园新景.swf"
         width="500" height="375">
19         <param name="quality" value="high">
20         <param name="wmode" value="opaque">
21         <param name="swfversion" value="6.0.65.0">
22         <param name="expressinstall"
           value="Scripts/expressInstall.swf">
23                <div>
24                  <p><a href="http://www.adobe.com/go/getflashplayer">
                    <img
                    src="http://www.adobe.com/images/shared/download_butt
                    ons/get_flash_player.gif" alt="获取 Adobe Flash
                    Player" width="112" height="33" /></a></p>
25         </div>
26       </object>
27     </object>
28 <script type="text/javascript">
29 swfobject.registerObject("FlashID");
30     </script>
31 </body>
32 </html>
33
```

动画代码

图 4-46　插入 SWF 文件的 HTML 代码

5. **保存并预览网页**　按 Ctrl+S 键保存文件，并按 F12 键，浏览网页效果。

4.3.2　插入视频

插入视频

在网页中插入视频，常见的视频格式有 FLV、AVI、MOV、MPG、MP4 等。其中 FLV 格式的文件极小、加载速度极快，是目前增长较快、较为广泛的视频传播格式。

实例 11　校园航拍

通过无人机航拍的校园环境视频，放在学校网站主页中，可以起到很好的网页宣传效果，如图 4-47 所示。

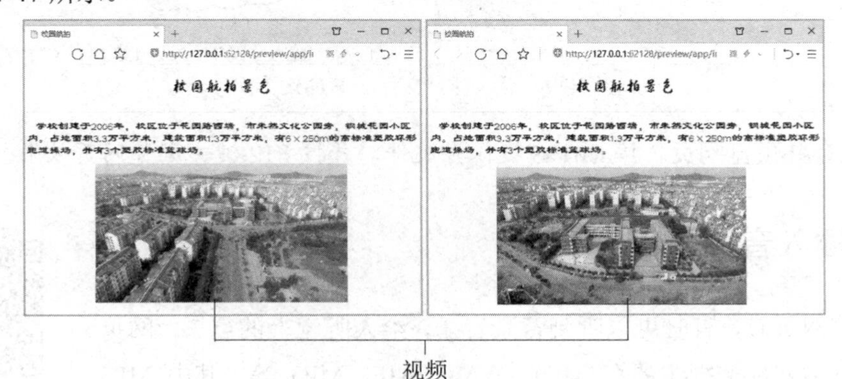

图 4-47　“校园航拍”网页效果

插入视频可以通过菜单命令，也可以用HTML代码实现，若插入的视频不是FLV格式，则可以使用格式转换软件进行转换。

跟我学

1. **打开文件** 运行软件，打开文件“校园航拍_初.html”。
2. **插入视频** 单击确定插入视频的位置，再选择“插入”→HTML→Flash Video命令，打开“插入FLV”对话框，按图4-48所示操作，插入FLV视频。

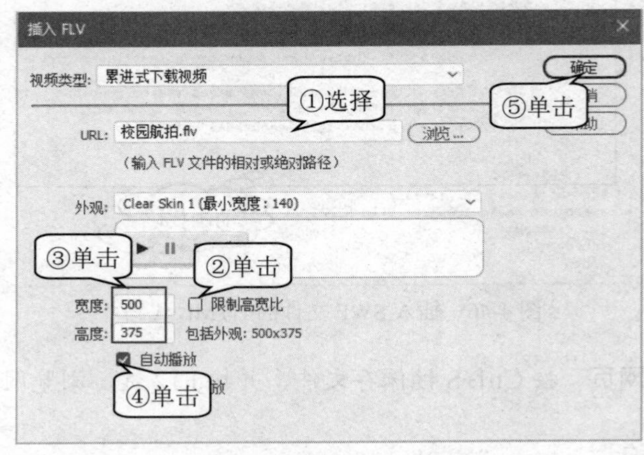

图4-48 插入FLV视频

3. **查看代码** 切换“代码”视图，如图4-49所示，查看插入SWF文件的HTML代码。

```
内。占地面积3.3万平方米，建筑面积1.3万平方米，有6×250m的高标准塑胶环形跑道操场，并有
3个塑胶标准篮球场。</span></p>
13 ▼ <object classid="clsid:D27CDB6E-AE6D-11cf-96B8-444553540000" width="300"
height="300" id="FLVPlayer">
14     <param name="movie" value="FLVPlayer_Progressive.swf" />
15     <param name="quality" value="high">
16     <param name="wmode" value="opaque">
17     <param name="scale" value="noscale">
18     <param name="salign" value="lt">
19     <param name="FlashVars"
value="&amp;MM_ComponentVersion=1&amp;skinName=C...&amp;stream
Name=%E6%A0%A1%E5%9B%AD%E8%88%AA%E6%8B%8D&amp;...toRe
wind=false" />
20     <param name="swfversion" value="8,0,0,0">
21     <!-- 此 param 标签提示使用 Flash Player 6.0 r65 和更高版本的用户下载最新版本
的 Flash Player。如果您不想让用户看到该提示，请将其删除。 -->
22     <param name="expressinstall" value="Scripts/expressInstall.swf">
```


图4-49 插入视频文件的HTML代码

4. **保存并预览网页** 按Ctrl+S键保存文件，并按F12键，浏览网页效果。

4.3.3 插入音频

在浏览网页时，有时可以听到背景音乐，给人听觉上的震撼。网页中使用的音频文件类型主要有MID、WAV、AIF、MP3等，其中MP3

格式的声音文件的品质最好。

实例 12　春节序曲

在以“春节序曲”为主题的网页中，加入动听的《春节序曲》背景音乐，更能充分展现一幅人民在春节时热烈欢腾的场面及团结友爱、互庆互贺的动人图景，如图 4-50 所示。

图 4-50　“春节序曲”网页效果

插入音乐与插入视频方法类似，网页在浏览时，会显示播放工具栏，有控制播放、暂停、进度、音量和下载等按钮。

跟我学

1. **打开文件**　运行 Dreamweaver 软件，打开网页文件“春节序曲_初.html”。
2. **插入音频**　确定插入点，选择“插入”→HTML→HTML5 Audio 命令，在音频“属性”对话框中，按图 4-51 所示操作，选中音乐文件“春节序曲.mp3”。

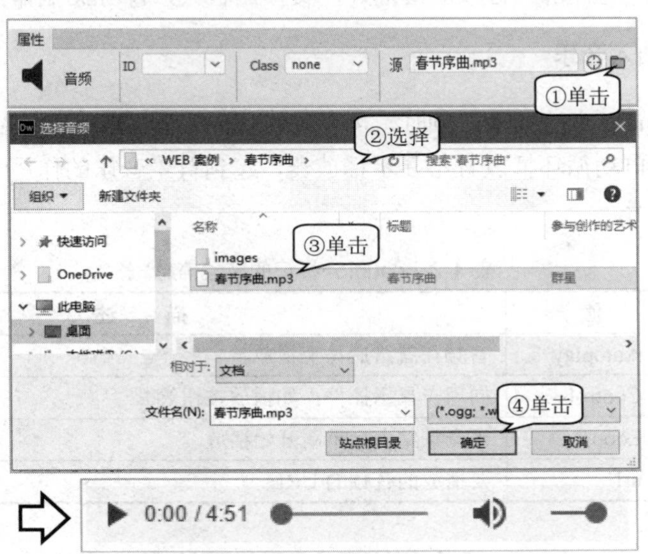

图 4-51　选择音乐文件

可以选择“插入”→HTML→“插件”命令，使用插件方式插入各种格式的音频和视频文件。

3. **查看代码**　切换“代码”视图，如图4-52所示，查看插入音乐文件的代码。

```
8  <body style="text-align: center; font-size: 24px;">
9    <h1>《春节序曲》</h1>
10   <audio controls>
11     <source src="春节序曲.mp3" type="audio/mp3">
12   </audio>
13   <table width="900" border="1">
14     <tbody>
```

音频代码

图4-52　插入音乐文件的HTML代码

4. **保存并预览网页**　按Ctrl+S键保存文件，并按F12键，浏览网页效果。

知识库

1. 网页常用的音频文件类型

在浏览网页时，选择合适的音频伴随网页的打开而自动响起，能给人以美的享受。在网页中常用的音频文件格式主要有以下三种类型。

- Mid格式：该格式是网页设计中最常用的文件格式，不需要特定的插件支持播放，一般的浏览器都支持。这种音频格式占用空间不大，在网页上经常使用。
- WAV格式：这种格式的声音品质一般较好，不需要提供额外的插件作为运行条件，缺点是文件比较大，会影响网页速度。
- MP3格式：这种格式音频效果很好，文件比较大，部分浏览器需要插件支持。

2. 使用代码插入音乐

用HTML5 Audio方法插入音频时，可以使用代码设置Controls、Autoplay和Loop属性，此时网页音频自动循环播放且不显示播放器，起到背景音乐的作用。<audio>标记的属性信息如表4-2所示。

表4-2　<audio>标记的属性信息

属　性	值	描　述
Autoplay	Autoplay	音频在就绪后马上播放
Controls	Controls	向用户显示控件，如播放按钮等
Loop	Loop	当音频结束后重新开始播放
src	url	要播放的音频的URL

4.4　使用超链接

超链接是指网页上某些文字或图像等元素与另一个网页、图像或程序之间的连接关系，当用户单击该元素时，浏览器就会跳转到其链接的对象上。常见的超链接主要有文本和图像链接、电子邮件链接和下载链接等。

4.4.1　创建超链接

创建超链接

创建超链接，可以很好地进行网页内容的交互式浏览。Dreamweaver 为文字与图像提供了多种创建链接的方法，可以通过对其属性的控制，有效地使页面之间形成一个庞大而紧密联系的整体。

实例 13　我爱你，中国

在“四大文明古国”网页中，展示了四大文明古国的文字和图片信息，我们可以设置文字和图像的超链接，通过单击“中国”两个字，打开“我爱你，中国”网页，了解中国的相关信息；单击“长城”图像，打开关于“中国”关键词的百度图片搜索界面，如图 4-53 所示。

图 4-53　超链接网页效果

跟我学

1. **打开文件**　运行 Dreamweaver 软件，打开网页文件“四大文明古国.html”。

2. **添加文字链接** 选中“中国”文字，按图 4-54 所示操作，建立文字链接到文件的效果。

图 4-54 添加文字链接文件

可以在“属性”面板中单击“链接”文本框后面的“浏览文件”按钮，制作文字链接文件的效果。

3. **添加图像链接** 选中图像，选择“窗口”→“属性”命令，在弹出的“属性”对话框中，按图 4-55 所示操作，建立图像链接到互联网网页的效果。

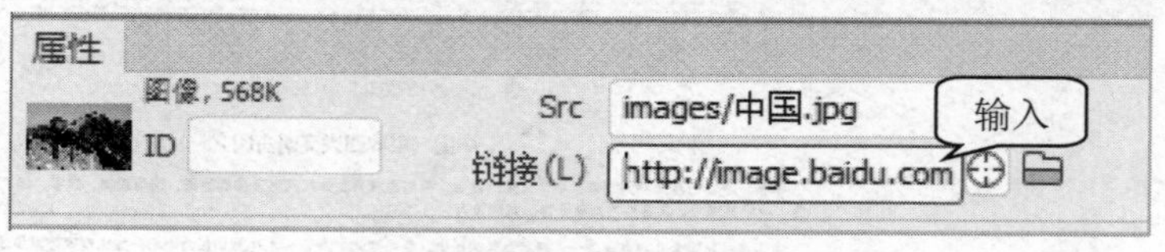

图 4-55 添加图像链接网页

4. **查看代码** 切换“代码”视图，如图 4-56 所示，查看添加超链接的代码效果。
5. **保存并预览网页** 按 Ctrl+S 键保存文件，并按 F12 键，浏览网页效果。

```
11 ▼    <tbody>
12 ▼      <tr>
13          <td align="center" valign="bottom"><img src="images/古巴比伦.jpg"
            width="150" height="104" alt=""/></td>
14          <td align="center" valign="bottom"><img src="images/古埃及.jpg"
            width="150" height="99" alt=""/></td>
15          <td align="center" valign="bottom"><img src="images/古印度.jpg"
            width="160" height="96" alt=""/></td>
16 ▼        <td align="center" valign="bottom">
17            <a href="http://image.baidu.com/search/index?
              tn=baiduimage&ps=1&ct=201326592&lm=-1&cl=2&nc=1&ie=utf-8&word=
              中国"><img src="images/中国.jpg" width="160" height="98"
              alt=""/></a>
18          </td>
19        </tr>
20 ▼      <tr>
21          <td align="center">古巴比伦 </td>
22          <td align="center"> 古埃及</td>
23          <td align="center"> 古印度</td>
24          <td align="center"><a href="我爱你，中国.html">中国 </a></td>
25        </tr>
26      </tbody>
```

图像链接

文字链接

图 4-56　添加超链接的 HTML 代码

4.4.2　添加锚链接

添加锚链接

当用户浏览一个内容较多的网页时，查找信息会浪费大量的时间。在这种情况下，可以在网页中创建锚链接，放在页面顶部作为“书签”，让用户可以点击后快速跳到同一网页中感兴趣的内容位置。

实例 14　海燕

高尔基的《海燕》，描绘了海燕面临狂风暴雨和波涛翻腾的大海时的壮丽场景，我们可以为“作品原文”添加锚记，并设置“高尔基散文诗”的链接为该锚链接，直接跳转到原文，如图 4-57 所示。

图 4-57　锚链接效果

先为“作品原文”文字创建为锚记，再将“高尔基散文诗”内容链接地址设置为该锚记，完成锚链接的建立。

跟我学

1. **打开文件**　运行软件，打开文件“海燕_初.html”。
2. **创建锚记**　选中文字“作品原文”，在“代码视图”中输入代码，设置锚记名称为 yuanwen，自动生成锚记图标 **>**，效果如图 4-58 所示。

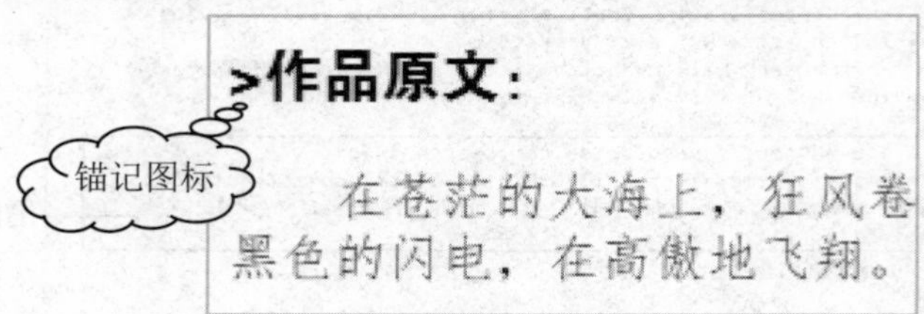

图 4-58　创建锚记

3. **建立锚链接**　选中文字“高尔基散文诗”，在属性面板上设置其锚链接，锚链接的路径格式为“#”后面加上锚记名称，效果如图 4-59 所示。

海燕

(高尔基散文诗)

图 4-59　建立锚链接

4. **查看代码**　切换“代码”视图，如图 4-60 所示，查看锚链接的代码效果。

```
<body style="font-family: '仿宋'; font-size: 18px;">
<h2><strong>海燕</strong></h2>
<h4><a href="#yaunwen">(高尔基散文诗) </a></h4>        ——标记锚链接
<p style="text-align: center"><img src="images/海燕.jpg" width="500"
height="375" ></p>
......
......
<p style="font-family: '方正大黑简体'; font-size: 20px;"<a name="yaunwen"   ——添加锚记
id="yaunwen"></a>>作品原文：</p>
<p>    在苍茫的大海上，狂风卷集着乌云。在乌云和大海之间，海燕像黑
色的闪电，在高傲地飞翔。</p>
<p>    一会儿翅膀碰着波浪，一会儿箭一般地直冲向乌云，它叫喊着，——
就在这鸟儿勇敢的叫喊声里，乌云听出了欢乐。 </p>
```

图 4-60　查看代码

5. **保存并预览网页**　按 Ctrl+S 键保存文件，并按 F12 键，浏览网页效果。

知识库

1. 超链接的路径

根据链接和路径的关系，超链接的路径可以分为相对路径和绝对路径，也可分为内部路径和外部路径。

- 相对路径：指明目标端点与源端点之间相对位置关系的路径称为相对路径，如站点内网页的链接路径../news/news1.html。

- 绝对路径：指明目标端点所在具体位置的完整 URL 地址的链接路径。网站内部网页间的链接通常不会使用绝对路径，但链接到外部网址，则使用绝对路径，如 http://www.baidu.com。

2. 超链接的对象

根据链接对象的不同，超链接可分为文本链接、命名锚链接、图像链接、电子邮件链接、下载链接、空链接等。

- 文本链接：以文字为媒介的链接，它是网页中最常被使用的链接方式，具有文件小、制作简单和便于维护的特点。
- 命名锚链接：页面中使用命名锚记链接，需要通过创建命名锚记和链接命名锚记两个步骤。
- 图像链接：与创建文字链接的方法非常相似，选中图像后利用属性面板进行相关的设置即可。但图像还有一种链接方式，即映像图链接，可以对图像中的每一个映像部分分别创建链接，能达到较好的视觉效果。
- 电子邮件链接：当访问者单击该超级链接时，系统会启动客户端电子邮件系统，并进入创建新邮件状态，使访问者能方便地撰写电子邮件。
- 下载链接：若所链接的目标文件为浏览器不能自动打开的文件格式，如.rar、.zip、.exe，则会弹出“文件下载”对话框，用户可根据需要选择下载或打开文件。
- 空链接：未指定目标文档的链接。使用空链接可以为页面上的对象或文本附加行为。

4.5　使用模板快速制作网页

在网站中，许多网页往往有一部分内容相同，如页眉、导航和页脚等，相同的内容没有必要每次重复制作。为此，我们可以制作一个模板，通过模板生成需要的网页，再修改具体内容即可。

4.5.1　创建模板文件

创建模板文件

模板是一种特殊类型的文档，用于设计固定的并可重复使用的页面布局结构，基于模板创建的网页文档会继承模板的布局结构，可以直接创建新模板，也可以将现有网页保存为模板。

实例 15　花园学校模板

花园学校的网站，如图 4-61 所示，分成六个方面，即学校概况、新闻动态、教师之家、学生天地、教研视窗和德育之窗，均由若干个页面组成，为了网站的整体布局统一性，可以使用模板统一页眉、页脚和导航。

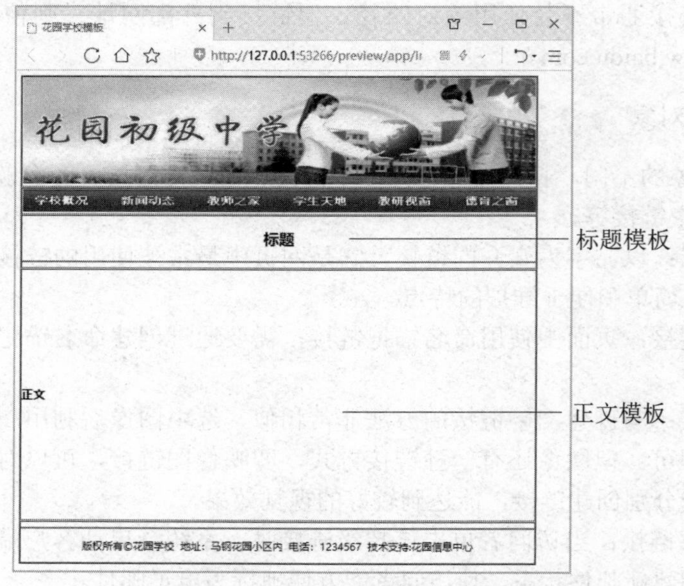

图 4-61 “花园学校模板”网页效果

制作“花园学校”模板，可以采取新建网页的方式，打开站点，创建模板，插入图片，在网页上添加编辑区域。模板上共创建了两个可编辑区域，分别是“标题”与“正文”。

跟我学

1. **建立站点** 运行 Dreamweaver 软件，选择“站点”→“新建站点”命令，按图 4-62 所示操作，建立“花园学校网站”站点。

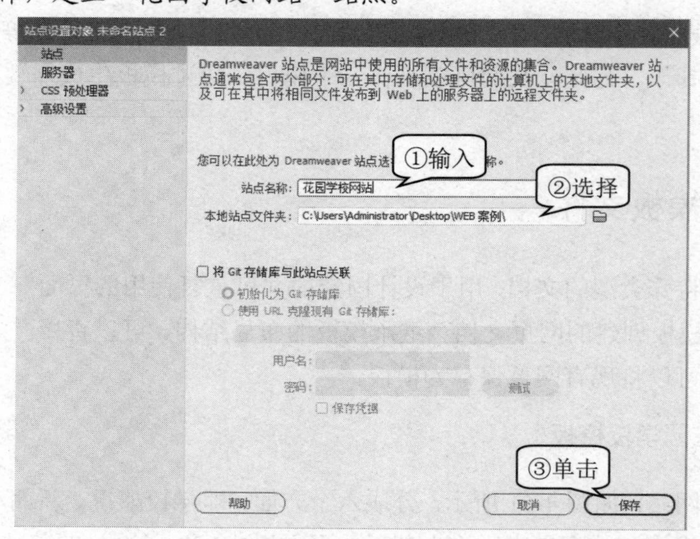

图 4-62 创建站点

2. **新建模板文件**　选择“文件”→“新建”命令，打开“新建文档”对话框，按图 4-63 所示操作，建立模板文件。

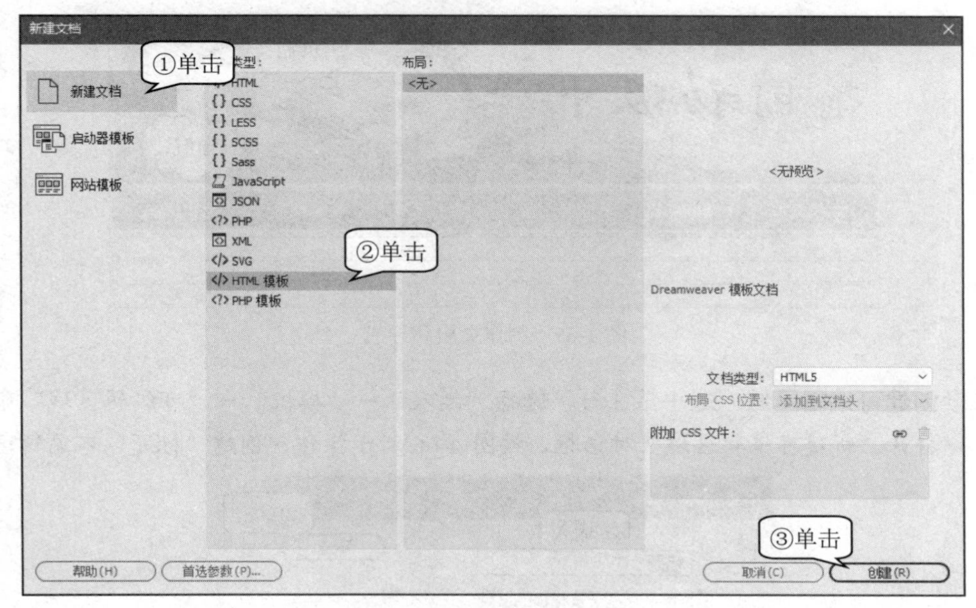

图 4-63　新建模板文件

3. **新建表格**　选择“插入”→Table 命令，在弹出的 Table 对话框中，按图 4-64 所示操作，创建一个 5 行 1 列的表格。

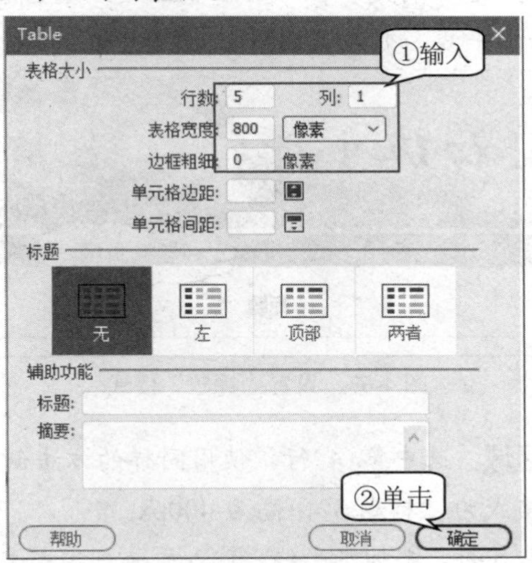

图 4-64　创建表格

当表格的边框设置为 0 时，在编辑状态，表格边框显示为虚线，在浏览器浏览时，不显示边框线。

4. **制作页眉和导航** 选中第 1 行插入图片“页眉.png”，第 2 行插入图片“导航.png”，并设置居中，效果如图 4-65 所示。

图 4-65 制作页眉和导航

5. **创建可编辑区域** 选中第 3 行，选择“插入”→“模板”→“可编辑区域”命令，打开“新建可编辑区域”对话框，按图 4-66 所示操作，创建“标题”可编辑区域。

图 4-66 创建可编辑区域

6. **设置“标题”格式** 选中标题，在“属性”面板上设置标题的格式为“标题 2”“居中对齐”，并添加水平线，效果如图 4-67 所示。

图 4-67 设置“标题”格式

7. **创建正文可编辑区域** 选中第 4 行，使用同样的方法创建“正文”可编辑区域，并设置正文文字格式为“标题 3”，高为 400px。

8. **制作页脚** 选中第 5 行，添加水平线，输入页脚内容格式为“居中”，大小为“3”，效果如图 4-68 所示。

图 4-68 制作页脚

9. **保存网页模板**　按 Ctrl+S 键，保存文件，弹出“另存为”对话框，将文件以“花园学校模板.dwt”为名，保存到 Templates 文件夹中。

4.5.2　使用模板文件

使用模板快速建立网页，建立后的网页仍与模板保持联系，当模板改变时，网页会自动更新。

使用模板文件

实例 16　学校概况

使用模板文件制作“学校概况”网页如图 4-69 所示，只需要在标题处输入文本“花园学校基本情况介绍”，以及在正文处输入基本情况的文字内容即可。

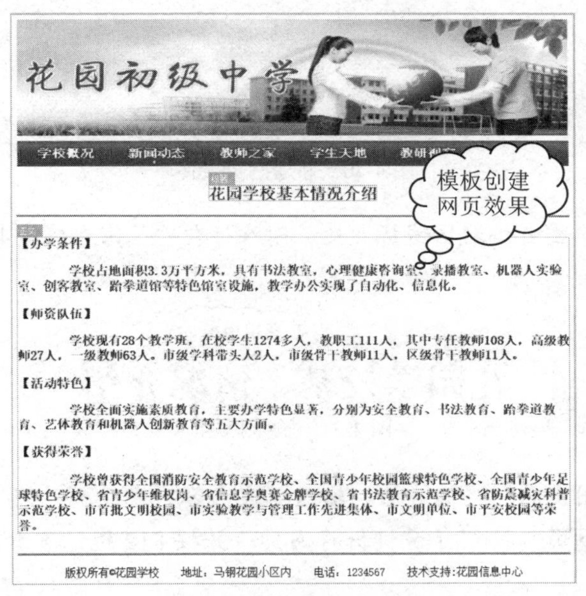

图 4-69　“学校概况”网页效果

使用“文件”→“新建”命令，在“新建文档”对话框中选择“网站模板”标签，选择要使用的网页模板，然后单击“创建”按钮，也可以基于选中的模板创建新的网页文件。

跟我学

1. **新建文件**　运行软件，选择“文件”→“新建”命令，按图 4-70 所示操作，使用“花园学校模板.dwt”为模板，创建网页文件。

使用模板创建网页时，默认设置为当模板改变时更新页面；也可以设置为网页分离模板，当模板改变时，网页不受影响。

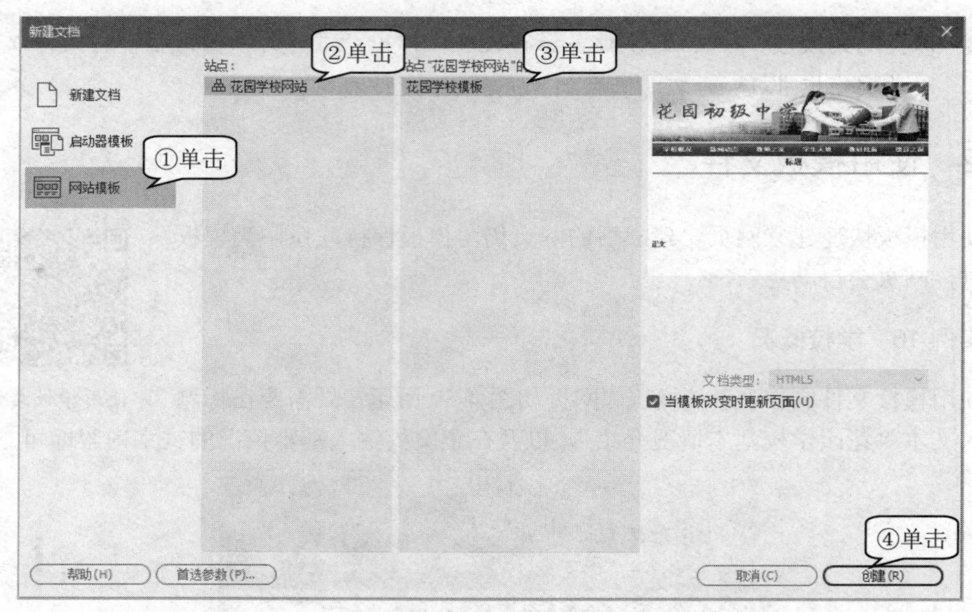

图 4-70　新建网页文件

2. **输入标题**　单击可编辑区域标题处，输入标题“花园学校基本情况介绍”，效果如图 4-71 所示。

图 4-71　输入标题

3. **输入正文**　用上面同样的方法，输入正文内容。
4. **保存并预览网页**　按 Ctrl+S 键保存网页，并按 F12 键，查看网页效果。

4.5.3　管理模板文件

对建立好的模板文件，可以进行修改、删除等管理，如对模板进行修改后，可以将模板的修改应用于所有由模板生成的网页中。

修改模板内容

实例 17　花园学校模板 2

做完网站后，发现网页上的导航还需要添加栏目标签，需要修改，这时可在原来的导航栏最左边添加“首页”标签，如图 4-72 所示。

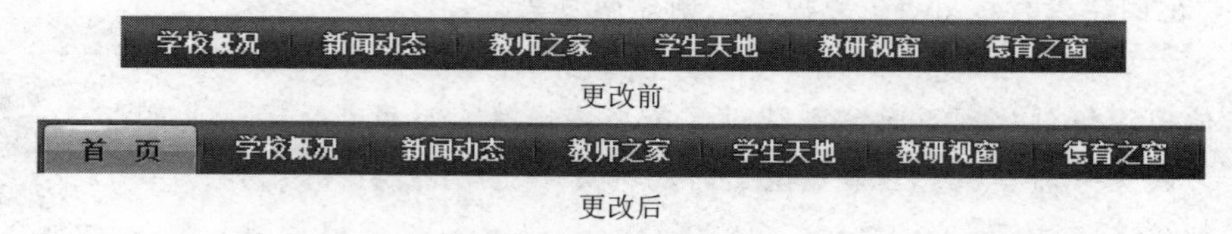

图 4-72　模板中需要更换的图片

只需打开原模板文件“花园学校模板.dwt”，用修改过的图“导航 2.png”替换图片文件“导航.png”，并使用模板更新所有生成的网页文件即可。

跟我学

1. **打开模板**　运行软件，打开模板文件“花园学校模板.dwt”。
2. **修改模板**　选中模板文件导航图片，按图 4-73 所示操作，修改插入图片文件。

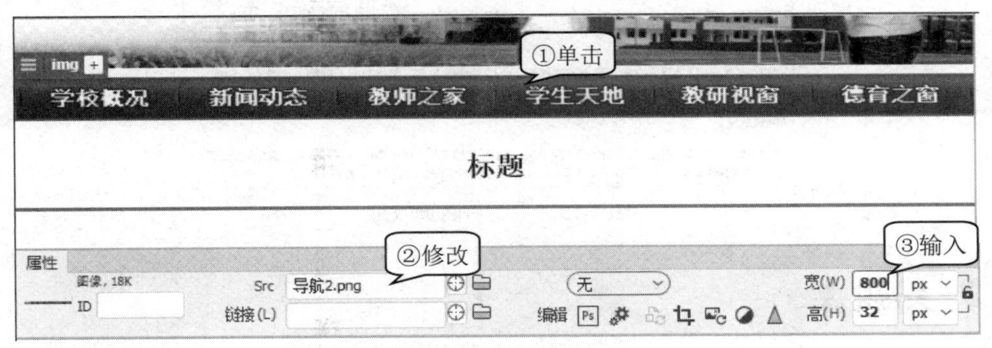

图 4-73　修改模板

3. **保存网页**　选择“文件”→“保存”命令，保存修改的模板文件。
4. **自动更新网页**　保存模板后，自动弹出“更新模板文件”对话框，按图 4-74 所示操作，更新网站中所有使用模板制作的页面。

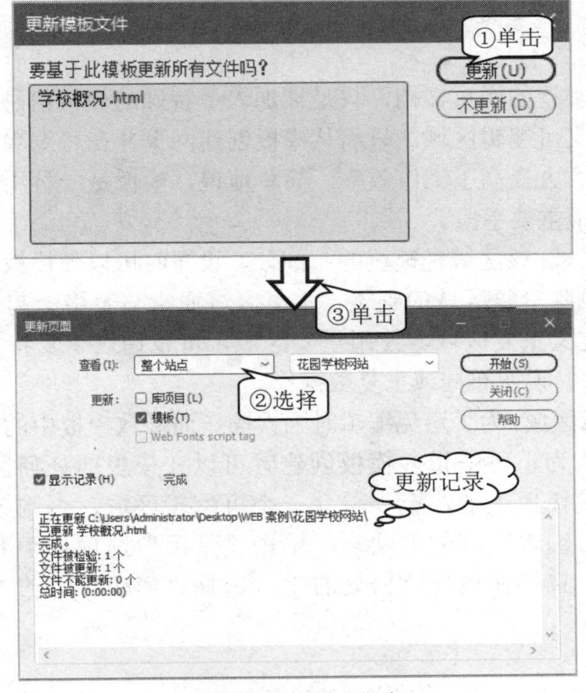

图 4-74　更新网页

5. **保存并预览网页** 打开由“花园学校模板.dwt”模板制作的网页文件“学校概况.html”，查看更新后的效果如图 4-75 所示。

图 4-75 更新后网页效果

知识库

1. 创建模板的方法

创建模板文件有两种方法：新建文件创建模板；修改已有的网页文件保存为模板文件。模板文件以文件扩展名.dwt 保存在站点本地根文件夹的 Templates 文件夹中。如果该文件夹在站点中不存在，则 Dreamweaver 将在保存新建模板时自动创建该文件夹。

2. 模板中的区域

模板是一种特殊类型的网页文档，只是被加入了特殊的模板信息，一般用来设计“固定的”页面布局并定义可编辑区域，只需从模板创建网页并在可编辑区域中进行编辑即可完成新页面的设计，大大提高了工作效率。简单地说，模板是一种用来批量创建具有相同结构及风格的网页的最重要手段。

- 模板的重复区域：该区域是模板的一部分，设置时可以使模板用户在基于模板的文档中添加或删除重复区域的副本。重复区域通常与表格一起使用，但也可以为其他页面元素定义重复区域。使用重复区域，可以通过重复特定项目来控制页面布局，如目录项、说明布局或重复数据行。
- 模板的可编辑区域：为了避免编辑时因误操作而导致模板中的元素发生变化，模板中的内容默认为不可编辑。模板创建者可以在模板的任何区域指定可编辑的区域，而且要使模板生效，至少包含一个可编辑区域，否则该模板没有任何实质意义。创建可编辑区域的方法一：单击“常用”选项卡中的“可编辑区域”按钮；方法二：直接在模板空白处右击，选择“模板”下的“新建可编辑区域”选项。

4.6　小结和习题

4.6.1　本章小结

本章详细介绍了在网页中输入与编辑文本，插入表格、图像、动画、声音及视频等网页元素，在网页中插入网页元素可以通过常规方法，即使用菜单命令，也可以通过 HTML 代码的方式进行。本章还详细介绍了使用模板快速制作风格一致网页的方法。

- 网页中输入文本符号：主要介绍了输入文本、修改文本及设置文本格式的方法，另外还介绍了如何插入符号，如项目符号、序号等。
- 网页中插入图形图像：主要介绍如何使用命令与 HTML 语言插入图像，图像的种类及特点，以及图像大小的调整。
- 网页中插入多媒体素材：通过实例，使用两种方法介绍了插入声音文件、动画文件及视频文件的方法。
- 网页中插入超链接：通过实例，介绍了插入文字、图像和锚记等超链接的方法。
- 使用模板快速制作网页：通过实例介绍了模板的制作、使用模板制作网页、修改模板更新网页等方法。

4.6.2　本章练习

一、选择题

1. 文本标签<font>的属性不包括(　　)。
   A. face　　B. color
   C. size　　D. aligu
2. 在输入文本后，按 Shift+Enter 键，产生的是(　　)。
   A. 空格　　B. 换行
   C. 分页符　　D. 另起段落
3. 在网页中不需要解码的音频格式文件是(　　)。
   A. mid　　B. mp3
   C. mp4　　D. flv
4. 在网页编辑过程中，需在浏览器中查看效果，可以直接按(　　)键。
   A. F9　　B. F10
   C. F11　　D. F12
5. 下列属于表格操作的是(　　)。
   A. 选择行　　B. 删除行
   C. 隐藏行　　D. 插入行

6. 下列图像格式中，一般不用于网页中的是(　　)。

A. png　　B. jpg

C. gif　　D. bmp

7. 插入多媒体菜单项中，不包括(　　)。

A. Flash　　B. 声音

C. 视频　　D. 动画

8. 在 Dreamweaver 中，没有视图模式的是(　　)。

A. 代码　　B. 拆分

C. 设计　　D. 规划

9. 列表分为(　　)。

A. 有序列表与无序列表　　B. 项目符号与数字符号

C. 数字符号与标点符号　　D. 项目符号与有序列表

10. 在网页中插入的 Flash 动画的文件格式是(　　)。

A. swf　　B. flv

C. fla　　D. mp4

11. 链接锚记标签的符号是(　　)。

A. @　　B. #

C. &　　D. *

二、判断题

1. 在网页中可以插入视频文件。(　　)
2. 可以基于模板新建文件。(　　)
3. 插入图片只能通过菜单命令实现。(　　)
4. 在插入视频时，可以设置播放器的大小。(　　)
5. 插入的 Flash 动画文件，可以像图片一样改变大小。(　　)
6. 与网页模板断开联系的网页，无法使用模板更新。(　　)
7. 可以通过修改其他网页文件的方法制作模板文件。(　　)
8. 在 Dreamweaver 中，可以显示或隐藏标尺。(　　)
9. 在 Dreamweaver 中，插入特殊字符中没有版权符号。(　　)
10. 在 Dreamweaver 中，插入音乐只能使用第三方控件。(　　)
11. 对象添加了超链接后是无法修改的。(　　)

三、操作题

1. 新建站点“新技术”。
2. 新建网页文件，并将它保存成 index.html。
3. 在网页属性对话框中设置主页的名称为“新技术”。
4. 在网页中插入 Flash 动画文件。
5. 在网页中插入视频文件。
6. 为网页中的图像添加百度网页超链接。

第 5 章

使用 CSS 样式美化网页

利用 HTML 可以完成网页结构的搭建，也能实现网页的基本功能，但对网页内容的样式没有过多涉及，也就不能对网页布局、字体、颜色、背景和其他图文效果的实现进行有效的控制。

采用 CSS 技术制作网页，能对网页的页面布局、字体、颜色、背景等实现精准的控制。本章将通过实例，介绍使用 CSS 样式美化网页的方法。

本章内容：

- 了解 CSS 基础知识
- 编写 CSS 样式代码
- 使用 CSS 样式美化文本
- 使用 CSS 样式修饰页面

5.1　了解 CSS 基础知识

CSS(Cascading Style Sheet，层叠样式表)用于快速调整多个网页的版式效果，以提高网页制作效率。如果把网站的 HTML 比作盖房子搭的框架，那么 CSS 就相当于给房子装修，要改变房子的装修风格，只需要修改 CSS 即可。

了解 CSS 基础知识

5.1.1　初识 CSS 样式

使用 CSS 样式，可以设置传统 HTML 中无法表现的样式，也可将同一个 CSS 样式表应用到不同的网页上，使它们实现统一的风格。

1. CSS 的定义

在网页制作过程中，字符、段落、表格和图片等元素可以设置成各种不同的格式，每一种格式称为一种样式，将多种样式存放在一起称为样式表。如图 5-1 所示，index_1.html 未使用 CSS，index_2.html 使用了 CSS，该 CSS 中包含了字符、段落和图片元素的样式。

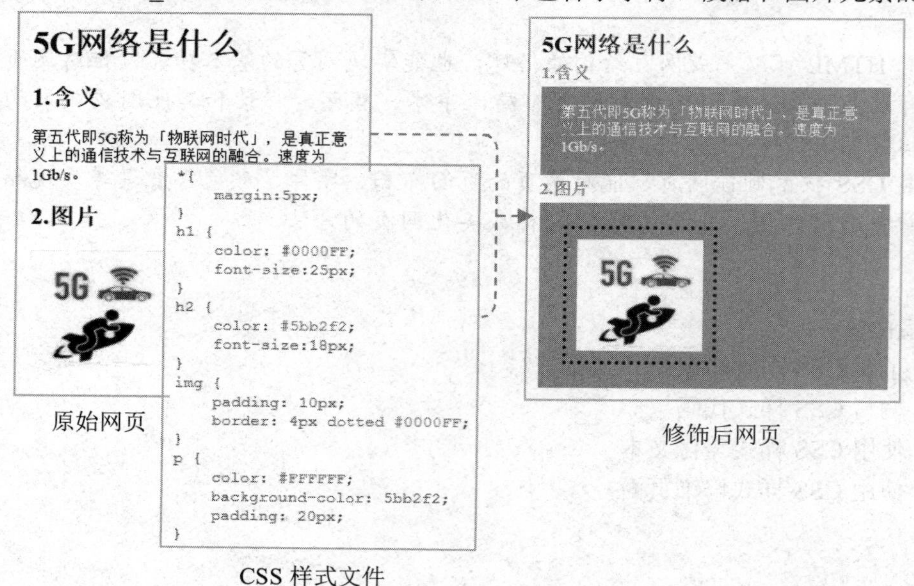

图 5-1　使用 CSS 美化网页效果

2. CSS 的优点

CSS 样式最大的优点就是“优化网页”，具体表现在以下几个方面：改变浏览器的默认显示风格，将页面内容与显示样式分离，灵活的定义风格，方便网站维护。引用相同的样式会产生相同的显示效果，大大节省了网页编辑和后期维护的时间。如图 5-2 所示为 5 个网页文件套用同一个 CSS 样式表 sample.css。

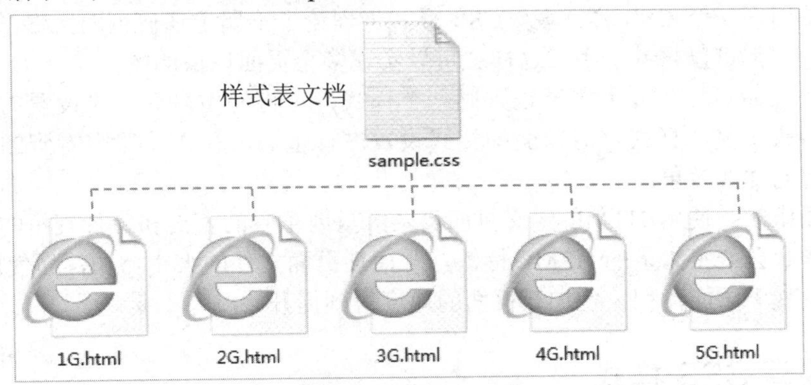

图 5-2　样式的引用

知识库

1. HTML 的缺点

随着 Internet 的不断发展，人们对网页效果的要求也越来越高，只依赖 HTML 标记样式已经不能满足网页设计者的需求，其表现在如下几个方面。

- 维护困难：为了修改某个特殊标记格式，需要花费很多时间，尤其对整个网站而言，后期修改和维护成本较高。
- 标记不足：HTML 本身标记非常少，很多标记都是为网页内容服务的，而关于内容样式标记，如文字间距、段落缩进，很难在 HTML 中找到。
- 网页过于“臃肿”：由于没有对各种风格样式进行控制，HTML 页面往往体积过大，占用了很多宽度。
- 定位困难：在整体布局页面时，HTML 对各个模块的位置调整显得捉襟见肘，过多的 table 标记将会导致页面的复杂和后期维护的困难。

2. CSS 样式的特点

CSS 样式具有很多优点，例如，可以大大缩减页面代码，提高页面浏览速度，缩减带宽成本；CSS 结构清晰，容易被搜索引擎搜索到，其表现在如下几个方面。

- 丰富的样式定义：CSS 提供了丰富的文档样式外观，可以设置文本和背景属性；允许为任何元素创建边框，设置元素边框与其他元素间的距离；允许随意改变文本的大小写方式、修饰方式等效果。
- 易于使用和修改：CSS 可以将样式定义在 HTML 元素的 style 属性中，也可定义在 header 部分，还可写在一个专门的 CSS 文件中(即 CSS 样式表)，将所有的样式声明统一存放，进行统一管理。如果要修改样式，只需在样式列表中修改即可。

- 多页面应用：CSS 样式表可以单独存放在一个 CSS 文件中，这样可以在多个页面中使用同一个 CSS 样式表。CSS 样式表理论上不属于任何页面文件，在任何页面文件中都可以将其引用。这样就可以实现多个页面风格的统一。
- 层叠：即对一个元素多次设置同一个样式，这将使用最后一次设置的属性值。这些后来定义的样式将对前面的样式设置进行重写，在浏览器中看到的将是最后面设置的样式效果。
- 页面压缩：使用 HTML 定义页面需要大量或重复的表格和各种规格的文字样式，这样做会产生大量的 HTML 标签，从而使页面文件的大小增加，而使用 CSS 可以大大减小页面体积，使加载页面的速度得到提升。

5.1.2　编写 CSS 样式

随着 Internet 的发展，越来越多的开发人员开始使用功能更多、界面更友好的专用 CSS 编辑器，如 Dreamweaver 和 Visual Studio 的 CSS 编辑器，这些编辑器有语法着色，带输入提示，甚至有自动创建 CSS 的功能。

实例 1　5G 网络是什么

Dreamweaver 最大的特点是所见即所得，它可以自动生成源代码，大大提高网页开发人员的工作效率。下面就使用 Dreamweaver 软件制作一个简单的网页，其效果如图 5-3 所示。

图 5-3　网页效果

运行 Dreamweaver 软件，在网页内容添加之后，通过 CSS 设计器设置文本格式，最后将样式应用到文本中。

跟我学

1. **创建 HTML 文档**　运行 Dreamweaver 软件，选择“文件”→“新建”命令，在弹出的“新建文档”对话框中，按图 5-4 所示操作，输入标题，创建 HTML 文档。

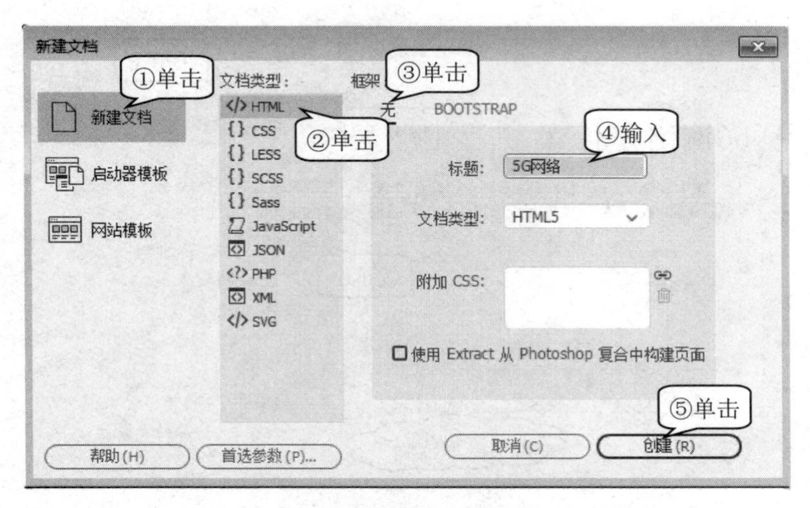

图 5-4　创建 HTML 文档

2. **添加文本**　按图 5-5 所示操作，添加 HTML 代码，为网页添加文本。

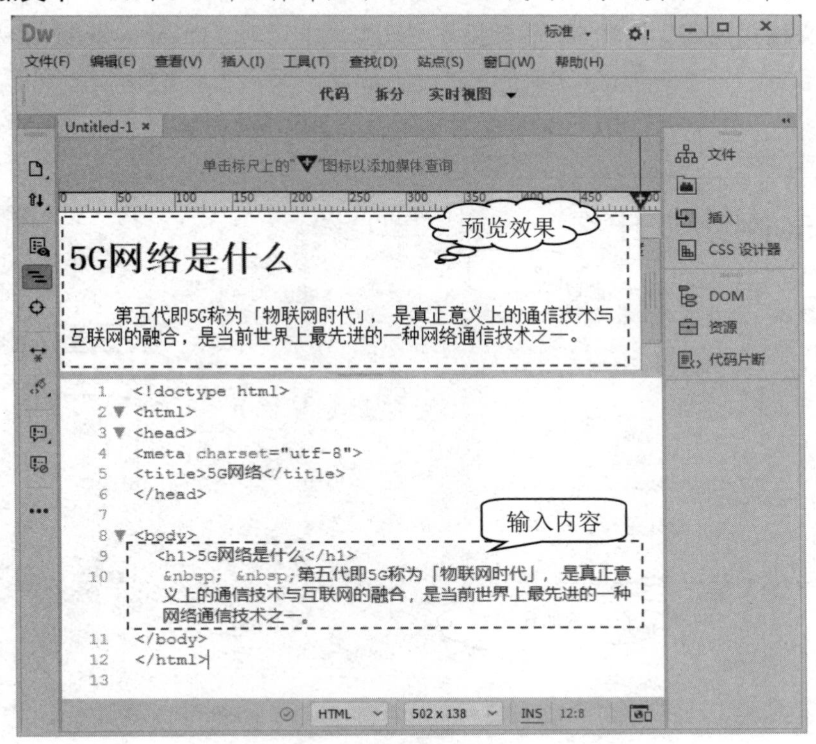

图 5-5　添加文本

3. **添加 CSS 样式**　选择“窗口”→“显示面板”命令，按图 5-6 所示操作，在“CSS 设计器”中选择“在页面中定义”选项，添加 CSS 样式代码。

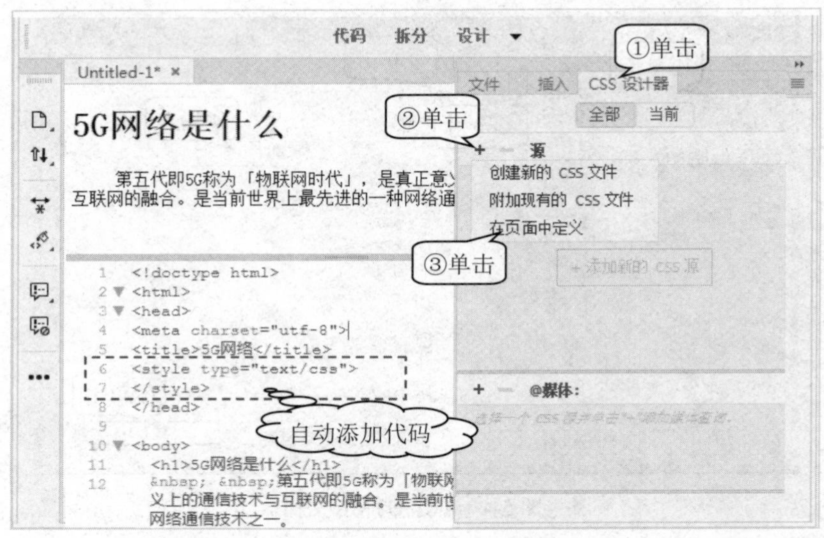

图 5-6　新建 CSS 规则

4. **定义格式规则**　按图 5-7 所示操作，设置文本规则，Dreamweaver 自动添加代码。

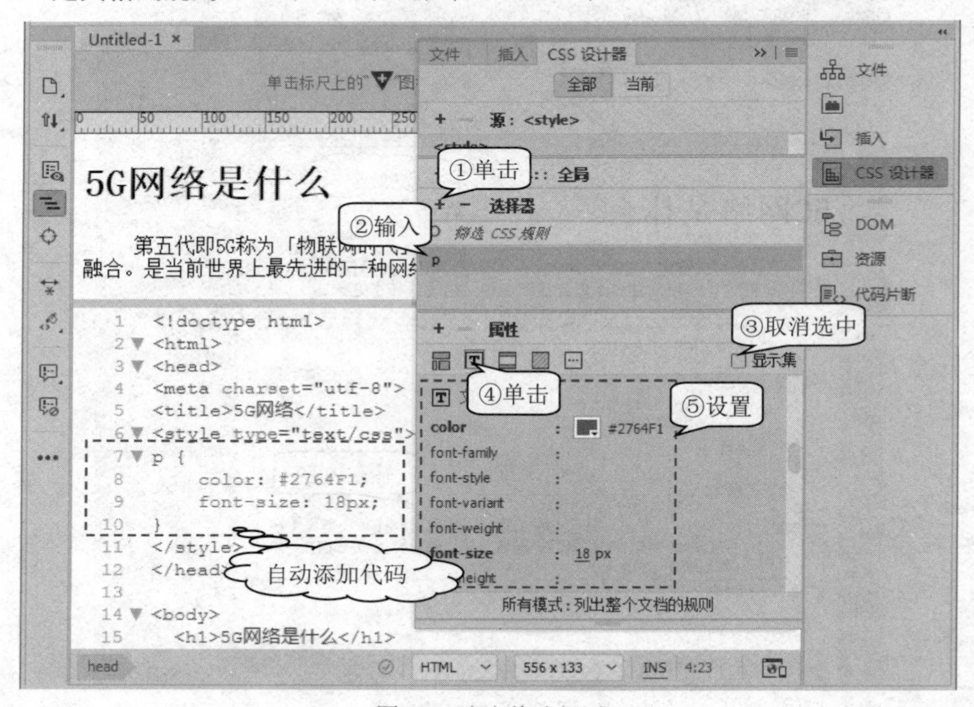

图 5-7　定义格式规则

5. **引用 CSS 样式**　在代码模式中，按图 5-8 所示操作，在文本前后添加<P>、</p>标签，完成段落 p 样式的引用。
6. **保存文件**　选择“文件”→“保存”命令，保存文件，文件名为 sl1.html。

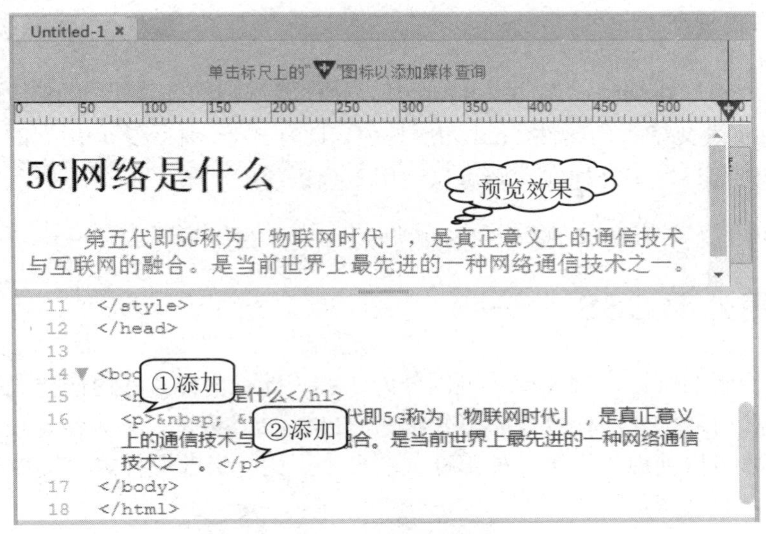

图 5-8　引用 CSS 样式

知识库

1. CSS 语法格式

CSS 样式表是由若干条样式规则组成的，这些样式规则可以应用到不同的元素或文档中来定义它们显示的外观。每一条样式规则由三部分组成，即选择符(selector)、属性(properties)和属性值(value)，具体的语法结构如图 5-9 所示。

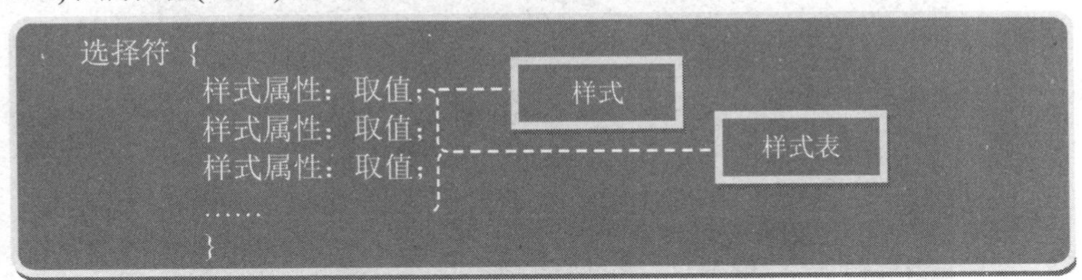

图 5-9　CSS 语法结构

CSS 语法结构名词含义如表 5-1 所示。

表 5-1　CSS 语法结构名词含义

名　　称	含　　义
选择符	指定样式所要针对的对象，如 html 标签、h1 或 p 等
样式	由成对的属性名和属性值组成，中间以冒号(:)隔开。属性主要包括字体属性、文本属性、背景属性、布局属性、边界属性、列表项目属性、表格属性等内容。属性值为某个属性的有效值
样式表	多个样式组成，中间以分号(;)隔开

2. CSS 样式规则

下面给出一条样式规则，如 p{color:red}。该样式规则的选择符为 p，为段落标记<p>提供样式，color 为文字颜色属性，red 为属性值。此样式表示标记<p>指定的段落文字为红色。如果要为段落设置多种样式，则可以使用下列语句：

```
p{font-family  "隶书"; color:red; font-size: 40px; font-weight: bold}
```

5.1.3 引用外部 CSS

根据样式代码的位置，CSS 样式可以分为 3 种，即行内样式、内嵌样式和外部样式。其中行内样式和内嵌样式的样式代码都分布在 HTML 文件内部，不方便管理和维护。外部样式需要引用才可以使用，引用了外部样式的多个页面，当改变样式表文件时，所有页面的样式都会随之而改变。

实例 2　美丽的草原

本实例在网页半成品的基础上，引用一个样式表文档，使网页中的文字和图片都产生预计的效果。其效果如图 5-10 所示。

图 5-10　网页效果

为了将操作简单化，网页初始文件和样式表文件已经制作好。案例要完成的就是将这个外部样式表文档链接到网页中。

跟我学

1. **打开网页文档**　运行 Dreamweaver 软件，选择“文件”→“打开”命令，打开“sl2(初).html”文档，网页初始效果如图 5-11 所示。

图 5-11　网页初始效果

2. **打开 CSS 设计器**　按图 5-12 所示操作，打开"CSS 设计器"窗口，并单击"附加现有的 CSS 文件"。

图 5-12　打开 CSS 设计器

3. **链接样式文件**　按图 5-13 所示操作，链接样式文件 my.css。

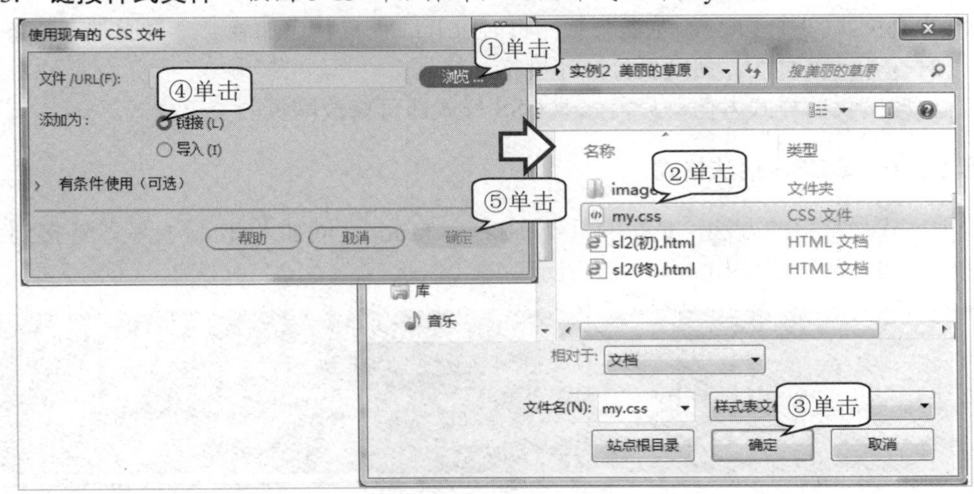

图 5-13　链接样式文件

4. **查看效果** Dreamweaver 自动添加一个样式表链接，网页使用 CSS 样式后效果如图 5-14 所示。

图 5-14 使用样式后的网页效果

5. **另存文档** 选择“文件”→“另存为”命令，以“sl2(终).html”为名保存网页文档。

知识库

1. 外部 CSS 文档

外部样式表是一个扩展名为.css 的文档，使用外部 CSS 有很多优势，主要表现在以下几个方面。

- 简化 HTML，使 HTML 源代码很少。
- 提高网页打开速度。浏览器下载网页时分开线程，就像加载一个页面时有两条线同时打开一个页面，使网页打开速度格外快。
- 修改网页的样式方便，只需修改 CSS 样式即可修改网页的美工样式。

2. 链接外部 CSS 语法格式

引用样式最常用的方法，是在网页<head>…</head>之间加入<link>标签，链接到 CSS 样式文件。CSS 的语法结构如图 5-15 所示。

```
<head>
    <link href="样式表文件.css" rel="stylesheet" type="text/css">
</head>
```

图 5-15 CSS 的语法结构

CSS 链接样式名词含义如表 5-2 所示。

表 5-2　CSS 链接样式名词含义

名　称	含　义
href	指定 CSS 样式表文件的路径，其对应的属性值为 CSS 文件名
rel	rel 是关联的意思，表示链接到样式表 stylesheet
type	表示这段标签包含的内容是 css 或 text，如果浏览不识别 css，则会将代码认为 text，从而不显示也不报错

5.2　编写 CSS 样式代码

CSS 样式代码与 HTML 代码一样，是纯文本文件，可以在记事本中编写，也可以在 Dreamweaver 中编制。它对网页起修饰和美化的作用，也便于以后的网页维护。利用 CSS 样式代码可以对不同网页中的标签进行精确控制。

编写 CSS 样式代码

5.2.1　CSS 常用选择器

CSS 选择器(selector)也称为选择符，HTML 中的所有标记都是通过不同的 CSS 选择器进行控制的。CSS 能对 HTML 页面中的元素进行一对一、一对多或多对一的控制。CSS 选择器根据其用途，分为标签选择器、类选择器、ID 选择器等。

1. 标签选择器

选择器的名字代表 html 页面上的标签，是由多个不同标记组成的，如<h1>、<span>、<p>、<div>、<a>、<img>等。例如，p 选择器，就是用于声明页面中所有<p>标签的样式风格。同样也可以通过 h1 选择器来声明页面中所有<h1>标记的风格。标签选择器格式如图 5-16 所示。

图 5-16　标签选择器格式

实例 3　我要学编程

制作一个网页，添加网页内容，并在网页内部添加 CSS 代码，用标签选择器控制网页内容格式。网页效果如图 5-17 所示。

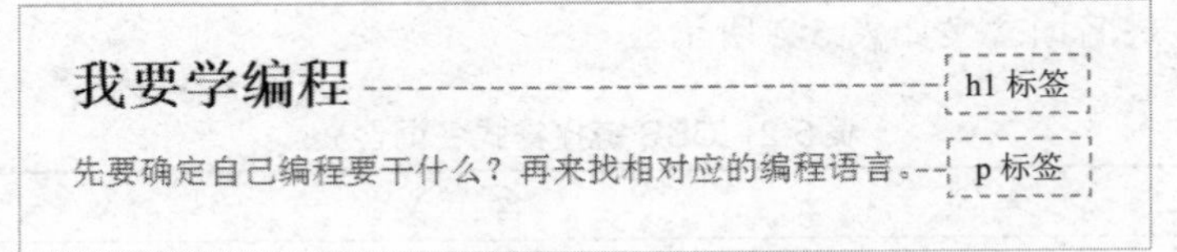

图 5-17　网页效果

通过 Dreamweaver 打开网页，显示代码窗口，可先利用已经学习过的 HTML 知识输入网页内容，再添加控制格式的标签选择器。

跟我学

1. **新建网页**　运行 Dreamweaver 软件，新建一个 HTML 文档，按图 5-18 所示操作，输入网页内容。

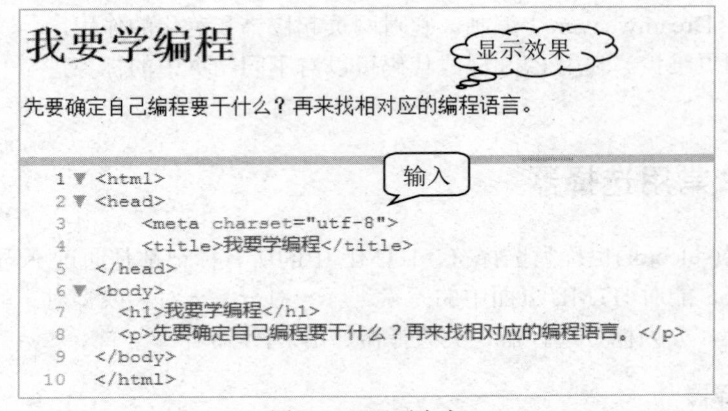

图 5-18　网页内容

2. **添加标签选择器**　按图 5-19 所示操作，在<head>与</head>之间添加标签选择器内容，控制网页内容格式，网页效果如图 5-17 所示。

```
1  <html>
2  <head>
3      <meta charset="utf-8">
4      <title>我要学编程</title>
5      <style>
6          p{color:red;font-size:20px;}
7      </style>
8  </head>
9  <body>
10   <h1>我要学编程</h1>
11   <p>先要确定自己编程要干什么？再来找相对应的编程语言。</p>
12 </body>
13 </html>
```

输入

标签选择器

图 5-19　标签选择器内容

3. **保存网页**　以 sl3.html 为文件名，保存文件。

2. 类选择器

在一个页面中，使用标签选择器，会控制该页面中所有此标记的显示样式，如果需要将此类标记中的其中一个标记重新设定，此时仅使用标签选择器是不能达到效果的，还需要使用类(class)选择器。类选择器格式如图 5-20 所示。

图 5-20　类选择器格式

实例 4　计算机辅助教学

制作一个网页，添加网页内容，并在网页内部添加 CSS 代码，用类选择器控制网页内容格式。网页效果如图 5-21 所示。

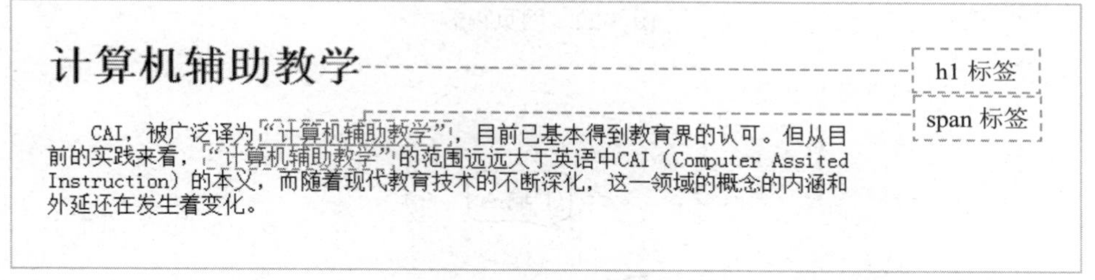

图 5-21　网页效果

该网页由标题和内容两部分组成，在代码窗口中分别添加<h1>标签，添加标题后，插入网页内容，然后再添加 CSS 类选择器来控制标签的格式。

跟我学

1. **新建网页**　运行 Dreamweaver 软件，新建一个 HTML 文档，按图 5-22 所示操作，输入网页内容。
2. **添加类选择器**　按图 5-23 所示操作，在<head>与</head>之间添加类选择器内容，然后在网页内容中需要修改格式的地方引用类选择器，网页效果如图 5-21 所示。
3. **保存网页**　以 sl4.html 为文件名，保存文件。

3. ID 选择器

ID 选择器与类选择器类似，都是针对特定属性的属性值进行匹配。ID 选择器定义的是某一个特定的 HTML 元素，一个网页文件中只能有一个元素使用某一 ID 的属性值。ID 选择器格式如图 5-24 所示。

计算机辅助教学

　　CAI，被广泛译为“计算机辅助教学”，目前已基本得到教育界的认可。但从目前的实践来看，“计算机辅助教学”的范围远远大于英语中CAI（Computer Assited Instruction）的本义，而随着现代教育技术的不断深化，这一领域的概念的内涵和外延还在发生着变化。

输入

```
1   <!doctype html>
2 ▼ <html>
3 ▼ <head>
4   <meta charset="utf-8">
5   <title>计算机辅助教学</title>
6   </head>
7
8 ▼ <body>
9       <h1>计算机辅助教学</h1>
10        CAI，被广泛译为"计算机辅助教学"，目前已基本得到教育界
        的认可。但从目前的实践来看，"计算机辅助教学"的范围远远大于英语中
        CAI（Computer Assited Instruction）的本义，而随着现代教育技术
        的不断深化，这一领域的概念的内涵和外延还在发生着变化。
11  </body>
12  </html>
```

图 5-22　网页内容

①输入

类选择器

②输入

```
1   <!doctype html>
2 ▼ <html>
3 ▼ <head>
4   <meta charset="utf-8">
5   <title>计算机辅助教学</title>
6 ▼     <style>
7           .s1{color:red;}
8       </style>
9   </head>
10
11 ▼ <body>
12      <h1>计算机辅导教学</h1>
13        CAI，被广泛译为<span class="s1">"计算机辅助教
        学"</span>，目前已基本得到教育界的认可。但从目前的实践来看，<span
        class="s1">"计算机辅助教学"</span>的范围远远大于英语中
        CAI（Computer Assited Instruction）的本义，而随着现代教育技术
        的不断深化，这一领域的概念的内涵和外延还在发生着变化。
14  </body>
15  </html>
```

图 5-23　类选择器内容

```
# ID 选择器名称{
    样式代码;
}
```

图 5-24　ID 选择器格式

实例5 量子论

制作一个网页，添加网页内容，并在网页内部添加 CSS 代码，用 ID 类选择器控制网页内容格式。网页效果如图 5-25 所示。

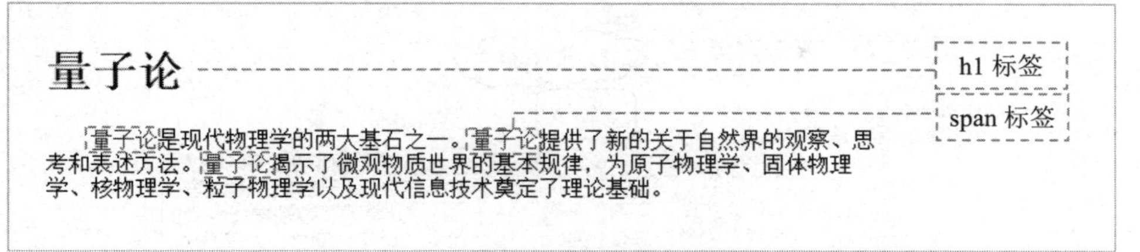

图 5-25 网页效果

该网页制作方法与“实例 4”类似，其不同之处在于，此网页使用的是 ID 选择器，其定义的格式和引用方式不一样，此处是先输入网页内容，再添加控制格式的 ID 选择器。

跟我学

1. **新建网页** 运行 Dreamweaver 软件，新建一个 HTML 文档，按图 5-26 所示操作，输入网页内容。

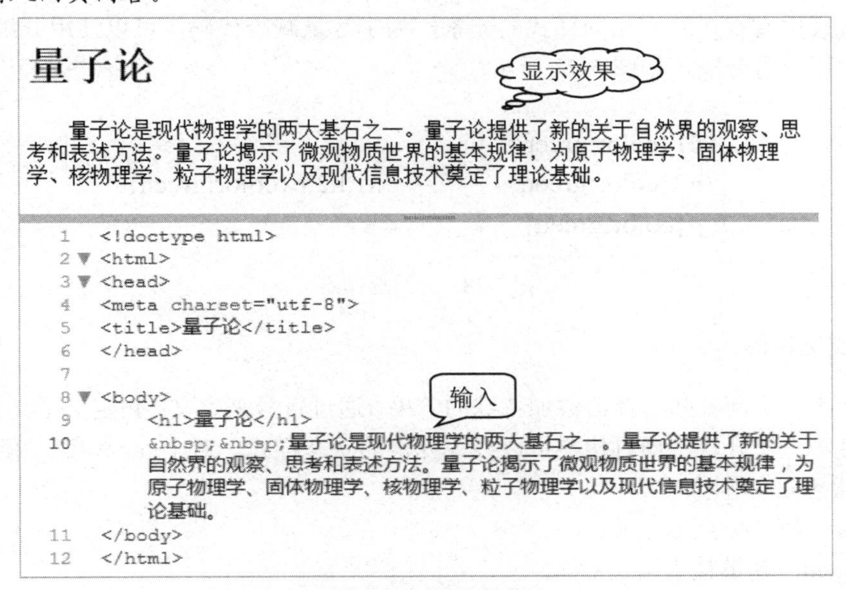


```
1    <!doctype html>
2 ▼ <html>
3 ▼ <head>
4    <meta charset="utf-8">
5    <title>量子论</title>
6    </head>
7
8 ▼ <body>
9        <h1>量子论</h1>
10         量子论是现代物理学的两大基石之一。量子论提供了新的关于自然界的观察、思考和表述方法。量子论揭示了微观物质世界的基本规律，为原子物理学、固体物理学、核物理学、粒子物理学以及现代信息技术奠定了理论基础。
11   </body>
12   </html>
```

图 5-26 网页内容

2. **添加 ID 选择器** 按图 5-27 所示操作，在<head>与</head>之间添加 ID 选择器内容，在网页内容中需要修改格式的地方引用 ID 选择器，网页效果如图 5-25 所示。
3. **保存网页** 以 sl5.html 为文件名，保存文件。

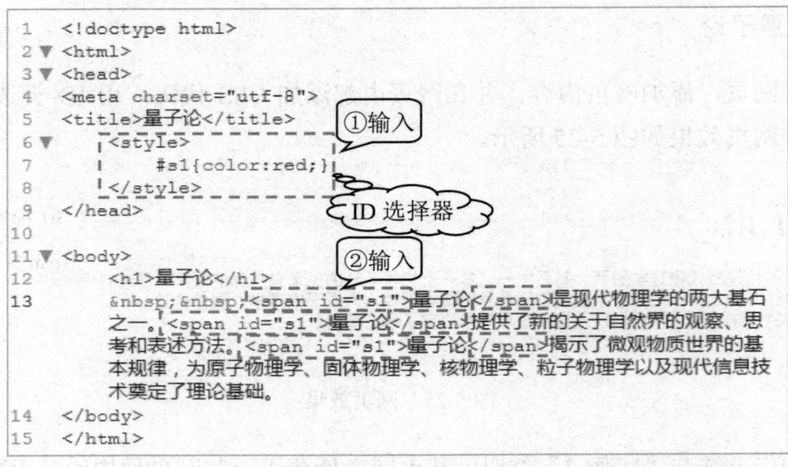

图 5-27　ID 选择器内容

知识库

1. 分组选择器

在样式表中有很多具有相同样式的元素，为了尽量减少代码，可以使用分组选择器。每个选择器用逗号分隔，如图 5-28 所示。

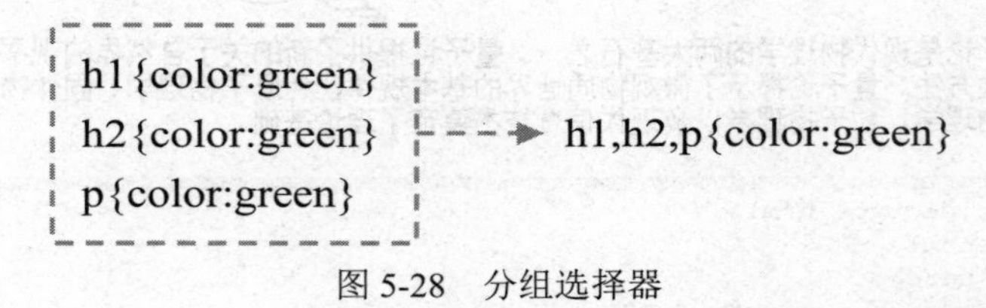

图 5-28　分组选择器

2. 伪类选择器

CSS 伪类用于向某些选择器添加特殊的效果，通过冒号来定义。它定义了元素的状态，如按下、悬停、松开等，通过伪类可以修改元素的状态样式。对于<a>标签，有对应的几种不同的状态，分别如下。

- link：超链接点击之前。
- visited：超链接点击之后。
- focus：某个标签获得焦点的时候。
- hover：光标放到某个标签上的时候。
- active：点击某个标签没有松开鼠标时。

伪类代码示例如图 5-29 所示。

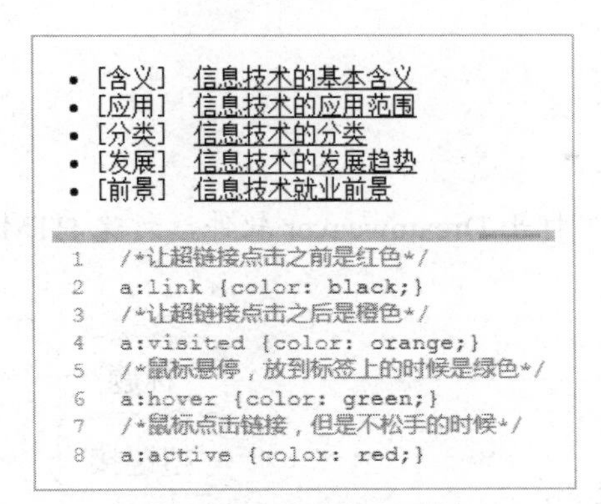

图 5-29　伪类代码示例

5.2.2　CSS 常用属性

为了使页面布局合理，就要精确安排各页面元素位置，而且页面颜色搭配协调及字体大小、格式规范，都离不开 CSS 中用来设置基础样式的属性。通过设置 CSS 这些属性，能精确地布局、美化网页的各元素。

实例 6　古诗欣赏

使用 Dreamweaver 软件设计制作一个古诗欣赏页面。本实例使用 CSS 控制 HTML 标记创建古诗欣赏页面，效果如图 5-30 所示。

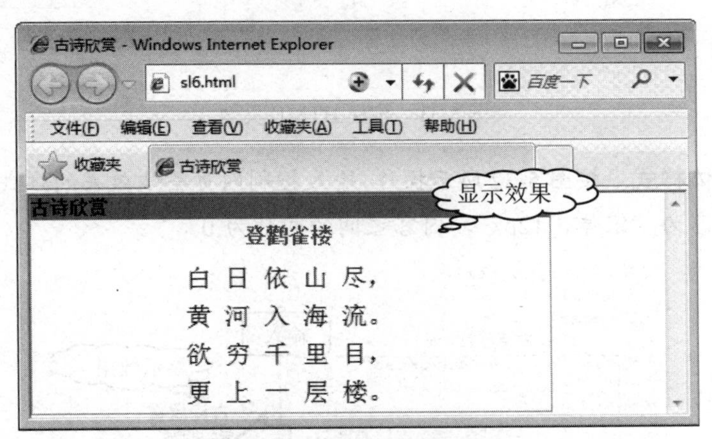

图 5-30　“古诗欣赏”网页

创建一个古诗欣赏页面，需要包含两个部分：一个是页面导航，用来表明网页类别；另一个是内容部分，包括古诗标题和内容。创建页面的方法有很多，可以用表格创建，也可以用列表创建，还可以使用段落创建。本实例在 Dreamweaver 软件中采用 p 标记结合 div 创建。

跟我学

1. **构建 HTML 页面** 打开 Dreamweaver 软件，新建 HTML 文档，制作如图 5-31 所示的网页。

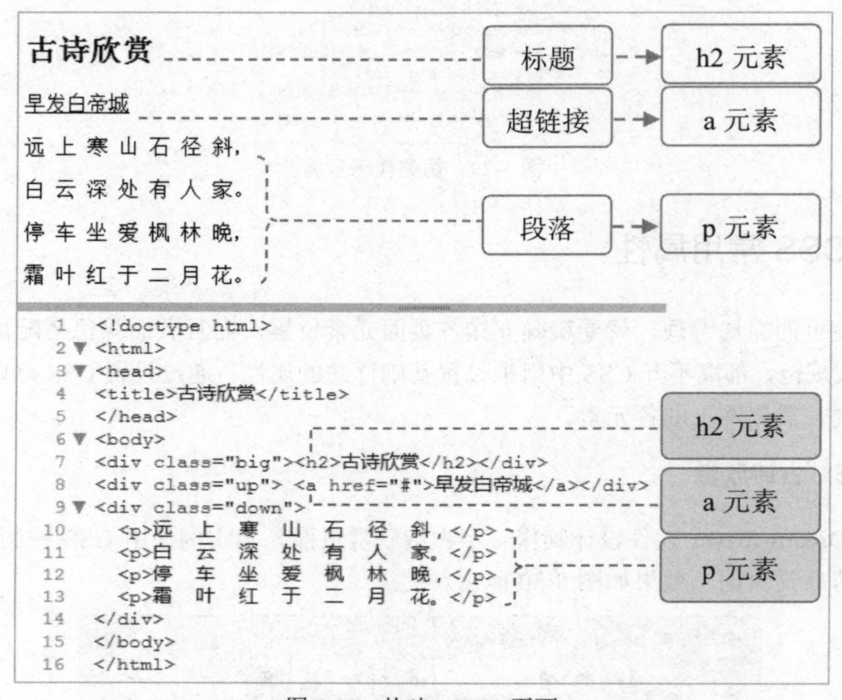

图 5-31 构建 HTML 页面

2. **修饰整体样式** 按图 5-32 所示操作，输入控制网页整体效果的样式代码，设置 body 文档内容为“宋体，12px”，内容之间的间隙为 0。

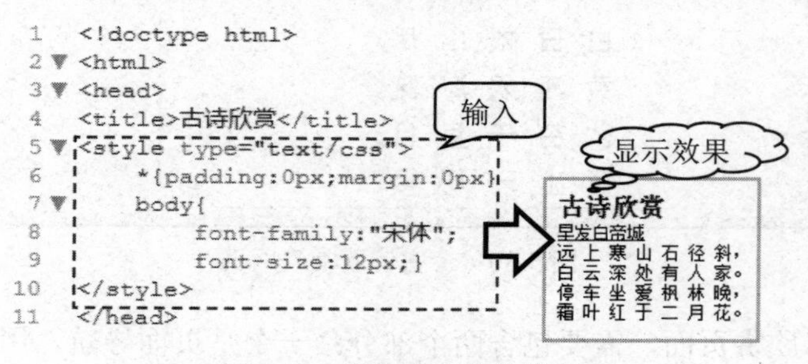

图 5-32 添加文本修饰标记

3. **添加文本边框** 在</style>前输入如图 5-33 所示的代码。为类选择器 big 添加边框，宽度为“400px”，颜色为“鲜绿色”。

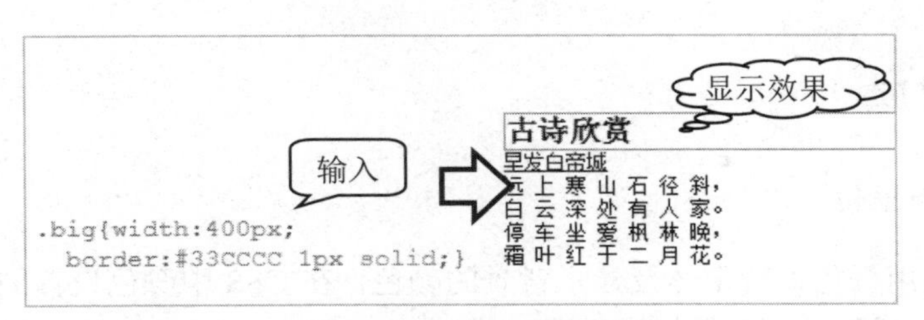

图 5-33　添加文本边框

4. **修饰标题文字**　在</style>前输入如图 5-34 所示的代码。为标签选择器 h2 添加矩形方框，背景为“橄榄色”，字体大小为“14px”，行高为“18px”。

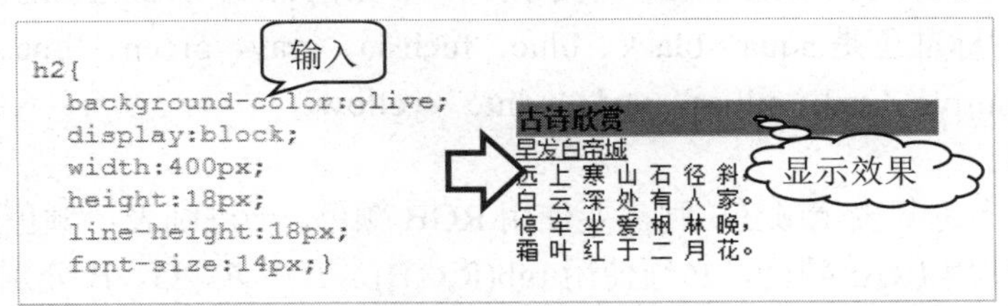

图 5-34　修饰标题文字

5. **修饰正文文字**　在</style>前输入如图 5-35 所示的代码，使正文文字居中显示，改变字体大小并增加段落间距。

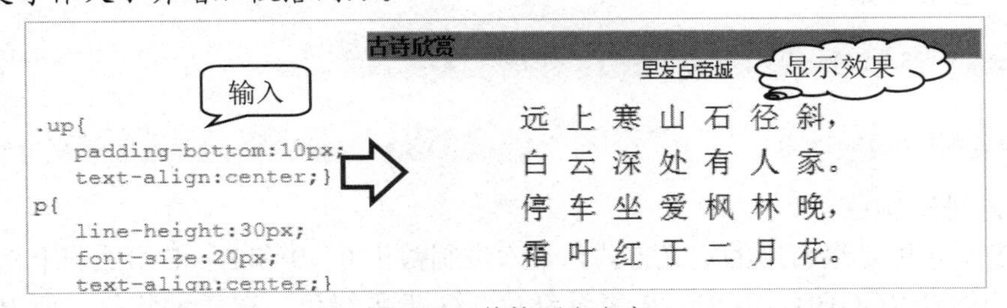

图 5-35　修饰正文文字

6. **修饰超级链接**　在</style>前输入如图 5-36 所示的代码，改变古诗标题“早发白帝城”的大小，加粗并取消下画线。

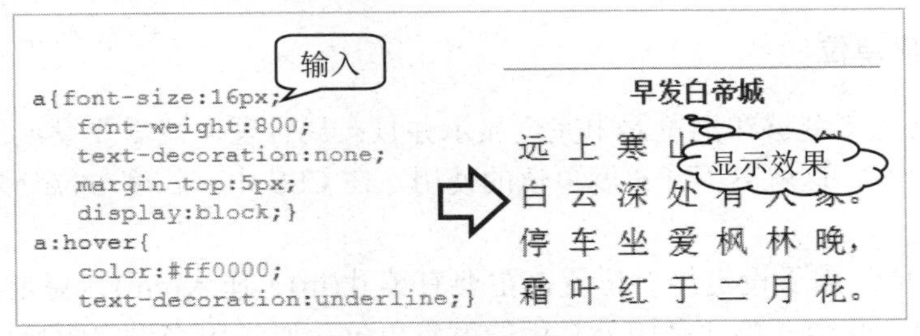

图 5-36　修饰超级链接

7. **保存并预览**　保存 sl6.html 文件，并按 F12 键，预览网页效果。

知识库

1. CSS 颜色单位

我们通常使用颜色设置字体及显示背景的颜色，在 CSS 中颜色设置的方法有很多，有命名颜色、RGB 颜色、十六进制颜色等。

1) 命名颜色

CSS 中可以直接用英文单词命名与之相对应的颜色，这种方法的优点是简单、直接、容易掌握。HTML 和 CSS 颜色规范中定义了 147 中颜色名(17 种标准颜色和 130 种其他颜色)。其中，17 种标准色是 aqua、black、blue、fuchsia、gray、green、lime、maroon、navy、olive、orange、purple、red、silver、teal、white、yellow。

2) RGB 颜色

如果要使用十进制表示颜色，则需要使用 RGB 颜色。十进制表示颜色，最大值为 255，最小值为 0。要使用 RGB 颜色，必须使用 rgb(R,G,B)，其中 R、G、B 分别表示红、绿、蓝的十进制值，通过这三个值的变化结合便可以形成不同的颜色。例如，rgb(255,0,0)表示红色，rgb(0,255,0)表示蓝色，rgb(0,0,0)表示黑色，rgb(255,255,255)表示白色。

RGB 设置方法一般分为两种：百分比设置和直接用数值设置。例如，为 p 标记设置颜色，两种方法分别如下。

```
p{color:rgb(123,0,25)}
```

```
p{color:rgb(45%,0%,25%)
```

3) 十六进制颜色

十六进制颜色是最常用的定义方式，十六进制数由 0～9 和 A～F 组成。十六进制颜色的基本格式为#RRGGBB，其中，R 表示红色，G 表示绿色，B 表示蓝色。而 RR、GG、BB 最大值为 FF，表示十进制中的 255；最小值为 00，表示十进制中的 0。例如，#FF0000 表示红色，#00FF00 表示绿色，#0000FF 表示蓝色，#000000 表示黑色，#FFFFFF 表示白色，其他颜色通过红、绿、蓝 3 种基本颜色结合而成。

2. CSS 长度单位

为保证页面元素能够在浏览器中完全显示并且布局合理，就需要设定元素间的间距和元素本身的边界等，这就离不开长度单位的使用。在 CSS 中，长度单位分为绝对单位和相对单位两类。

- 绝对单位：用于设定绝对位置，主要有英寸(in)、厘米(cm)、毫米(mm)、磅(pt)和 pica(pc)。其中，英寸是国外常用的度量单位；厘米用来设定距离比较大的页面元素框；毫米用来设定比较精确的元素距离和大小；磅一般用来设定文字的大小。
- 相对单位：指在度量时需要参照其他页面元素的单位值。使用相对单位所度量的实际距离可能会随着这些单位值的改变而改变。CSS 提供了 3 种相对单位，即 em、ex 和 px，其中 px 也叫像素，是目前使用最广泛的一种单位。

5.3　使用 CSS 样式美化文本

常见的网站都离不开使用文字或图片来展示内容，文本表达信息给人充分的想象空间，它主要用于对知识的描述性表示。使用 CSS 可以通过设置文本的字体、大小、颜色、对齐方式、行高和间距等技术，将网页修饰得美观大方。

使用 CSS 样式
美化文本

5.3.1　设置字体属性

一个杂乱无序、堆砌而成的网页，会使人感觉枯燥无味，从而望而止步，而一个美观大方的网页，则会让人有种流连忘返的感觉。使用 CSS 字体样式设置会使网页更加美观。

实例 7　中国 5G 产业发展趋势

制作一个网页，内容包括标题和正文两个部分。结合前面章节介绍的 CSS 知识，对网页文字进行设置，效果如图 5-37 所示。

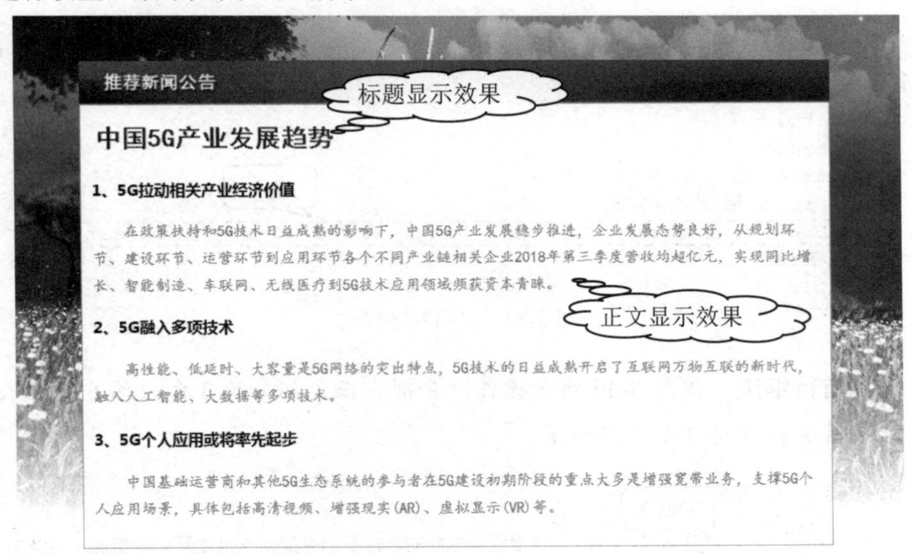

图 5-37　网页页面

网页的最上方是标题，标题下方是正文，其中正文部分是文字段落部分。在设计网页标题时，需要将网页标题居中显示，同时用大号字体显示标题，以便与下面正文区分。

跟我学

1. **构建 HTML 页面**　运行 Dreamweaver 软件，新建 HTML 文档，输入如图 5-38 所示的代码和内容。

```
1 ▼ <html>
2 ▼ <head>
3   <meta charset="utf-8">
4   <title>推荐新闻公告</title>
5   </head>
6 ▼ <body>
7 ▼ <div class="box">
8 ▼   <div class="title">
9 ▼       <div class="news">
10            <h1>中国5G产业发展趋势</h1>
11            <h2>1、5G拉动相关产业经济价值</h2>
12                <p>在政策扶持和5G技术日益成熟的影响下，中国5G产业发展稳步推进，企业发展态势良好，从规
                  划环节、建设环节、运营环节到应用环节各个不同产业链相关企业2018年第三季度营收均超亿
                  元，实现同比增长、智能制造、车联网、无线医疗到5G技术应用领域频获资本青睐。</p>
13            <h2>2、5G融入多项技术</h2>
14                <p>高性能、低延时、大容量是5G网络的突出特点，5G技术的日益成熟开启了互联网万物互联的新
                  时代，融入人工智能、大数据等多项技术。</p>
15            <h2>3、5G个人应用或将率先起步</h2>
16                <p>中国基础运营商和其他5G生态系统的参与者在5G建设初期阶段的重点大多是增强宽带业务，支
                  撑5G个人应用场景，具体包括高清视频、增强现实(AR)、虚拟显示(VR)等。</p>
17        </div>
18    </div>
19  </div>
20  </body>
21  </html>
```

图 5-38　构建 HTML 文档

2. **引用外部样式**　按图 5-39 所示操作，在</head>上方输入代码，引用外部 CSS。

```
1 ▼ <html>
2 ▼ <head>
3   <meta charset="utf-8">
4   <title>推荐新闻公告</title>
5   <link href="test.css" rel="stylesheet" type="text/css">
6   </head>
```

输入

图 5-39　引用外部样式

3. **添加首行缩进**　按图 5-40 所示操作，分别在正文部分的 3 个段落首行插入空格，让段落首行缩进 2 个字符位置。

```
<h1>中国5G产业发展
<h2>1、5G拉动相关     值</h2>
  <p>  在政策扶持和5G技术日益成熟的影响下，中国5G产业发展稳步推进，企业发
  展态势良好，从规划环节、建设环节、运营环节到应用环节各个不同产业链相关企业2018年第三
  季度营收均超亿元，实现同比增长、智能制造、车联网、无线医疗到5G技术应用领域频获资本青
  睐。</p>
<h2>2、5G融入多项
  <p>  高性能、低延时、大容量是5G网络的突出特点，5G技术的日益成熟开启了互
  联网万物互联的新    人工智能、大数据等多项技术。</p>
<h2>3、5G个人应用      步</h2>
  <p>  中国基础运营商和其他5G生态系统的参与者在5G建设初期阶段的重点大多是
  增强宽带业务，支撑5G个人应用场景，具体包括高清视频、增强现实(AR)、虚拟显示(VR)
  等。</p>
```

①输入
②输入
③输入

图 5-40　添加首行缩进

4. **设置字体样式** 按图 5-41 所示操作，打开样式文件 test.css，并添加样式控制字体格式。

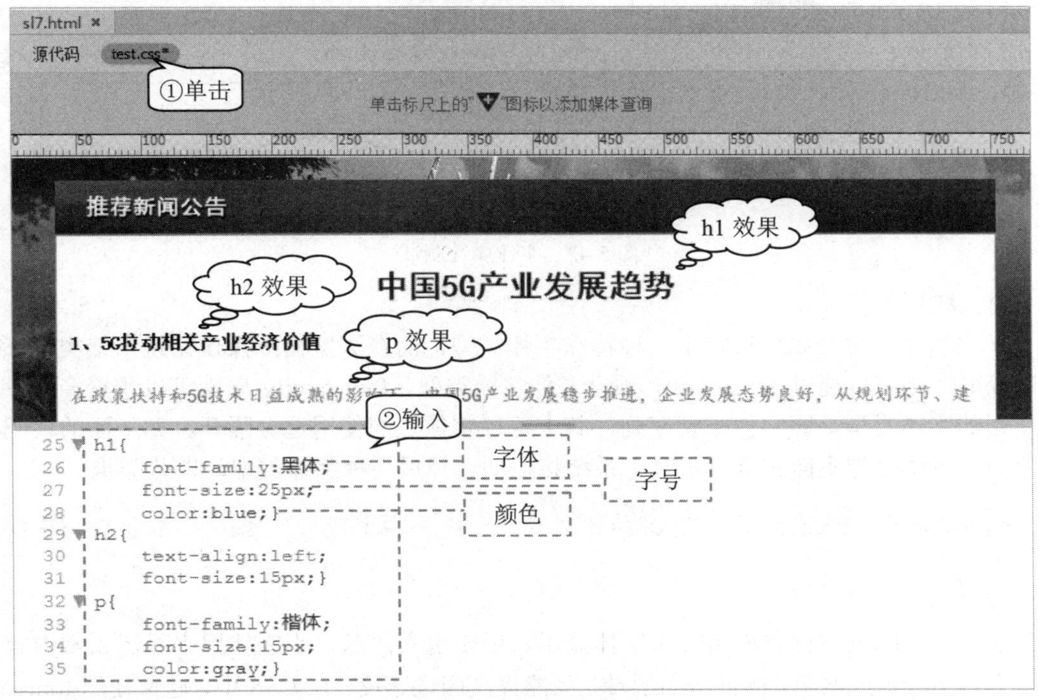

图 5-41　设置字体样式

5. **保存文件** 将网页以 sl7.html 为名保存，并同时保存 test.css 文档。

知识库

1. 字体

字体 font-family 属性用于制定文字字体类型，如宋体、黑体、隶书等，即在网页中展示字体不同的形状。

1) 格式

```
{font-family:name}
{font-family:cursive | fantasy | monospace | serif|sans-serif}
```

从语法格式上可以看出，font-family 有两种声明方式：第一种方式是使用 name 字体名称，按优先顺序排列，以逗号隔开，如果字体名称包含空格，则应使用引号括起。在 CSS 中，比较常用的就是这种声明方式。第二种方式是使用所列出的字体序列名称，如果使用 fantasy 序列，将提供默认字体序列。

2) 实例

输入图 5-42 所示的样式代码后，使用浏览器查看效果，可以看到文字以黑体显示。

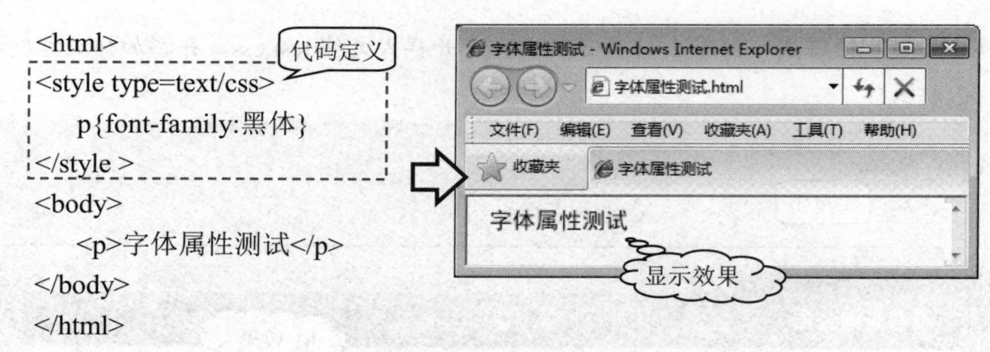

图 5-42　字体属性测试

3) 说明

在字体显示时，如果指定了一种特殊字体类型，而在浏览器或操作系统中该类型不能正确获取，则可以通过 font-family 预设多种字体类型。font-family 属性可以预置多个供页面使用的字体类型，即字体类型序列，其中每种字体之间使用逗号隔开。如下面的代码，当前面的字体类型不能正确显示时，系统将自动选择后一种字体类型，以此类推。

```
p { font-family:华文彩云 ，黑体 ，宋体 }
```

2. 字号

通常一个网页中标题使用较大字体显示，用于引人注意，小字体用来显示正常内容，大小字体结合形成网页，既能吸引眼球，又能提高阅读速度。在 CSS 中，通常使用 font-size 设置文字大小。

1) 格式

```
{ font-size:数值 | inherit | xx-small | x-small |small | medium | large |...}
```

从语法格式上可以看出，font-size 通过数值来定义字体大小。例如，font-size:10px 定义字体大小为“10px”；还可以通过 medium 等参数定义字体的大小。

2) 实例

新建网页文件，输入如图 5-43 所示的样式代码后，使用浏览器查看效果。我们可以看到网页中文字被设置成不同的大小，其设置方法采用了绝对值、关键字和百分比等形式。

3) 说明

在上面的例子中，font-size 字体大小为 200%时，其比较对象是上一级标签中的 10pt。同样，还可以使用 inherit 值，直接继承上一级标记的字体大小，如图 5-44 所示。

3. 字体风格

在 CSS 中，通常使用 font-size 定义字体风格，即字体的显示样式，如斜体。

1) 格式

```
{ font-style: normal | italic | oblique | inherit}
```

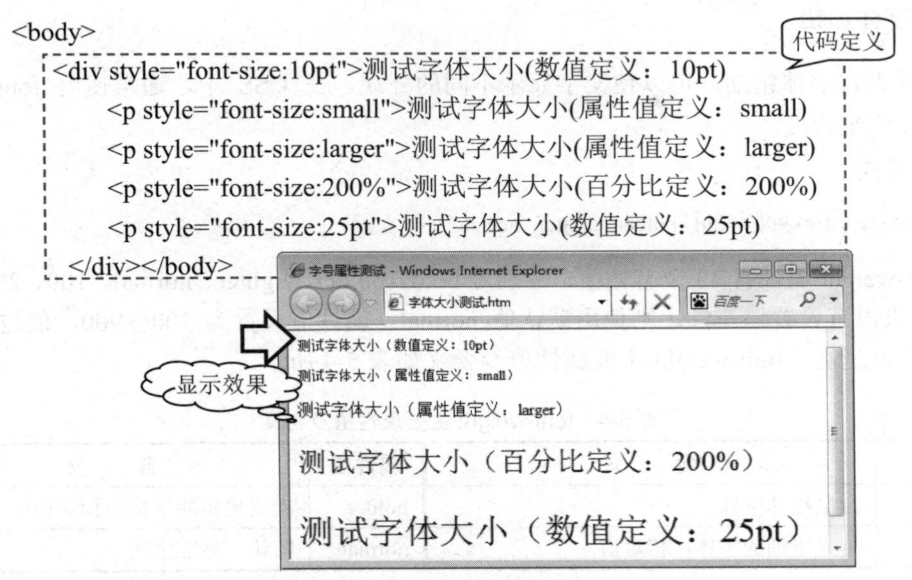

图 5-43　字号属性测试

```
<div style="font-size:50pt">第一段标记
    p { style="font-size:inherit">继承第一段字体大小</p>
</div>
```

图 5-44　继承上一级标记的字体大小

从语法格式上可以看出，font-style 属性值有 4 个，具体含义如表 5-3 所示。

表 5-3　font-style 属性值及含义

属性值	含　义	属性值	含　义
normal	默认值，显示一个标准的字体样式	italic	斜体的字体样式
oblique	倾斜的字体效果	inherit	从父元素继承字体样式

2) 实例

新建网页文件，输入图 5-45 所示的样式代码后，使用浏览器查看效果，可以看到网页中文字分别显示不同的样式。

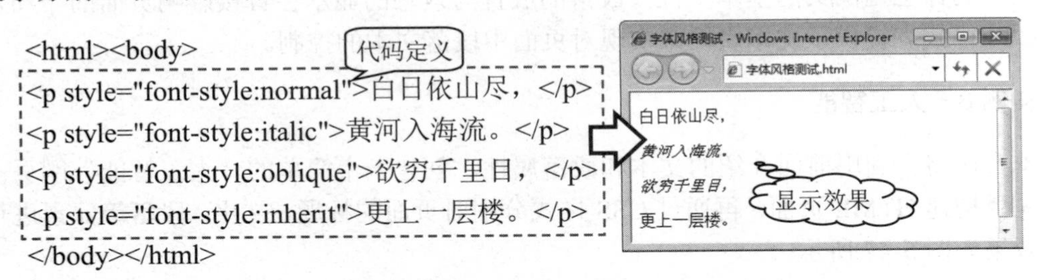

图 5-45　字体风格测试

4. 字体加粗

通过设置字体粗细，可以使文字显示不同的外观。在 CSS 中，通常使用 font-weight 定义字体粗细程度。

1) 格式

```
{ font-style:100-900 | bold | bolder | lighter | normal;}
```

font-weight 属性有 13 个有效值，分别是 bold、bolder、lighter、normal、100、200、…、900。如果没有设置该属性，则使用默认值 normal。属性值设置为 100～900，值越大，加粗的程度就越高。font-weight 主要属性值及含义如表 5-4 所示。

表 5-4 font-weight 主要属性值及含义

属性值	含义	属性值	含义
bold	定义粗体字体	bolder	定义更粗的字体，相对值
lighter	定义更细的字体，相对值	normal	默认，标准字体

2) 实例

新建网页文件，输入图 5-46 所示的代码样式后，使用浏览器查看效果，可以看到网页中文字居中并以不同方式加粗，其中使用了关键字和数值加粗。

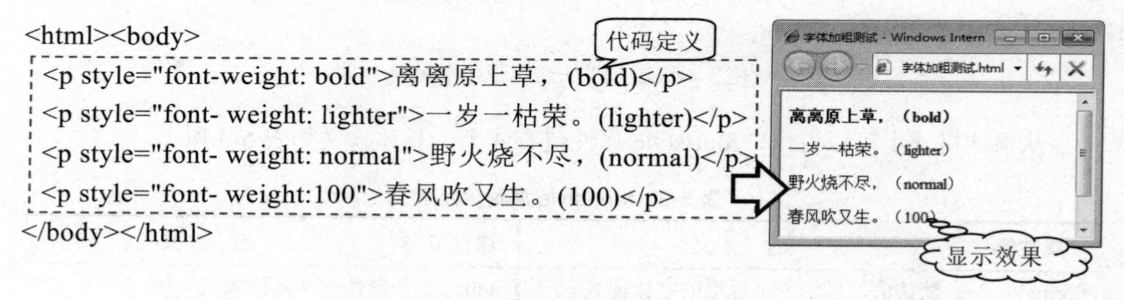

图 5-46 字体加粗测试

5.3.2 设置段落属性

网页由文字组成，而用来表达同一个意思的多个文字组合称为段落。段落是文章的基本单位，同样也是网页的基本单位。段落的放置与效果的显示会直接影响页面的布局及风格。CSS 样式表提供了文本属性来实现对页面中段落文本的控制。

实例 8 人工智能

本实例将会利用前面介绍的文本和段落属性，创建一个简单的“人工智能”网页。我们首先要构建 HTML 页面，再通过 CSS 样式分别对页面的标题、文字、段落等元素进行美化，效果如图 5-47 所示。

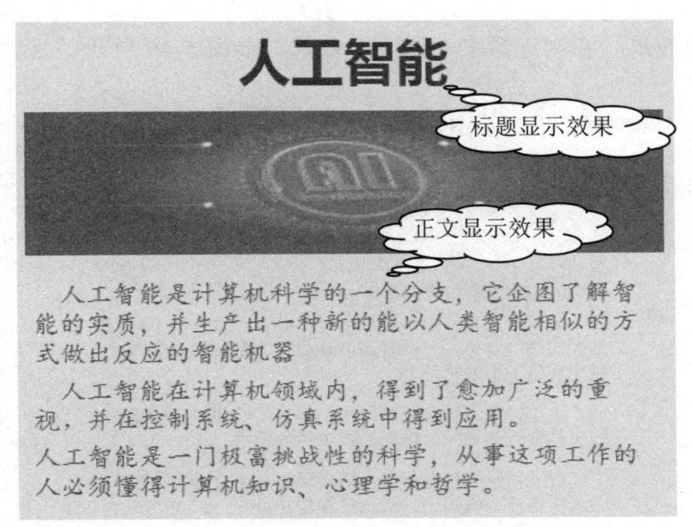

图 5-47　“人工智能”网页效果图

从图 5-47 中可以看出，网页的最上方是标题，标题下方是正文，并在正文部分显示图片。在设计这个网页标题时，其方法与上一节相同。上述设置要求使用 CSS 样式属性实现。

跟我学

1. **构建 HTML 页面**　运行 Dreamweaver 软件，新建 HTML 文档，输入如图 5-48 所示的代码和内容。

```
1  <html>
2  <head>
3  <meta charset="utf-8">
4  <title>人工智能</title>
5  <link href="sample.css" rel="stylesheet" type="text/css">
6  </head>
7  <body>
8  <table width="400"  align=center cellpadding="5">
9      <tr>
10       <td><h1>人工智能</h1></td>
11     </tr>
12     <tr>
13       <td><img src="images/ai.jpg" align="center"></td>
14     </tr>
15     <tr>
16       <td>
17         <p>  人工智能是计算机科学的一个分支，它企图了解智能的实质，并生产出一种新的能以人类智能相似的方式做出反应的智能机器</p>
18         <p>  人工智能在计算机领域内，得到了愈加广泛的重视，并在控制系统、仿真系统中得到应用。</p>
19         <p>人工智能是一门极富挑战性的科学，从事这项工作的人必须懂得计算机知识、心理学和哲学。</p>
20       </td>
21     </tr>
22 </table>
23 </body>
24 </html>
```

表格　行　图像　单元格　段落

图 5-48　构建 HTML 页面

2. **浏览页面效果** 在浏览器中浏览页面效果，如图 5-49 所示。

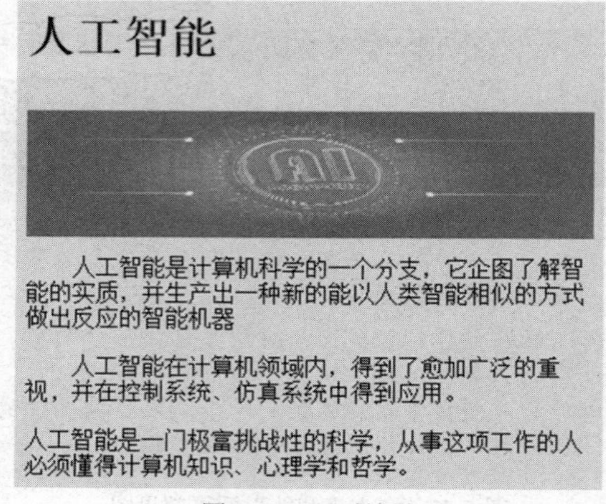

图 5-49 网页效果

3. **设置字体样式** 打开样式 sample.css，在代码后添加如图 5-50 所示的代码，设置字体样式。

```
 9 ▼ h1 {
10        color: #FF0000;
11    }
12 ▼ p {
13        color:dimgray;
14        font-family: 楷体;
15    }
```

图 5-50 设置字体样式

4. **设置段落样式** 按图 5-51 所示操作，添加 CSS 代码，设置正文文字的段落样式。

```
 9 ▼ h1 {
10        margin-bottom: 0px;--------- 外边距
11        padding-bottom: 0px;-------------------- 内边距
12        text-align: center;--------- 对齐方式
13        color: #FF0000;
14    }
15 ▼ p {
16        color:dimgray;
17        font-family: 楷体;
18        line-height: 5mm;
19        margin: 5px; --------------- 行间距
20    }
```

图 5-51 设置段落样式

5. **浏览网页** 将网页命名为 ls8.html 并保存。使用浏览器，可看到设置格式美化后的页面效果。

知识库

1. 字符间隔

在一个网页中，会涉及多个字符文本，字符文本之间的间距设置与词间距间隔保持一致，进而保持页面的整体性，是网页设计者必须考虑的。词与词之间可以通过 letter-spacing 进行设置。

1) 格式

```
letter-spacing:normal | length
```

在 CSS 中，可以通过 letter-spacing 设置字符文本之间的距离，即在文本字符之间插入多少空间。这里允许使用负值，使字母之间更加紧凑。letter-spacing 属性值及含义如表 5-5 所示。

表 5-5　letter-spacing 属性值及含义

属　性　值	含　　义
normal	默认间隔，即以字符之间的标准间隔显示
length	由浮点数字和单位标识符组成的长度值，允许为负值

2) 实例

新建网页文件，输入图 5-52 所示的样式代码后，使用浏览器查看效果，可以看到文字间距以不同的大小显示。

```
<html><head><meta charset="utf-8"><title>字符间距</title></head>
<body>
    <p style="letter-spacing:normal"> Welcome to JinRui.</p>
    <p style="letter-spacing:5px"> Welcome to JinRui.</p>
    <p style="letter-spacing: lex"> 方舟中学欢迎您！ </p>
    <p style="letter-spacing: -5px">方舟中学欢迎您！ </p>
</body>
</html>
```

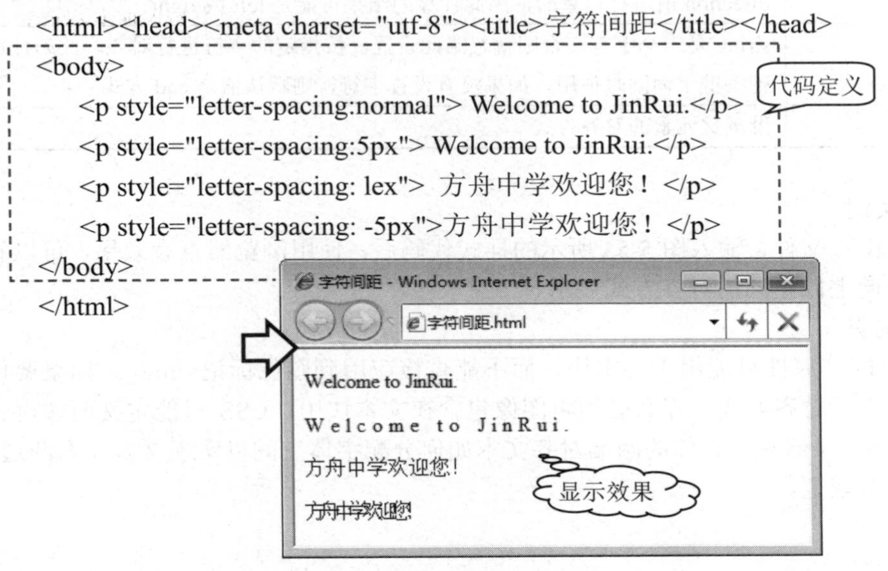

图 5-52　字符间距效果图

3) 说明

从上述代码中可以看出，通过 letter-spacing 定义了多个字间距的效果。特别注意，当设置的字间距是负数 - 5 时，所有文字就会压缩、重叠到一起，无法完整显示。

2. 水平对齐

一般情况下，居中对齐适用于标题类文本，其他对齐方式可以根据页面布局来选择使用。根据需要，可以设置多种对齐方式，如水平方向的居中、左对齐、右对齐和两端对齐等。在 CSS 中，可以通过 text-align 属性进行设置。

1) 格式

```
{ text-align:stextalign}
```

text-align 属性用于定义对象文本的对齐方式。text-align 属性值及含义如表 5-6 所示。

表 5-6　text-align 属性值及含义

属 性 值	含 义
start	文本向行的开始边缘对齐
end	文本向行的结束边缘对齐
left	文本向行的左边缘对齐
right	文本向行的右边缘对齐
center	文本在行内居中对齐
justify	文本根据 text-justify 的属性设置方法分散对齐，即两端对齐，均匀分布
match-parent	继承父元素的对齐方式，但有个例外：继承的 start 或 end 值是根据父元素的 direction 值进行计算的，因此计算的结果可能是 left 或 right
<string>	string 是一个字符，否则就忽略此设置，按指定的字符进行对齐。此属性可以与其他关键字词同时使用，如果没有设置字符，则默认值是 end 方式
inherit	继承父元素的对齐方式

2) 实例

新建网页文件，输入图 5-53 所示的样式代码后，使用浏览器查看效果，可以看到文字在水平方向上以不同的对齐方式显示。

3) 说明

text-align 属性只能用于文本块，而不能直接应用到图像标记<img>。如果要使图像同文本一样应用对齐方式，那么必须将图像包含在文本块中。CSS 只能定义两端对齐方式，并按要求显示，但对于具体的两端对齐文本如何分配字体空间以实现文本左右两边均对齐，CSS 并没有规定。

```
<html><head><meta charset="utf-8"><title>水平对齐</title></head>
<body><h1 style=text-align:center>望天门山</h1>
    <h3 style=text-align:left> 选自：</h3>
    <h3 style=text-align:right>唐诗三百首</h3>
    <p  style=text-align:justify>此诗是唐代伟大诗人李白于开元十三年(725)赴江东
途中行至天门山时所创作的一首七绝。此诗描写了诗人舟行江中顺流而下远望天门山
的情景。</p>
    <p style=text-align:strat>天门中断楚江开，碧水东流至此回。</p>
    <p style=text-align:end>两岸青山相对出，孤帆一片日边来。</p>
</body>
</html>
```

图 5-53　不同水平对齐方式显示

3. 文本缩进

在普通段落中，通常首行缩进两个字符，用来表示这是一个段落的开始。同样在网页的文本编辑中可以通过制定属性，来控制文本缩进。CSS 的 text-indent 属性就是用来设定文本块首行缩进的。

1) 格式

```
text-indent: length
```

其中，length 属性值表示由百分比数字或由浮点数和单位标识符组成的长度，允许为负值。

2) 实例

新建网页文件，输入图 5-54 所示的样式代码后，使用浏览器查看效果，可以看到文字以首行缩进方式显示。

3) 说明

text-indent 属性可以定义为两种缩进方式，一种是直接定义缩进的长度，另一种是定义缩进百分比。如果上级标记定义了 text-indent 属性，那么子标记可以继承其上级标记的缩进长度。使用该属性，HTML 任何标记都可以让首行以给定的长度或百分比缩进。

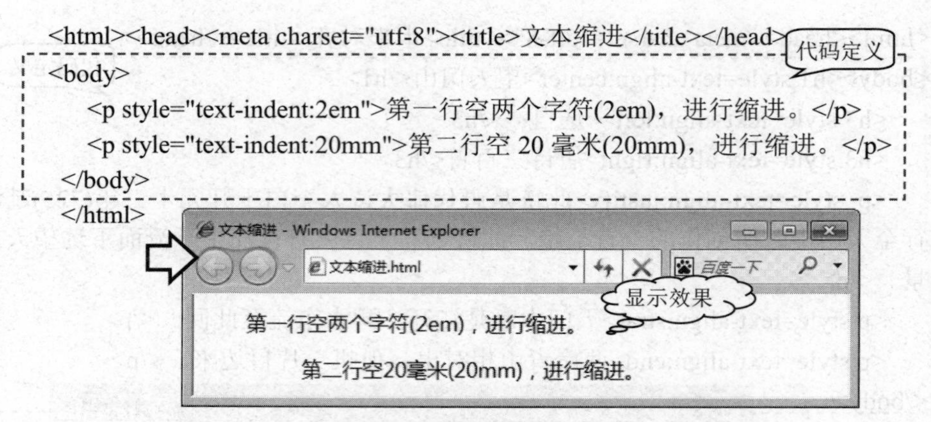

图 5-54　文本缩进样式缩进

4. 文本行高

在 CSS 中，通常使用 font-weight 设置行间距，即行高。

1) 格式

```
line-height:nomal | length
```

line-height 属性值及含义如表 5-7 所示。

表 5-7　line-height 属性值及含义

属　性　值	含　　义
bold	默认行高，网页文本的标准行高
length	百分比数字或由浮点数字和单位标识符的长度值，允许为负值。百分比取值是基于字体的高度尺寸

2) 实例

新建网页文件，输入图 5-55 所示的样式代码后，使用浏览器查看效果。

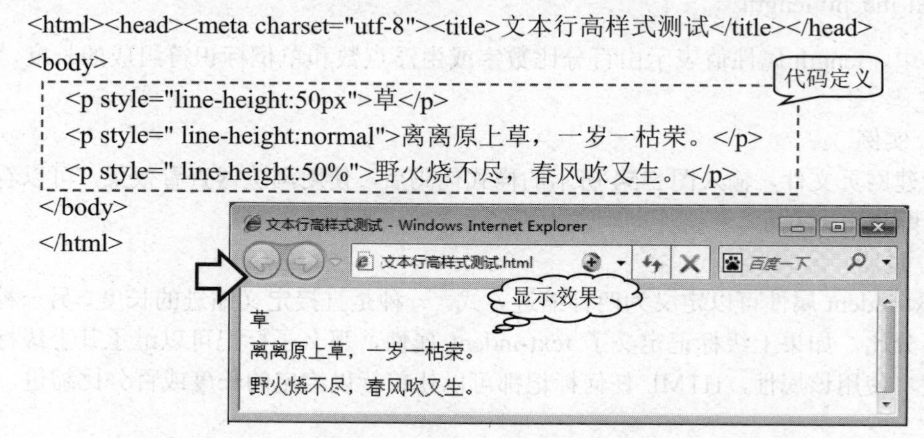

图 5-55　文本行高样式测试

5.4　使用 CSS 样式修饰页面

使用 CSS 样式
修饰页面

CSS 样式不仅可以规范网页中的文字，还可以规范定义和美化网页中的图片、背景、边框等其他元素。使用 CSS 样式，可以轻松设置图片属性、设置页面背景、添加边框，使网页变得更加生动、活泼。

5.4.1　设置图片样式

一个网页如果都是文字，难免会有些单调，时间长了会使浏览者产生枯燥的感觉，而一张恰如其分的图片，则会给网页带来许多生趣。

实例 9　东方红 3

图片是直观、形象的，一张好的图片会给网页带来很高的点击率。在 CSS 中，定义了很多属性用来美化和设置图片。本实例将介绍如何配合图片，设计制作网页版面，效果如图 5-56 所示。

静音科考！“东方红3”水下辐射噪声获全球最高等级认证

来源：人民日报 | 2019年11月12日 06:26

日前，新型深远海综合科学考察实习船“东方红3”船正式入列中国海洋大学“东方红”系列科考船队。该船由我国自主创新研发，配备了先进的科考装备，将有力提升我国在深远海的综合科考能力。

“东方红3”船被称为“国内最安静”的海洋综合科考船。它的船舶水下辐射噪声通过了挪威船级社的权威认证，获得全球最高等级——“静音科考”级认证证书，成为国内首艘、国际上第四艘获得这一等级证书的海洋综合科考船，也是目前世界上获得该证书吨位最大的静音科考船。

图 5-56　网页页面

制作本实例时，需要包含三个部分：一是内容标题；二是新闻发布时间；三是新闻内容，新闻内容是图片和段落文件，并需要对图片样式进行美化。

跟我学

1. **构建 HTML 页面**　运行 Dreamweaver 软件，新建 HTML 文档，输入如图 5-57 所示的代码和内容。

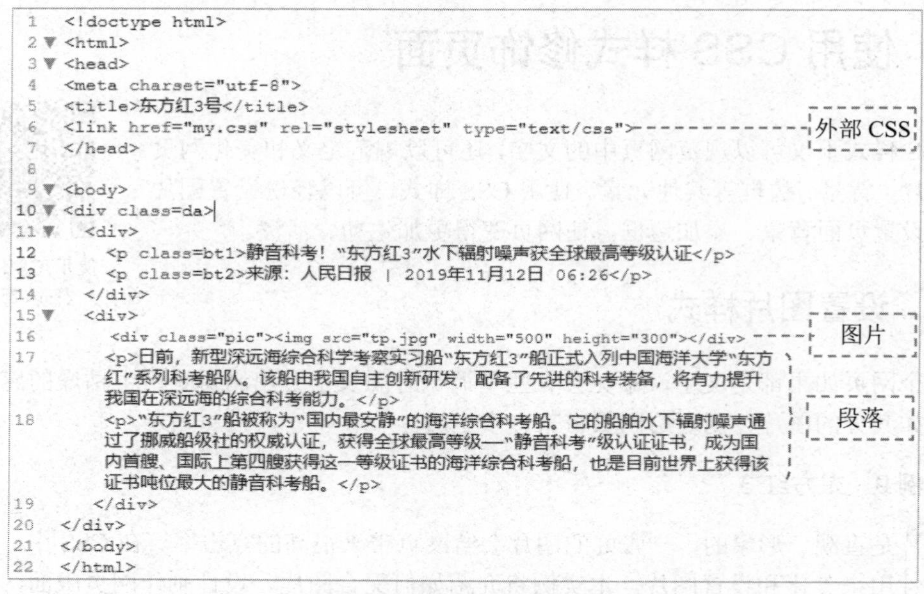

```
1  <!doctype html>
2  <html>
3  <head>
4  <meta charset="utf-8">
5  <title>东方红3号</title>
6  <link href="my.css" rel="stylesheet" type="text/css">
7  </head>
8
9  <body>
10 <div class=da>
11   <div>
12     <p class=bt1>静音科考！"东方红3"水下辐射噪声获全球最高等级认证</p>
13     <p class=bt2>来源：人民日报 | 2019年11月12日 06:26</p>
14   </div>
15   <div>
16     <div class="pic"><img src="tp.jpg" width="500" height="300"></div>
17     <p>日前，新型深远海综合科学考察实习船"东方红3"船正式入列中国海洋大学"东方红"系列科考船队。该船由我国自主创新研发，配备了先进的科考装备，将有力提升我国在深远海的综合科考能力。</p>
18     <p>"东方红3"船被称为"国内最安静"的海洋综合科考船。它的船舶水下辐射噪声通过了挪威船级社的权威认证，获得全球最高等级——"静音科考"级认证证书，成为国内首艘、国际上第四艘获得这一等级证书的海洋综合科考船，也是目前世界上获得该证书吨位最大的静音科考船。</p>
19   </div>
20 </div>
21 </body>
22 </html>
```


图 5-57　构建 HTML 页面

2. **浏览页面效果**　在浏览器中浏览页面效果，效果如图 5-58 所示，可以看到网页内容以普通样式显示，很不美观。

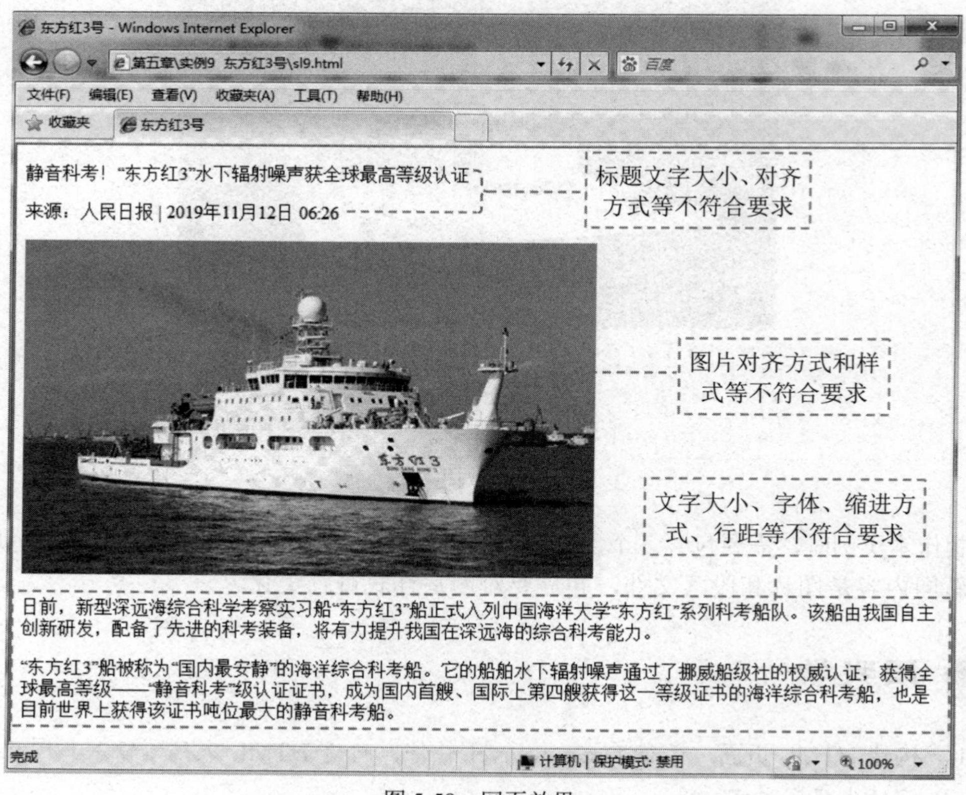

图 5-58　网页效果

3. **修饰整体效果**　打开 CSS 文档 my.css，按图 5-59 所示操作，添加标签代码，设置页面宽度和对齐方式。

```
1 ▼ .da{
2       width:800px;-------宽度800px
3       margin: 0 auto;----居中对齐
4   }
```

图 5-59　修饰整体效果

4. **设置标题**　按图 5-60 所示操作，在 CSS 文档中添加代码，修饰标题的字体、段落格式。

```
5   .bt1{color:blue;font-size:25px;text-align:center}
6   .bt2{color:gray;font-size:13px;text-align:center}
```

图 5-60　设置标题格式

5. **修饰图片**　按图 5-61 所示操作，继续在 my.css 中插入代码，为网页中的图片设置不同的样式。

```
 7 ▼ .pic{
 8        text-align: center; -----------对齐方式
 9   }
10 ▼ img{
11        border:#0033FF 2px dashed;-----边框效果
12   }
```

图 5-61　修饰图片格式

6. **设置段落格式**　按图 5-62 所示操作，继续在 my.css 中插入代码，设置网页中段落格式。

```
13 ▼ p {
14        color:dimgray;
15        font-family: 楷体;
16        line-height: 5mm;
17        margin: 5px;
18   }
```

图 5-62　设置段落格式

7. **浏览网页**　将网页命名为 ls9.html，保存到本地磁盘，继而使用浏览器浏览页面效果。

知识库

1. 图片边框样式

在网页中可以利用 HTML 中的 border 设定<img>的边框，但这种方法设定的边框风格和颜色比较单一。如果采用 CSS 对边框样式进行美化，可以产生丰富多彩的效果。

1) 格式

```
<img src="tupian.jpg" border="3">
```

在 CSS 中，使用 border-style 属性定义边框样式，即边框风格。例如，我们可以设置边框风格为点线式边框(dotted)、破折线式边框(dashed)、直线式边框(solid)、双线式边框(double)等。

2) 实例

新建网页文件，输入图 5-63 所示的样式代码后，保存为.html 格式文件，使用浏览器查看效果，可以看到网页显示了两张图片，其边框分别为 dotted 和 double。

```
<html><head>
<title>图片边框</title></head>
<body>
    <img src="tupian1.jpg" border="3"   style="border-style:dashed dotted" />
    <img src="tupian2.jpg" border="3"   style="border-style:dashed double"/>
</body>
</html>
```

代码定义

显示效果

图 5-63　图片边框样式测试

2. 缩放图片

网页上显示一张图片时，默认情况下都是以图片的原始大小显示。如果要对网页进行排版，在通常情况下，还需要对图片进行大小的重新设定。对于图片大小设定，我们可以采用以下 3 种方式完成。

1) 描述标记 width 和 height

在 HTML 标记语言中，通过 img 的描述标记 width 和 height 可以设置图片大小。width 和 height 分别表示图片的宽度和高度，其值为数值或百分比，单位是 px。需要注意的是，高度属性 height 和宽度属性 width 设置要求相同。例如：

```
<img scr="tupian.jpg" width=200 height=120>
```

图片宽度为 200px，高度为 120px。

2) max-width 和 max-height

max-width 和 max-height 分别用来设置图片宽度最大值和高度最大值。在定义图片大小时，如果图片默认尺寸超过了定义的大小，那么就以 max-width 所定义的宽度值显示，而且高度将同比例变化。同样，max-height 的定义以此类推。如果图片的尺寸小于最大宽度或高度，那么图片就按原尺寸大小显示，如图 5-64 所示。

```
……
  <style>
   Img{ max-height:180px;}
  </style>
……
```

图 5-64　图片缩放

图片高度是 120px，宽度将做同比例缩放。

3) CSS 中的 width 和 height

在 CSS 中，可以使用属性 width 和 height 来设置图片宽度和高度，从而达到图片的缩放。例如：

```
<img scr="tupian.jpg" >
<img scr="tupian.jpg" style="width=200; height=120">
```

其中，第一张图片以原始尺寸显示，第二张图片以指定大小显示。

3. 对齐图片

一个凌乱的图文网页是每一个浏览者都不喜欢看到的，而一个图文并茂、排版整洁的页面，更容易让网页浏览者接受，可见，图片的对齐方式是非常重要的。在 CSS 中，图片的对齐方式主要有横向、纵向两种方式。

1) 横向对齐方式

所谓图片横向对齐，就是在水平方向上进行对齐，其对齐样式和文字对齐比较相似，都有 3 种方式，分别为“左”“中”“右”，如图 5-65 所示。

```
<html><head>
<title>图片横向对齐</title>
</head>
<body>
    <p style="text-align:left"><img src="xy.jpg" style="max-width:140px;">左对齐</p>
    <p style="text-align:align"><img src="xy.jpg" style="max-width:140px;">居中对齐</p>
    <p style="text-align:right"><img src="xy.jpg" style="max-width:140px;">右对齐</p>
    <p style="font-style:italic">更上一层楼。</p>
</body></html>
```

图 5-65　横向对齐图片

在 IE 浏览器中浏览效果，可以看到网页上显示 3 张图片，大小一样，但对齐方式分别为“左对齐”“居中对齐”“右对齐”。

2) 纵向对齐方式

纵向对齐即垂直对齐，是指在垂直方向上和文字进行搭配使用。我们通过对图片垂直方向上的设置，可以设定图片和文字的高度一致。在 CSS 中，对于图片纵向设置，通常使用 vertical-align 属性来定义。

vertical-align 属性设置元素的垂直对齐方式，即定义行内元素的基线相对于该元素所在行的基线的垂直对齐，允许指定负长度值和百分比值。在表的单元格中，该属性会设置单元格内容的对齐方式。其格式为：

```
vertical-align: | baseline | sub | super |…
```

新建记事本文件，输入图 5-66 所示的样式代码后，保存为.html 格式文件，使用 IE 浏览器查看效果，可以看到网页显示 6 张图片，垂直方向分别是 baseline、bottom、middle、sub、super 和数值对齐。

```
<html><head>
<title>图片纵向对齐</title>
<style> img{max-width:100;}</style></head>
<body>
   <p>纵向对齐方式：baseline<img src=pc.jpg style="vertical-align:baseline"></p>
   <p>纵向对齐方式：bottom <img src=pc.jpg style="vertical-align:bottom"></p>
   <p>纵向对齐方式：middle <img src=pc.jpg style="vertical-align:middle"></p>
   <p>纵向对齐方式：sub <img src=pc.jpg style="vertical-align:sub"></p>
   <p>纵向对齐方式：super <img src=pc.jpg style="vertical-align:super"></p>
   <p>纵向对齐方式：数值定义<img src=pc.jpg style="vertical-align:20px"></p>
</body></html>
```

图 5-66　标签选择器显示

5.4.2　设置背景与边框

任何一个页面，首先映入眼帘的就是网页的背景色和风格，不同类型的网站有不同的背景和风格。网页中的背景通常是网站设计时的一个重要步骤。对于单个 HTML 元素，可以通过 CSS 属性设置元素边框样式，包括宽度、显示风格和颜色等。

实例 10　舌尖上的中国

打开各种类型的网站，最先映入眼帘的就是首页，也称为主页。作为一个网站的门户，主页一般要求版面整洁、美观大方。综合前面学习的 CSS 知识，运用背景和边框属性创建一个主页，效果图如 5-67 所示。

图 5-67　“舌尖上的中国”网站主页

在本实例中，主页包括 3 个部分：标题、内容部分和底部图片。网页中使用了背景图片，并且为文字部分添加了边框以增加视觉效果。

跟我学

1. **构建 HTML 页面**　运行 Dreamweaver 软件，新建 HTML 文档，在代码窗口输入如图 5-68 所示的代码和内容。

```
1    <!doctype html>
2 ▼  <html>
3 ▼  <head>
4    <meta charset="utf-8">
5    <title>舌尖上的中国</title>
6    <link href="style/test.css" rel="stylesheet" type="text/css" />
7    </head>
8
9 ▼  <body>
10 ▼ <div id="box">
11 ▼    <div id="page">
12         <h2 align="center">舌尖上的中国</h2>
13         <br>
14           在吃的法则里，风味重于一切！<br>
15           中国人从来没有把自己束缚在一张乏味的食品清单上。<br>
16           人们怀着对食物的理解，在不断的尝试中寻求着转化的灵感。</div>
17   </div>
18   <div id="bottom"><img src="images/bottom.png" alt="" /></div>
19   </body>
20   </html>
```

图 5-68　构建 HTML 页面

2. **设置整体效果**　打开 test.css 文件，输入如图 5-69 所示的 CSS 代码，设置网页的整体效果。
3. **设置主体布局**　继续添加如图 5-70 所示的 CSS 代码，设置主体大小、背景图片及对齐方式等内容。

```
1 ▼ body {
2       font-size: 18px;
3       line-height: 25px;
4       background-image: url(../images/background.jpg);
5   }
```

网页背景

图 5-69　设置网页整体效果

```
8 ▼ #box {
9       width: 1002px;
10      height: 400px;
11      background-image: url(../images/ms.png);
12      background-position: center bottom;
13      margin: 0 auto;
14  }
```

内容大小　背景图片　背景居中　布局居中

图 5-70　设置主体布局

4. **设置内容样式**　继续添加如图 5-71 所示的 CSS 代码，将网页中的内容显示在一个圆角边框中，两个不同的内容块中间使用虚线隔开。

```
15 ▼ #page {
16      background:rgba(255,255,255,0.5);
17      width: 290px;
18      height: 200px;
19      padding: 10px 60px 85px 50px;
20      margin: 40px 0px 0px 160px;
21      border-style: solid;
22      border-width:1px;
23      border-radius: 20px;
24      line-height:30px;
25      border-color:gray;
26  }
```

背景颜色(半透明)　宽度和高度　内边距和外边距　边框线形　边框粗细　圆角边框

图 5-71　设置内容样式

5. **设置底部图片样式**　继续添加如图 5-72 所示的 CSS 代码，设置底部图片样式。

```
27 ▼ #bottom {
28      width: 100%;
29      text-align: center;
30  }
```

图 5-72　设置底部图片样式

知识库

1. 背景相关属性

背景是网页设计时的重要因素之一，一个背景优美的网页，总能吸引不少访问者。CSS 在背景设置方面有强大的功能。

1) 背景颜色

background-color 属性用于设定网页背景色。与设置前景色的 color 属性一样，background-color 属性接受任何有效的颜色值，而对于没有设定背景色的标记，默认背景色为透明(transparent)。其语法格式为：

```
{ background-color:transparent|solor}
```

2) 背景图片

在网页中不但可以使用背景色来填充网页背景，同样也可以使用背景图片来填充网页。通过 CSS 属性可以对背景图片进行精确定位。background-image 属性用于设定标记的背景图片。通常情况下，其在标记<body>中应用，将图片用于整个主体中。其语法格式为：

```
{ background-image:none|url(url)}
```

从语法结构上看，其默认属性是无背景图片，当需要使用背景图时可以用 url 进行导入，url 可以使用绝对路径，也可以使用相对路径。使用图片设置背景时，还需要考虑“图片重复”“图片显示”“图片位置”“图片大小”“现实区域”“裁剪区域”等属性。

2. 边框属性

边框就是将元素内容及间隙包含在其中的边线，类似于表格的外边线。每一个页面元素的边框可以从宽度、样式和颜色 3 个方面描述。这 3 个方面决定了边框所显示出来的外观。CSS 中分别使用 border-style、border-color 和 border-width 3 个属性设定边框的 3 个方面。

1) 边框样式

border-style 属性用于设定边框的样式，也就是风格。设定边框样式是边框最重要的部分，它主要用于为页面元素添加边框。其语法格式为：

```
{ border-style:none| hidden| dotted| solid| … }
```

CSS 设定了 9 种边框样式，如表 5-8 所示。

表 5-8　border-style 属性值及含义

属 性 值	含　义	属 性 值	含　义
none	无边框	dashed	破折线式边框
dotted	点线式边框	solid	直线式边框
double	双线式边框	groove	槽线式边框
ridge	脊线式边框	inset	内嵌效果的边框
outset	突起效果的边框		

2) 边框颜色

border-color 属性用于设定边框颜色，如果不想与页面元素的颜色相同，则可以使用该属性为边框定义其颜色。其语法格式为：

```
border-color:color
```

其中，color 表示制定颜色，其颜色值通过十六进制和 RGB 等方式获取。与边框样式属性一样，border-color 属性可以为边框设定一种颜色，也可以同时设定 4 个边的颜色。

3) 边框线宽

在 CSS 中，我们可以通过设定边框线宽来增强边框效果。border-width 属性就是用来设定边框宽度的。其语法格式为：

```
border-width:medium|thin|thick|length
```

其中预设有 medium、thin 和 thick 3 种属性值，另外还可以自行设置长度(length)。

5.5 小结和习题

5.5.1 本章小结

CSS 文件，也可以说是一个文本文件，它包含了一些 CSS 标记。网页设计者可以通过简单更改 CSS 文件，轻松地改变网页的整体表现形式，大大减少网页修改和维护的工作量。本章详细介绍了定义 CSS 样式的方法和技巧，具体包括以下主要内容。

- 了解 CSS 基础知识：以一个完整的 CSS 定义入手，介绍了 CSS 样式的优点及使用。分别使用“记事本”程序和 Dreamweaver 编写 CSS，介绍了 CSS 的语法、定义规则和在 HTML 中使用 CSS 的方法，为进一步学习 CSS 样式奠定了基础。
- 学习 CSS 样式代码：主要介绍了选择器、选择器声明及 CSS 常用单位相关知识。通过实例详细讲解了 CSS 规则由选择器及一条或多条声明构成。选择器通常是需要改变样式的 HTML 元素，每条声明由一个属性和一个值组成；属性是希望设置的样式属性，每个属性有一个值，属性和值用冒号隔开。
- 使用 CSS 样式设置文本：介绍了如何使用 CSS 样式规范网页文本，包括文本的字体属性和段落属性。字体属性主要介绍了“字体”“字号”“字体风格”“加粗字体”“字体颜色”等；段落属性重点介绍了“水平对齐方式”“文本缩进”“文本行高”等。通过实例，讲解了这些常用的字体和段落属性在规范、美化网页文字中的使用方法。
- 使用 CSS 样式美化页面：通过实例详细介绍了使用 CSS 样式美化图片、设置背景和边框的方法和技巧，从而达到美化页面的效果，内容包括：改变图片的边框，设置图片大小、位置；设置背景颜色、背景图片和实现方式；定义边框的样式、颜色、线宽等。

5.5.2 本章练习

一、选择题

1. 下列关于 CSS 样式表作用的叙述中正确的是( )。

A. 精减网页，提高下载速度

B. 只需修改一个CSS代码，就可改变页数不定的网页外观和格式

C. 可以在网页中显示时间和日期

D. 在不同浏览器和平台之间具有较好的兼容性

2. 下列选项中，对 CSS 样式的格式，描述正确的是( )。

A. {body:color=black(body)　　B. body:color=black

C. body {color: black}　　D. {body;color:black}

3. 为了增强 CSS 样式代码的可读性，可以在代码中插入注释语句。下列选择中注释语句格式正确的是( )。

A. /* 注释语句 */　　B. // 注释语句

C. // 注释语句 //　　D. ' 注释语句

4. 使用 CSS 样式定义，将 p 元素中的字体定义为粗体。下列代码正确的是( )。

A. p {text-size:bold}　　B. p {font-weight:bold}

C. <p style="text-size:bold">　　D. <p style="font-size:bold">

5. 在下列 CSS 样式代码中适用对象是“所有对象”的是( )。

A. 背景附件　　B. 文本排列

C. 纵向排列　　D. 文本缩进

6. 下列代码能够定义所有 P 标签内文字加粗的是( )。

A. <p style="text-size:blod">　　B. <p style="font-size:blod">

C. p{ text-size:bold; }　　D. p{ font-weight:bold; }

7. 以下关于 CLASS 和 ID 的说法错误的是( )。

A. class的定义方法是：.类名{样式}；

B. id的应用方法：<指定标签id=“id名”>

C. class的应用方法：<指定标签class=“类名”>

D. id和class只是在写法上有区别，在应用和意义上没有区别

8. 在HTML文档中，引用外部样式表的正确位置是( )。

A. 文档的末尾　　B. <head>

C. 文档的顶部　　D. <body>部分

9. 在 CSS 中，为页面中的某个 Div 标签设置样式 div{width:200px;padding:0 20px; border:5px;}，则该标签的实际宽度为( )。

A. 200px　　B. 220px

C. 240px　　D. 250px

10. 如下所示的这段 CSS 样式代码，定义的样式效果是(　　)。

```
a:active {color: #000000;}
```

A. 默认链接是#000000颜色　　B. 访问过链接是#000000颜色
C. 鼠标上滚链接是#000000颜色　　D. 活动链接是#000000颜色

二、判断题

1. 在 CSS 中，border:1px 2px 3px 4px 表示设置某个 HTML 元素的上边框为 1px、右边框为 2px、下边框为 3px、左边框为 4px。　(　)
2. 在 CSS 中，padding 和 margin 的值都可以为负数。　(　)
3. 在 CSS 中，使用//或<!---->用来书写一行注释。　(　)
4. 由于 Table 布局相比 Div 布局缺点较多，因此在网页制作时应当完全放弃使用 Table 布局。　(　)
5. 在 W3C 规范中，每一个标签都应当闭合，使用
</br>可以实现与段落标签<p></p>同样的效果。　(　)
6. 一个 Div 可以插入多个背景图片。　(　)
7. 背景颜色的写法 background:#ccc 等同于 background-color:#ccc。　(　)
8. 结构表现标准语言包括 XHTML 和 XML 及 HTML。　(　)
9. 任何标签都可以通过加 style 属性来直接定义它的样式。　(　)
10. 同 padding 属性与 margin 属性类似，border 属性也有单侧属性，即也可以单独定义某一个方向上的属性。　(　)
11. margin 不可以单独定义某一个方向的值。　(　)
12. Border 是 CSS 的一个属性，用它可以给能确定范围的 HTML 标记，如给 td、Div 添加边框，但只能定义边框的样式(style)、宽度(width)。　(　)
13. CSS 选择器中用户定义的类和用户定义的 ID 在使用上只有定义方式不同。　(　)
14. 对于自定义样式，其名称必须以点(.)开始。　(　)
15. <div>标签简单而言是一个区块容器标签。　(　)
16. position 允许用户精确定义元素框出现的相对位置。　(　)

第6章

制作网页表单

表单用于从网页浏览者那里收集信息，是网站与浏览者之间互动的窗口。表单一般用于意见调查、购物订单和搜索等，有利于网站所有者根据收集的信息做出合理、科学的决策。表单内设置的各个填写区域称为表单域，不同的项目称为表单对象。表单需要借助相关程序来处理浏览者输入的数据。

本章主要介绍常见的网页表单对象及其制作方法，包括表单的基础知识、创建表单、添加各种表单对象并设置属性。

本章内容：

- 初识表单
- 添加表单对象

6.1 初识表单

表单是网页中提供给浏览者填写信息的区域，通过浏览者主动填写信息，完成信息的收集，是交互式网站的基础。当浏览者填写并提交表单后，经过服务器处理后的信息将会返回给浏览者，如搜索结果、购物订单、论坛发表观点等。

6.1.1 认识表单对象

表单包含用于交互的各种控件，如文本框、复选框、列表框和按钮等。页面中的各个表单对象组成表单域，如图 6-1 所示。

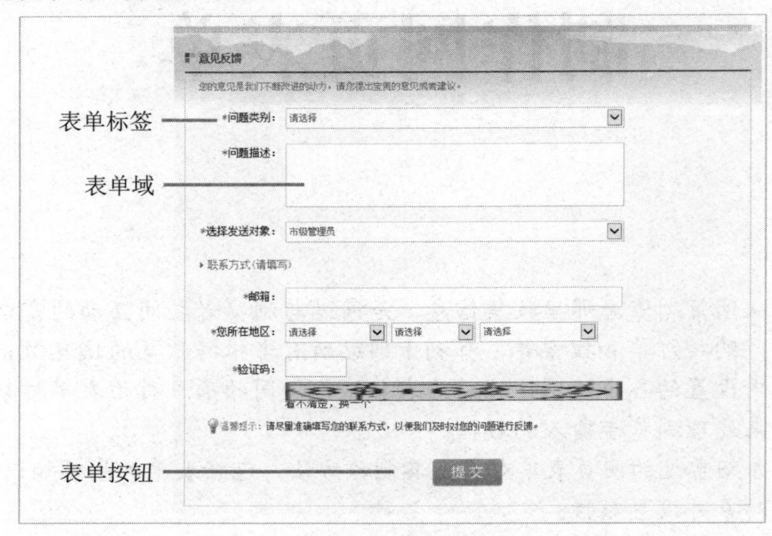

图 6-1　表单页面

一个表单通常由以下 3 个基本组成部分构成。

- 表单标签：包含处理表单数据的程序名称和数据提交服务器的方法。
- 表单域：常见的有文本、密码、文本区域、选择、复选框和列表等。
- 表单按钮：用于将数据传输到服务器，包含提交按钮、重置按钮和普通按钮。

实例 1　使用搜索表单页

打开百度网站，输入关键词，单击“百度一下”按钮进行搜索，页面会列出相关的搜索结果，如图 6-2 所示。

搜索引擎中包含文本区域和按钮两种表单对象，是一个基本的表单页，浏览者可以在网站返回的信息中选取自己需要的信息。

实例 2　使用注册表单页

打开网易网站，进入邮箱注册页面，如图 6-3 所示，观察页面中的表单对象。

图 6-2　百度搜索表单页

图 6-3　网易邮箱注册表单页

网站注册性质的表单页，一般包括文本、选项、密码和提交按钮等表单对象。

6.1.2　创建表单

浏览器处理表单的过程一般是：浏览者在表单中输入数据→提交表单→浏览器根据表单中的设置处理用户输入的数据。

实例 3　创建“用户调查”空白表单

使用 Dreamweaver 在“设计”视图中创建“用户调查”空白表单，如图 6-4 所示，观察“代码”视图，了解表单的代码。

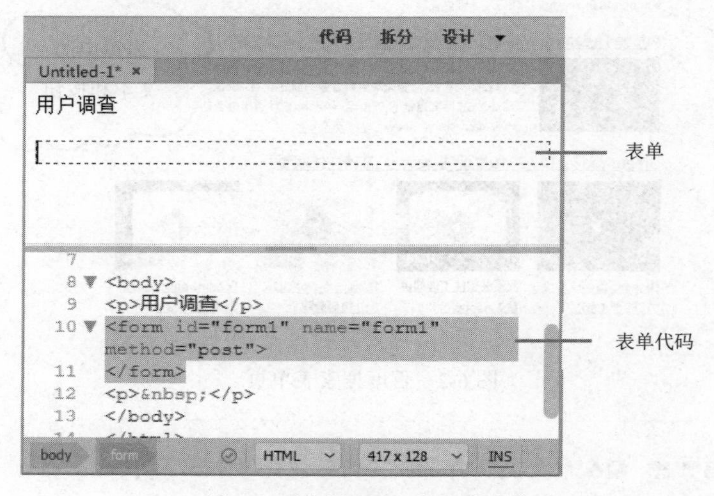

图 6-4　拆分视图中的新建表单

输入表单标题，并通过插入菜单或插入面板中的表单按钮添加表单，然后通过“拆分”视图对比观察表单的代码。

跟我学

1. **新建文档**　运行 Dreamweaver，新建 HTML 文档，输入“用户调查表”。
2. **插入表单**　按 Enter 键换行，选择“插入”→“表单”→“表单”命令，插入的表单如图 6-5 所示。

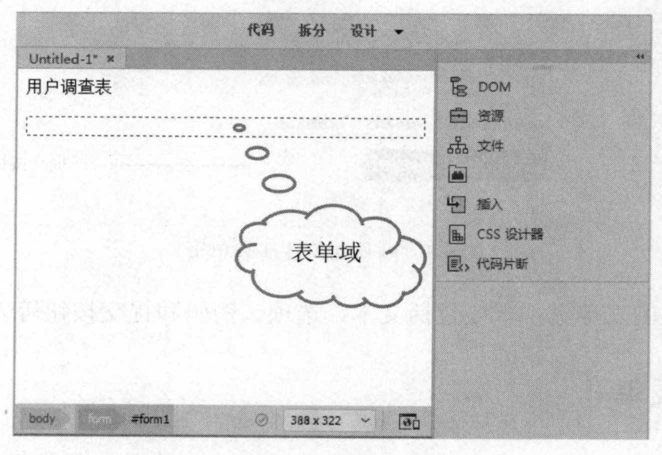

图 6-5　插入表单

3. **观察代码**　选择“拆分”视图，单击表单域，观察“代码”视图内对应的代码，认识表单标记代码，如图 6-6 所示。

```
 9 ▼ <form id="form1" name="form1" method="post">
10   </form>
```

图 6-6　认识表单的标记代码

知识库

1. 表单代码

表单通常设置在一个 HTML 文档中，用<form></form>标签来创建，标签之间的部分是表单内容，如图 6-7 所示。

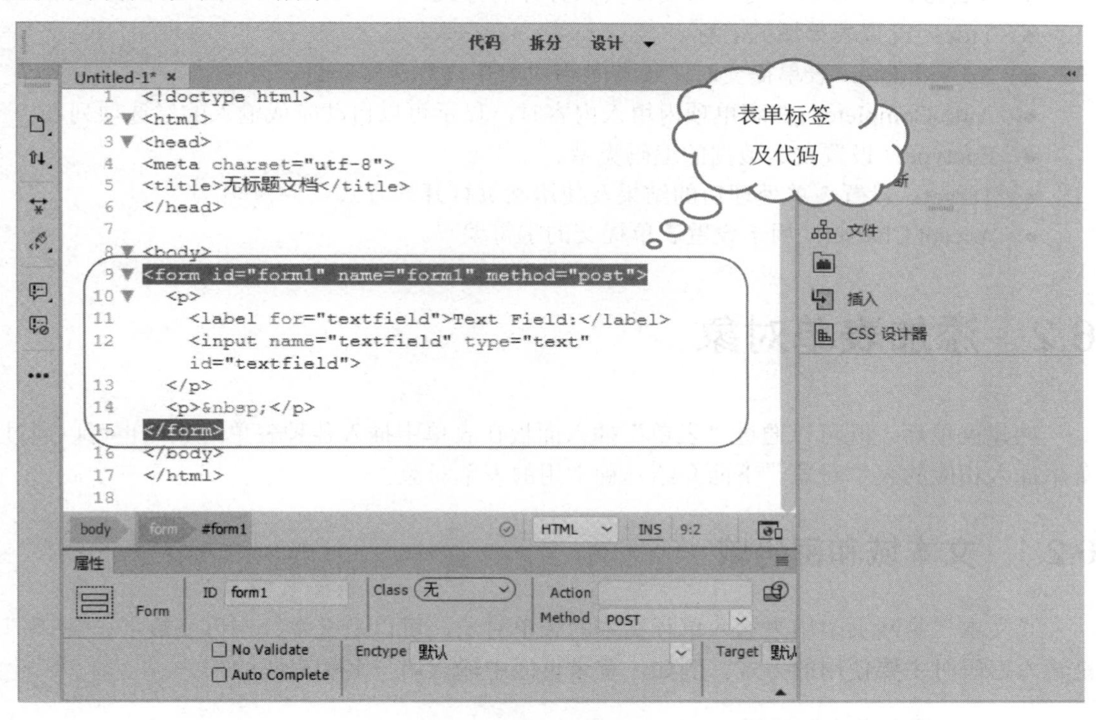

图 6-7　表单的代码

- action：处理程序的名称，如<form action="URL">。
- method：用来定义处理程序从表单中获取信息的方式。
- target：用于指定目标窗口或帧。

2. 表单属性

选中表单，即可打开表单属性面板，如图 6-8 所示。根据制作需要设置参数后，就可以在页面中制作具有各种功能的表单。

图 6-8　表单属性面板

表单属性参数的功能如下。

- ID：设置表单的名称。只有设置了名称的表单，才能被 JS 或 VBS 等脚本语言正确处理。
- Class：指定表单及表单元素的样式。
- Action：设置处理表单的服务器脚本路径。
- Method：设置表单处理后反馈页面打开的方式。
- Title：设置表单域的名称。
- No Validate：表单提交时，设置是否对表单内容进行验证。
- Auto Complete：在表单项内填入内容时，显示可以自动完成输入的候选项列表。
- Enctype：设置发送数据的编码类型。
- Target：设置表单处理后的结果及使用网页打开的方式。
- Accept Charset：用于设置表单提交的字符编码。

6.2　添加表单对象

创建表单后，既可以通过“表单”插入面板在表单中插入各种表单对象，也可以通过菜单插入相应的表单对象。下面介绍几种常用的表单对象。

6.2.1　文本域和密码域

“文本”是网页中用来输入单行文本的表单对象，可以是文本、字母或数字。“密码”是输入密码时主要使用的方式。例如，登录页面中输入用户名和密码的部分。

实例 4　插入文本和密码

制作一个简单的登录表单页，需要输入用户名和密码，如图 6-9 所示。用户名的最大长度为 9 个字符，密码的最大长度为 12 个字符。

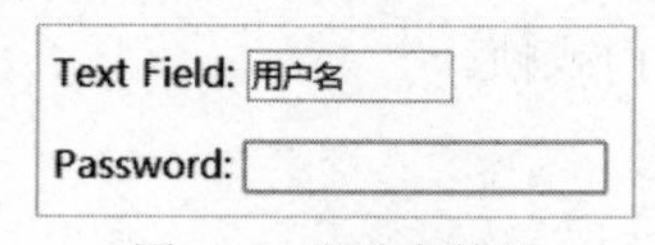

图 6-9　登录表单页

“用户名”使用 按钮制作，“密码”输入区使用 按钮制作。单击添加的表单域后，在属性面板内可以设置字符的长度。

跟我学

1. **插入表单**　运行 Dreamweaver，新建 HTML 文档，使用插入面板中的表单按钮，插入表单。
2. **插入文本**　将光标置于表单中，按图 6-10 所示操作，添加一个文本域。

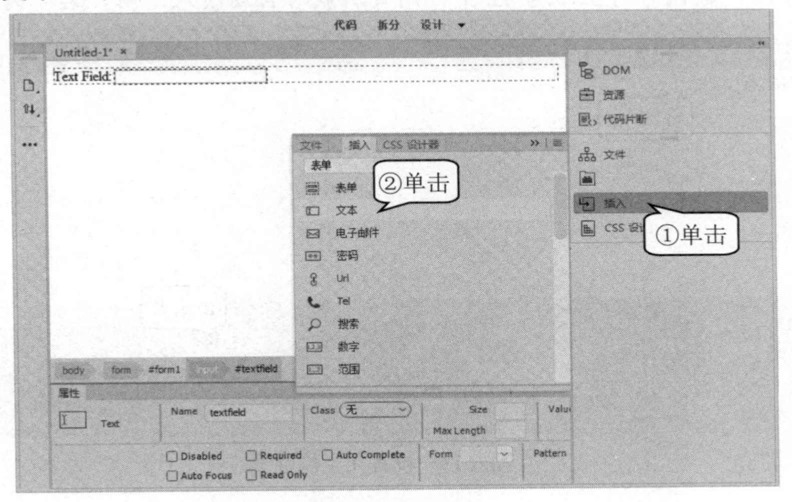

图 6-10　插入文本

3. **插入密码**　按 Enter 键换行后，按图 6-11 所示操作，插入密码。

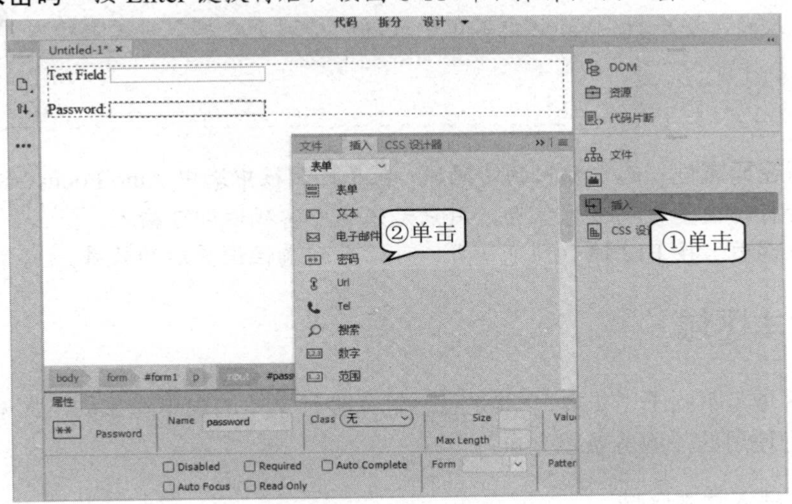

图 6-11　插入密码

4. **预览网页**　按 F12 键，预览网页，分别在文本域和密码域中输入文本，效果如图 6-12 所示。

图 6-12　文本和密码预览效果

5. **设置文本属性**　选中插入的文本，按图 6-13 所示操作，设置文本框内最多显示 9 个字符，输入字符上限为 12 个，网页加载时自动填入“用户名”文本。

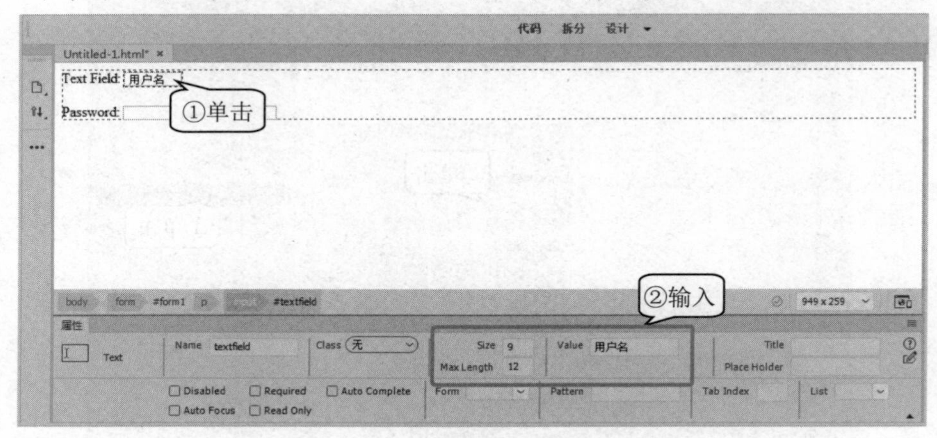

图 6-13　设置文本属性

Size 文本框限制其显示的最多字符个数，Max Length 文本框限制其中最多输入的字符个数，Value 文本框中设置的是网页在加载时文本框中自动填入的文本。

6. **设置密码属性**　选中插入的密码域，在属性面板中选中 Auto Focus，设置网页在加载后自动设置密码域为焦点，用户无须选中密码域即可输入。
7. **预览网页**　按 F12 键，预览网页，可以看到属性设置后的效果。

6.2.2　文本区域

“文本区域”不同于“文本”，其是可以输入多行文本的表单对象的，常见的文本区域是注册会员时使用的“服务条款”页。

实例 5　插入文本区域

插入“文本区域”表单对象，创建“服务条款”文本区域，如图 6-14 所示。

“服务条款”中的文字内容较多，可预先在记事本或 Word 软件中编辑好，通过复制粘贴，添加到表单的“文本区域”内。

服务条款
一、【协议的范围】
　　1.1本协议是用户与**之间关于其使用腾讯的服务所订立的协议。“**”是指**和/或其相关服务可能存在的运营关联单位。“用户”是指**的服务的使用人，在本协议中更多地称为“您”。
　　1.2**的服务是指**向用户提供的，包括但不限于即时通信、网络媒体、互联网增值、互动娱乐、金融支付、广告等产品及服务，具体服务以**实际提供的为准（以下简称“本服务”）。
　　1.3本协议内容同时包括《**隐私政策》（链接地址http://privacy.**.com/），且您在使用**某一特定服务时，该服务可能会另有单独的协议、相关业务规则等（以下统称为“单独协议”）。上述内容一经正式发布，即为本协议不可分割的组成部分，您同样应当遵守。您对前述任何单独协议的接受，即视为您对本协议全部的接受。您对本协议的接受，即视为您对《**隐私政策》的接受。

图 6-14　“服务条款”表单页面

跟我学

1. **插入表单**　运行 Dreamweaver，单击按钮，插入表单。
2. **插入文本区域**　将光标置于表单中，按图 6-15 所示操作，添加一个文本区域。

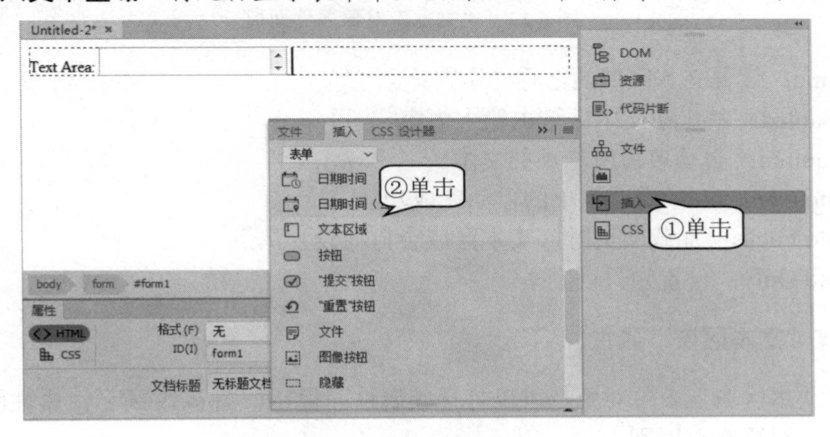

图 6-15　插入文本区域

3. **添加“服务条款”**　删除文本区域前的文本 Text Area，按图 6-16 所示操作，设置参数后，在 Value 文本框中输入服务条款的内容。

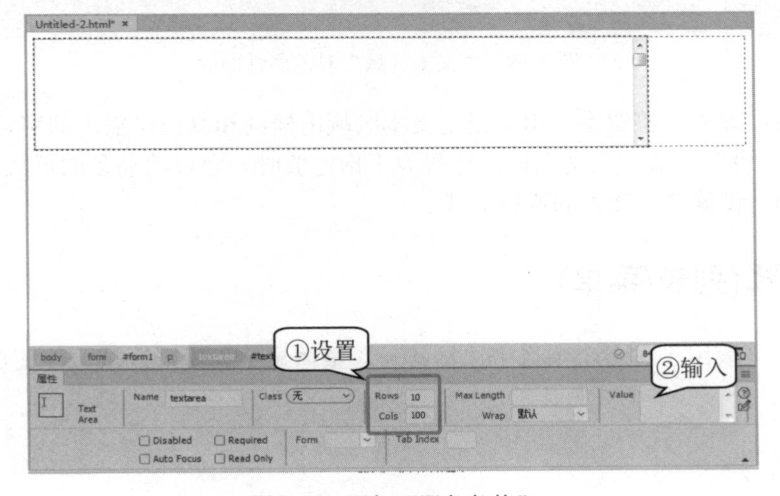

图 6-16　添加“服务条款”

4. **预览网页** 按 F12 键，预览网页。

知识库

1.“文本”属性

设置“文本”对象的各个属性参数，可以在网页中实现不同效果的输入栏。“文本”对象属性面板如图 6-17 所示。

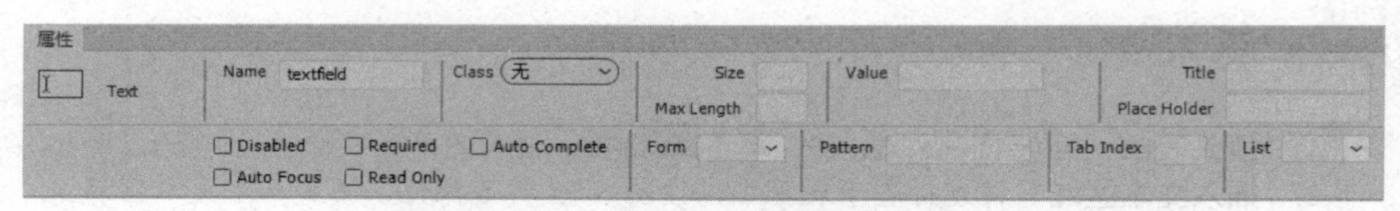

图 6-17 “文本”对象属性面板

- Name：设置文本区域的名称。
- Disabled：禁止在文本区域内输入内容。
- Required：必须填写所选项的文本。
- Auto Complete：启动表单的自动完成功能。
- Auto Focus：加载网页时，文本区域会自动设为焦点。
- Read Only：设置为只读文本。

2. 设置“文本区域”属性

选中“文本区域”表单对象，可以打开其属性面板，如图 6-18 所示。属性面板中的选项与“文本”对象略有区别。

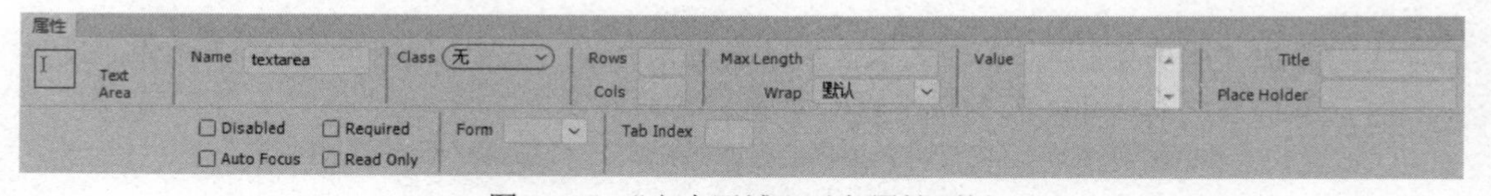

图 6-18 “文本区域”对象属性面板

- Rows：设置字符宽度，用于指定文本区域内横向和纵向可输入的字符个数。
- Cols：设置行数，当文本框的行数大于指定值时，会以滚动条的形式出现。
- Wrap：设置多行文本的换行方式。

6.2.3 选择(列表/菜单)

“选择”一般用于在多个项目中选择其一，整体显示为矩形区域，能使页面布局显得更加整洁。

实例6　插入“选择”对象

在表单内插入一个“最高学历”的选择列表，包含初中、高中、专科、本科、研究生、博士生6个选项，如图6-19所示。

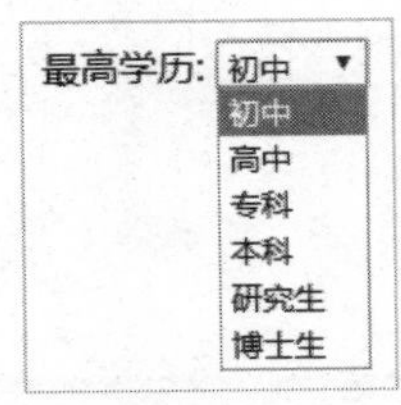

图6-19　“最高学历”表单页面

在“列表值”对话框中，可通过添加项目标签来设置选项。在“属性”设置面板中，可以设置列表显示的行数。

跟我学

1. **插入表单**　运行Dreamweaver软件，插入表单。
2. **插入选择**　将光标置于表单中，按图6-20所示操作，添加一个选择对象。

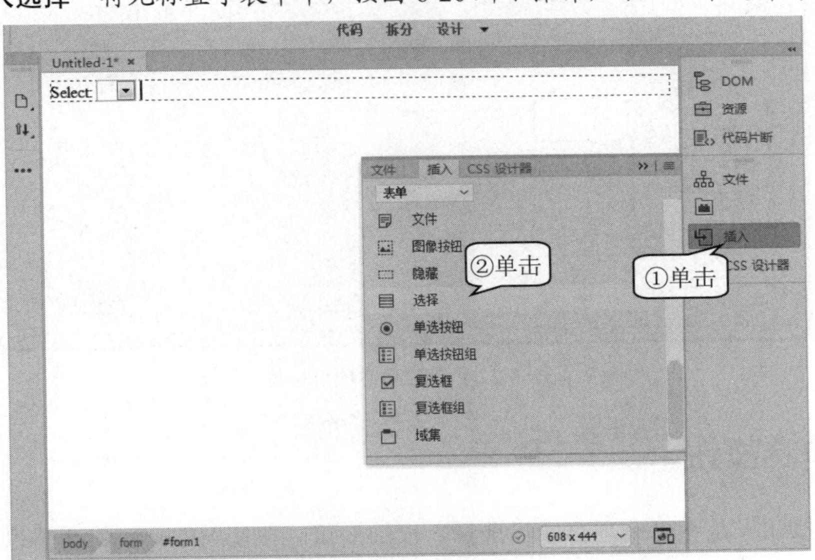

图6-20　添加“选择”对象

3. **添加项目标签**　将Select改为“最高学历”，按图6-21所示操作，在打开的“列表值”对话框中，添加标签“初中”。
4. **添加其他项目**　使用 + 按钮，重复上面的步骤，添加如图6-22所示的其他项目标签。
5. **预览网页**　按F12键，预览网页。

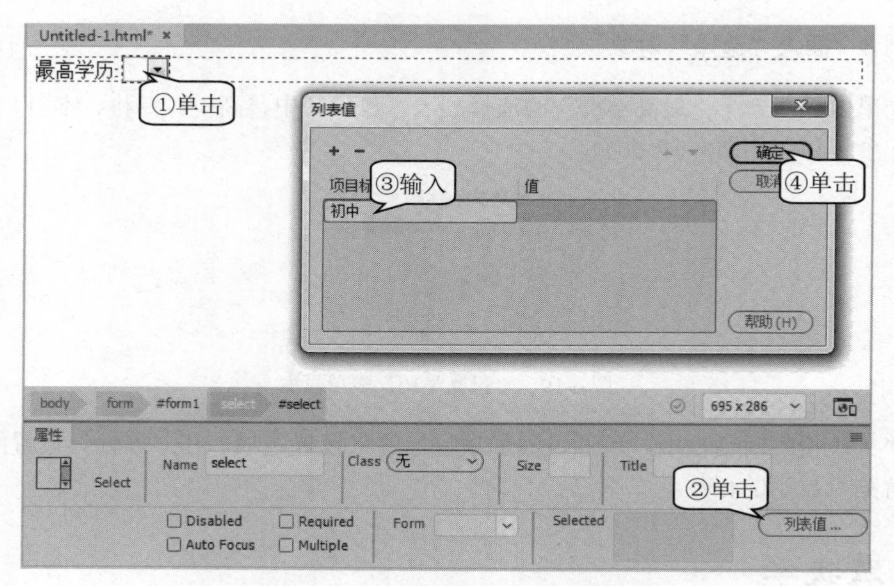

图 6-21　添加“初中”项目标签

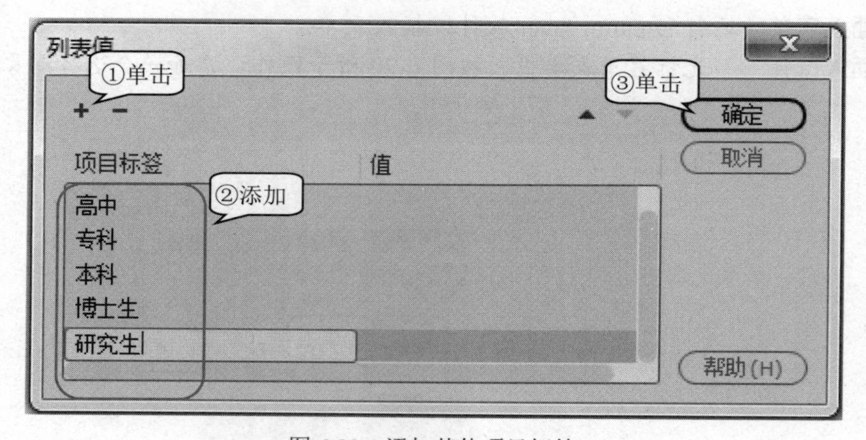

图 6-22　添加其他项目标签

6.2.4　单选按钮

“单选按钮”是在多个项目中只选择一项的按钮。在使用中一般将两个以上的项目合并为一组，称为单选按钮组。

实例 7　插入“单选按钮组”

制作网站注册页面中的“性别”选项表单，网页效果如图 6-23 所示。

图 6-23　“性别”选项表单页面

使用插入表单选项面板中的☷按钮，添加单选按钮组。在“单选按钮组”对话框中，添加“男”“女”两个标签项。

跟我学

1. **插入表单** 运行 Dreamweaver 软件，插入表单。
2. **插入单选按钮组** 将光标置于表单中，输入“性别:”，按图 6-24 所示操作，添加“男”“女”单选按钮。

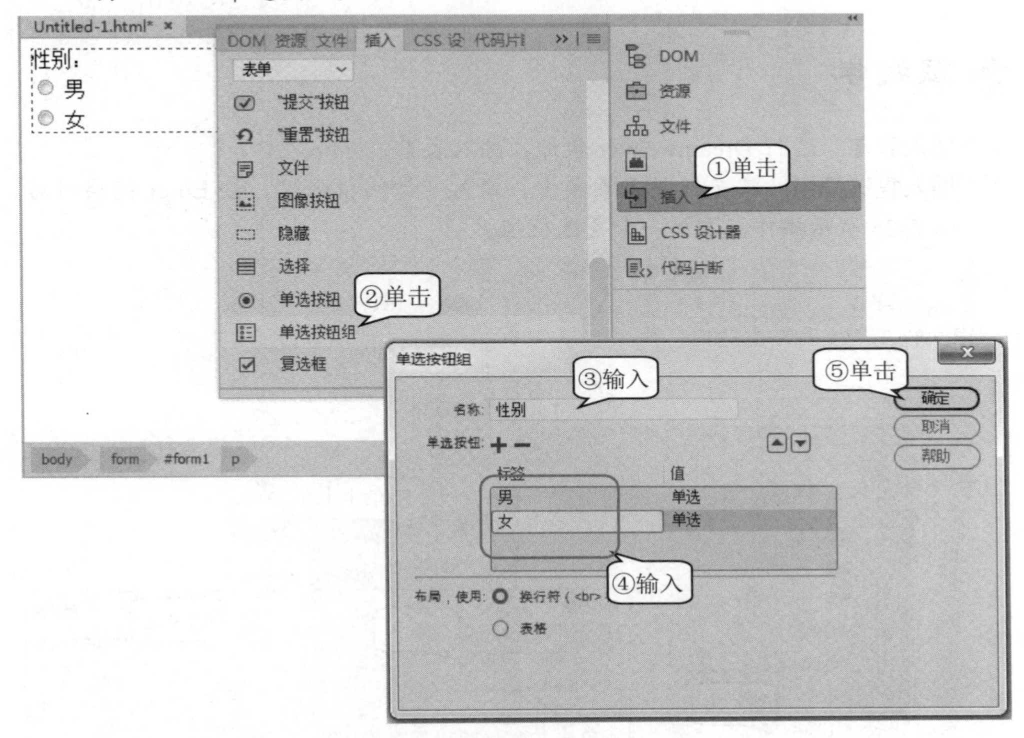

图 6-24 插入单选按钮组

3. **预览网页** 按 F12 键，预览网页。

6.2.5 复选框和复选框组

“复选框”是在列出的多个选项中，选择一个或多个选项时使用的。一般将多个复选框组成一组，成为“复选框组”。

实例 8 插入“复选框组”对象

使用“复选框组”制作“访问权限”的选择列表，包含所有人、好友、关注的人、其他人使用密码访问 4 个选项，如图 6-25 所示。

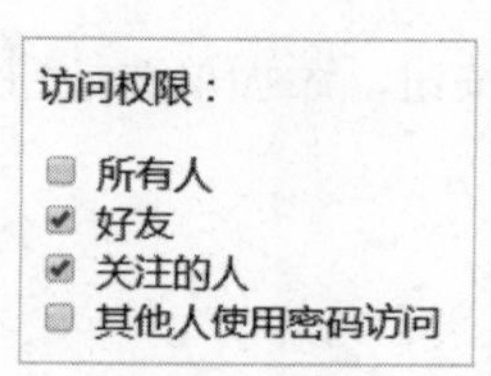

图 6-25 “访问权限”表单页面

在“复选框组”对话框中，可以设置其名称，通过添加标签来添加选项。选中“复选框组”，在打开的属性面板中，也可以设置复选框组的名称。

跟我学

1. **插入表单** 运行 Dreamweaver 软件，插入表单。
2. **插入复选框组** 将光标置于表单中，输入“访问权限:”，按 Enter 键换行后，按图 6-26 所示操作，添加一个复选框组。

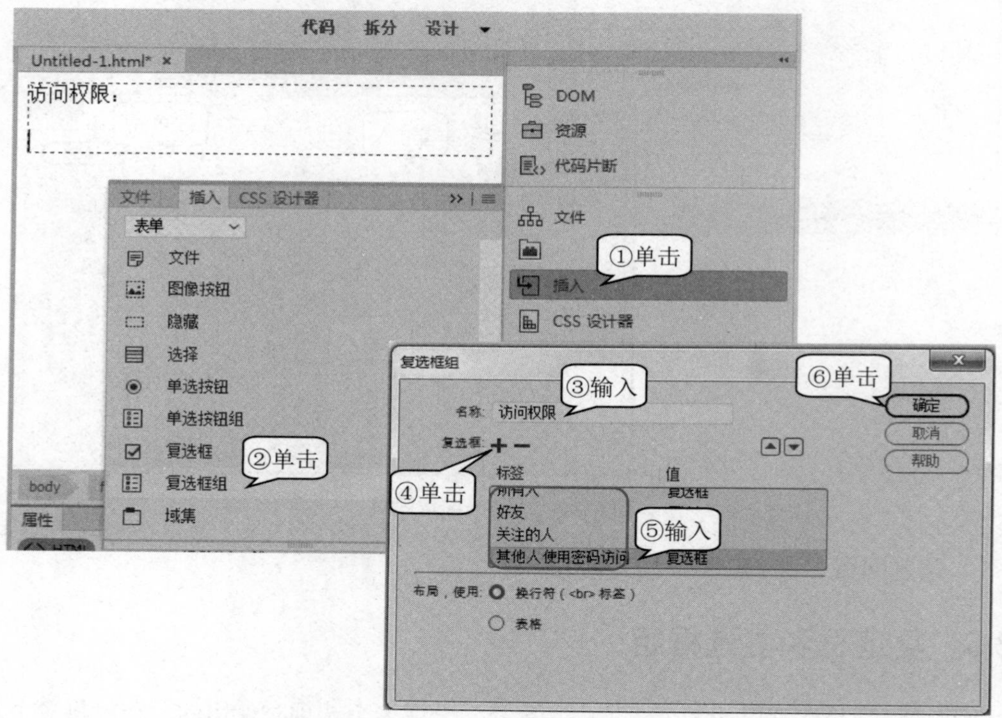

图 6-26 插入复选框组

3. **预览网页** 添加后，表单如图 6-27 所示，按 F12 键，预览网页，效果如图 6-28 所示。

Untitled-1.html* ×

访问权限：

所有人
好友
关注的人
其他人使用密码访问

图 6-27　“复选框组”表单

访问权限：

所有人
好友
关注的人
其他人使用密码访问

图 6-28　“访问权限”网页效果

4. **保存网页**　选择“文件”→“另存为”命令，以 fwqx.html 为文件名，将文件保存到 myweb 文件夹中。

知识库

1. “单选按钮”和“复选框”属性参数

“单选按钮”和“复选框”两个表单对象的属性面板类似，设置方法相同，包含的基本参数如下。

- Name：设置当前项的名称。
- Disabled：禁用当前项。
- Required：在提交表单前必须选中当前项。
- Form：设置当前项所在的表单。
- Checked：设置当前项的初始状态。
- Value：设置当前项被选中的值，该值会随表单提交。

2. 单选按钮组

同一组单选按钮必须设置相同的“名称”，才能成为单选钮组，否则在表单中不能起到单选按钮组的作用。在同一组单选按钮中，只能有一个按钮的初始状态为选中，具体可通过 Checked 参数设置。

6.2.6　按钮

“按钮”是表单中不可缺少的一个对象，可分为 3 种，即普通按钮、提交按钮和重置按钮。我们通过按钮可以将表单内的数据提交到服务器或重置该表单。

实例 9　插入“提交”和“重置”按钮

在实例 8 的“访问权限”表单页中，添加“提交”和“重置”按钮，网页效果如图 6-29 所示。

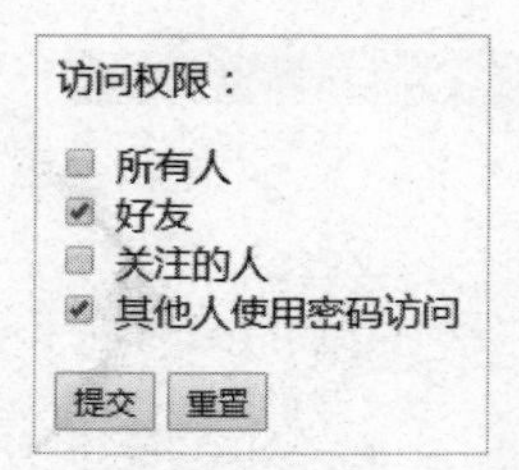

图 6-29　添加按钮的表单页面

单击插入表单选项面板中的☑按钮和↺按钮，可以添加具有触发功能的按钮对象，实现信息的交互。

跟我学

1. **打开网页**　运行 Dreamweaver，选择“文件”→“打开”命令，打开 myweb 文件夹中的 fwqx.html。
2. **插入按钮**　将光标置于表单中，按 Enter 键换行后，按图 6-30 所示操作，依次添加“提交”和“重置”按钮。

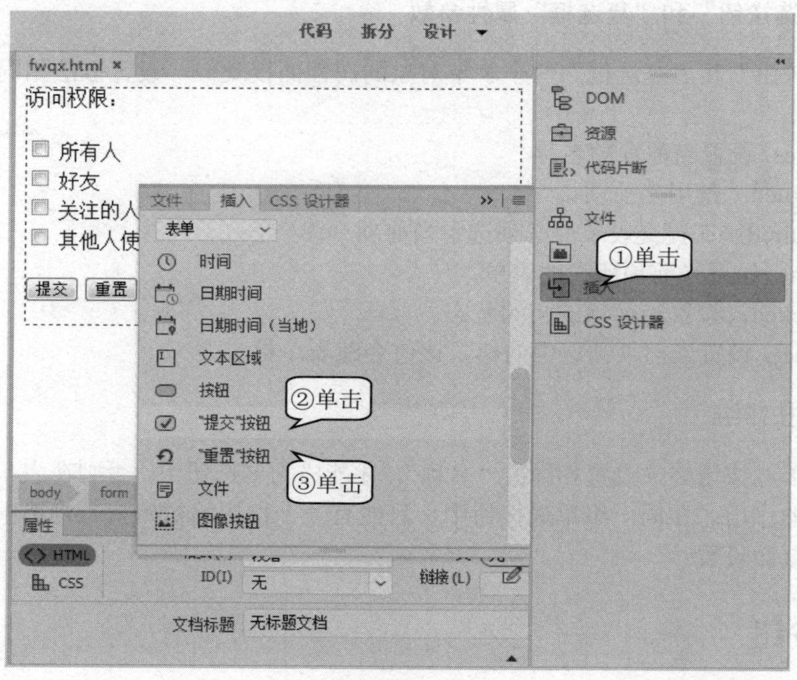

图 6-30　插入按钮

3. **预览网页**　添加后，表单如图 6-31 所示，按 F12 键，预览网页，效果如图 6-32 所示。

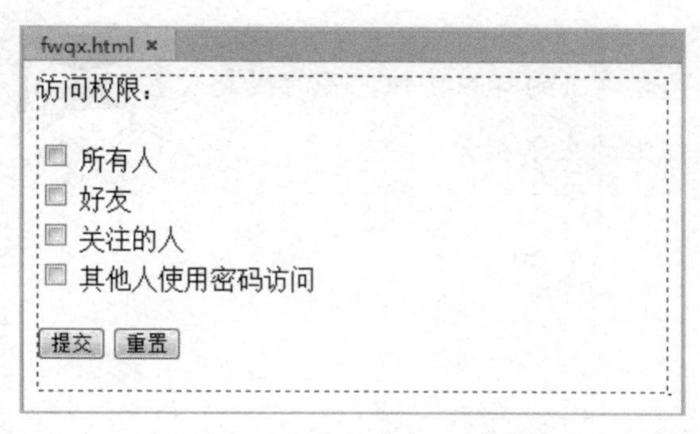

图 6-31　添加“按钮”的表单

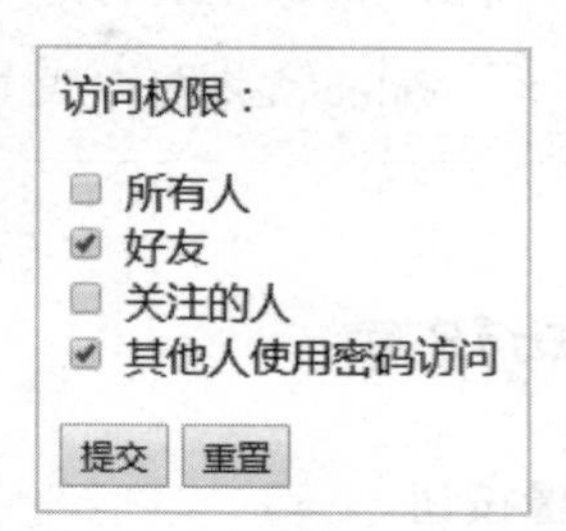

图 6-32　添加“按钮”后“访问权限”网页效果

实例 10　插入按钮

新建表单页，添加“播放影片”按钮，按钮预览效果如图 6-33 所示。

播放影片

图 6-33　“播放影片”按钮

通过按钮插入的普通按钮为无动作按钮，用户可以设置按钮的名称，为按钮指定要执行的动作。

跟我学

1. **插入表单**　运行 Dreamweaver，插入表单。
2. **插入按钮**　将光标置于表单中，按图 6-34 所示操作，添加“播放影片”按钮。

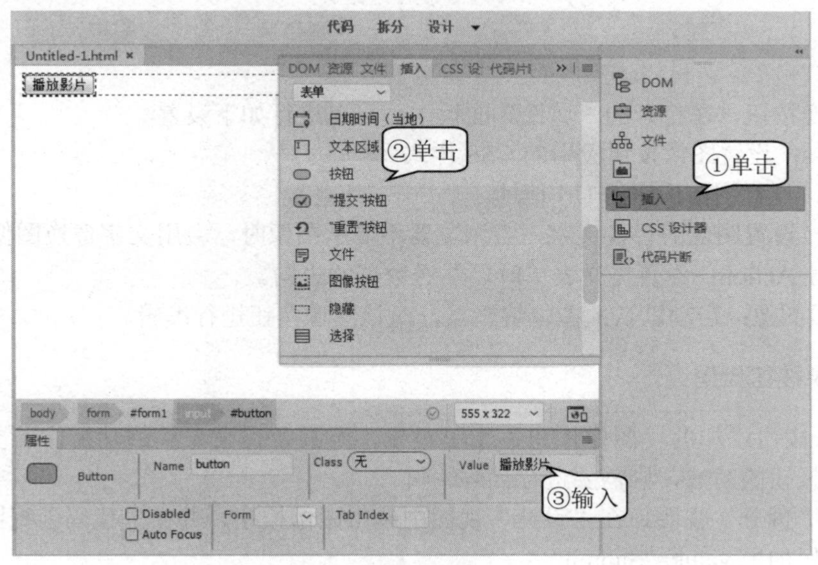

图 6-34　插入按钮

3. **预览网页**　按 F12 键，预览网页，观察按钮效果。

“按钮”对象生成的是一个供浏览者单击的标准按钮，不能提交或重置表单。Value 文本框中设置的是按钮上的文本标记。

知识库

1. 图像按钮

为了提升视觉效果，大部分网页的按钮都采用图像的形式，如图 6-35 所示。

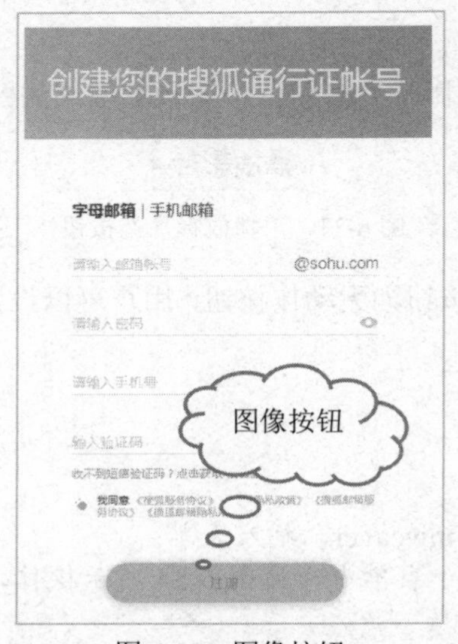

图 6-35　图像按钮

选中图像按钮，在打开的“属性”面板中，可以进行如下设置。

- Class：设置图像按钮应用的 CSS 样式。
- Src：设置图像按钮的 Url 地址。
- Alt：设置图像的替换文字，当浏览器不显示图像时，会用文字替换图像。
- From Action：设置提交表单时，发送数据的去向。
- 编辑图像：启动默认的图像编辑器，对该图像按钮进行编辑。

2. 图像按钮代码

使用按钮添加的“图像按钮”表单对象，不具备提交表单的功能。若要用图像代替“提交”按钮的功能，则需要进行代码编辑。

切换到“拆分”视图，在“设计”视图中单击图像按钮，并在“代码”视图中的图像按钮代码末尾加上 value="Submit"。

6.2.7　HTML5 表单对象

Dreamweaver 提供了多个 HTML5 表单对象，包含电子邮件、Url、Tel、搜索、数字、范围等，这些表单对象为用户提供了便捷的输入和验证。

1. 电子邮件

按钮添加的“电子邮件”表单对象，用于输入 E-mail 地址，在提交表单时会自动验证浏览者输入的电子邮件对象的值。如果浏览者输入的邮件格式不正确，则提交表单时会显示提示说明，如图 6-36 所示。

图 6-36　验证电子邮件地址

2. Url

按钮添加的表单对象，用于输入 Url 地址，提交表单时会自动验证。如果浏览者输入不正确，则会显示提示说明，如图 6-37 所示。

图 6-37　验证 Url 地址

3. 数字

按钮添加“数字”表单对象，用于验证输入的数值，同时可以设置数字的范围、步长和默认值。如果输入错误，则会显示提示说明，如图 6-38 所示。

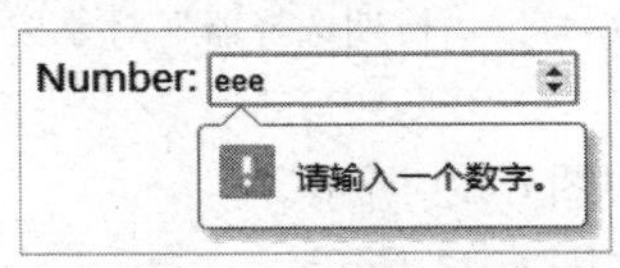

图 6-38　验证数字

4. 范围

按钮添加“范围”表单对象，用于包含一定范围内数字值的输入，显示为滑动条，如图 6-39 所示。

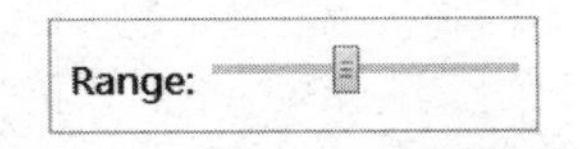

图 6-39　“范围”对象预览效果

5. 颜色

颜色选择器，使用▦按钮添加，用于选取颜色，显示为下拉列表，如图 6-40 所示。

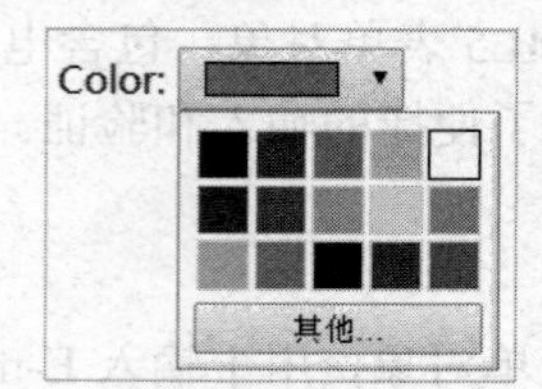

图 6-40 “颜色”对象预览效果

6. 日期选择器

日期选择器包含多个选择日期和时间的输入类型，如图 6-41 所示。用户可以根据页面需要，插入相应的对象。

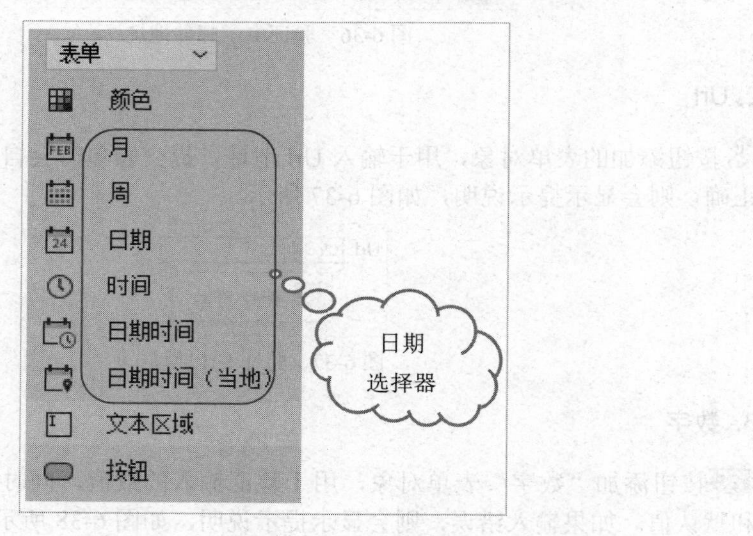

图 6-41 “日期选择器”对象按钮

- 月：用于选取月和年，如图 6-42 所示。
- 周：用于选取周和年，如图 6-43 所示。

Month: ----年--月

2019年11月

周日	周一	周二	周三	周四	周五	周六
27	28	29	30	31	1	2
3	4	5	6	7	8	9
10	11	12	13	14	15	16
17	18	19	20	21	22	23
24	25	26	27	28	29	30

图 6-42 “月”表单项预览效果

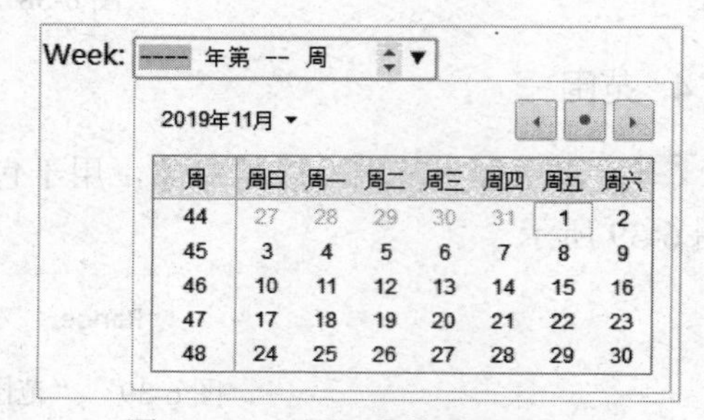

图 6-43 “周”表单项预览效果

- 日期：用于选取日、月和年，如图 6-44 所示。

● 时间：用于选取时间，包含小时和分钟，如图 6-45 所示。

图 6-44　“日期”对象预览效果

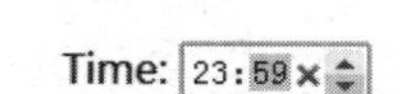

图 6-45　“时间”对象预览效果

● 日期时间：用于选取日、月和年(UTC 时间)。
● 日期时间(当地)：用于选取时间，包含小时和分钟，如图 6-46 所示。

图 6-46　“日期时间(当地)”对象预览效果

知识库

1. 其他表单对象

在表单网页中，除常见的表单对象外，还有以下一些表单对象供用户在制作不同需求的网页时使用。

● 文件域：在表单内建立一个文件地址的输入选择框，用于在表单网页中制作附加文件项目，如上传附件。
● 隐藏：用于浏览器与服务器之间在后台交换信息，在浏览器中不显示。通常是为表单处理程序提供有用的参数。在“设计”视图中以占位符的形式呈现。
● 标签：设置表单控制间的关系，例如，一个图标对应某一按钮对象，在浏览器中单击图标可以触发按钮表单。属性参数 for，用来命名一个目标表单对象的 ID。
● 域集：用于将一组表单元素组成一个域集。

2. 表单自动验证

通过设置 HTML5 中表单元素的属性，我们可以实现提交表单时的自动验证，这主要涉及以下两个参数。

● Required：可以用于大多数表单对象，但隐藏对象和图像表单不使用。提交表单时，如对象内容为空，则不能提交。

- Pattern：适用于文本、密码、搜索、Url、Tel 和电子邮件对象，用于指定表单对象的内容模式(正则表达式)，验证输入字段是否符合标准。

6.3 小结和习题

6.3.1 本章小结

表单给网站管理者提供了从网页浏览者个人处收集信息的渠道，在网页中以各种可以填写信息的区域呈现给浏览者。表单网页是网站交互功能的重要体现。本章介绍了表单的基础知识及使用方法，具体包括以下主要内容。

- 初识表单：通过常见网站的页面，对表单对象有一个初步认识，进而介绍了表单的创建方法和属性设置。
- 添加表单对象：主要介绍了文本、密码、文本区域、选择(列表/菜单)、复选框、按钮和 HTML5 表单元素等基本的表单对象。

6.3.2 本章练习

一、思考题

1. 结合属性面板中的各个选项，你认为“图像按钮”能否起到提交的作用？
2. 处理表单的方式有哪些？使用电子邮件处理表单有哪些利与弊？

二、操作题

浏览门户网站邮箱的注册页面，尝试制作一个邮箱注册表单页，参考图如图 6-47 所示。

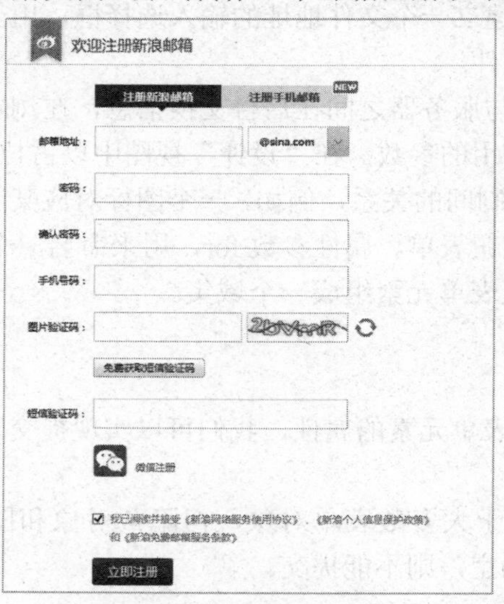

图 6-47　新浪邮箱注册表单网页

第 7 章

规划布局网页

网页设计主要包括配色、字体、布局 3 个方面，其中最主要的是网页的布局，在进行网页设计时，我们需要对网页的版面布局进行整体的规划。

为确保网页美观大方，在布局过程中，一般要遵循正常平衡、异常平衡、对比、凝视、空白和尽量用图片解说等原则。例如，网页的白色背景太虚，可以加一些色块；版面零散，可以用线条和符号串联；左面文字过多，可以在右面插一些图片保持平衡；表格过于规矩，可以改用导角，增强视觉效果。

本章通过多个实例，体验表格、框架和 DIV+CSS 布局网页的方法和特点，并在 Dreamweaver CC 2018 中介绍网页布局的具体步骤和方法。

本章内容：

- 网页布局基础知识
- 使用表格布局网页
- 使用框架布局网页
- 使用 DIV+CSS 布局

7.1 网页布局基础知识

网站的布局与网站的颜色一样，是影响网站整体效果的一个重要因素，优化的布局结构不仅便于浏览者查找到所需要的信息，而且能够呈现结构美，提升网站的访问量。

7.1.1 网页布局结构

我们通过观察一些网站呈现的内容、导航及标题 Logo 区域，便能够看出它们的布局结构。下面介绍一些常见的网站布局类型，以便初学者能够更快地了解常见的布局结构及特点。

1. “国”字型布局

“国”字型布局也称“同”字型，最上面是网站的标题及横幅广告条，中间是网站的主要内容(左右分列两小条内容，中间是主要部分)，最下面是网站的一些基本信息、联系方式、版权声明等。这种结构是网上见到的最多的一种结构类型，适合做网站的首页(如新浪、腾讯等首页)，非常正式，结构清晰。其缺点是信息量太大、内容多，给人目不暇接的感觉。图 7-1 所示为“国”字型布局的网页效果图。

图 7-1 “国”字型布局网页效果图

2. “三”字型布局

“三”字型布局是一种简洁明快的网页布局，在国外用得比较多，国内比较少见。这种布局的特点是，在页面上由横向两条色块将网页整体分割为 3 部分，色块中大多放置广告条、更新和版权提示。其优点是网页布局适合企业网站。图 7-2 所示是“三”字型布局网页效果图。

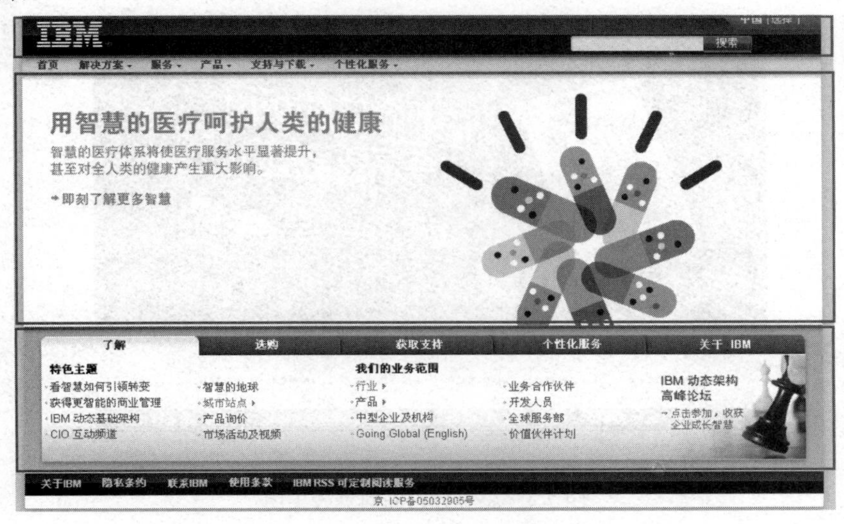

图 7-2　“三”字型布局网页效果图

3. “川”字型布局

“川”字型布局的网页其整个页面在垂直方向分为三列，网站的内容按栏目分布在这三列中。其优点是最大限度地突出主页的索引功能。这种布局使用率不高，但适合做大型活动网站。图 7-3 所示是“川”字型布局网页效果图。

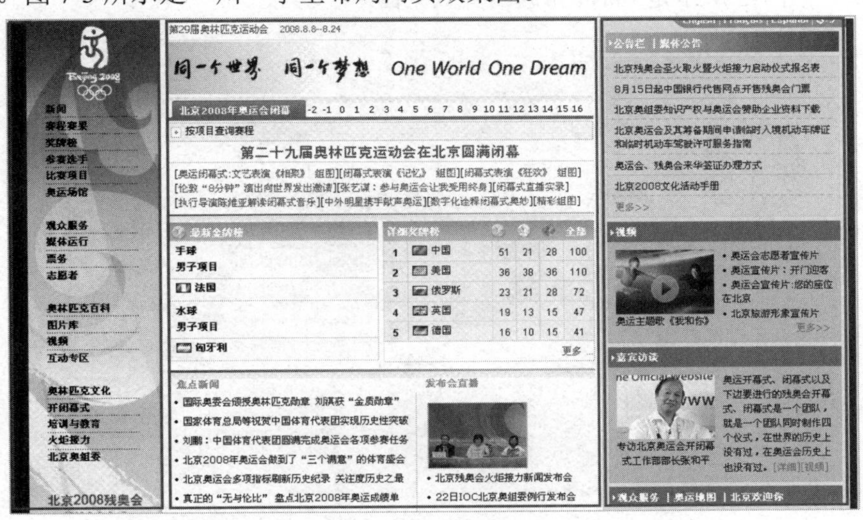

图 7-3　“川”字型布局网页效果图

4. 海报型布局

海报型布局一般出现在一些网站的首页，大部分为一些精美的平面设计。例如，在一些小的动画上放置几个简单的链接或仅是一个“进入”的链接，甚至直接在首页的图片上做链接而没有任何提示。其缺点是不易处理，但如果处理得好，会给人带来赏心悦目的感觉。这种类型大部分出现在企业网站和个人主页中。图 7-4 所示是海报型布局网页效果图。

图 7-4 海报型布局网页效果图

5. Flash 布局

Flash 布局的特点是整个网页就是一个 Flash 动画，画面一般比较绚丽、有趣，是一种比较新潮的布局方式。页面所表达的信息更丰富，其视觉效果及听觉效果处理得当，会呈现一种非常有魅力的网页效果。其缺点是技术性高，难以处理好。这种布局比较适合做儿童类的网站。图 7-5 所示是 Flash 布局网页效果图。

图 7-5 Flash 布局网页效果图

6. 标题文本型布局

标题文本型页面布局的特点是，内容以文本为主，页面最上面往往是标题或类似的一些东西，下面是正文。其优点是布局简洁、方便，事件集中、明确。这种布局适合做文章页面和注册页面。图 7-6 所示是标题文本型布局效果图。

图 7-6　标题文本型布局效果图

7. 框架型布局

框架型布局采用框架布局结构，常见的有左右框架型、上下框架型和综合框架型。由于兼容性差和美观度不高等因素，这种布局目前专业设计人员采用的已不多，不过在一些大型论坛上还是比较受青睐的。此外，一般网站的后台管理页面常采用这种布局。图 7-7 所示是框架型布局效果图。

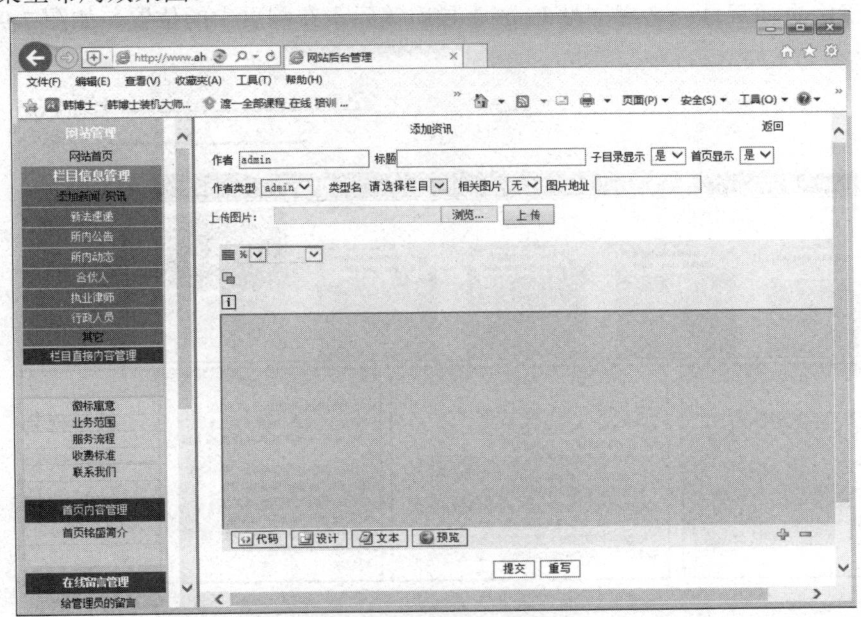

图 7-7　框架型布局效果图

7.1.2 网页布局方法

在选择好布局类型后，就可以通过网页布局设计方法设计出来，其设计方法一般有纸上布局法和软件布局法。

网页布局方法

1. 纸上布局法

纸上布局法指使用纸和笔绘制出想要的页面布局和原型，如图 7-8 所示。我们只需要根据网站的设计要求绘制出来即可，不需要担心设计的布局能否实现，因为目前基本上所有想到的布局使用 HTML 都可以实现出来。

图 7-8 纸上布局法

2. 软件布局法

软件布局法指使用一些软件来绘制布局示意图，如 Photoshop、Visio 等。使用软件布局需要先确定页面尺寸，考虑网站 Logo、导航等元素在网页中的位置，如图 7-9 所示。

图 7-9 软件布局法

7.1.3　网页布局技术

在 Dreamweaver 中，主要使用 HTML 和 CSS 技术对网页进行布局，根据布局元素的不同，可以分为表格、框架和 DIV+CSS 等方式。

1. 基于表格的 HTML 布局技术

表格布局是非常流行的网页布局技术之一，因为表格定位图片和文本比 CSS 方便，而且不用担心不同对象之间的影响。其缺点是必须通过表格嵌套才能较好布局，并且当表格层次嵌套过深时，会影响页面下载速度。图 7-10 所示是一个在 Dreamweaver 中使用表格布局的例子。

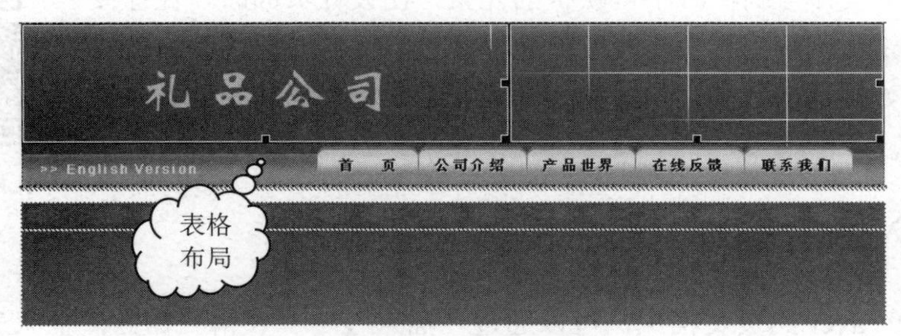

图 7-10　表格式布局实例

2. 基于框架的布局技术

一般情况下，可以用框架来保持网页中固定的几个部分，如网页大标题、导航栏等，剩下的框架用来展现所选的网页内容。如图 7-11 所示，插入嵌套框架，在顶部框架中插入 banner 图片，在左框架制作导航条，在主框架中输入介绍文字。

图 7-11　基于框架的布局技术

3. 基于 DIV+CSS 的布局技术

基于 DIV+CSS 的布局技术是目前最流行的布局技术之一，它使用 HTML 的层<div>标签作为容器，使用 CSS 技术的精确定位属性来控制层中元素的排列、层与层之间的放置关系等。其特点是布局灵活、加载速度快，但是需要设计人员对 CSS 具有深入的理解和掌握，在后面的内容中，本书会详细介绍如何使用 DIV+CSS 进行布局设计。

7.2 使用表格布局网页

表格是网页设计与制作时不可缺少的元素，在设计页面时，往往要利用它来布局定位网页元素，比较醒目地描述数据间的关系。表格能以简洁明了和高效快捷的方式，将数据、文本、图像、表单等元素有序地显示在页面上。

表格结构和代码

7.2.1 插入编辑表格

在 Dreamweaver 网页文档中，可以通过“插入”→“表格”命令，插入表格，输入数据，以便查询和浏览。

实例 1 制作家庭电脑配置表

新建一个 HTML5 文档，在页面中插入一个 9 行 3 列的简单表格，在其中输入数据，效果如图 7-12 所示。

数据 标题

家庭电脑配置表

项目	指标	价格
CPU	酷睿i5 7400盒装	1250
主板	GA-B250-HD3	705
内存	8G 2400 DDR4	685
显示器	27寸IPS无边框	1230
固态硬盘	KST256G	515
机箱电源	WD601	588
鼠标键盘	键鼠套件	85
合计		5058

图 7-12 家庭电脑配置表

跟我学

1. **新建网页** 运行 Dreamweaver CC 2018 软件，新建一个空白网页文档，并将其保存到事先建立的站点文件夹 test 中，文件名称为 dnpzb.html。
2. **创建表格** 选择“插入”→Table 命令，按图 7-13 所示操作，创建一个 9 行 3 列，宽度为 600 像素的表格，边框粗细为 1 像素。

图 7-13　创建表格

3. **输入数据**　在“家庭电脑配置表”中，输入数据，效果如图 7-12 所示。

4. **保存网页**　保存网页，按 F12 键预览网页。

知识库

1. 表格的结构

在 HTML5 中，通过表格标签<table></table>、<caption></caption>、<tr></tr>、<th></th>、<td></td>，在网页中绘制基本的表格，如图 7-14 所示为表格的基本结构。

```
……
<table>
  <caption>
    表格标题
  </caption>
  <thead>
      <th>表头单元格列标题 1 </th>
      <th>表头单元格列标题 2 </th>
      ……
  </thead>
  <tbody>
      <tr>
        <td>第 1 列第 1 行中单元格值 </td>
        <td>第 2 列第 1 行中单元格值 </td>
        ……
      </tr>
        ……
  </tbody>
 <tfoot>
   <tr><td> 更多>>  </td></tr>
 </tfoot>
</table>
```

图 7-14　表格的基本结构

- <table></table>：表格以<table></table>标签定义，一个表格中可以有一个或多个<tr>、<td>和<th>等标签。
- <caption></caption>：标签定义表格标题区域，一个表格中只有一个该标签。
- <thead></thead>：标签用于定义表头信息，其中包含<th></th>标签。一个表格可以不使用表头信息。
- <th></th>：标签用于定义表头单元格信息，里面的内容以粗体呈现。一个表格中也可以不使用表头单元格。
- <tbody></tbody>：标签定义表格主体区域，其中包含行<tr></tr>和单元格<td></td>标签。
- <tr></tr>：标签用于定义表格中的一行数据，如果要定义多行数据，则重复使用<tr></tr>标签。
- <td></td>：标签用于建立单元格，每一行中可以包括一个或多个单元格。
- <tfoot></tfoot>：标签用于定义表格底部区域，其中包含行<tr></tr>和单元格<td></td>标签。

2. 设置表格宽度

在“表格”对话框中，表格宽度设置的单位有“百分比”和“像素”两种。“百分比”单位是指以网页浏览窗口的宽度为基准；“像素”单位是指表格的实际宽度。在不同的情况下，需要使用不同的单位，例如，在表格嵌套时多以“百分比”为单位。

- 百分比为单位：如果设置表格宽度为浏览器窗口宽度的100%，那么当浏览器窗口大小变化的时候，表格的宽度也会随之变化。
- 像素为单位：如果设置表格宽度为指定像素，那么无论浏览器窗口大小怎么改变，表格的宽度都不会发生变化。当前网页宽度一般设置为1000像素。

3. 设置边框粗细

在“表格”对话框中，“边框粗细”用来设置表格边框的粗细，在插入表格时，表格边框的默认值为1像素。如图7-15所示，上图是把表格边框的值设置为0，边框呈现虚线，其在浏览器窗口预览时，表格边框是无线条的；下图把表格边框的值设置为5，则边框显示宽了许多。

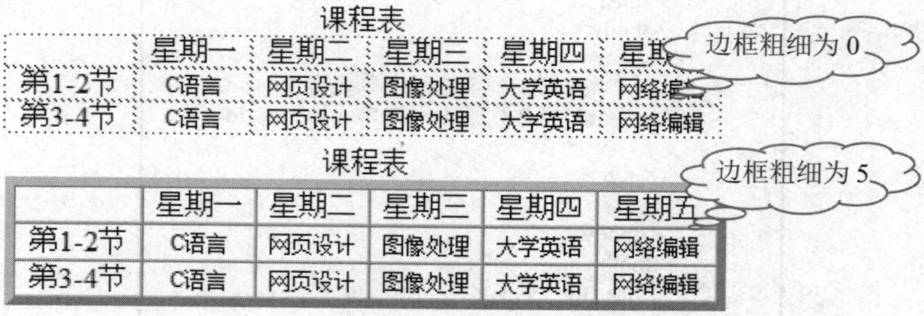

课程表

	星期一	星期二	星期三	星期四	星期五
第1-2节	C语言	网页设计	图像处理	大学英语	网络编辑
第3-4节	C语言	网页设计	图像处理	大学英语	网络编辑

边框粗细为0

课程表

	星期一	星期二	星期三	星期四	星期五
第1-2节	C语言	网页设计	图像处理	大学英语	网络编辑
第3-4节	C语言	网页设计	图像处理	大学英语	网络编辑

边框粗细为5

图7-15　设置边框粗细

4. 单元格边距

单元格边距表示单元格中的内容与边框距离的大小，如图 7-16 所示，单元格边距为默认值，其单元格中的内容与边框的距离很近；将单元格边距设为 5 时，其中的内容与边框之间就存在了相应的距离。

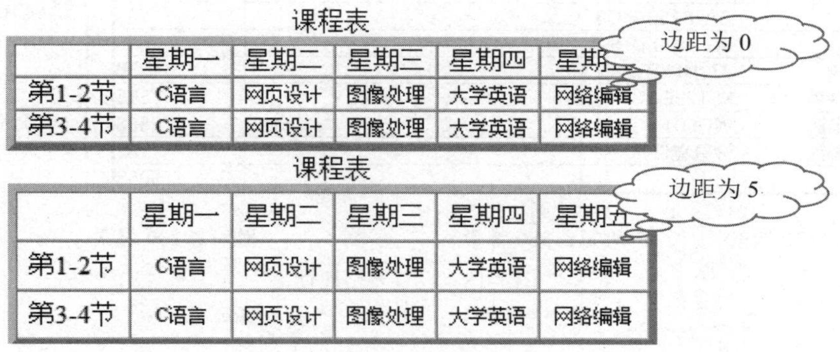

课程表

	星期一	星期二	星期三	星期四	星期五
第1-2节	C语言	网页设计	图像处理	大学英语	网络编辑
第3-4节	C语言	网页设计	图像处理	大学英语	网络编辑

课程表

	星期一	星期二	星期三	星期四	星期五
第1-2节	C语言	网页设计	图像处理	大学英语	网络编辑
第3-4节	C语言	网页设计	图像处理	大学英语	网络编辑

图 7-16　单元格边距

5. 单元格间距

单元格边距和单元格间距是两个不同的概念。单元格间距是指单元格与单元格、单元格与表格边框的距离。在“属性”面板中，将单元格间距设置为 5 后的效果如图 7-17 所示。

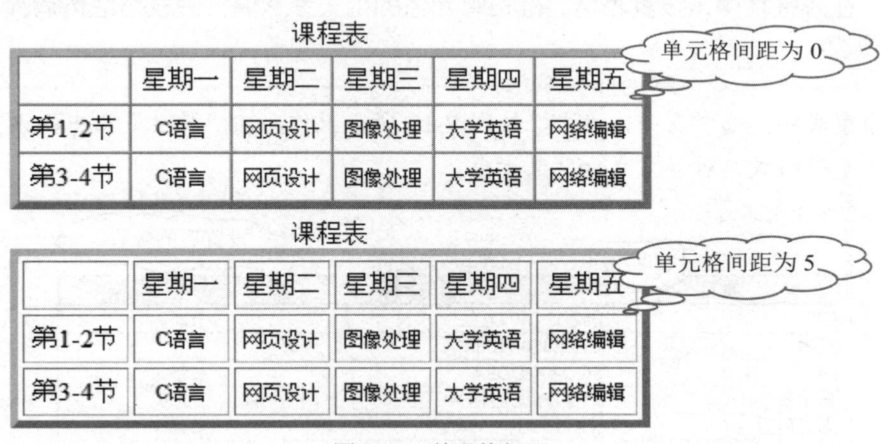

课程表

	星期一	星期二	星期三	星期四	星期五
第1-2节	C语言	网页设计	图像处理	大学英语	网络编辑
第3-4节	C语言	网页设计	图像处理	大学英语	网络编辑

课程表

	星期一	星期二	星期三	星期四	星期五
第1-2节	C语言	网页设计	图像处理	大学英语	网络编辑
第3-4节	C语言	网页设计	图像处理	大学英语	网络编辑

图 7-17　单元格间距

7.2.2　美化设置表格

美化设置表格

在页面中插入表格后，可以在“属性”面板中对表格进行美化设置，其中有些属性是与“表格”对话框中的属性一样的；此外，还可以设置表格的“背景颜色”“边框颜色”“对齐方式”等属性。

实例 2　美化家庭电脑配置表

打开前面制作的 dnpzb.html 文件，设置列宽、对齐方式和背景，具体参数值如图 7-18

所示。

图 7-18 设置表格属性

跟我学

设置属性栏值

在属性栏中，设置表格、行和单元格的相关参数值，使表格结构清晰，方便阅读。

1. **设置表头** 选中表头，右击，按图 7-19 所示操作，在“属性”栏中，设置表格的第一行格式、对齐方式和背景颜色。

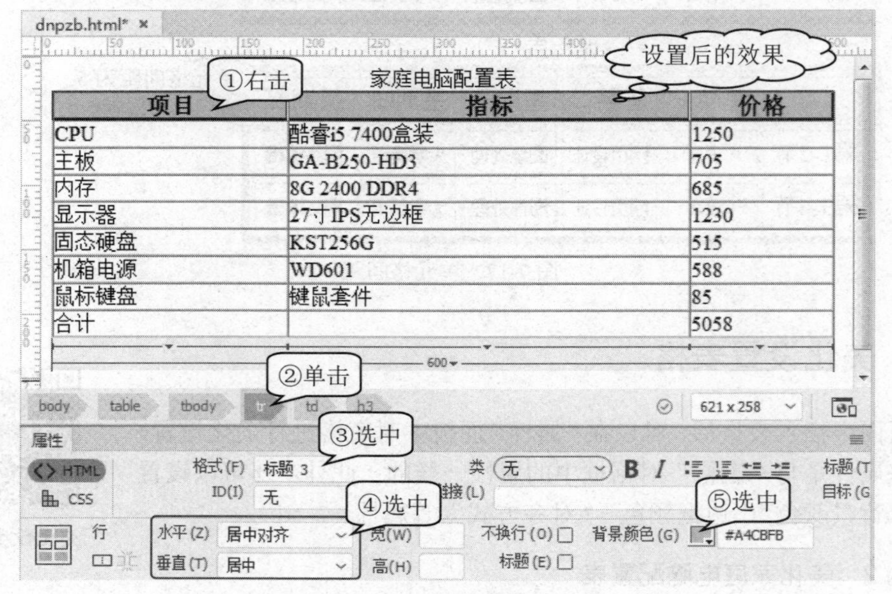

图 7-19 设置表头

2. **调整列宽**　按图 7-20 所示操作，设置表格第 1 列的列宽为 120 像素。同样的方法，将第 2、3 列的列宽分别设置为 380、100 像素。

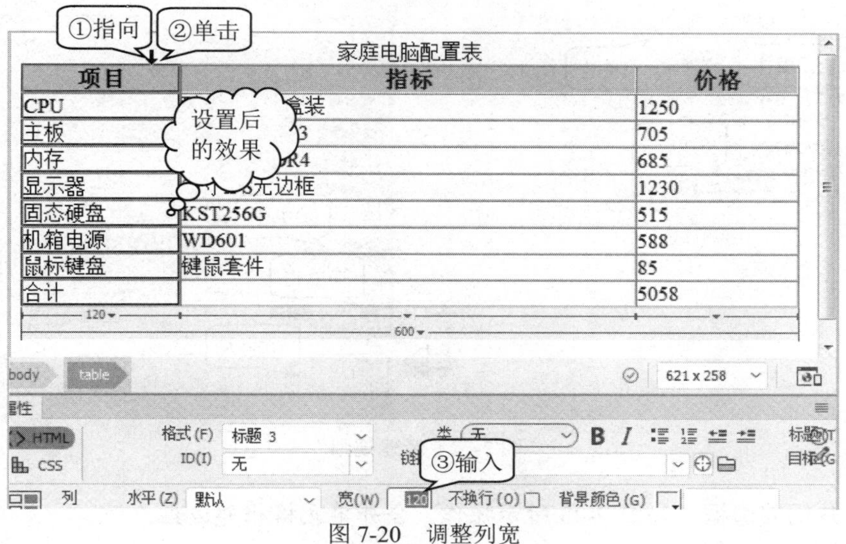

图 7-20　调整列宽

3. **设置单元格**　按图 7-21 所示操作，设置单元格中的内容水平“右对齐”。

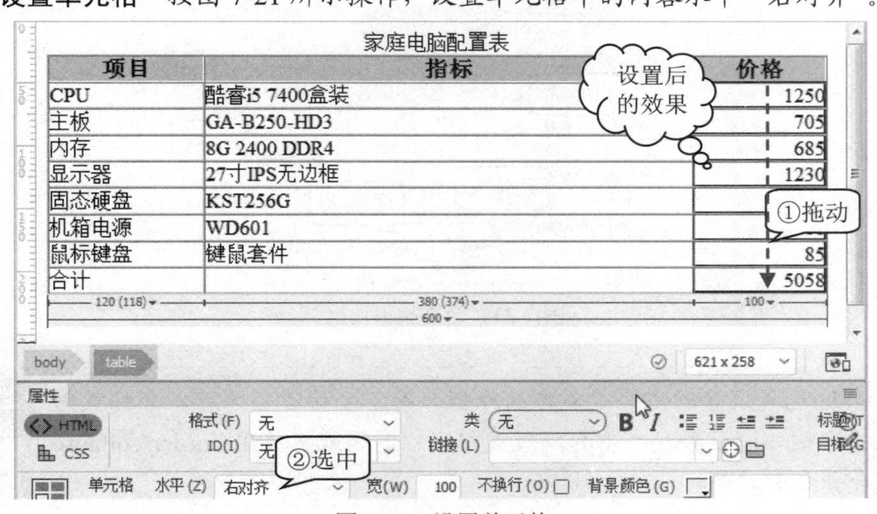

图 7-21　设置单元格

4. **保存网页**　按 Ctrl+S 键，保存网页。

设计表格 CSS

通过设计 CSS 来设置表格框线，为 table 和 td 元素分别定义边框，能够使表格内外结构显得富有层次，更加美观。

1. **新建规则** 在窗口右侧面板中，单击“CSS 设计器”，按图 7-22 所示操作，在“选择器”窗格中新建规则为 table 和 table td。

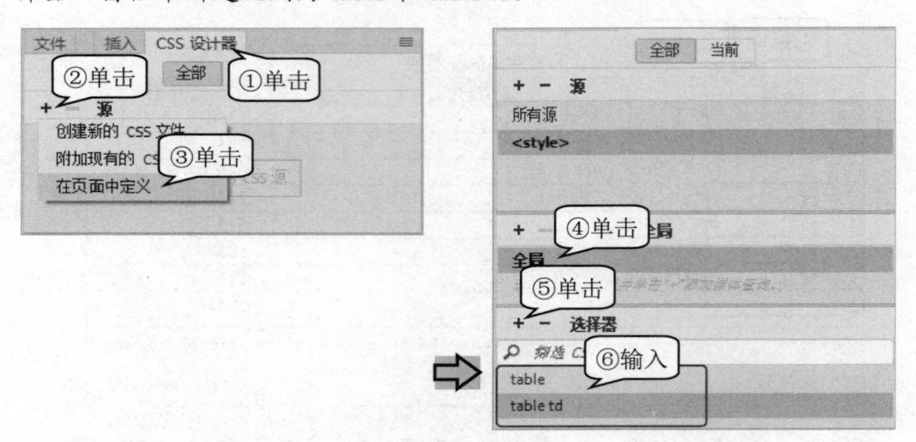

图 7-22　新建规则

2. **合并相邻边框** 按图 7-23 所示操作，合并单元格相邻边框。

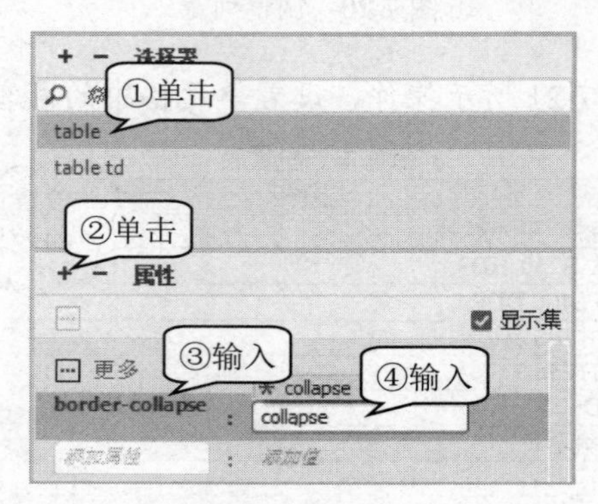

图 7-23　合并相邻边框

table 元素设置的边框是表格的外框，而单元格边框才可以分隔数据单元格，相邻边框会发生重叠，形成粗线框，因此应使用 border-collapse 属性合并相邻边框。

3. **设置外边框** 按图 7-24 所示操作，设置表格外边框线为“粗线 3px、样式 solid(实线)、颜色值##00367A”。

4. **设置单元格边框** 按图 7-25 所示操作，设置单元格边框线为“粗线 1px、样式 solid(实线)、颜色值##00367A”。

5. **保存网页** 按 Ctrl+S 键，保存网页，按 F12 键，预览网页。

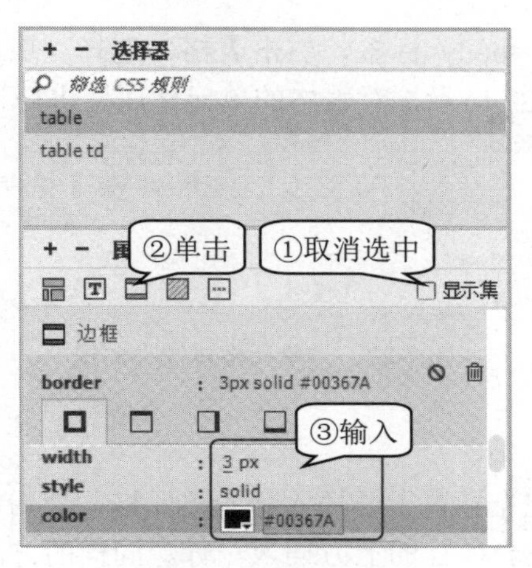

图 7-24　设置外边框

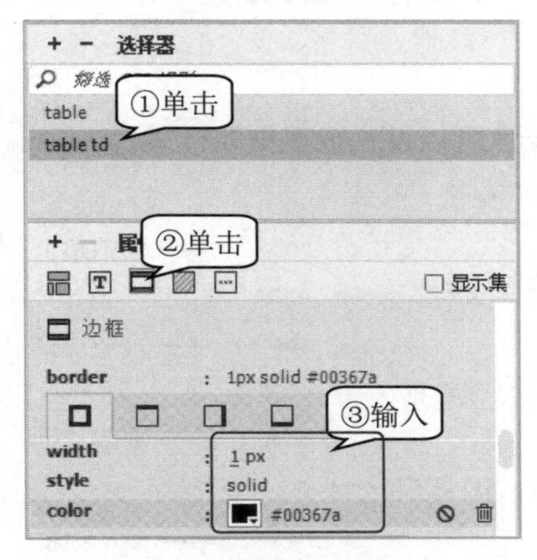

图 7-25　设置单元格边框

知识库

1. 表格相关属性面板

在 Dreamweaver 中插入表格后，可以通过选择“表格属性”面板和“单元格属性”面板对表格进行修改和相关属性的设置。

- 表格属性：选择 table 标签，右击表格，选择“属性”命令，打开“表格属性”面板，如图 7-26 所示，对表格的属性进行设置。

图 7-26　“表格属性”面板

- 单元格属性：选择 tbody 标签，右击表格，选择“属性”命令，打开“单元格属性”面板，如图 7-27 所示，对表格的单元格属性进行设置。

图 7-27　“单元格属性”面板

2. 增删行或列

如果要增加行，首先把光标置于要插入行的单元格，然后右击，在弹出的快捷菜单中选择“插入行”命令，则在当前行的上方插入一行。同样的方法，选择“插入列”命令，可以在当前列的左方插入一列；选择“删除行/列”命令，可以删除当前的行或列。

3. 设置表格框线

表格通过 border-style 属性可以设置很多框线样式，如点线、虚线等效果，具体如图 7-28 所示。

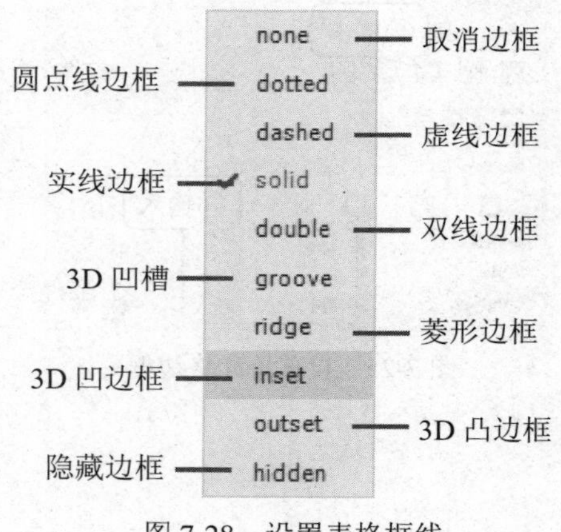

图 7-28　设置表格框线

7.2.3　表格布局网页

表格布局网页

表格是最常见的网页布局实现方式。在表格中，通过对行和列进行调整，可以对网页中的元素进行精确定位，使网页版面布局更加轻松、便捷。

实例 3　“方舟工作室”首页

如图 7-29 所示是“方舟工作室”首页，通过表格将整个网页进行了功能区的划分，使网页中的各个元素更加整齐、美观。

图 7-29　“方舟工作室”首页效果图

根据总体设计布局，将整个网站首页设置为顶部、导航栏、主体内容和底部 4 个部分，每个部分通过表格进行布局，最后添加图像、文字和视频元素。

跟我学

制作网页顶部

当前显示器大多数是宽屏的，网页宽度一般为 1000 像素，为此，在网页顶部插入一个 1 行 1 列的表格，其中包括网站的 Logo 和 Banner。

1. **新建文件**　运行 Dreamweaver 软件，新建 HTML 文档并保存，名称为 index.html。
2. **创建表格**　选择“插入”→Table 命令，创建一个 1 行 1 列，宽度为 1000 像素的表格，边框粗细为 0，单元格边距、间距均为 0，并将表格居中对齐。
3. **插入图片**　单击单元格，选择“插入”→Image 命令，按图 7-30 所示操作，插入文件夹“实例 4 用表格布局网页”中的首页顶部图片 top.jpg。
4. **设置页面属性**　单击页面，在“属性”面板中单击 页面属性... 按钮，按图 7-31 所示操作，设置外观(HTML)：背景为“灰色”、文本为“黑色”、左边距为 0、上边距为 0。

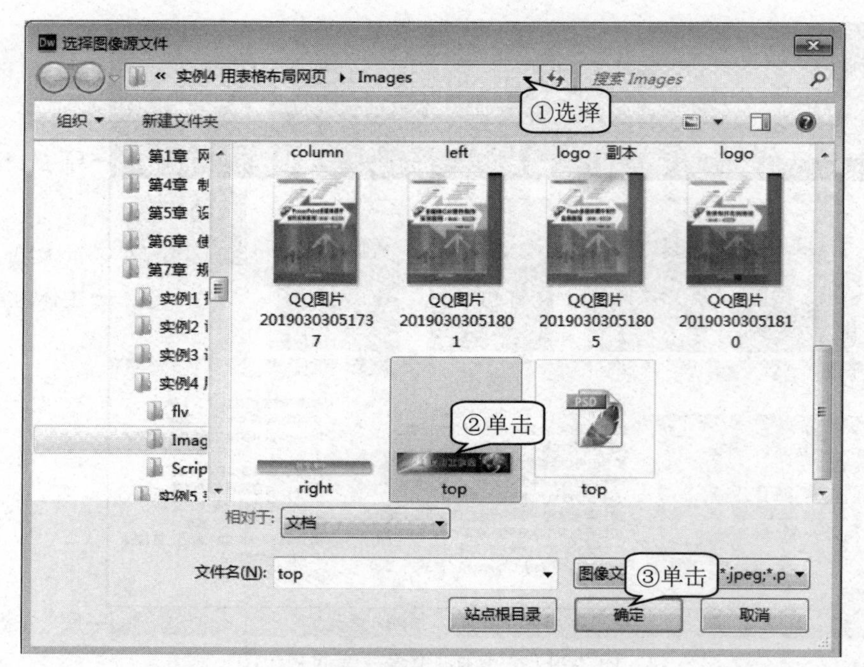

图 7-30　插入图片

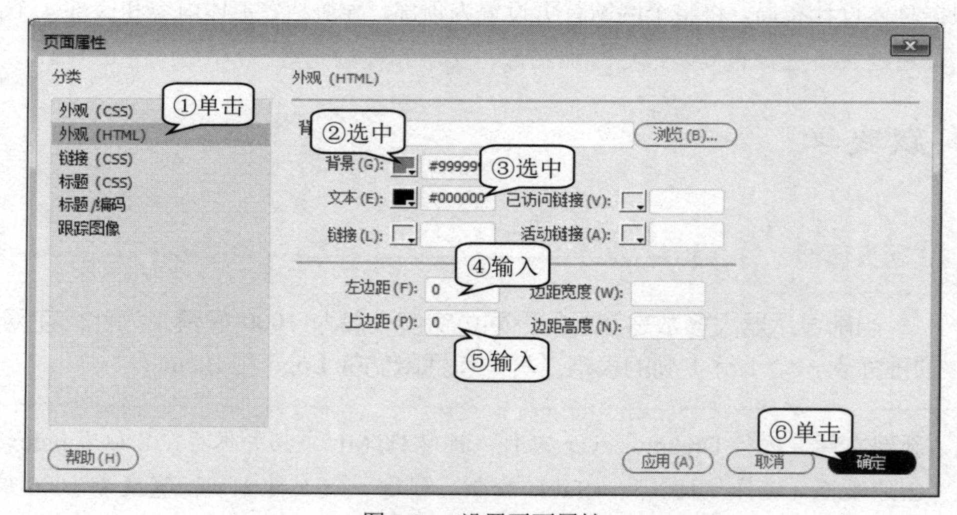

图 7-31　设置页面属性

这里将页面的左边距设为 0，是让表格在浏览器窗口中水平居中，将上边距设为 0，是让表格在浏览器窗口顶着上边，不留空隙，以增强美观。

制作导航栏

网站的导航栏，俗称“导航条”，是网站的总栏目，其中包含若干个子栏目。一个网站的结构是通过导航栏组织的。

1. **插入表格**　在顶部表格的右下方空白处单击，选择“插入”→Table 命令，创建一个 1 行 7 列，宽度为 1000 像素的表格，边框粗细为 0，并将表格居中对齐。
2. **新建 CSS 规则**　在窗口右侧面板中，单击“CSS 设计器”标签，按图 7-32 所示操作，在“选择器”窗格中新建规则为.nav。

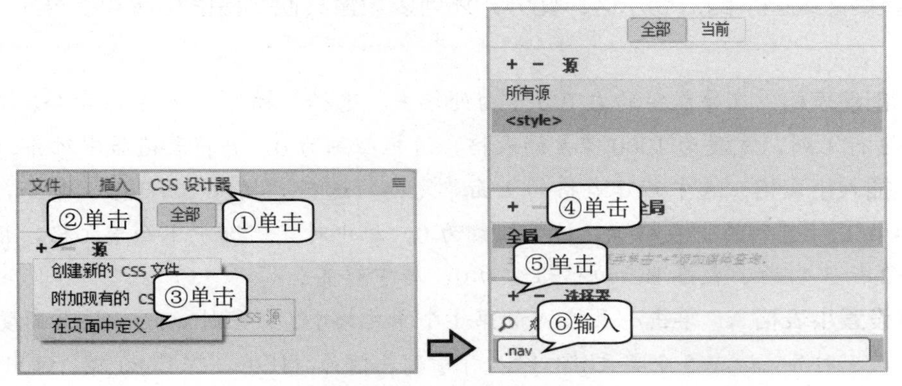

图 7-32　新建 CSS 规则

3. **添加规则属性**　单击第 1 个单元格，按图 7-33 所示操作，添加规则属性：文字“字体(幼圆)、大小(18px)、颜色(白色)、对齐(居中)”，背景颜色值#000066。

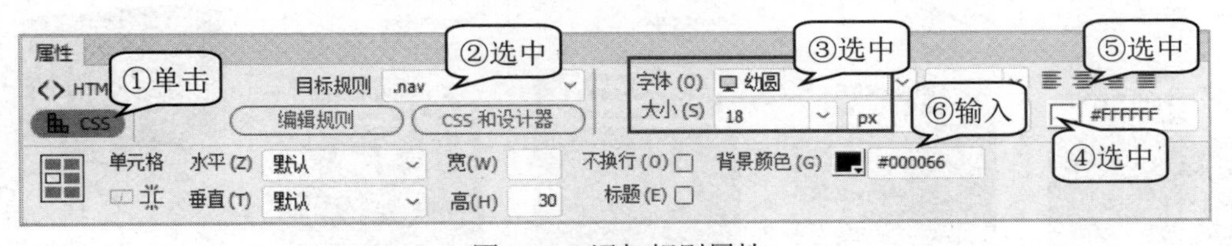

图 7-33　添加规则属性

4. **应用规则**　单击导航栏表格标签<table>，选中表格，按图 7-34 所示操作，将导航栏表格的各单元格应用规则设置为.nav。

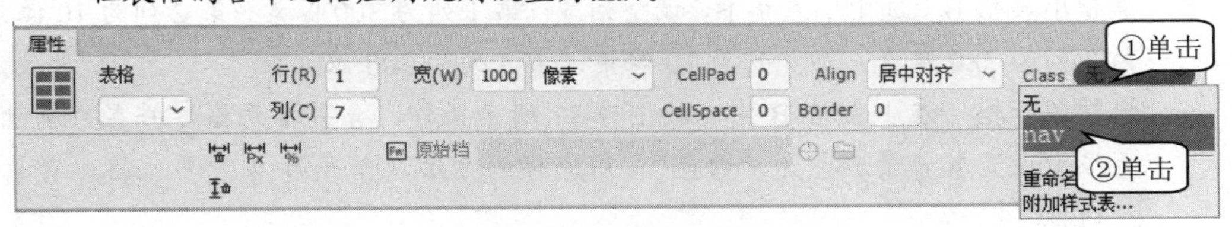

图 7-34　应用规则

5. **输入导航文字** 单击第 1 个单元格，在“属性”面板中设置高为 30，输入文字“首页”，定位并输入其他单元格文字；调整“首页”单元格宽度为 100，其他单元格宽度为 150，效果如图 7-35 所示。

首页 | 教育快讯 | 新书介绍 | 教学素材 | 教学课件 | 微课视频 | 教材出版

图 7-35 输入导航文字

制作网页主体

网页主体区域，一般通过嵌套表格设置网站主要栏目的文章列表区、视频宣传区或图片幻灯展示区，此外，还可以设置其他链接区和搜索条等。

1. **创建表格** 在导航栏的右下方空白处单击，选择“插入”→Table 命令，创建一个 2 行 1 列、宽度为 1000 像素的表格，边框粗细为 0，并将表格居中对齐。
2. **插入小表格** 选中新建表格的上面单元格，选择“插入”→Table 命令，插入一个 1 行 5 列的小表格 A，边框粗细为 0，居中对齐；选中下面单元格，插入一个 2 行 5 列的小表格 B，边框粗细为 0，居中对齐。
3. **设置小表格 A** 单击小表格 A 的第 1 个单元格，建立规则.webzt，设置高度为 240，居中对齐，选中 5 个单元格，输入背景颜色值为#f4f9fc，按 Enter 键，选中该表格，应用此规则。
4. **插入图像** 单击小表格 A 的第 1 个单元格，插入图片 6-UP.jpg，分别在其他单元格中插入对应的书图，效果如图 7-36 所示。

图 7-36 插入书图

5. **调整小表格 B** 选中小表格 B，调整列宽：第 1 列为 300 像素、第 2 列为 10 像素、第 3 列为 380 像素、第 4 列为 10 像素、第 5 列为 300 像素。
6. **合并单元格** 在小表格 B 中，按图 7-37 所示操作，合并单元格，并在“属性”面板中设置其背景颜色为“白色”。用同样的方法，合并第 4 列单元格，背景为“白色”。

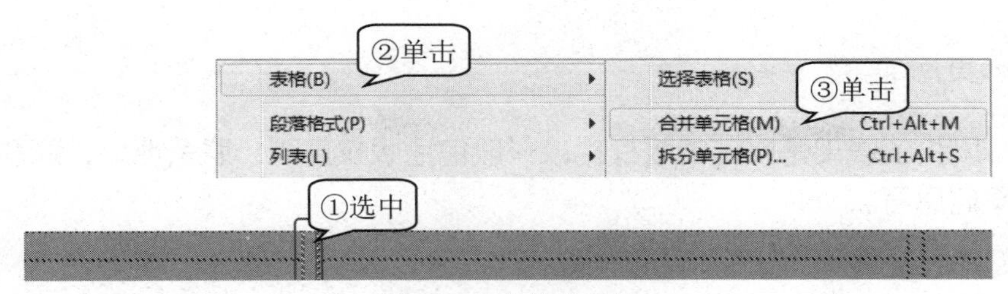

图 7-37　合并单元格

7. **插入栏目图**　选中小表格 B 上行的第 1、3、5 单元格，从 Images 文件夹中分别插入图片 left.gif、column.gif 和 right.gif，效果如图 7-38 所示。

图 7-38　插入栏目图

8. **插入媒体**　单击小表格 B 下行的第 1 个单元格，在“属性”面板中设置背景颜色值为#f4f9fc，按图 7-39 所示操作，在第 1 个单元格中插入媒体 gfsr.flv。

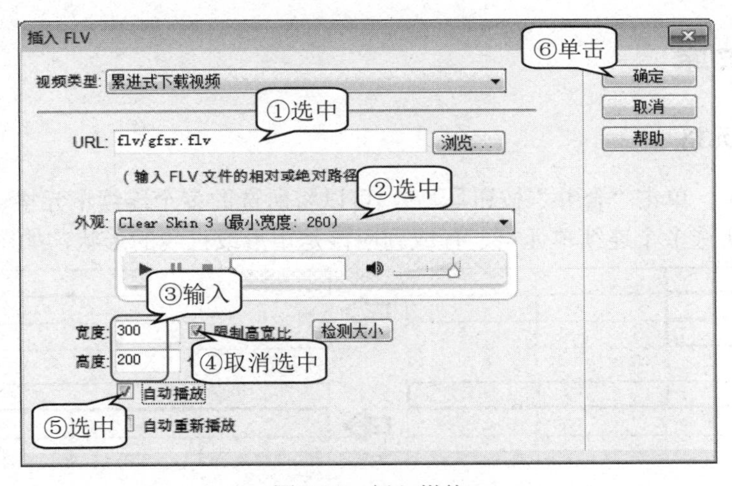

图 7-39　插入媒体

9. **输入列表文字**　选中小表格 B 下行的第 3、5 单元格，在“属性”面板中设置背景颜色值为#f4f9fc，在第 3、5 单元格中分别输入如图 7-40 所示的列表文字内容。

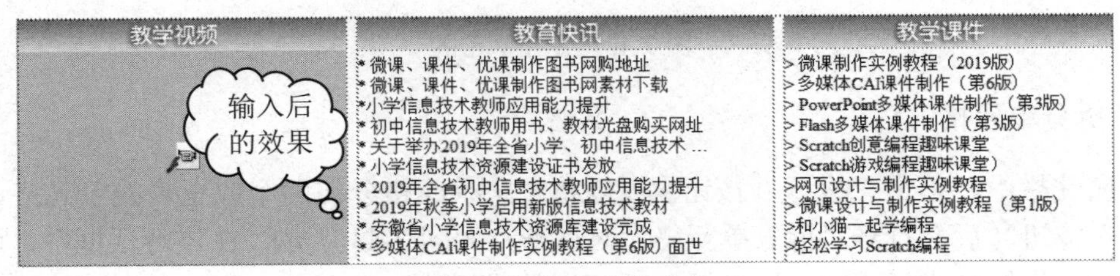

图 7-40　输入列表文字

制作网页底部

网页的底部是网站的版权栏，一般包括版权声明、联系地址、联系方式、备案信息等。

1. **创建表格** 在主体表格的右下方空白处单击，选择“插入”→“表格”命令，创建一个1行1列、宽度为1000像素的表格，并将表格居中对齐。
2. **插入图片** 单击单元格，选择“插入”→“图像”命令，插入底部图片bottom.jpg，效果如图7-41所示。

关于我们　版权申明　联系我们　在线留言

图7-41　插入图片

3. **保存并预览** 保存并预览网页，测试效果。

知识库

1. 合并单元格

在属性栏中，单击“合并”按钮后，可以将所选的多个连续单元格、行或列合并为一个单元格。所选多个连续单元格、行或列应该是矩形或直线的形状，如图7-42所示。

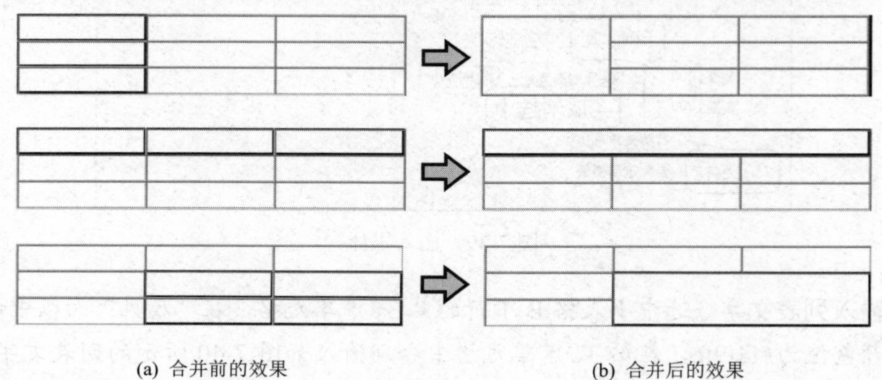

(a) 合并前的效果　(b) 合并后的效果

图7-42　合并单元格

2. 拆分单元格

在属性栏中，单击“拆分”按钮可以将一个单元格分在两个或更多的单元格。单击“拆分”按钮后会打开“拆分单元格”对话框，如图7-43所示，在该对话框中，可以将选中的单元格拆分成行或列，以及拆分后的行数或列数。

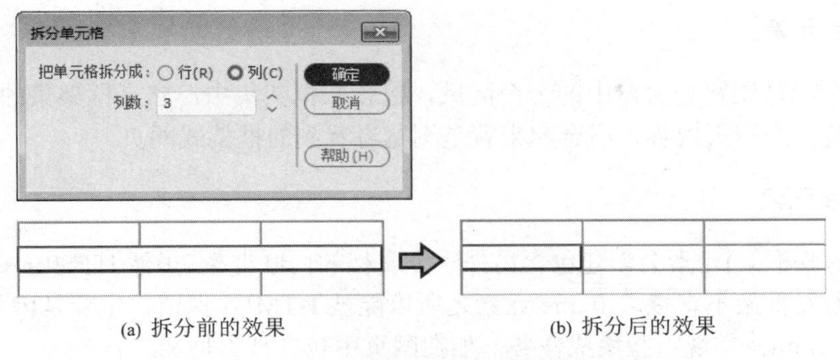

(a) 拆分前的效果　　　　(b) 拆分后的效果

图 7-43　拆分单元格

7.3　使用框架布局网页

起初，HTML 框架提供了在浏览器窗口中显示多个网页的方式，但就目前发展趋势而言，框架呈现出非常严重的可访问性问题，它难以适应搜索引擎和移动设备。因此，本节仅介绍 HTML5 中保留的框架知识。

7.3.1　了解框架元素及其关系

了解框架元素及其之间的关系，有助于理解框架的作用和存在的意义，以便使用框架创建简单网页，如中小学信息技术教育网的后台管理页面，效果如图 7-44 所示。

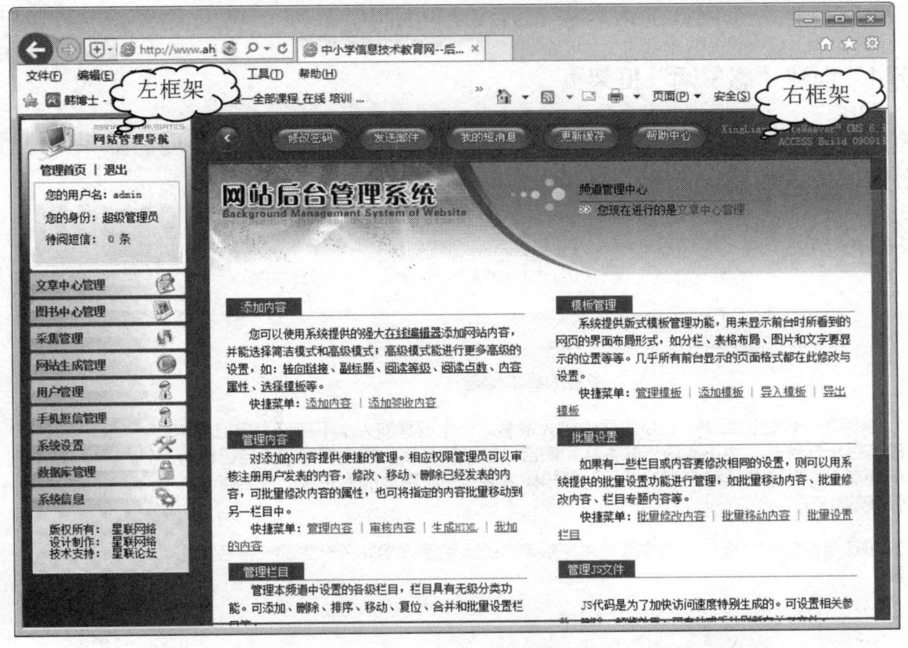

图 7-44　中小学信息技术教育网的后台管理页面

1. frame 元素

frame(框架)是浏览器窗口中的一个区域，包含在框架集中，它是框架集的一部分，每个框架中放置一个网页内容，组合起来就是浏览者看到的框架式网页。

2. iframe 元素

iframe(内联框架)元素会创建包含另外一个文档的内联框架。虽然 HTML5 摒弃了框架，但并不意味着对框架不支持。iframe 元素之所以能被 HTML5 保留，主要是因为 Web 应用经常要利用<iframe>实现一些集成任务，如在网页中包含搜索框和广告等。

3. frameset 元素

frameset(框架集)实际上是一个网页文件，用于定义文档中框架的布局和属性，包括框架的数目、大小和位置，以及在每个框架中显示页面的 URL。

4. 框架与框架集的关系

框架集本身不包含在浏览器中显示的内容，只是向浏览器提供应该如何显示一组框架，以及在这些框架中应显示哪些文档的有关信息。例如，某个页面被创建了两个框架，那么它实际包含三个文件：一个框架集文件，两个框架内容文件。

7.3.2 使用 iframe 元素创建框架页面

使用 iframe 元素
创建框架页面

iframe 提供了一个简单的方式，可以把一个网页内容嵌入另一个网页文件中，也可以把一个网站的内容嵌入另一个网站中。

实例 4 创建“感恩网”框架页

如图 7-45 所示，这是在网站内容页布局中时常会看到的局部布局的效果，位置一般在网页的右侧，或者放置在左侧。

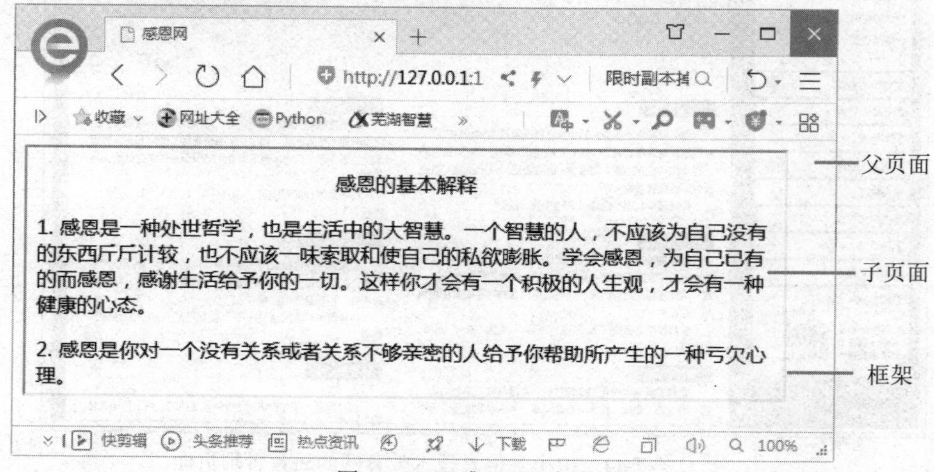

图 7-45 “感恩网”框架页

先新建子网页，再新建一个父网页，然后在父网页中插入<iframe>标签，并将子网页嵌入其中，形成框架网页。

跟我学

1. **创建子网页**　运行 Dreamweaver 软件，新建 HTML 文档并保存，名称为 son.html。
2. **添加子网页内容**　在设计视图中，添加感恩的基本解释文字，如图 7-46 所示。

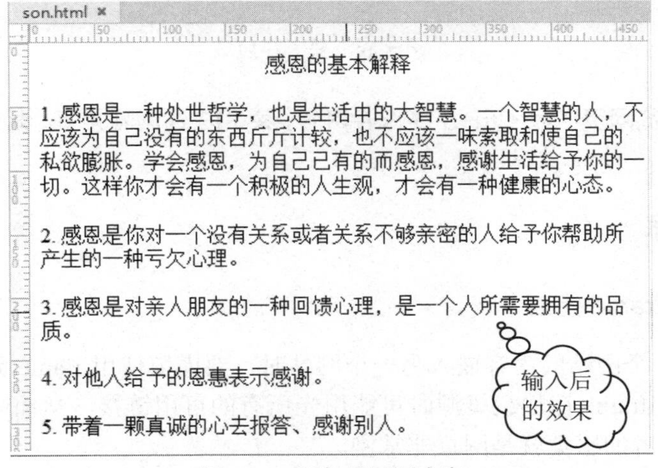

图 7-46　添加子网页内容

3. **创建内联框架**　选择“插入”命令，按图 7-47 所示操作，插入<iframe>标签元素，创建内联框架。

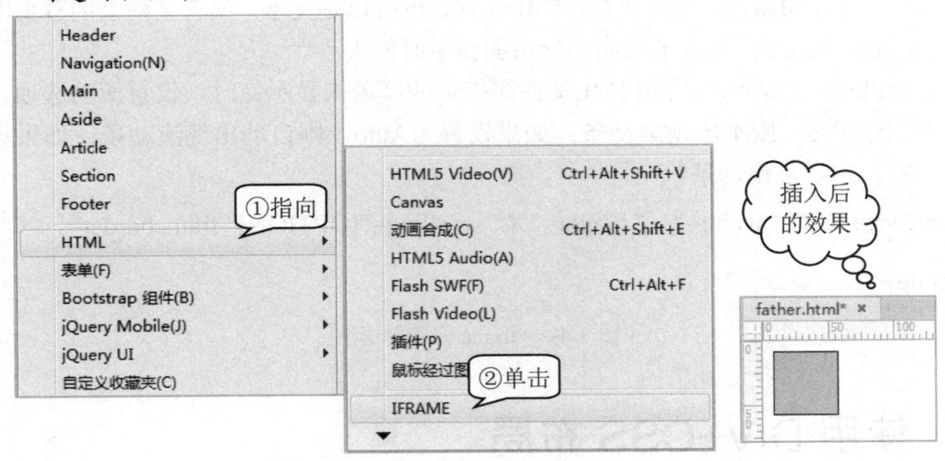

图 7-47　创建内联框架

4. **输入代码**　切换到代码视图，在<iframe>标签中，输入如图 7-48 所示的代码，包含和控制子网页。

```
1   <!doctype html>
2 ▼ <html>
3 ▼ <head>
4   <meta charset="utf-8">
5   <title>感恩网</title>
6   </head>
7
8 ▼ <body>
9 ▼ <iframe src="son.html" id="test" width="600"
    height="200" scrolling="no" frameborder="1"></iframe>
10  </body>
11  </html>
```

输入

图 7-48　输入代码

5. **保存并预览网页**　按 Ctrl+S 键保存网页，按 F12 键浏览网页，效果如图 7-45 所示。

知识库

1. 谨慎使用 iframe 元素

当 iframe 把一个网站的内容嵌入另一个网站时，要谨慎使用 ifame 元素，因为当页面包含框架元素后，iframe 在加载资源时可能用光所有的可用链接，从而阻塞主页面资源的加载速度，给浏览者的感觉就是网页非常慢。

2. 了解 iframe 元素的语法

iframe 元素的语法如图 7-49 所示，主要内容介绍如下。

- src：文件的路径，既可以是HTML文件，也可以是文本，或者某网站的首页网址。
- width、height：设置子页面在父页面显示时的大小。
- scrolling：当src指定的HTML文件在指定的区域未显示完时，设置滚动选项。如果设置为No，则不出现滚动条；如果设置为Auto，则自动出现滚动条；如果设置为Yes，则显示滚动条。

```
<iframe src="URL" width="×" height="×" scrolling="[OPTION]" frameborder=" ×">

</iframe>
```

图 7-49　iframe 元素的语法

7.4　使用 DIV+CSS 布局

利用 DIV+CSS 布局网页，是通过由 CSS 定义大小不一的盒子和盒子嵌套来编排网页，页面版式有单列、两列或多列等不同形式。这种方式排版网页的代码简洁，更新方便，能兼容更多的浏览器，越来越受到网页开发者的欢迎。

7.4.1　两列结构布局

两列结构布局

两列结构的网页布局比较常见，如正文页、新闻页、个人博客、新型应用网站等。这种布局结构在内容上分为主要内容区域和侧边栏，宽度一般多为固定宽度，以便控制。

实例 5　设计公司介绍页

本实例是以公司题材为主题，以公司介绍页面为设计类型，页面采用固定布局和浮动布局相结合，页面头部和底部是固定布局，公司主体部分是浮动布局，效果如图 7-50 所示。

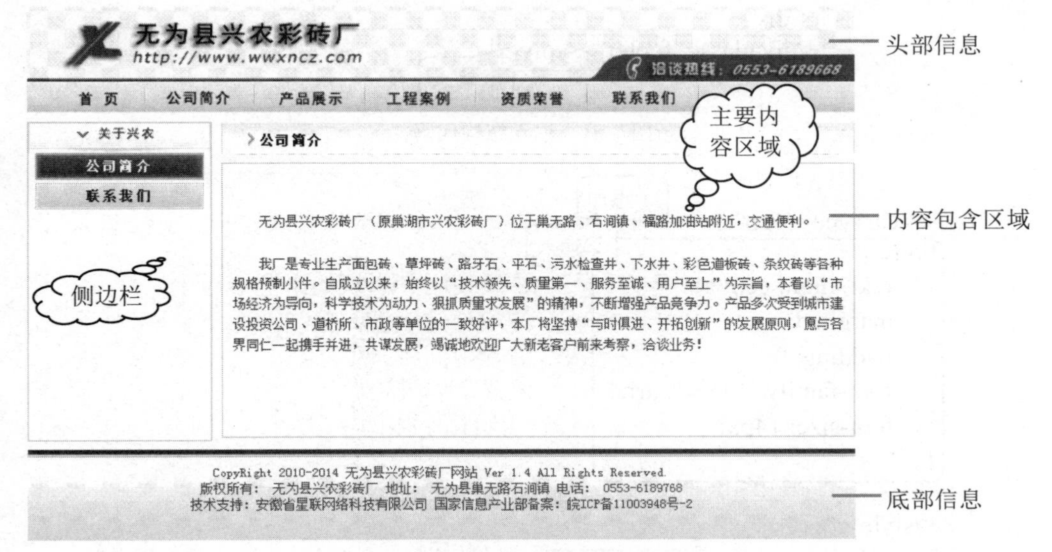

图 7-50　设计公司介绍页效果图

根据常规设计，普通页面可分为上、中、下 3 个部分，分别对应头部信息、内容包含区域及底部信息。其中，内容包含区域又分为主要内容区域和侧边栏。我们可使用<div></div>标签构建标准的三行两列结构。

跟我学

1. **新建网页**　启动 Dreamweaver，新建一个网页文档，保存文件名称为 introduct.html。
2. **输入结构代码**　在<body>标签下一行输入如图 7-51 所示的结构代码。其中正文内容省略，主要显示网页三层 HTML 嵌套结构，详细内容请参阅源文件中的实例资源。
3. **定义页面规则**　在<head>标签内添加<style type="text/css">标签，定义一个内部样式表，并设置<body>标签样式，如图 7-52 所示。
4. **输入左栏样式**　为 Col 定义固定宽度并居中显示，left-col 在 Col 层内进行左浮动，样式代码如图 7-53 所示，其中其他元素的样式请参阅源文件中的实例资源。

```
<div class="top"></div>
<div class="nav"></div>                  ①输入
<div class="Col">
    <div class="left-col">              ②输入
        <ul> </ul>
    </div>                               三层嵌套结构
    <div class="right-col">
        <h1>公司简介</h1>
        <div class="content">
            <div class="readme"> </div>
        </div>
    </div>
</div>
<div class="footer"></div>              ③输入
```

图 7-51　输入结构代码

```
<style type="text/css">                    ①添加
body {                                     ②输入
    text-align: center;              /* IE 及使用其内核的浏览器居中 */
    margin: 0;                       /* 清除外边距 */
    padding: 0;                      /* 清除内间距 */
    font-family: "宋体", arial;      /* 设置字体类型 */
    font-size: 14px;                 /* 初始化字体大小 */
}
……
</style>
```

图 7-52　定义页面规则

```
.Col { width: 1000px; }            ①输入   /* 浮动元素的父元素宽度，便于浮动元素居中 */
.left-col {                        ②输入
    width: 220px;                  /* 左边浮动元素的宽度 */
    height: 400px;                 /* 左边浮动元素的高度 */
    background: url(images/bt5_1.jpg) no-repeat left top;   /* 定义背景图像，
                                                               衬托内部纵向导航 */
    float: left;                   /* 子元素左浮动 */
    border: 1px solid #CACACA;     /* 设置边框线颜色 */
    font-weight: bold;             /* 设置字体加粗 */
    font-size: 16px;               /* 设置字体大小 */
    letter-spacing: 3px;           /* 内部导航文字间距 */
}
```

图 7-53　输入左栏样式

5. **输入右栏样式**　设置 right-col 在 Col 层内进行右浮动，并设置其中的标题元素样式，代码如图 7-54 所示，其中其他元素的样式请参阅源文件中的实例资源。

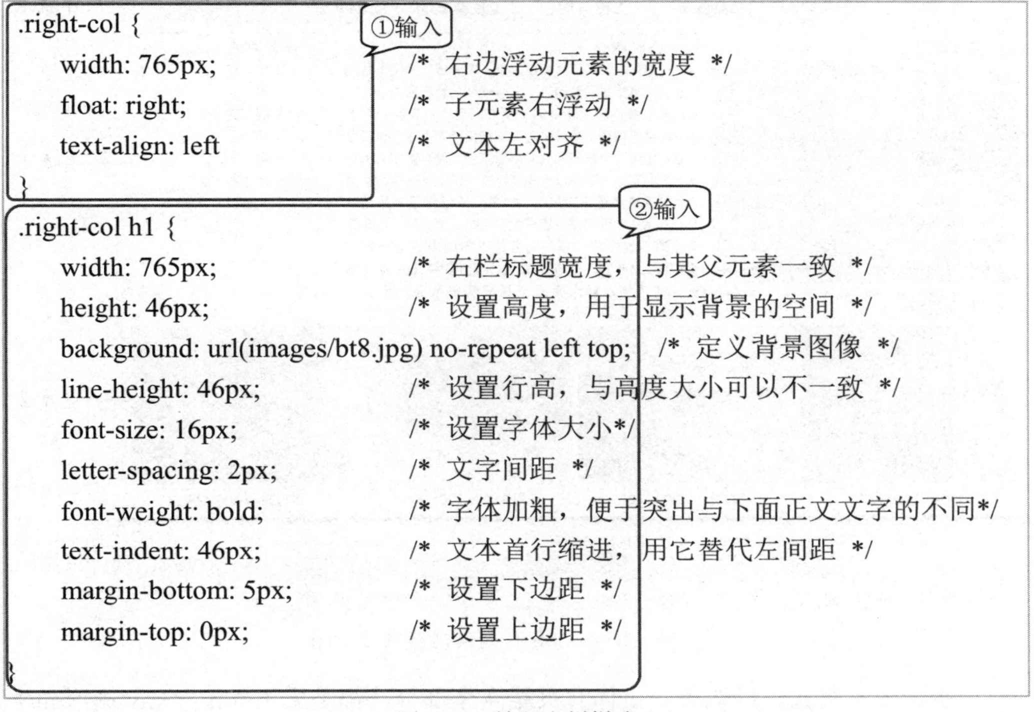


```
.right-col {
    width: 765px;                    /* 右边浮动元素的宽度 */
    float: right;                    /* 子元素右浮动 */
    text-align: left                 /* 文本左对齐 */
}
.right-col h1 {
    width: 765px;                    /* 右栏标题宽度，与其父元素一致 */
    height: 46px;                    /* 设置高度，用于显示背景的空间 */
    background: url(images/bt8.jpg) no-repeat left top;    /* 定义背景图像 */
    line-height: 46px;               /* 设置行高，与高度大小可以不一致 */
    font-size: 16px;                 /* 设置字体大小*/
    letter-spacing: 2px;             /* 文字间距 */
    font-weight: bold;               /* 字体加粗，便于突出与下面正文文字的不同*/
    text-indent: 46px;               /* 文本首行缩进，用它替代左间距 */
    margin-bottom: 5px;              /* 设置下边距 */
    margin-top: 0px;                 /* 设置上边距 */
}
```

图 7-54　输入右栏样式

right-col 层存放左栏公司导航对应的内容，左栏高度已经定义了，右栏高度随着段落内容的增加而逐渐增加。

6. **保存并预览网页**　按 Ctrl+S 键保存网页，按 F12 键浏览网页，效果如图 7-50 所示。

7.4.2　多列结构布局

多列结构布局

常见多列布局是三列结构，一般网络首页使用这种布局样式。三列结构的页面布局由三个独立的列组合而成，也可以视为两列结构的嵌套。

实例 6　设计公司首页

如图 7-55 所示，这是用 DIV+CSS 布局的公司网站首页半成品，包括页头、主体和页尾三大部分。本实例重点制作主体 1 部分，讲解三列结构的布局方法和技巧。

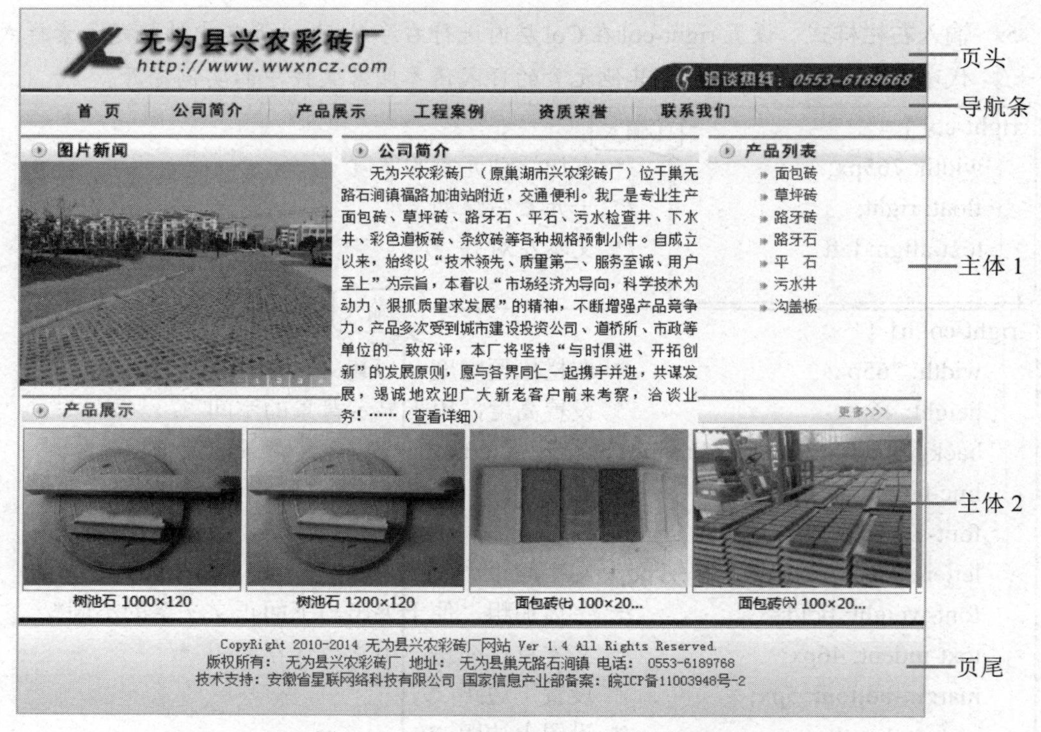

图 7-55　DIV+CSS 布局公司首页效果图

整个页面包括页头、导航条、主体和页尾 4 个部分，都是采用<div></div>标签布局结构，样式用 CSS 代码实现。

跟我学

1. **打开网页**　启动 Dreamweave，打开半成品首页文件 index.html。
2. **输入结构代码**　切换到代码视图，在<body>标签下一行输入如图 7-56 所示的结构代码。其中正文内容省略，主要显示网页主体的三列结构布局，详细内容请参阅源文件中的实例资源。
3. **定义页面规则**　在<head>标签内添加<style type="text/css">标签，定义一个内部样式表，并设置<body>标签样式，如图 7-57 所示。页头、导航、主体 2 和页尾样式请参阅源文件中的实例资源。

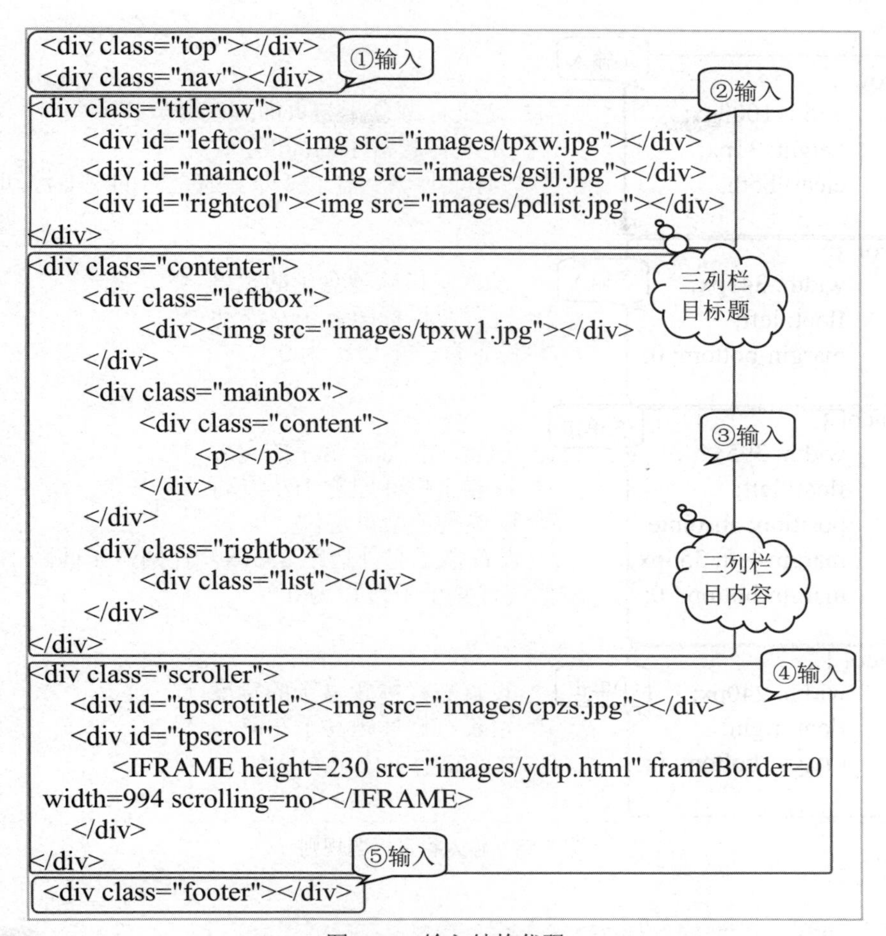

```
<div class="top"></div>
<div class="nav"></div>
<div class="titlerow">
    <div id="leftcol"><img src="images/tpxw.jpg"></div>
    <div id="maincol"><img src="images/gsjj.jpg"></div>
    <div id="rightcol"><img src="images/pdlist.jpg"></div>
</div>
<div class="contenter">
    <div class="leftbox">
        <div><img src="images/tpxw1.jpg"></div>
    </div>
    <div class="mainbox">
        <div class="content">
            <p></p>
        </div>
    </div>
    <div class="rightbox">
        <div class="list"></div>
    </div>
</div>
<div class="scroller">
    <div id="tpscrotitle"><img src="images/cpzs.jpg"></div>
    <div id="tpscroll">
        <IFRAME height=230 src="images/ydtp.html" frameBorder=0
width=994 scrolling=no></IFRAME>
    </div>
</div>
<div class="footer"></div>
```


图 7-56　输入结构代码

```
<style type="text/css">
body {
    text-align: center;          /* IE 及使用其内核的浏览器居中 */
    margin: 0;                   /* 清除外边距 */
    padding: 0;                  /* 清除内间距 */
    font-family: "宋体", arial;  /* 设置字体类型 */
    font-size: 14px;             /* 初始化字体大小 */
}
div { margin: 0 auto; }          /* 设置页面水平居中 */

……
</style>
```

①添加　②输入

图 7-57　定义页面规则

4. **输入栏目标题规则**　为三列结构的栏目标题定义如图 7-58 所示的规则，在层内，左栏和主栏标题盒子进行左浮动，右栏标题盒子进行右浮动，并采用绝对定位。

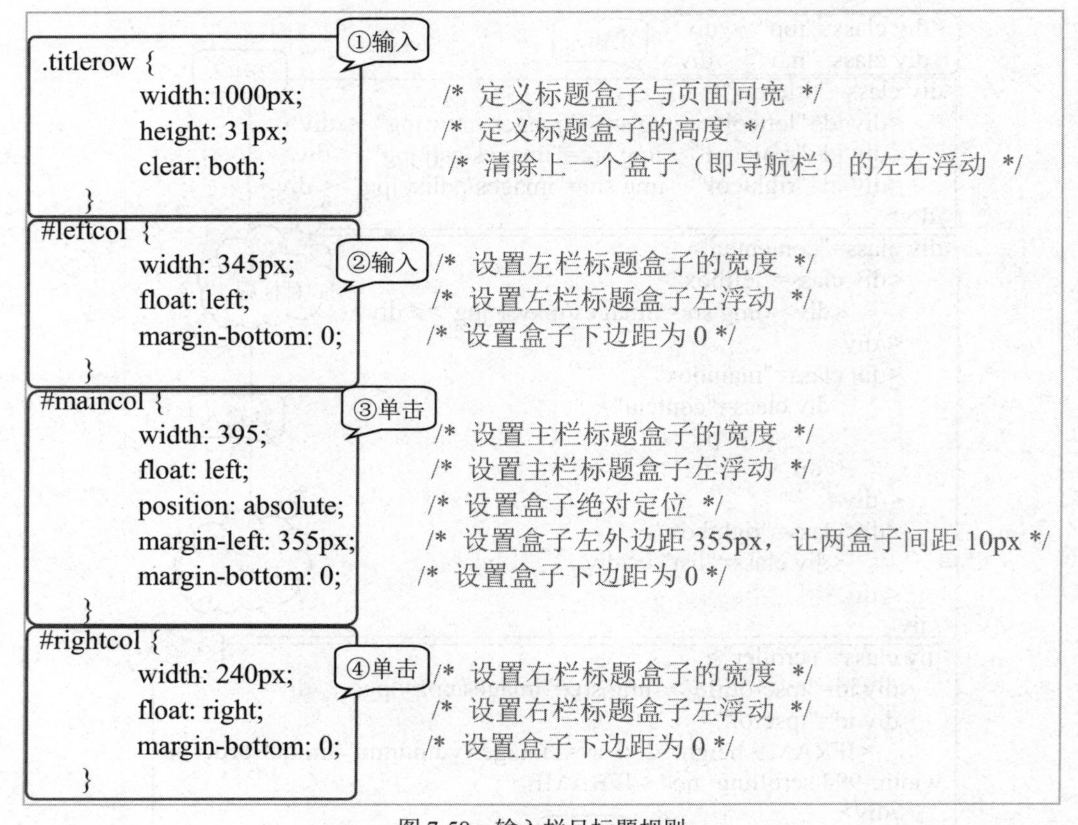

图 7-58 输入栏目标题规则

为指定对象(如这里的主栏标题盒子)声明 position:absolute;样式，即可设计该元素为绝对定位显示。

5. **输入栏目内容规则** 为三列结构的栏目内容定义如图 7-59 所示的规则，在层内，左栏和主栏内容盒子进行左浮动，右栏标题盒子进行右浮动，并采用绝对定位。

其中，3 个盒子(leftbox、mainbox、rightbox)的宽度与其之间的间距和为父盒子(contenter)的宽度 1000px。

6. **保存并预览网页** 按 Ctrl+S 键保存网页，按 F12 键预览网页，效果如图 7-55 所示。

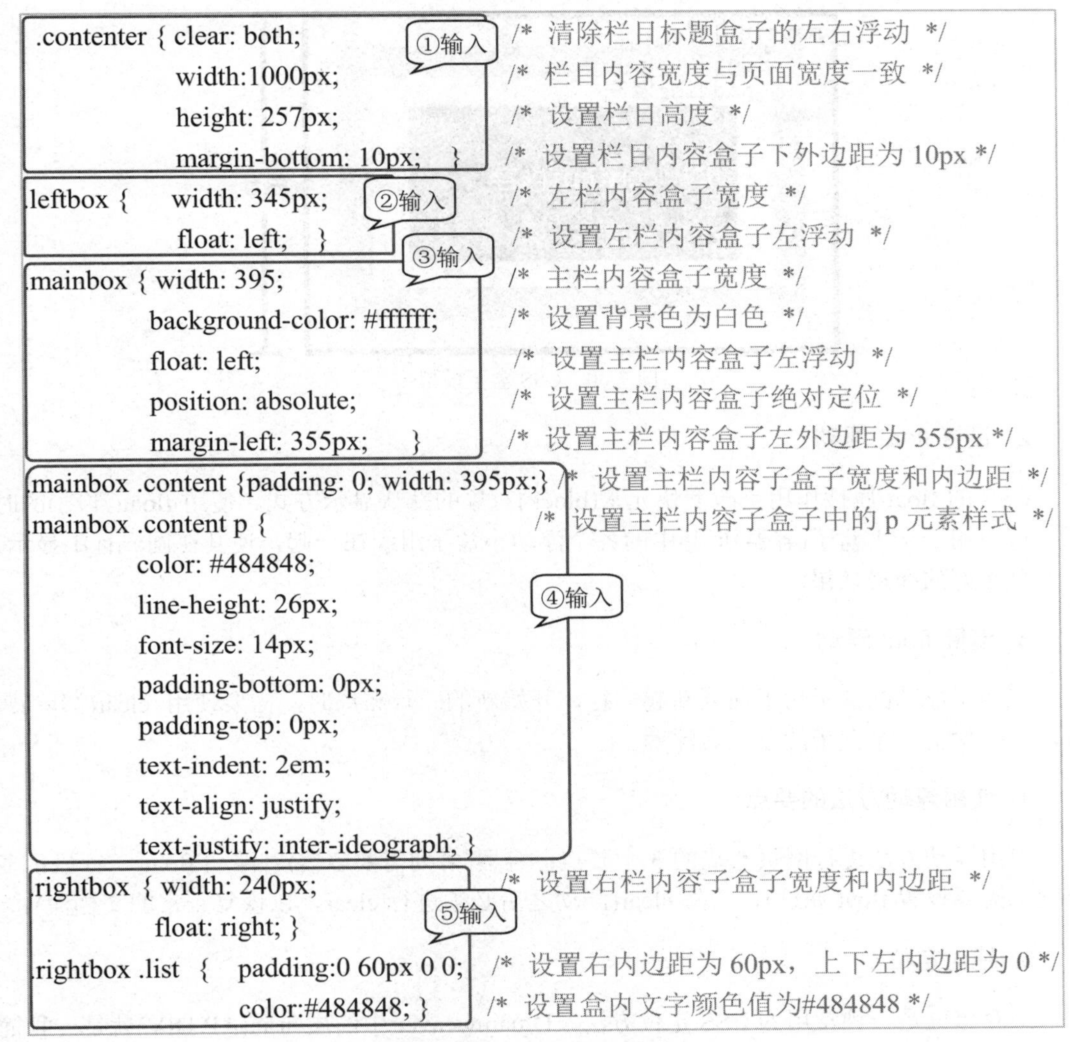

```
.contenter { clear: both;                          /* 清除栏目标题盒子的左右浮动 */
             width:1000px;                         /* 栏目内容宽度与页面宽度一致 */
             height: 257px;                        /* 设置栏目高度 */
             margin-bottom: 10px;   }              /* 设置栏目内容盒子下外边距为 10px */
.leftbox {    width: 345px;                        /* 左栏内容盒子宽度 */
              float: left;   }                     /* 设置左栏内容盒子左浮动 */
.mainbox { width: 395;                             /* 主栏内容盒子宽度 */
           background-color: #ffffff;              /* 设置背景色为白色 */
           float: left;                            /* 设置主栏内容盒子左浮动 */
           position: absolute;                     /* 设置主栏内容盒子绝对定位 */
           margin-left: 355px;     }               /* 设置主栏内容盒子左外边距为 355px */
.mainbox .content {padding: 0; width: 395px;}      /* 设置主栏内容子盒子宽度和内边距 */
.mainbox .content p {                              /* 设置主栏内容子盒子中的 p 元素样式 */
          color: #484848;
          line-height: 26px;
          font-size: 14px;
          padding-bottom: 0px;
          padding-top: 0px;
          text-indent: 2em;
          text-align: justify;
          text-justify: inter-ideograph; }
.rightbox { width: 240px;                          /* 设置右栏内容子盒子宽度和内边距 */
            float: right; }
.rightbox .list  {   padding:0 60px 0 0;           /* 设置右内边距为 60px，上下左内边距为 0 */
                     color:#484848; }              /* 设置盒内文字颜色值为#484848 */
```


图 7-59　输入栏目内容规则

知识库

1. 利用 CSS 定义盒子

网页中的表格或其他区块(如 DIV 标签)都具备内容(content)、填充(padding)、边框(border)、边界(margin)等基本属性，一个 CSS 盒子也都具备这些属性。如图 7-60 所示是一个 CSS 盒子示意图。在利用 DIV+CSS 布局网页时，我们需要利用 CSS 定义大小不一的 CSS 盒子及盒子嵌套。

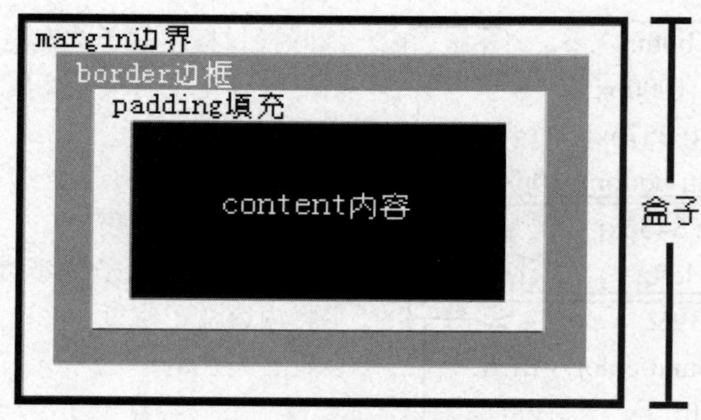

图 7-60　CSS 盒子模型

2. 设置 float 浮动

CSS 的 float 属性作用是改变块元素(block)对象的默认显示方式。使用 float(浮动)的时候，可以用一个大盒子(容器)把其中的各个浮动小盒子组织在一起，使其在同一行中显示，以达到更好的布局效果。

3. 清除 float 浮动

应用了浮动的盒子后下面要新起一行，开始新的一行布局时，需要使用 clear(清除)属性，以清除上一个盒子的左、右浮动。

4. 使用浮动方法的要点

使用浮动方法进行网页布局的 3 个要点：容器(多列需要容器)、浮动 float(一行显示多个盒子需要设置 float 属性)、清除 clear(浮动之后必须进行 clear，以恢复正常的文档流)。

5. 绝对定位

绝对定位是一种常用的 CSS 定位方法。Dreamweaver 中的层布局(AP DIV)就是一种简单的绝对定位方法，绝对定位的基本思想和层布局基本相同，但是功能更加强大。

绝对定位在 CSS 中的写法是：position:absolute。它应用 top(上)、right(右)、bottom(下)、left(左)进行定位。默认的坐标是相对于整个网页(<body>标签)的，如果对象的父容器定义了 position:relative，则对象相应的坐标就是相对于其父容器。

6. 相对定位

相对定位的 position 为 relative。position:relative 可以定义 HTML 元素的子元素，绝对定位的原点为该 HTML 元素，而不是默认的 body。

相对定位的元素没有脱离文档流，如果一个网页中的一个 HTML 元素设置了相对定位，并对 top、left、right 或 bottom 的值进行了设置，假设其子元素没有绝对定位，那么该网页中所有其他部分的显示效果和位置都不变，只是设置了相对定位的元素位置发生了偏移变化，并有可能与其他部分重叠。

7.5　小结和习题

7.5.1　本章小结

网站的设计，不仅体现在具体内容和细节的设计制作上，还需要对其框架进行整体的把握。在进行网站设计时，我们需要对网站的版面与布局进行一个整体性的规划，其具体布局方法如下。

- 网页布局基础知识：主要介绍了网页布局的常见结构，有“国”字型、“三”字型、“川”字型等；网页布局的方法有纸上布局法和软件布局法；可以通过HTML 和 CSS 技术实现。
- 使用表格布局网页：主要介绍了在页面中插入表格、设置表格属性、认识表格的标签、用表格布局网页和表格模式等。
- 使用框架创建网页：主要介绍了框架在目前网页布局中的作用和存在的意义，了解框架元素及其关系，使用 iframe 元素创建框架页面的方法，有助于利用其灵活布局网页。
- 使用 DIV+CSS 布局：详细介绍了 DIV+CSS 布局网页的两种方法。其中 DIV+CSS 布局是基于 Web 标准的网页设计方法，是目前广泛应用的网页设计方法，国内外绝大多数大中型网站都是由基于 Web 标准的方法设计的。

7.5.2　本章练习

一、选择题

1. 定义表格的属性时，在<table>标签中可以设置表格边框颜色属性的是(　　)。

A. border　　　　B. bordercolor

C. color　　　　D. colspan

2. 某一站点主页面 index.html 的代码如下所示，则选项中关于这段代码的说法正确的是(　　)。

```
6  <body>
7  <iframe src="top.html" name="topFrame" width="1000"
   height="200" scrolling="No"></iframe>
8  <iframe src="left.html" name="leftFrame" width="240"
   height="600"></iframe>
9  <iframe src="right.html" name="rightFrame"
   width="760" height="600" scrolling="No"></iframe>
10 </body>
```

A. 该页面共分为三部分

B. top.html显示在页面上部分，其宽度和窗口宽度一致

C. left.html显示在页面左下部分，其高度为100像素

D. right.html显示在页面右下部分，其高度小于窗口高度

3. 阅读下图所示某网页主体部分的一段代码，下列说法正确的是(　　)。

```
<body>
<div>
    <iframe src="top.html" name="topFrame"
    width="1000" height="220" scrolling="No">
      </iframe>
    <div class="framediv">
        <div class="leftdiv">
            <iframe src="left.html"
            name="leftFrame" width="244"
            height="600">
            </iframe>
        </div>
        <div class="rightdiv">
            <iframe src="right.html"
            name="rightFrame" width="750"
            height="600" scrolling="No">
            </iframe>
        </div>
    </div>
</div>
</body>
```

A. 这是框架+DIV结构布局的页面，其中topFrame框架有滚动条。

B. 这是框架+DIV结构布局的页面，其中leftFrame框架无滚动条。

C. 这是框架+DIV结构布局的页面，其中rightFrame框架有滚动条。

D. 这是框架+DIV结构布局的页面，其中leftFrame框架有滚动条。

4. 下面关于层的说法，错误的是(　　)。

A. 使用层进行排版是一种非常自由的方式

B. 层可以将网页在一个浏览器窗口中分割成几个不同的区域，在不同的区域内显示不同的内容

C. 可以在网页上任意改变层的位置，实现对层的精确定位

D. 层可以重叠，因此可以利用层在网页中实现内容的重叠效果

5. 在下面所示的CSS样式代码中，定义的样式效果是(　　)。

```
a:link {color:#ff0000;}
a:visited{color:#00ff00;}
a:hover{color:#0000ff;}
a:active{color:#000000;}
```

A. 默认链接是绿色，访问过链接是蓝色，鼠标上滚链接是黑色，活动链接是红色

B. 默认链接是蓝色，访问过链接是黑色，鼠标上滚链接是红色，活动链接是绿色

C. 默认链接是黑色，访问过链接是红色，鼠标上滚链接是绿色，活动链接是蓝色

D. 默认链接是红色，访问过链接是绿色，鼠标上滚链接是蓝色，活动链接是黑色

二、判断题

1. 在 HTML 语言中，<head></head>标签的作用是通知浏览器该文件含有 HTML 标记码。(　　)

2. 在用表格布局网页时，一般都将表格的边框粗细设置为 0，单元格边距、间距均设置为 0，并将表格居中对齐。(　　)

3. CSS 样式不仅可以在一个页面中使用，而且可以用于其他多个页面。　　(　　)

4. CSS 技术可以对网页中的布局元素(如表格)、字体、颜色、背景、链接效果和其他图文效果实现更加精确的控制。　　(　　)

5. 在 Dreamweaver 中，不可以把已经创建的仅用于当前文档的内部样式表转化为外部样式表。　　(　　)

第8章

添加网页特效

在网页中使用一些特效，能让网页看起来更加有趣，活跃网页的气氛，让主题更突出，操作更方便。网页加特效的时候，应该是自然、和谐、可用的，不要盲目使用特效，使用不当会适得其反。

网页特效设计的方法很多，我们可以使用 CSS 样式设计特效，也可以使用 JavaScript、Flash 等设计特效。本章主要介绍一些常用的特效设计方法，以期起到抛砖引玉的作用。

本章内容：

- 使用 CSS 设计动画特效
- 使用行为添加网页特效
- 使用框架设置网页特效

8.1 使用 CSS 设计动画特效

CSS 动画分为变换、关键帧和过渡三种类型，都是通过改变 CSS 属性值来创建动画效果的。CSS 变换呈现的是变形效果，过渡呈现的是渐变效果，如渐显、渐隐、快慢等，使用 CSS animations 可以创建类似 Flash 的关键帧动画。

8.1.1 设计变换动画特效

设计变换动画特效

使用变换动画效果可以实现文字、图像等网页对象的变形处理，如网页对象的旋转、缩放、倾斜和移动等。

实例 1 导航特效

本例使用 CSS 设计动画功能，当鼠标悬浮在导航上时，原导航放大 1.2 倍，背景变成红色，字体颜色变成白色，如图 8-1 所示，这种特效能够强调浏览者选择的导航，起到很好的导航效果。

图 8-1 导航特效

首先插入长条顶部图片，然后在层上插入导航列表，设计变形动画，当鼠标放在链接上时，导航放大 1.2 倍，红底白字显示。

跟我学

1. **新建文件** 运行 Dreamweaver 软件，打开 8-1-0.html 文件，另存为 8-1-1.html。
2. **插入图片** 将图片1z.jpg 复制到站点 img 文件夹下，新建图层，插入1z.jpg 图片。
3. **插入项目列表项** 单击“插入”菜单，选择项目列表创建<ul>，再单击列表选项，分别创建列表内容的导航列表，输入如图 8-2 所示的脚本。

```
43 ▼ <div class="test">
44 ▼     <ul>
45           <li><a href="1">首页</a></li>
46           <li><a href="2">校园新闻</a></li>
47           <li><a href="3">教师风采</a></li>
48           <li><a href="4">校务公开</a></li>
49           <li><a href="5">校园风景</a></li>
50           <li><a href="6">学校论坛</a></li>
51       </ul>
52   </div>
```

图 8-2　插入项目列表项

4. **设计 test 类样式**　在属性中设置变换动画函数 scale()，如图 8-3 所示。

```
6 ▼ .test ul {
7         list-style: none;
8     }
9 ▼ .test li {
10        float: left;
11        width: 100px;
12        background: #CCC;
13        margin-left: 3px;
14        line-height: 30px;
15    }
16 ▼ .test a {
17        display: block;
18        text-align: center;
19        height: 30px;
```

```
26 ▼ .test a:visited {
27        color: #666;
28        text-decoration: underline;
29    }
30 ▼ .test a:hover {
31        color: #FFF;
32        font-weight: bold;
33        text-decoration: none;
34        background:  #F00 no-repeat 5px 12px;
35        /*设置a元素在鼠标经过时变形*/
36        transform:scale(1.2,1.2)
```


图 8-3　设计 test 类样式

5. **保存并预览网页**　选择“文件”→“保存”命令，保存文件，按 F12 键，预览网页，光标放在导航上，即可看到导航变形效果。

知识库

1. transform 属性

transform 属性用来定义变形效果，主要包括旋转(rotate)、扭曲(skew)、缩放(scale)和移动(translate)及矩阵变形(matrix)。基本语法如下所示，其中参数说明如表 8-1 所示。

```
transform:none | <transform-function>[<transform-function>]
```

表 8-1　transform 属性值

属性值	功能说明
None	不进行变换
transform-function	scale()函数：能够缩放元素大小，该函数包含两个参数值，分别用来定义宽和高缩放比例。语法格式如下： scale(<number>[,<number>]) translateZ(z)函数：定义 3D 转换，只是用 z 轴的值。 rotateY(n)函数：n 表示对象围绕 y 轴旋转的角度值，为正顺时针旋转，为负逆时针旋转

2. transform 函数

变换动画根据设计需要，会同时使用几种函数，在使用这些函数时需要用空格隔开，其他函数的使用说明请参见 CSS 手册。

8.1.2 设计关键帧动画特效

设计关键帧动画特效

关键帧动画通过定义多个关键帧，以及定义每个关键帧中元素的属性值来实现更为复杂的动画效果。

实例 2 3D 旋转图片过渡效果

本例使用 CSS 设计动画功能，实现 9 张图片立体旋转效果，即在页面中插入 9 张图片，图片向右立体旋转，当鼠标放在图片上时，旋转停止，并且图片由原来的灰色变成了彩色，原图放大 1.2 倍显示，如图 8-4 所示，这种特效常用于网页首页特效上，能够起到很好的导航效果。

图 8-4 3D 旋转图片过渡效果

先在网页中插入并设置图片，新建类选择器，设置并应用类样式，新建并应用过渡效果。

跟我学

1. **新建文件** 运行 Dreamweaver 软件，打开 8-1-0.html 文件，另存为 8-1-1.html。
2. **插入图片** 创建 3D 图片的排布，先将图片 01～09 复制到站点 img 文件夹下，切换到代码视图，在<div id="carousel">标签中输入下面的代码，如图 8-5 所示。
3. **设计 img 类样式** 在 img 样式中，输入如图 8-6 所示的脚本，首先使用滤镜将图片变为灰色，然后将光标设为手指模式，并设置所有元素平滑过渡 5 秒效果。
4. **设计 img:hover 样式** 在 img:hover{}标签中输入如图 8-7 所示的脚本，当光标悬浮在图片上时，图片由黑白色变成彩色，长宽变为原来的 1.2 倍。
5. **设图片 3D 排列** 在代码视图中，输入如图 8-8 所示的脚本，设置图片排列的 3D 顺序。

```
<div id="carousel">
        <figure><img src="img/01.jpg" alt=""></figure>
        <figure><img src="img/02.jpg" alt=""></figure>
        <figure><img src="img/03.jpg" alt=""></figure>
        <figure><img src="img/04.jpg" alt=""></figure>
        <figure><img src="img/05.jpg" alt=""></figure>
        <figure><img src="img/06.jpg" alt=""></figure>
        <figure><img src="img/07.jpg" alt=""></figure>
        <figure><img src="img/08.jpg" alt=""></figure>
        <figure><img src="img/09.jpg" alt=""></figure>
</div>
```

图 8-5　插入图片

```
img{
    -webkit-filter: grayscale(1);—● 图片去色显示

    cursor: pointer; ——————● 鼠标指针模式

    transition: all .5s ease; ———● 设置所有元素平滑过渡
}
```

图 8-6　设计图片旋转过渡动画

```
img：hover{

    -webkit-filter: grayscale(0); —● 图片变为彩色

  transform: scale(1.2,1.2); ———● 图片尺寸变为原来的 1.2 倍
}
```

图 8-7　设计 img:hover 样式

```
#carousel figure:nth-child(1) {transform: rotateY(0deg) translateZ(288px);}
#carousel figure:nth-child(2) { transform: rotateY(40deg) translateZ(288px);}
#carousel figure:nth-child(3) { transform: rotateY(80deg) translateZ(288px);}
#carousel figure:nth-child(4) { transform: rotateY(120deg) translateZ(288px);}
#carousel figure:nth-child(5) { transform: rotateY(160deg) translateZ(288px);}
#carousel figure:nth-child(6) { transform: rotateY(200deg) translateZ(288px);}
#carousel figure:nth-child(7) { transform: rotateY(240deg) translateZ(288px);}
#carousel figure:nth-child(8) { transform: rotateY(280deg) translateZ(288px);}
#carousel figure:nth-child(9) { transform: rotateY(320deg) translateZ(288px);}
```

图 8-8　设置图片 3D 旋转排列

6. **定义关键帧动画**　切换代码视图，创建 transform: rotationY 帧动画，从 0° 到 360° 旋转，如图 8-9 所示。

```
79 ▼ @keyframes rotation{
80 ▼     from{
81            transform: rotateY(0deg);
82        }
83 ▼     to{
84            transform: rotateY(360deg);
85        }
```


图 8-9　定义关键帧动画

7. **添加 CSS 规则**　单击#carousel 按钮，按图 8-10 所示操作，输入 transform-style 值为 preserve-3d，animation 值为 rotation 20s infinite linear；设置帧动画线性运动 20 秒，无限制次数。

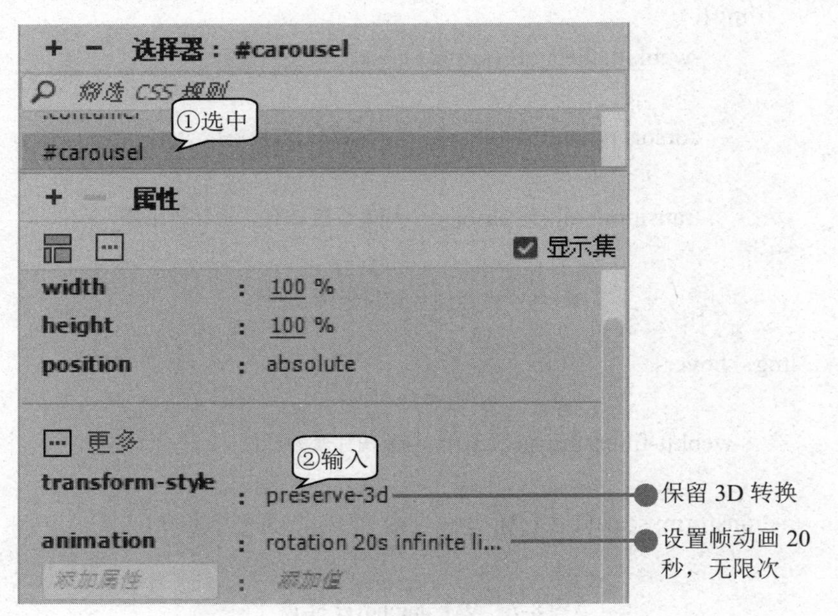

图 8-10　添加 CSS 规则

8. **保存并预览网页**　选择"文件"→"保存"命令，保存文件，按 F12 键，预览网页，查看效果。

知识库

1. animations 属性

animations 通过定义多个关键帧，以及定义每个关键帧中元素的属性值，实现更为复杂的动画效果。animations 属性值及功能说明如表 8-2 所示。

表 8-2　animations 属性值及功能说明

属性值	功能说明
animation-name	规定需要绑定到选择器的 keyframe 名称
animation-duration	规定完成动画所花费的时间，以秒或毫秒计
animation-timing-function	规定动画的速度曲线
animation-delay	规定在动画开始之前的延迟
animation-iteration-count	规定动画应该播放的次数

2. 使用@keyframes 创建动画

@keyframes 规则用于创建动画。在@keyframes 中规定某项 CSS 样式，能创建由当前样式逐渐改为新样式的动画效果，我们可以改变任意多的样式、次数。用%来规定变化发生的时间，或者用关键词“from”“to”，等同于 0 和 100%。0 是动画的开始，100%是动画的完成。

语法如下：

```
@keyframes animationname {keyframes-selector {css-styles;}}
```

8.1.3　设计过渡动画特效

设计过渡动画特效

使用 CSS 过渡动画效果，可以实现一个元素的样式属性值发生变化时，我们会立即看到页面元素发生的变化，也就是页面元素从旧的属性值立即变成新的属性值的效果。transition(转变)能让页面元素不是立即的，而是慢慢地从一种状态变成另外一种状态，从而表现出一种动画过程。

实例 3　光标悬浮过渡动画效果

本例应用 CSS 的 transition 属性定义过渡动画，当光标指针悬浮在图片和背景上时图片会移动到上方，并且背景会变成蓝白过渡色，如图 8-11 所示。

图 8-11　光标悬浮过渡动画效果

首先插入图层，设置图层样式，在图层上插入图片，当光标悬浮在图片和背景上时，图片移动到上方，背景颜色由灰色变成蓝白过渡色。

跟我学

1. **新建文件** 运行 Dreamweaver 软件，打开 8-1-3.html 文件。
2. **设计 img 标签** 切换到代码视图，在 img 标签中添加代码：transition:top is linear, tansform 1s linear;，如图 8-12 所示，匀速线性过渡 top 元素。

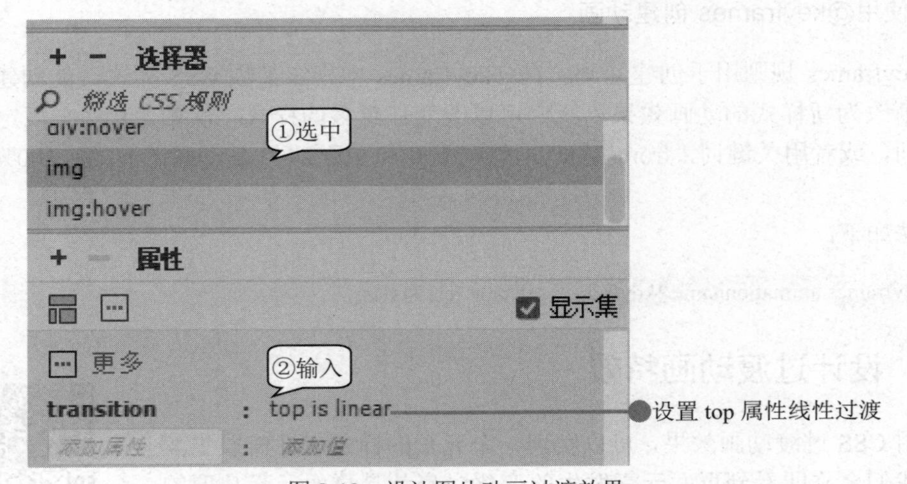

图 8-12 设计图片动画过渡效果

3. **设计 div 标签** 切换到代码视图，在 div 标签中添加代码：transition:all 1s linear;，如图 8-13 所示，线性过渡所有元素持续 1 秒。

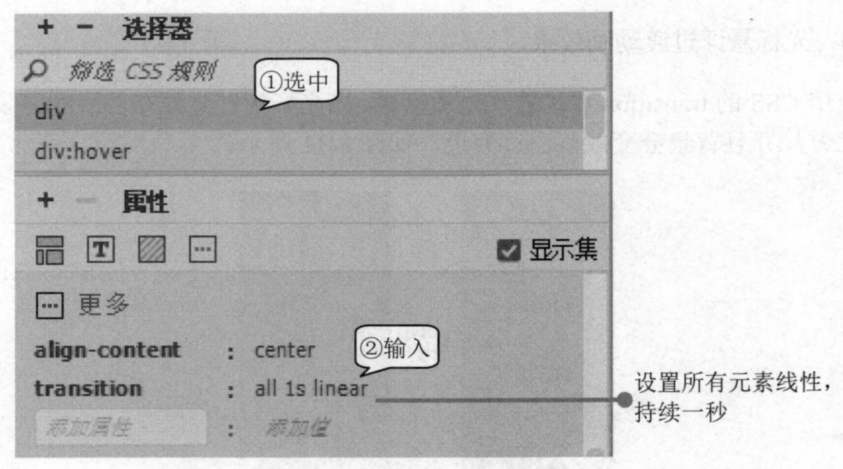

图 8-13 设计图片动画过渡效果

4. **保存并预览网页** 选择“文件”→“保存”命令，保存文件，按 F12 键，预览网页，查看设计效果。

知识库

1. transition(转变)属性

transition 属性允许 CSS 属性值在一定的时间区间内平滑地过渡，其主要包含四个属性值，功能说明如表 8-3 所示。

表 8-3　transition 属性值

属性值	功能说明
transition-property	用来指定当元素的其中一个属性改变时，执行 transition 效果
transition-duration	用来指定元素转换过程的持续时间，单位为 s(秒)，默认值是 0，也就是变换时是即时的
transition-timing-function	允许根据时间的推进去改变属性值的变换速率，如 ease(逐渐变慢，默认值)、linear(匀速)、ease-in(加速)、ease-out(减速)、ease-in-out(加速然后减速)、cubic-bezier(自定义一个时间曲线)
transition-delay	用来指定一个动画开始执行的时间

2. transitions 与 animations 的区别

animations 功能与 transitions 功能相同，都是通过改变元素的属性值来实现动画效果的。它们的区别在于：使用 transitions 时只能通过指定属性的开始值与结束值，然后在这两个属性值之间进行平滑过渡的方式来实现动画效果，因此不能实现比较复杂的动画效果；而 animations 则通过定义多个关键帧及定义每个关键帧中元素的属性值来实现更为复杂的动画效果。

8.2　使用行为添加网页特效

在网页中行为就是一段 JavaScript 代码，当某个事件触发它时，将执行这段代码实现一些动态效果，使用 Dreamweaver 内置的行为，可以自动生成 JavaScript 代码，实现复杂的网页特效。

8.2.1　交换图像

“交换图像”就是图像切换，当有外界事件触发时，如单击、鼠标经过等，即可从当前图片切换到另外一张图片，用户可以通过行为窗口自定义图片在网页中交换的触发方式，当操作满足自定义的触发方式时，图像就会变成另一张图像。此类特效常用于图片导航、条幅广告等。

交换图像

实例 4　交换图像

交换图像是一种动态响应式效果，以增强页面视觉效果，提升用户体验度，如图 8-14 所示，首先显示的是学校的正面教学楼，光标移到图片上后变成了教学楼的背面图。

图 8-14　交换图像

先在网页中插入一张图片，再在“行为”中添加“交换图像”，并设置该行为为光标移到图片上时，显示第 2 张图像；光标移出图像区域时，显示第 1 张图像。

跟我学

1. **打开文件**　运行 Dreamweaver 软件，打开文件 8.2.1.html。
2. **插入图像**　选择“插入”→“图像”命令，弹出“选择图像源文件”对话框，选择要插入的图像并插入网页中。
3. **添加行为**　选择“窗口”→“行为”命令，打开“行为”面板，按图 8-15 所示操作，添加新的行为。

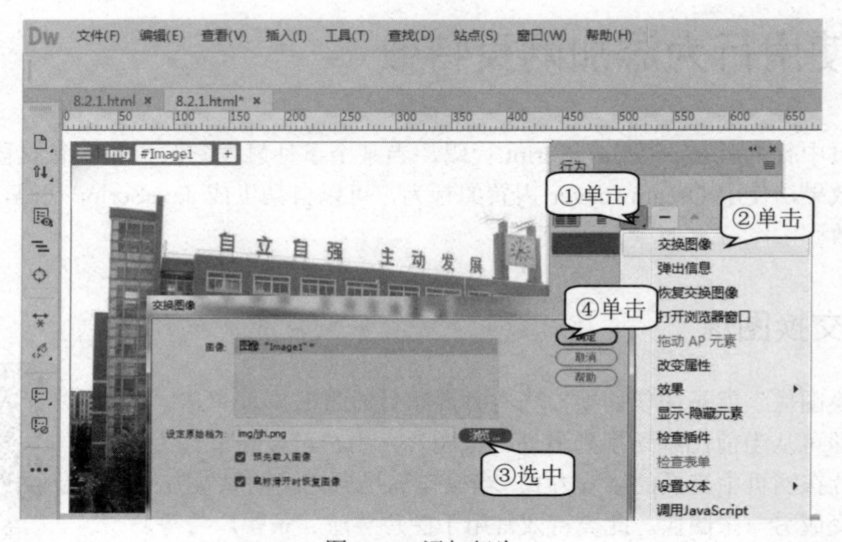

图 8-15　添加行为

4. **保存并预览网页**　选择“文件”→“保存”命令，保存文件，按 F12 键，预览网页，查看设计效果。

8.2.2　弹出信息

弹出信息

使用“弹出信息”行为命令，用户在浏览网页并触发对应的事件后，会弹出一个信息提示窗口，常用于显示欢迎文字或提示用户的信息内容。

实例 5　弹出信息

弹出提示信息对话框，实际上该对话框只是一个 JavaScript 提示框，只有一个“确定”按钮，因此，该行为可以提供给用户一些信息，而不能提供选择项，效果如图 8-16 所示。

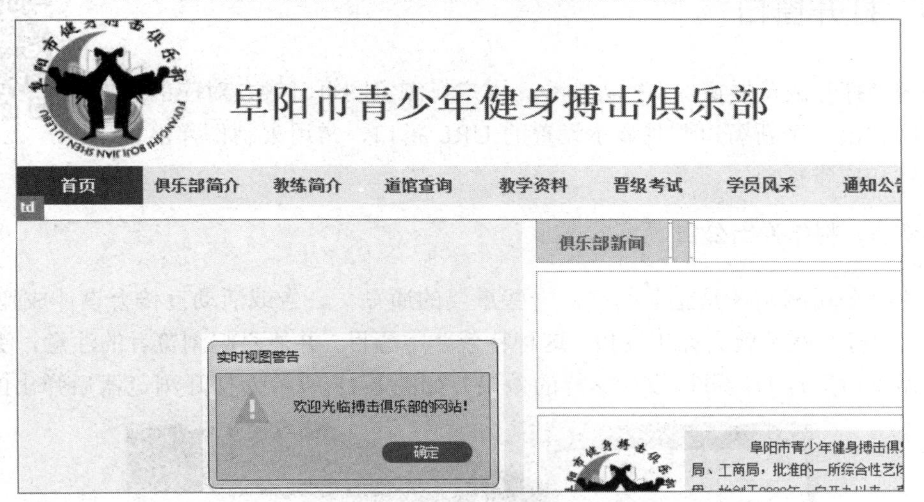

图 8-16　“弹出信息”行为效果图

设置“弹出信息”行为前要选定触发对象，可以是当前网页，也可以是某个图像或一段文字。然后在“行为”面板中添加“弹出信息”行为，并设置行为触发方式。

跟我学

1. **添加行为**　打开文件 8.2.2.html，切换到代码窗口，选中 body 标签，在“行为”面板中，按图 8-17 所示操作，添加“弹出信息”行为。
2. **设置触发事件**　添加完成行为后，在“行为”设置面板中设置“弹出信息”行为 onload 属性。
3. **保存并预览网页**　选择“文件”→“保存”命令，保存文件，按 F12 键，预览网页，查看设计效果。

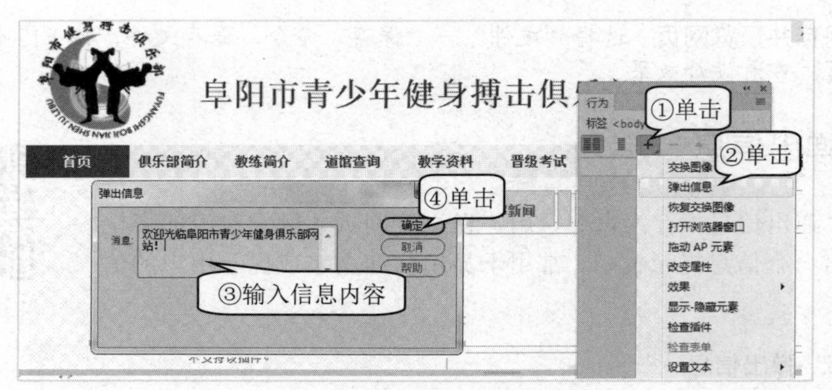

图 8-17　添加“弹出信息”行为

8.2.3　打开窗口

打开窗口

使用“打开浏览器窗口”行为命令，用户在浏览网页时触发对应的事件后，将弹出一个新窗口并且显示设置的 URL 窗口，常用来制作弹出公告、通知和广告窗口。

实例 6　制作弹出公告

无论是公司网站还是企业网站，一些重要的通知、公告或活动宣传会设计成弹出公告的形式，即打开网页就会弹出窗口，这种特效非常醒目，并能引起浏览者的注意，使用“打开浏览器窗口”行为，可以设计这样的效果。如图 8-18 所示为打开浏览器后弹出的窗口。

图 8-18　制作弹出公告

首先设计一个一张图像为“打开浏览器窗口”行为触发对象，打开网页后单击图像，触发“打开浏览窗口”事件，在新的窗口中显示指定的网页内容。

跟我学

1. **插入图像**　运行 Dreamweaver 软件，打开 8.2.3.html 文件，选择“插入”→“图像”命令，将要插入的图像插入网页中。
2. **添加行为**　选定行为触发图像，在“行为”设置面板中按图 8-19 所示操作，添加“打开浏览器窗口”行为。

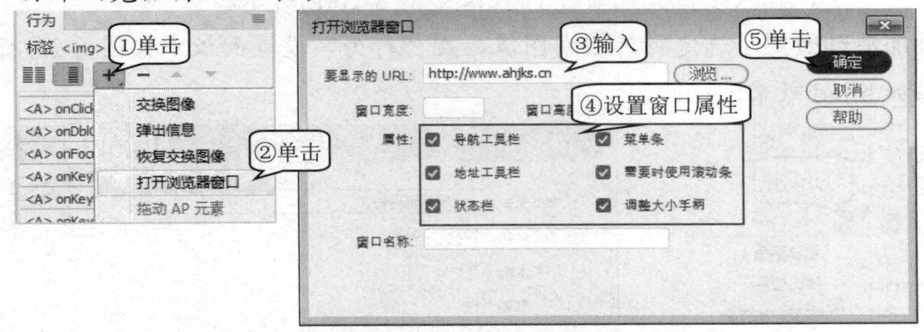

图 8-19　添加“打开浏览器窗口”行为

3. **设置触发事件**　完成添加行为后，在“行为”设置面板中设置“打开浏览器窗口”行为 onClick 属性。
4. **保存并预览网页**　选择“文件”→“保存”命令，保存文件，按 F12 键，预览网页，查看设计效果。

8.2.4　其他效果

其他效果

在 Dreamweaver 中，可以通过行为中的“效果”选项对对象进行效果显示、效果渲染，以增强网页的视觉效果。效果选项包括 blind(滑动)、bounce(上下晃动)、clip(挤压)、drop(抽出)和 fade(渐隐)等 12 种。

实例 7　向上滑动效果

对网页中的图像设置“效果”行为，设置单击图像时图像向上滑动隐藏。如图 8-20(a)所示是一幅待单击的图像，如图 8-20(b)所示是一个单击后的隐藏效果。

(a) 单击前效果

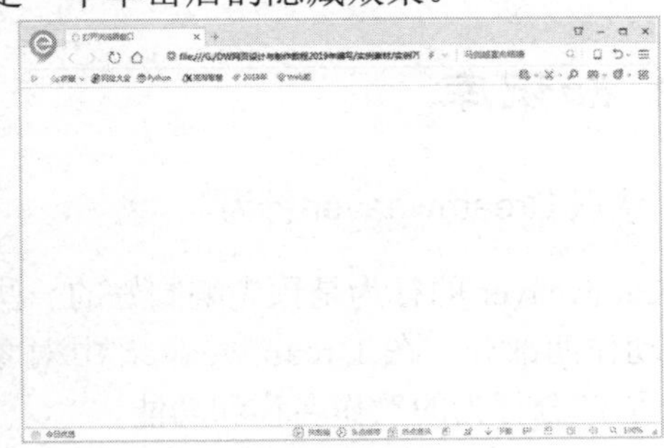

(b) 单击后效果

图 8-20　向上滑动效果

在设置图像行为时，先要选中设置的图像，并设定触发动作。

跟我学

1. **插入图像** 运行 Dreamweaver 软件，打开 blind.html 文件，选择“插入”→“图像”命令，插入图像到网页中，效果如图 8-20(a)所示。
2. **添加滑动效果** 选定行为触发图像，在“行为”设置面板中按图 8-21 所示操作，添加 blind 效果。

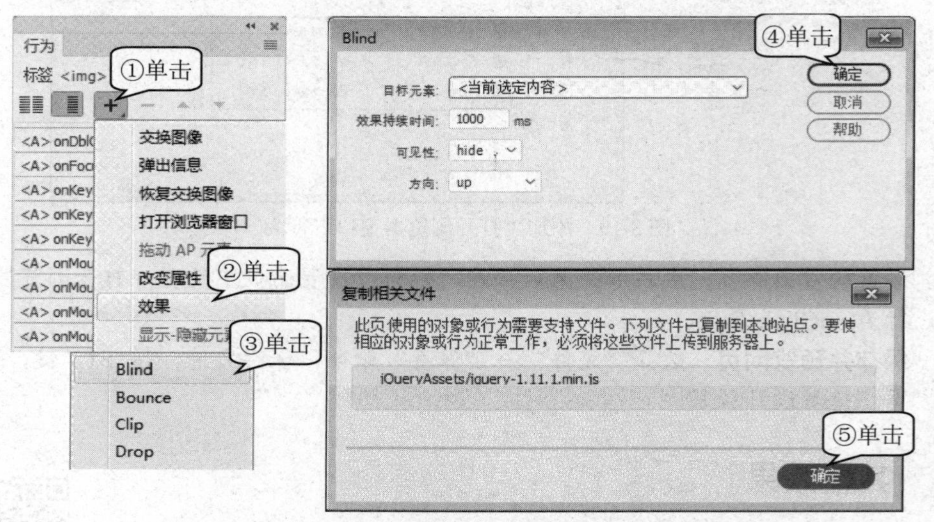

图 8-21 添加 blind 效果设置行为

3. **设置触发事件** 添加完成行为后，在“行为”设置面板中设置“晃动”行为 onMouseMove 属性。
4. **保存并预览网页** 选择“文件”→“保存”命令，保存文件，按 F12 键，预览网页，查看设计效果。

知识库

1. 认识 Dreamweaver 行为

Dreamweaver 的行为是预先编制好的一些 Javascript 程序，可以直接加入网页中，分为事件和动作两部分。在 Dreamweaver 中对象行为种类众多，作用也各不相同，表 8-4 罗列出了部分行为的动作名称和功能。

表 8-4　Dreamweaver 中对象的部分行为的动作名称和功能

动作名称	动作的功能
交换图像	发生事件后，用其他图像来取代选定的图像
弹出信息	设置事件发生后，弹出窗口显示信息
恢复交换图像	设置事件后，恢复先前已经交换的图像
打开浏览器窗口	在新窗口中打开 URL，可以定制窗口大小
拖动 AP 元素	设置鼠标可以拖动相应的 AP Div 元素
改变属性	改变选定对象的属性
效果	设置对象显示效果，有 12 种效果
显示-隐藏元素	根据设定的事件，显示或隐藏指定的内容
检查插件	检查当前设备是否具备相应的插件
检查表单	检查当前网页是否具有指定的表单
设置文本	在指定的内容中显示相应的内容

2. 了解行为中的 JavaScript 脚本

JavaScript 是 Internet 中最流行的脚本语言之一，它存在于全球所有 Web 浏览器中，能够增强用户与网站之间的交互。我们可以使用自己编写的 JavaScript 代码或使网络上免费的 JavaScript 库中提供的代码。

8.3　使用框架设置网页特效

Dreamweaver 中捆绑了 jQuery UI 和 jQuery 特效库，提供了一种友好的、可视化的操作界面，方便用户调用。因这些组件和特效用法基本相同，本节仅选择了常用的组件和特效，以案例的形式介绍。

8.3.1　设计选项卡特效

设计选项卡特效

选项卡组件就是把多个内容框叠放在一起，通过标题栏中的标题进行切换。

实例 8　设计选项卡

本案例将在页面中插入一个 Tab 选项卡，设计展示黄山不同风景的页面，当鼠标经过时，会自动切换风景图片，效果如图 8-22 所示。

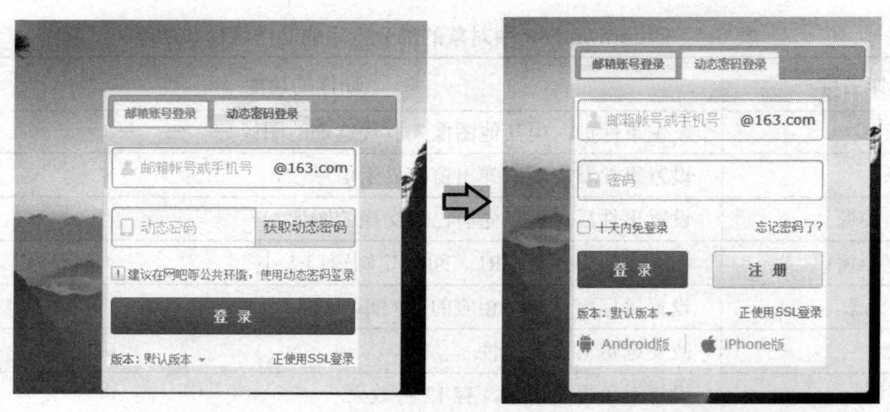

图 8-22 设计选项卡

制作时，先在 Dreamweaver 中新建盒子，在其中插入 Tabs 面板并设置，输入标题和内容，调整 Tabs 面板的位置和大小。

跟我学

1. **插入 Tabs 面板** 运行 Dreamweaver 软件，打开 xxk.html 文件，新建<div id="box"></div>标签，选择“插入”→jQuery UI→Tabs 命令，如图 8-23 所示，在当前标签中插入一个 Tabs 面板。

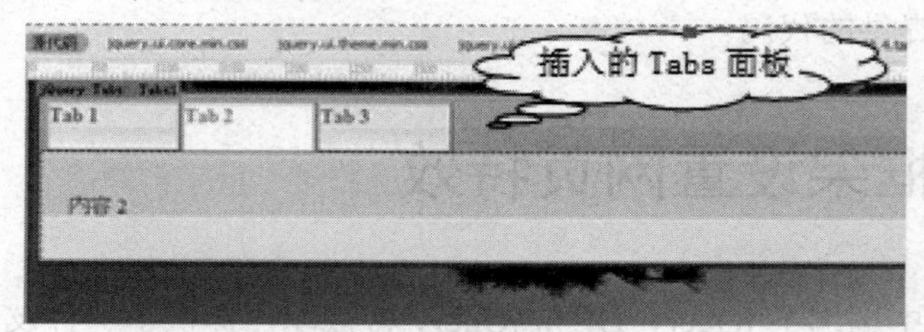

图 8-23 插入 Tabs 面板

2. **设置面板** 按图 8-24 所示操作，减少一个选项，并设置事件为“鼠标经过”。

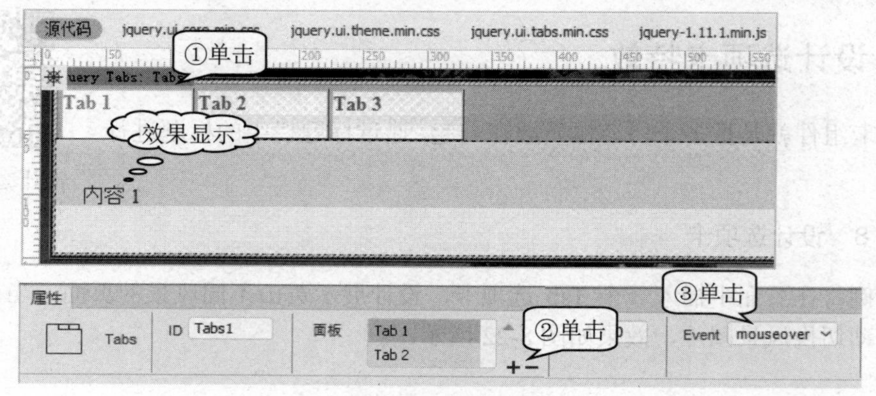

图 8-24 设置面板

3. **编辑选项标题**　按图 8-25 所示操作，编辑选项的标题，保存文档，并保存相关技术支持文件。

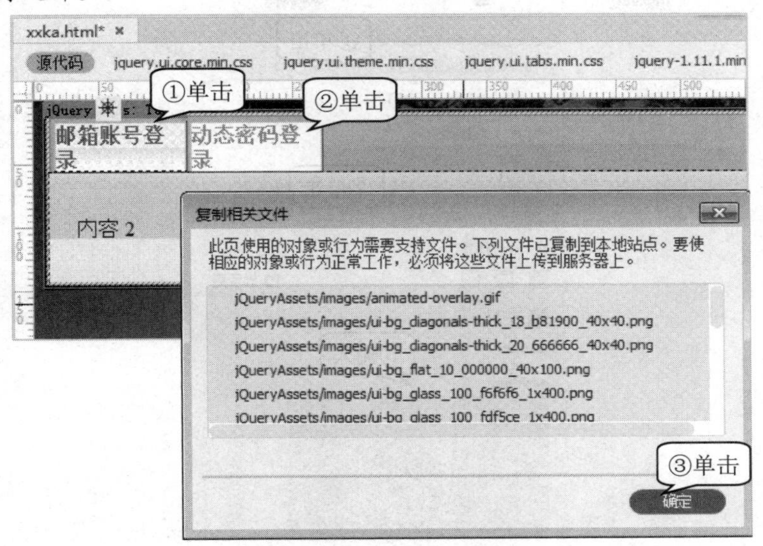

图 8-25　编辑选项标题

4. **输入内容**　按图 8-26 所示操作，插入表单截图。

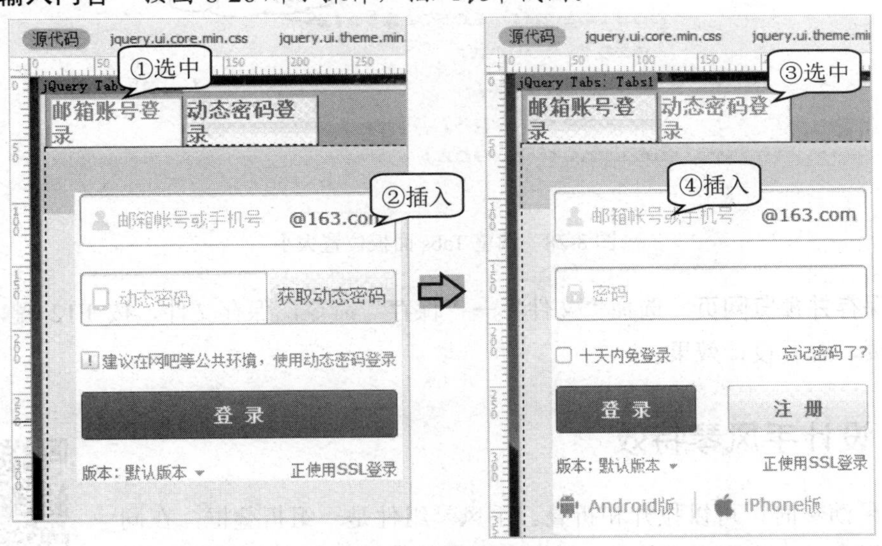

图 8-26　输入内容

5. **清除包含框**　在编辑窗口中选中内容包含框，在“CSS 设计器”面板中，按图 8-27 所示操作，清除包含框的 padding 默认值。

6. **调整 Tabs 面板位置大小**　切换到代码视图，将类样式代码修改为如图 8-28 所示的代码，按 Ctrl+S 键保存文件，再按 F12 键浏览作品。

图 8-27　清除包含框

```
#box {
    position: absolute;
    left: 600px;
    top: 200px;
    width: 300px;
    height: 320px;
}
```

类样式代码

图 8-28　调整 Tabs 面板位置大小

7. **保存并预览网页**　选择“文件”→“保存”命令，保存文件，按 F12 键，预览网页，查看设计效果。

8.3.2　设计手风琴特效

设计手风琴特效

手风琴演奏时，可以拉开和折叠。手风琴组件是一组折叠框，在同一时刻只能有一个内容框被打开。每个内容框都有一个与之关联的标题，用来打开该内容框，同时会隐藏其他内容框。

实例 9　设计手风琴特效效果

本案例中，在页面中插入一个手风琴特效，设计一个折叠式版面，当鼠标经过时，会自动切换折叠面板，效果如图 8-29 所示。

制作本案例时，先在 Dreamweaver 中插入“Spry 选项卡面板”，并根据知识内容的需要添加或删除选项卡数量，然后修改各选项卡标题内容，输入选项卡正文内容。

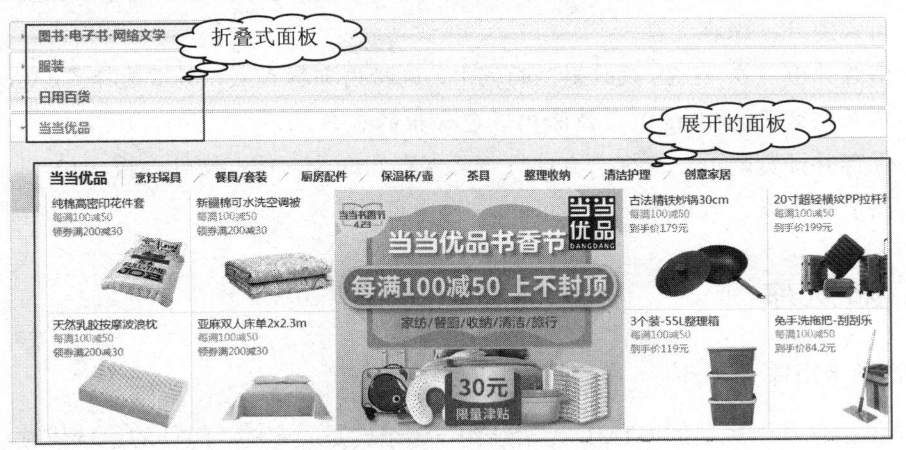

图 8-29　设计手风琴特效效果

跟我学

1. **插入折叠式面板**　打开 sfq.html 文件，选择“插入”→jQuery UI→Accordion 命令，在当前网页中插入一个 Accordion 面板，效果如图 8-30 所示。

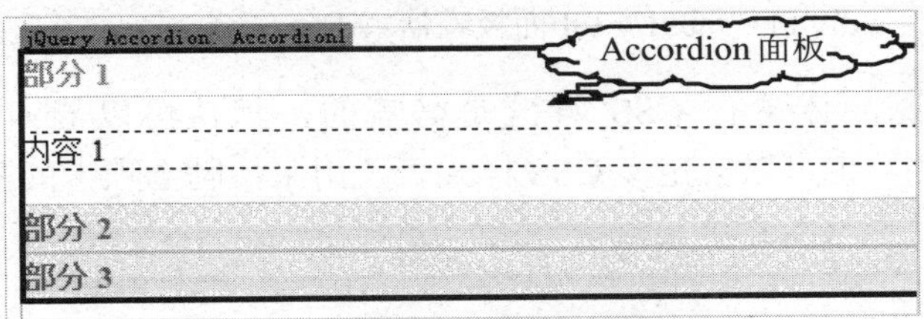

图 8-30　插入折叠式面板

2. **设置面板**　在属性面板中，按图 8-31 所示操作，添加两个面板，设置事件为“鼠标经过”。

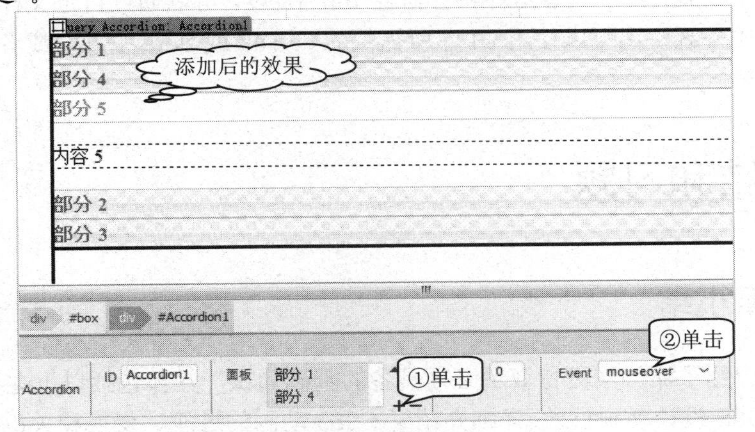

图 8-31　设置面板

3. **添加标题和内容** 在各个标题框里输入相应的标题，在各个内容框里插入相应的内容图片，保存文档。
4. **清除外框** 在“CSS 设计器”面板中，选择内部样式表，新增选择器#Accordion1，定义样式：padding:0;，清除内容包含框的补白。
5. **保存并预览网页** 选择“文件”→“保存”命令，保存文件，按 F12 键，预览网页，查看设计效果。

知识库

1. 选项卡组件

选项卡组件基于底层的 HTML 元素结构，该结构是固定的，组件的运转依赖一些特定的元素。选项卡本身必须从列表元素中创建，列表结构可以是排序的，也可以是无序的，并且每个列表项应当包含一个 span 元素和一个 a 元素。每个链接还必须具有相应的 div 元素，与它的 href 属性相关联。例如：

```
<ul>
    <li><a href="#tabs"><span>标题</span></a></li>
</ul>
<div id="tabs1">Tab面板容器 </div>
```

对于该组件来说，必要的 CSS 样式是必需的，默认可以导入 jquery.ui.all.css 或 jquery.ui.tabs.css 文件，也可以自定义 CSS 样式表，用来控制选项卡的基本样式。

2. 手风琴组件

手风琴组件可以高度配置，与选项卡类似，只不过它是垂直摆放而不是水平摆放的。创建手风琴组件不需要特定结构，使用 ID 指定页面上需要转换为手风琴的包含框，然后使用 accordion()函数可以快速创建手风琴组件。

如果不指定样式，则手风琴组件将会占据 100%宽度，可以通过自定义样式来控制手风琴及其内容框的外观，还可以使用 UI 库所提供的 default 或 flora 主题，或者使用主题定制器定制组件风格。

8.4 小结和习题

8.4.1 本章小结

本章主要介绍了添加网页特效所必须具备的基础知识，具体包括以下主要内容。

- 使用 CSS 设计动画特效：详细介绍了 CSS3 动画的过渡、变换和关键帧 3 种类型，通过改变 CSS 属性值来创建动画效果的具体方法。

- 使用行为添加网页特效：介绍了在网页中行为就是一段 JavaScript 代码，利用这段代码实现交换图像、弹出信息、打开窗口和滑动效果等。
- 使用框架设置网页特效：在 Dreamweaver 中捆绑了 jQuery UI 和 jQuery 特效库，提供了一种友好的、可视化操作界面，方便用户调用。本节详细介绍了设计选项卡组件和设计手风琴组件的用法，以及产生特效的方法和技巧。

8.4.2　本章练习

一、填空题

1. CSS 动画有________、________和________ 3 种类型，都是通过改变 CSS________创建动画效果的。

2. CSS Transition 呈现的是一种过渡效果，如________、________和________等。

3. 在 Dreamweaver 中，使用 Transform 特性可以实现文字、图像等对象的________、________、________和________的变形处理。

4. 在本章中，学习了常见的行为，包括________、________、________和________。

5. 在 Dreamweaver 中，捆绑了________和________特效库，提供了一种友好的、可视化的操作界面，方便用户调用。

二、问答题

1. 简述添加网页特效的方法。
2. 简述网页行为的种类。
3. 请分析行为中效果选项的各项功能。
4. 简述使用框架添加网页特效的方法。

第 9 章

制作动态网站

动态网站是使用动态编程语言开发的网站，如 PHP、ASP、JSP 等，用它们制作而成的网页都会以相应的动态语言为后缀名，如.php、.asp 等，我们把这种动态语言开发的网站叫作动态网站。动态网站一般以数据库技术为基础，使用动态语言实现和数据库的交互，从而达到数据及时更新的目的，同时也大大降低了网站的维护工作。动态网页需要服务器做支持，平时见到的以 html 结尾的文件双击后就能够正常打开，即使没有服务器也不会对浏览页面造成影响，但是动态网页不同，它不但需要服务器做支持，而且服务器还必须支持这种动态语言才能正常浏览。

本章主要介绍创建 IIS 站点的方法，使用 PHP 编程语言创建动态网页，以及对数据库中表的基本操作，如添加记录、查询和修改操作。

本章内容：

- 安装和配置 IIS
- 建立网站数据库
- 制作动态网页
- 制作动态网站

9.1 安装和配置 IIS

IIS(Internet Information Service，互联网信息服务)，用于提供网上信息浏览服务，实现资源共享、信息同步。下面，我们介绍 Windows 7 系统安装和配置 IIS 搭建 Web 服务器的方法。

9.1.1 安装 IIS

安装 IIS

Windows 7 系统自带有 IIS 组件，在开发动态网站过程中，可以先在 Windows 7 系统上创建 IIS 站点，调试成功后，再把整个站点上传到服务器，这样可以节省大量的时间。

实例 1 在服务器中安装 IIS 7

在 Windows 7 中成功安装 IIS 7，为建立网站提供服务平台，IIS 管理器运行后，效果如图 9-1 所示。

虽然 Windows 7 系统集成了 IIS，但是没有安装，可通过“打开和关闭程序功能”的方式为服务器安装 IIS 7 功能组件。

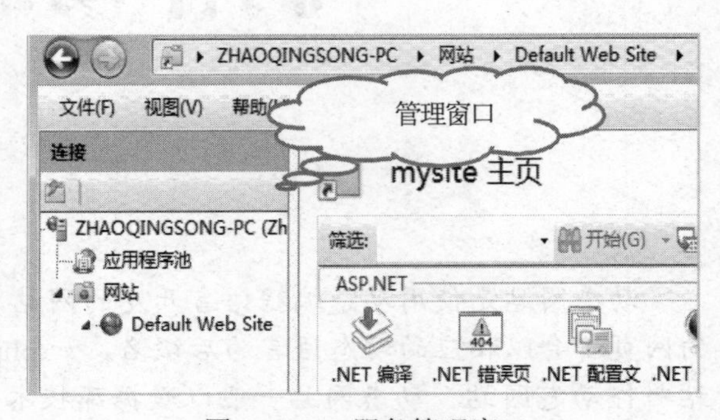

图 9-1 IIS 服务管理窗口

跟我学

1. **打开“程序和功能”窗口** 打开“控制面板”窗口，按图 9-2 所示操作，打开“程序和功能”窗口。

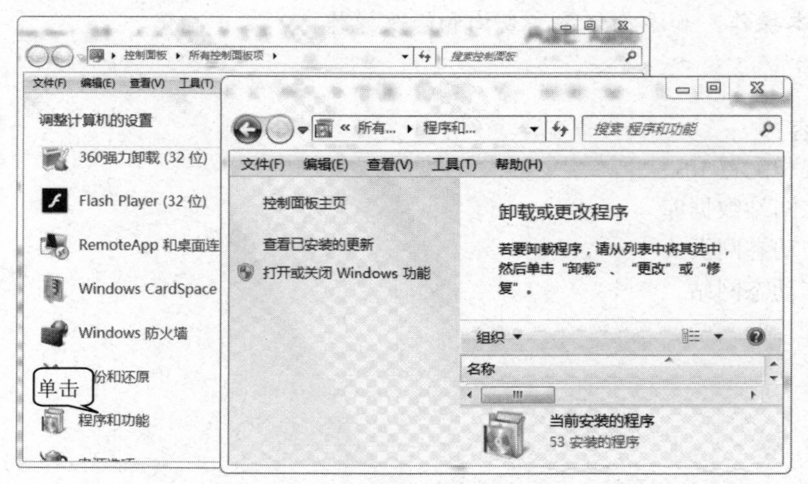

图 9-2 打开“程序和功能”窗口

2. **添加服务组件**　单击“Internet 信息服务”前的“+”，按图 9-3 所示操作，勾选需要的服务组件。

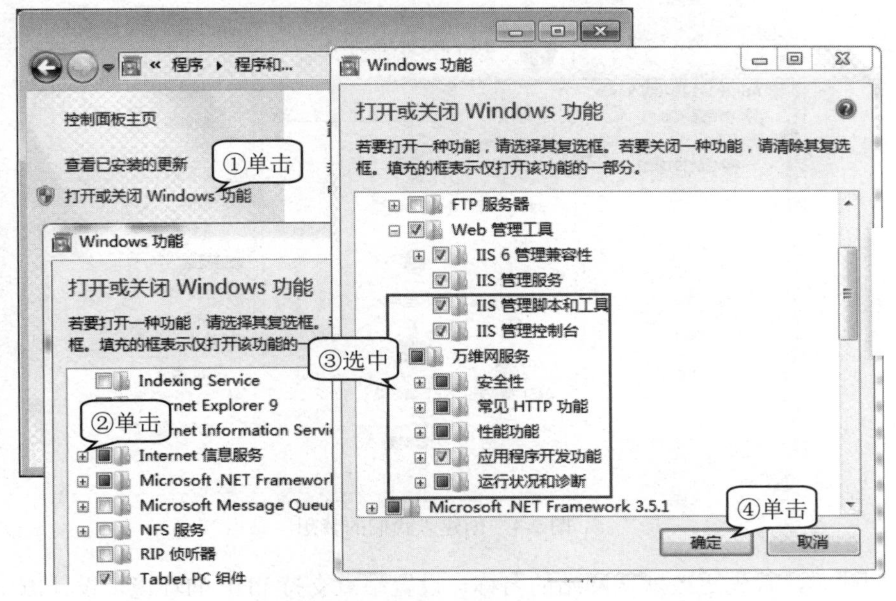

图 9-3　添加服务组件

在这里，务必将“万维网服务”选项下的各级子选项都选中，以免网站发布后，不能正常访问。

3. **完成安装**　单击“确定”按钮，系统会自动安装，等待几分钟后完成 Internet 信息服务的安装。

9.1.2　配置 IIS 站点

配置 IIS 站点

IIS 安装完成后，系统会自动创建一个默认的 Web 站点，名称为 Default Web Site。默认站点需要对其站点进行相应的站点配置，才能测试编写的动态页面。

实例 2　创建“我们的梦想”站点

IIS 可以创建多个站点，将默认站点更改成“我们的梦想”，并对站点进行配置，使其能够支持网站所使用的 PHP 编程语言，如图 9-4 所示。

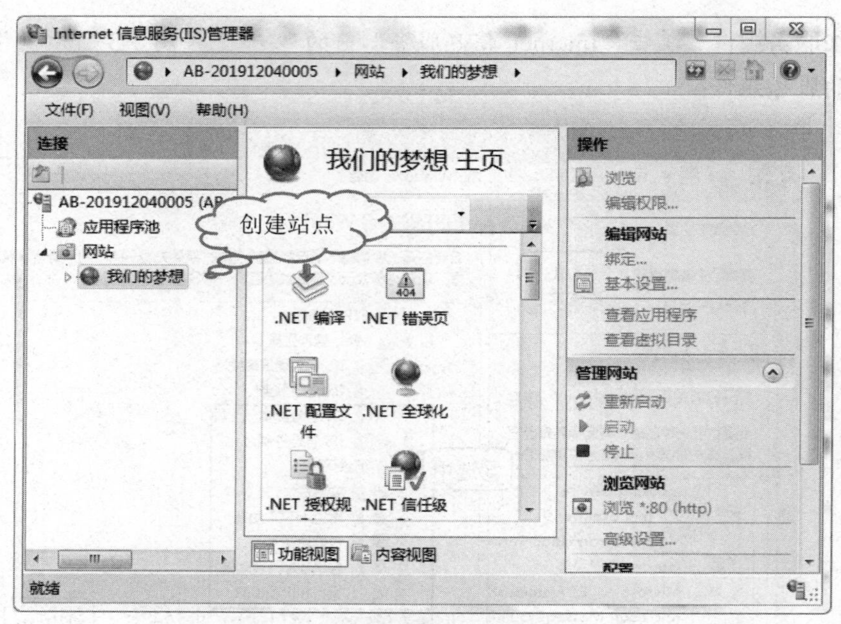

图 9-4 创建“我们的梦想”站点

创建时，首先更改默认网站的名称，设置站点支持 PHP 的环境，设计测试页面，测试网站是否配置成功。

跟我学

1. **打开 IIS 管理器** 打开“控制面板”窗口，按图 9-5 所示操作，打开管理器窗口。

图 9-5 打开 IIS 管理器

2. **创建站点** 按图 9-6 所示操作，输入“我们的梦想”，更改默认网站的名称。

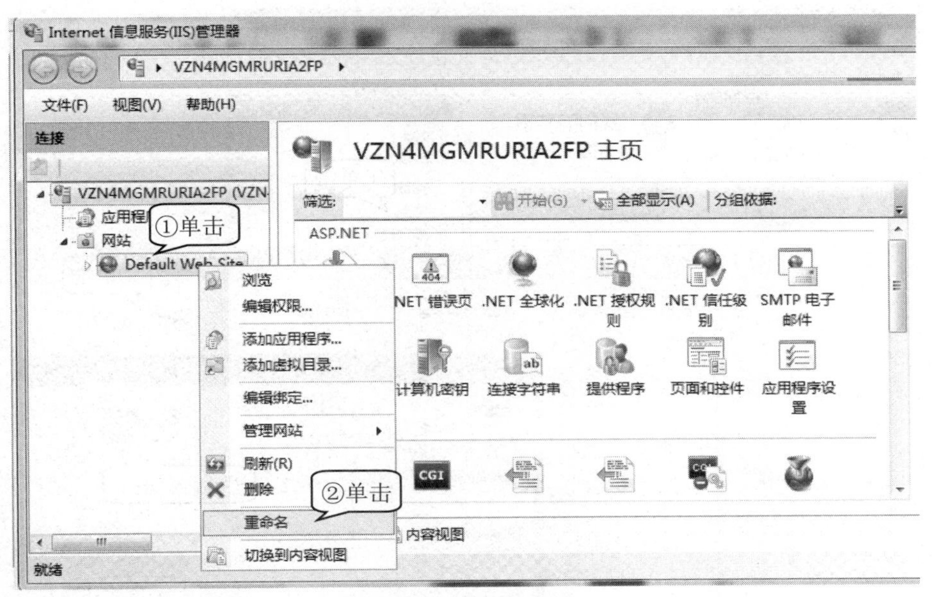

图 9-6　重命名站点

3. **配置站点目录**　按图 9-7 所示操作，在物理路径文本框中输入 D:\dreaming，完成网站路径的设置。

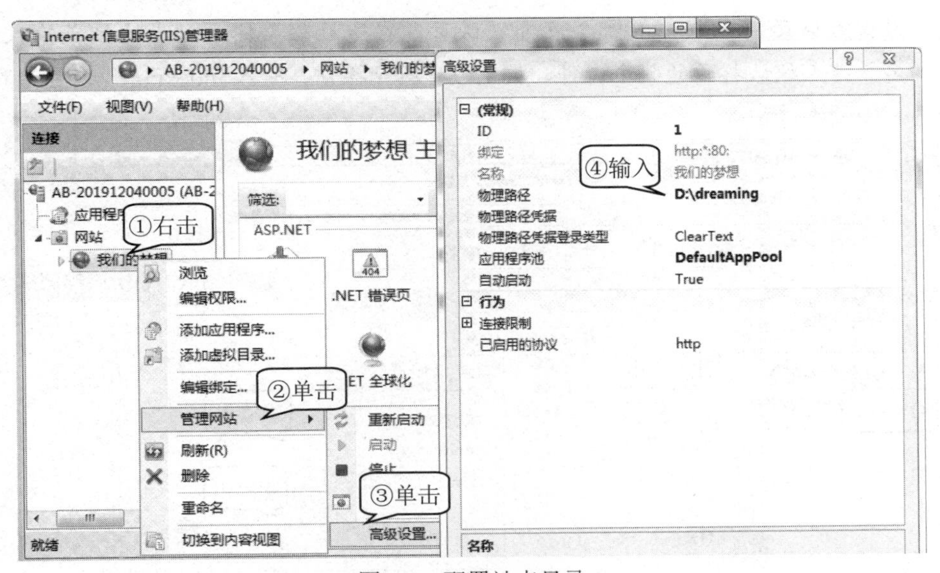

图 9-7　配置站点目录

4. **绑定端口**　如果 IIS 创建了多个站点，并且使用的是同一 IP 地址，为了防止端口冲突，则需要给站点绑定不同的端口，按图 9-8 所示操作，绑定 8000 端口。

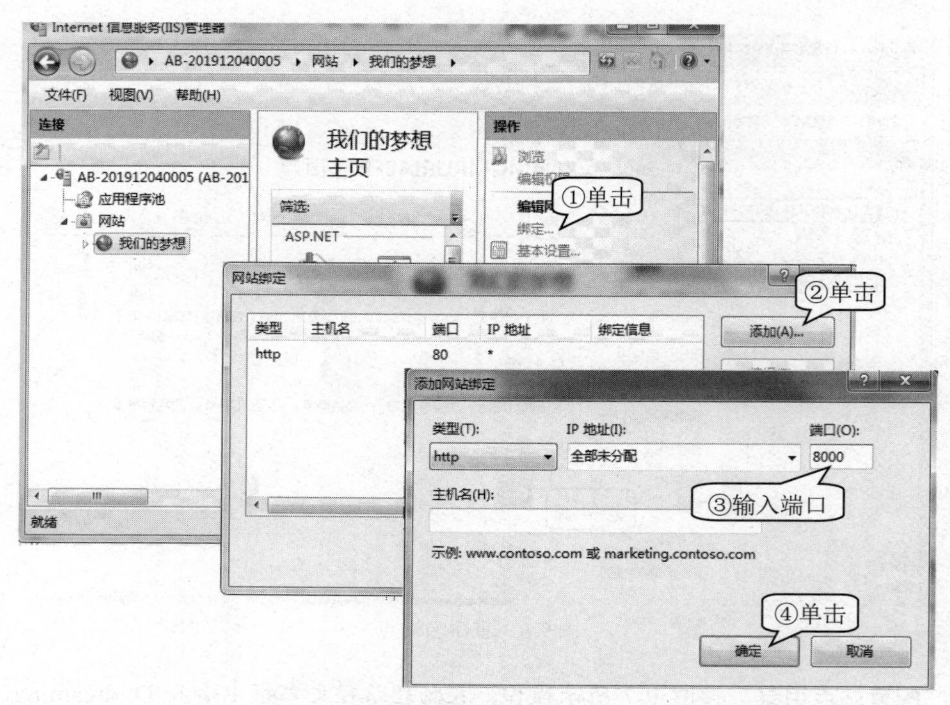

图 9-8 绑定端口

5. **设置默认页** 站点一般都会设置默认页，在地址栏里输入站点地址或输入站点域名，站点默认打开的某个文件。按图 9-9 所示操作，输入 indexphp，设置为默认页。

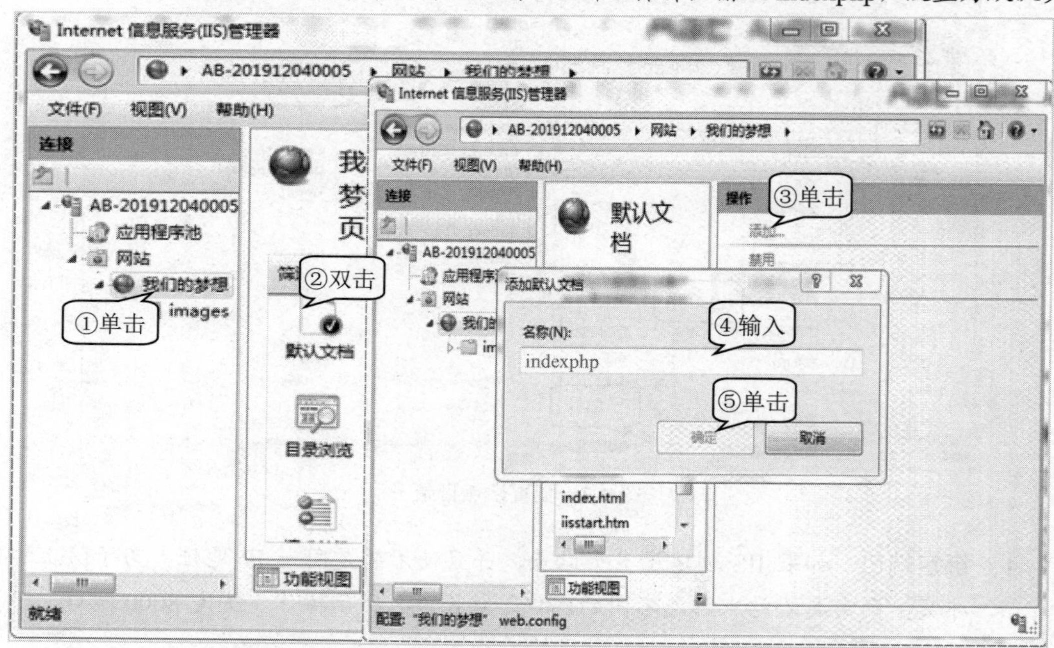

图 9-9 配置网站默认页

6. **下载 PHP**　在 PHP 官网上下载 PHP5 无线程安全版，更改文件名为 PHP，拷贝到 D 盘。
7. **配置 php.ini**　打开 PHP 文件夹，修改其中的 PHP-development.ini 为 PHP.ini，用“记事本”程序打开，并进行如下修改(要去掉开头分号)。
   - 修改扩展路径：extension_dir = "d:\PHP\ext" (写自己的实际路径)。
   - 找到要扩展的部件(可能不止一个)，如 extension = PHP_MySQL.dll(让 PHP 支持 MySQL 数据库)。
   - 时区：date.timezone = asia/shanghai。
   - fastcgi.impersonate=1 默认为 0，如果使用 IIS，则需要开启为 1。
   - cgi.fix_pathinfo=1。
   - cgi.force_redirect=0 默认为 1，如果使用 IIS，则需要将其关闭为 0。
   - session 存储路径，如 session.save_path = "d:\server\Web\session" (这里写一个保存 session 的路径)。
8. **处理映射程序**　按图 9-10 所示操作，在 IIS 中设置 PHP 映射程序。

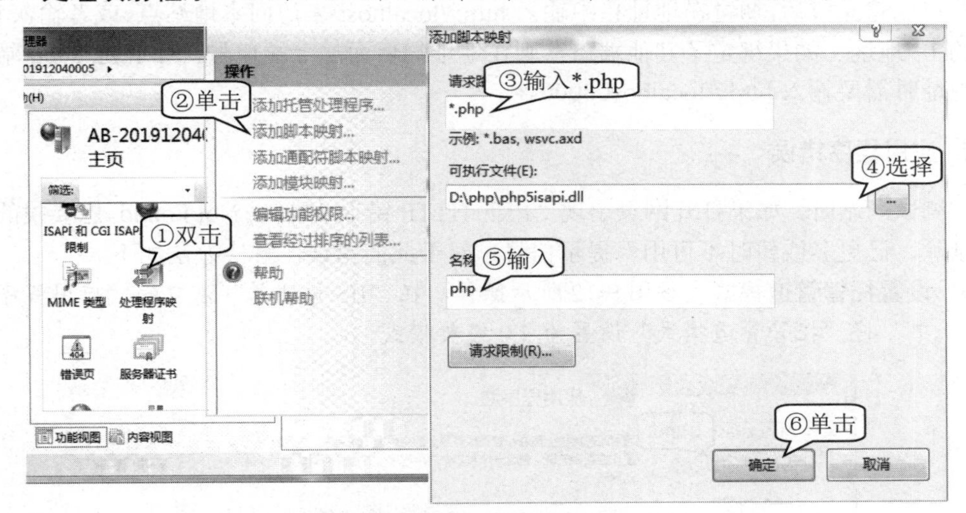

图 9-10　处理映射程序

IIS 不能直接编译执行 PHP 脚本，配置映射程序的目的是让 IIS 调用可以执行 PHP 的程序，这样客户端才能打开 PHP 设计的页面。

9. **测试配置结果**　使用“记事本”程序输入<?PHP php.info(); ?>，另存为 ceshi.PHP，在浏览器中输入 http://localhost/ceshi.php，将看到如图 9-11 所示的页面内容，说明 PHP 配置成功。

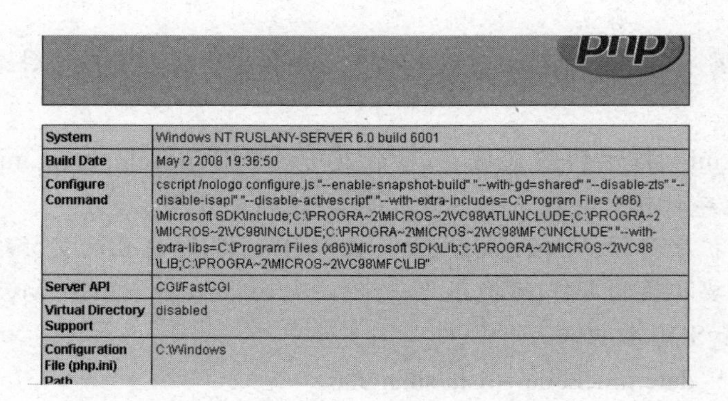

System	Windows NT RUSLANY-SERVER 6.0 build 6001
Build Date	May 2 2008 19:36:50
Configure Command	cscript /nologo configure.js "--enable-snapshot-build" "--with-gd=shared" "--disable-zts" "--disable-isapi" "--disable-activescript" "--with-extra-includes=C:\Program Files (x86)\Microsoft SDK\Include;C:\PROGRA~2\MICROS~2\VC98\ATL\INCLUDE;C:\PROGRA~2\MICROS~2\VC98\INCLUDE;C:\PROGRA~2\MICROS~2\VC98\MFC\INCLUDE" "--with-extra-libs=C:\Program Files (x86)\Microsoft SDK\Lib;C:\PROGRA~2\MICROS~2\VC98\LIB;C:\PROGRA~2\MICROS~2\VC98\MFC\LIB"
Server API	CGI/FastCGI
Virtual Directory Support	disabled
Configuration File (php.ini) Path	C:\Windows

图 9-11 PHP 信息页面

知识库

1. 访问站点的方法

站点创建完成后，通过在地址栏中输入 http://localhost/来访问本地站点，或者输入 http://网卡的 IP 地址，如果绑定了其他端口，则在地址的后面加上端口号，如绑定 8000 端口，输入地址时需要输入 http://localhost:8000。

2. 应用程序错误

在测试网站时，如果打开网页出现“出现 HTTP 错误 404.0 - Not Found 您要找的资源已被删除、已更名或暂时不可用”提示信息，对于此类错误，解决办法如下。

- **设置托管管道模式** 按图 9-12 所示操作，在“IIS 管理器”窗口的“应用程序池”中，将“托管管道模式”设置为 4.0 经典模式。

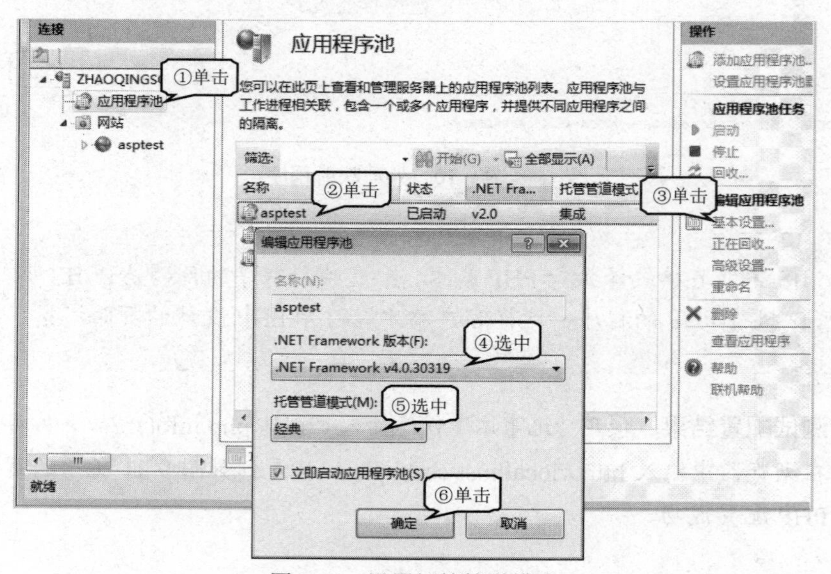

图 9-12 设置托管管道模式

- **启用 32 位应用程序**　按图 9-13 所示操作，在“应用程序池”的高级设置中，启用 32 位应用程序=True。保存后，重启 IIS。

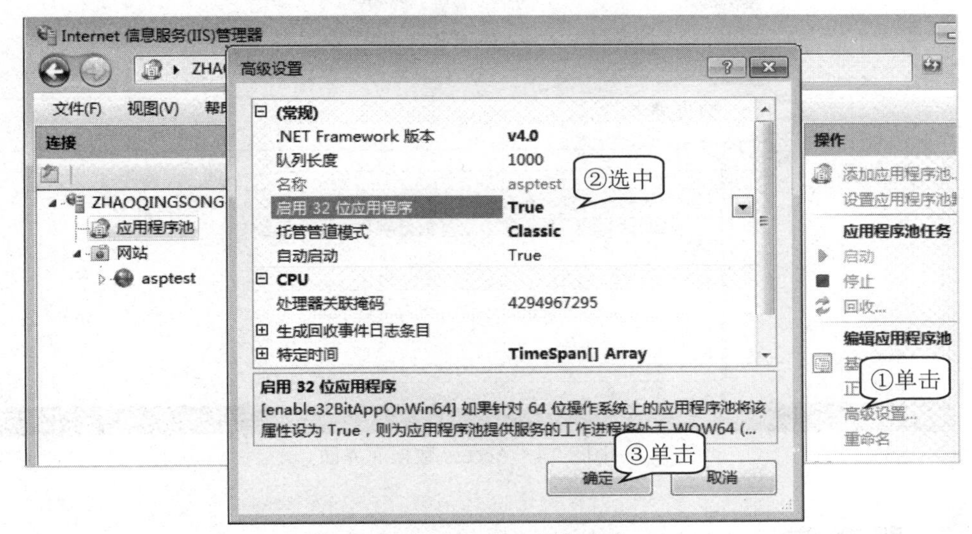

图 9-13　启用 32 位应用程序为 True

9.2　建立网站数据库

动态网站要有数据库的支持，网站的首页、列表页和内容页均需要从数据库中调用数据。我们可以通过编写动态页面完成对数据的基本操作，显示网页的内容。

9.2.1　设计 Access 网站数据库

设计 Access 网站数据库

Access 作为 Office 系列软件中的一员，相对于其他数据库软件，具有操作简单、界面友好、易于操作、支持广泛的特点，提供了多种向导、生成器、模板，常被用来作为开发动态网站或基于 Web 的管理应用系统数据库。

实例 3　设计“我们的梦想”网站数据库

“我们的梦想”网站调用 Access 数据库中的数据，实现对数据库表数据的查询、修改和添加等操作，虽然网站功能少，但是完成了对数据库的基本操作，如图 9-14 所示。

打开 Access 软件，通过视图分别创建 xuesheng 表和 tujing 表，设计表的各个字段，并添加表信息。

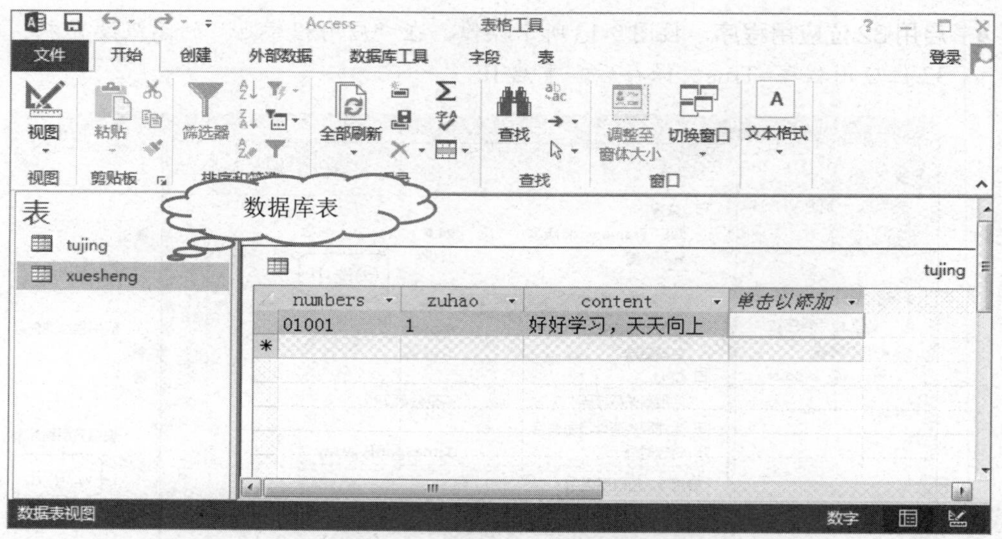

图 9-14　Access 数据库界面

跟我学

1. **创建 students 数据库**　运行 Access 软件，按图 9-15 所示操作，完成 students 数据库的创建。

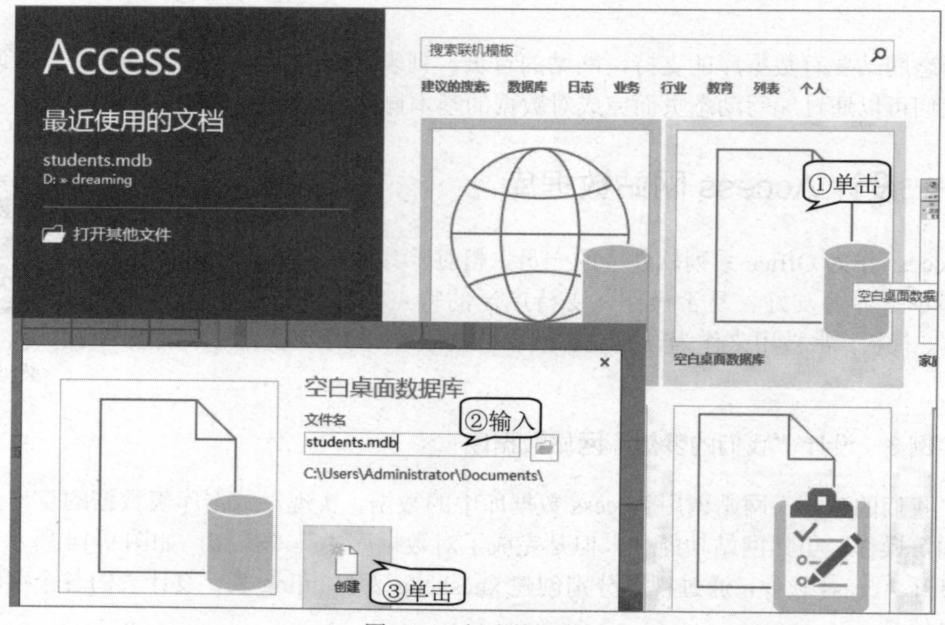

图 9-15　创建数据库

2. **新建数据库表**　按图 9-16 所示操作，完成新建 tujing 表，按照相同的方法，创建 xuesheng 表。

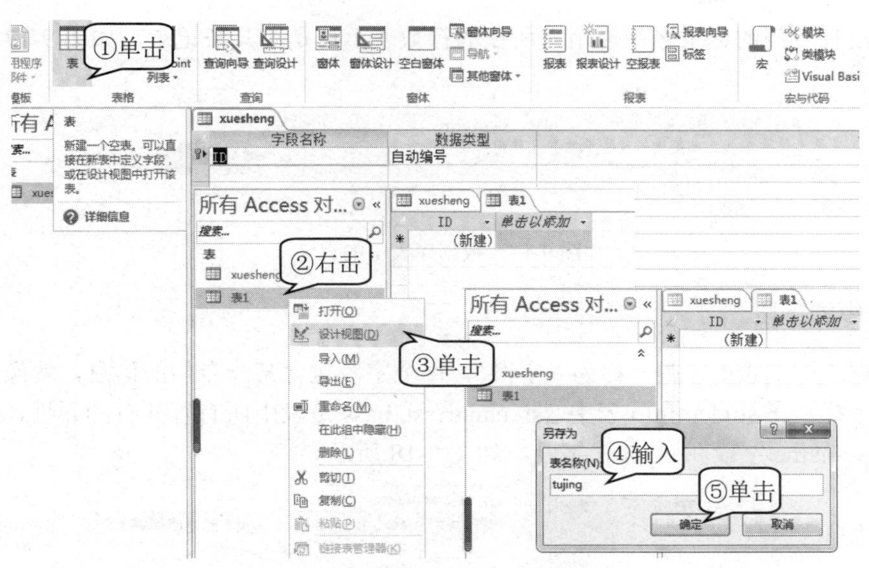

图 9-16　创建 tujing 表

3. **设计 xuesheng 数据库表**　右击 xuesheng 表，单击设计视图，如表 9-1 所示，根据各个字段的属性值，设计学生数据库表。

表 9-1　xuesheng 表

字段名称	数据类型	常规属性
numbers	短文本	字段大小：7　主关键字段
zuhao	短文本	字段大小：2
name	短文本	字段大小：8
dream	长文本	

4. **设计 tujing 表**　右击 tujing 表，选择设计视图，进入表字段设计窗口，如表 9-2 所示，根据各个字段的属性值，设计 tujing 表字段名称和属性。

表 9-2　tujing 表

字段名称	数据类型	常规属性
numbers	短文本	字段大小：7　主关键字段
zuhao	短文本	字段大小：2
content	长文本	

知识库

1. 表中的记录

表中每一行的所有信息是一条“记录”，就像通讯录中某个人的全部信息，但记录在数据库中并没有专门的记录名，常用它所在的行数表示这是第几条记录，如图 9-17 所示。

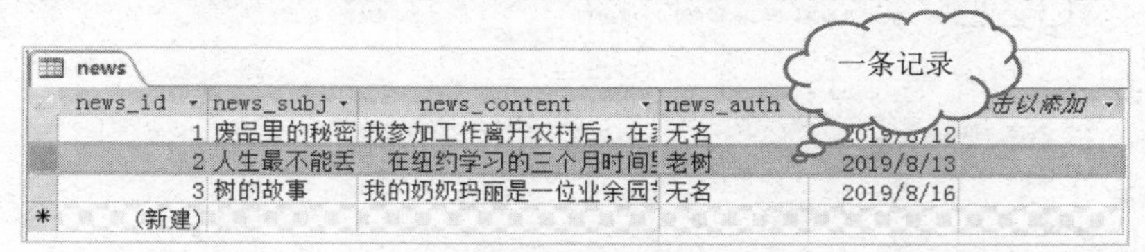

图 9-17　数据库表中的记录

2. 表中的字段

在数据库中，表的“列”称为“字段”，每个字段包含某一专门的信息，就像生活中表格的栏目一样。在 studentInfo 表中，st_name、st_pass 是表中所有行共有的属性，所以把这些列称为 st_name 字段和 st_pass 字段，如图 9-18 所示。

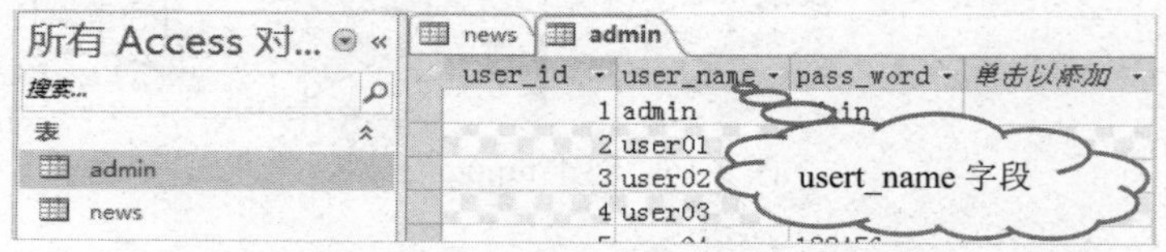

图 9-18　表中的字段

9.2.2　设计 MySQL 网站数据库

设计 MySQL 网站数据库

MySQL 是一个真正的多用户、多线程的 SQL 数据库管理软件，具有效率高、访问速度快的特点，也是应用最为广泛的一款数据库系统。

实例 4　使用 MySQL 创建网站数据库

使用 SQL 语句的方式创建和管理 MySQL 数据库，非常不方便，通常使用 Navicat 8 for MySQL 软件对数据库进行管理，如图 9-19 所示，创建学校网站数据库，数据库里包含很多数据表，这些表记录各种用途的数据信息。

图 9-19　整站数据库

创建 MySQL 数据库通常分为以下几个步骤：①下载并安装 MySQL；②设置 MySQL 管理用户名和密码；③创建数据库和数据表。

跟我学

1. **下载 MySQL**　在 MySQL 官方网站中选择 MySQL 5.0，单击 DOWNLOAD 按钮下载。
2. **安装 MySQL**　双击运行安装文件，按照默认选项安装，完成数据库安装。
3. **设置数据库密码**　按图 9-20 所示操作，完成 MySQL 数据库默认密码的重新设置。

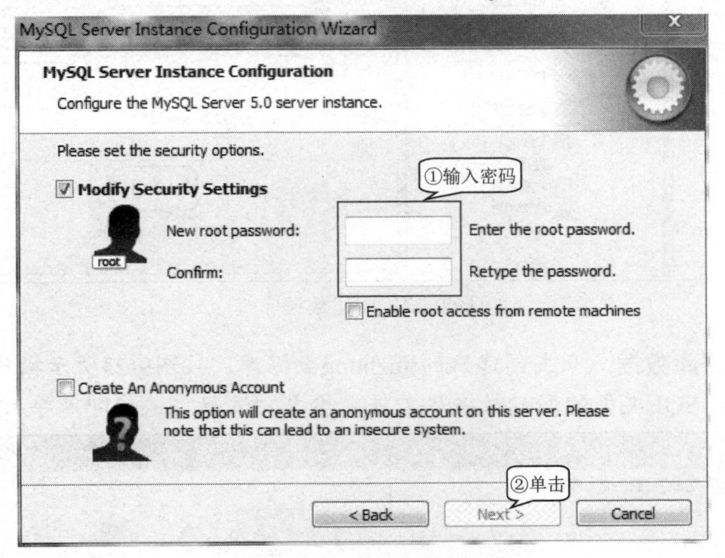

图 9-20　设置数据库密码

4. **连接数据库系统**　按图 9-21 所示操作，完成 Navicat 8 for MySQL 软件连接本地 MySQL 数据库。

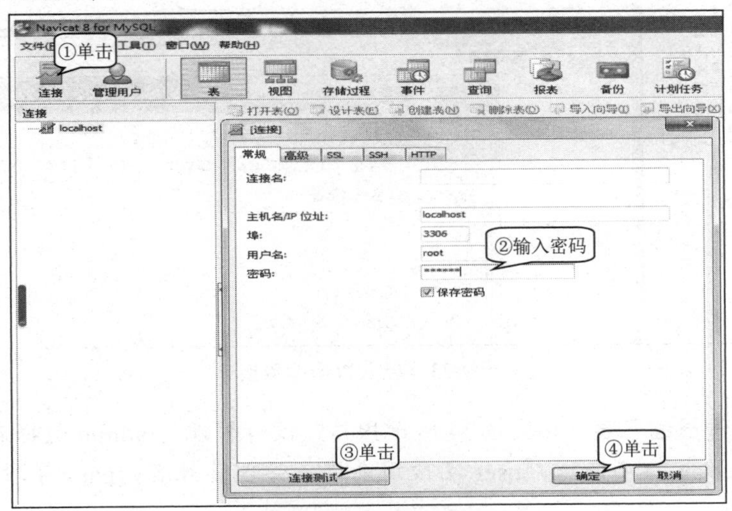

图 9-21　连接数据库

5. **创建数据库**　按图 9-22 所示操作，完成创建 jiuzhong 数据库。

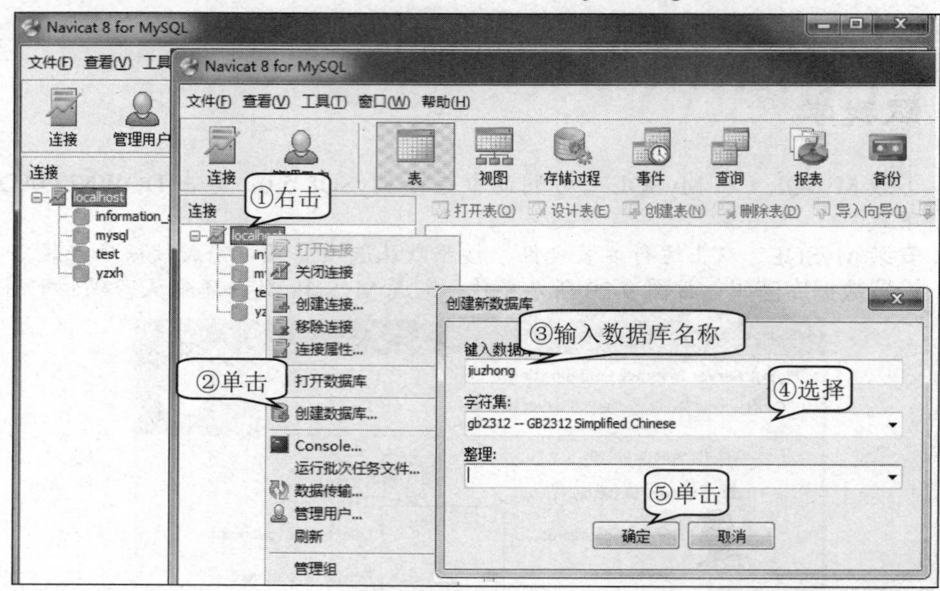

图 9-22　创建数据库

6. **导入数据库数据**　双击创建好的jiuzhong数据库，按图9-23所示操作，创建新的查询，载入SQL类型的网站数据库文件，单击“运行”按钮即可导入网站数据。

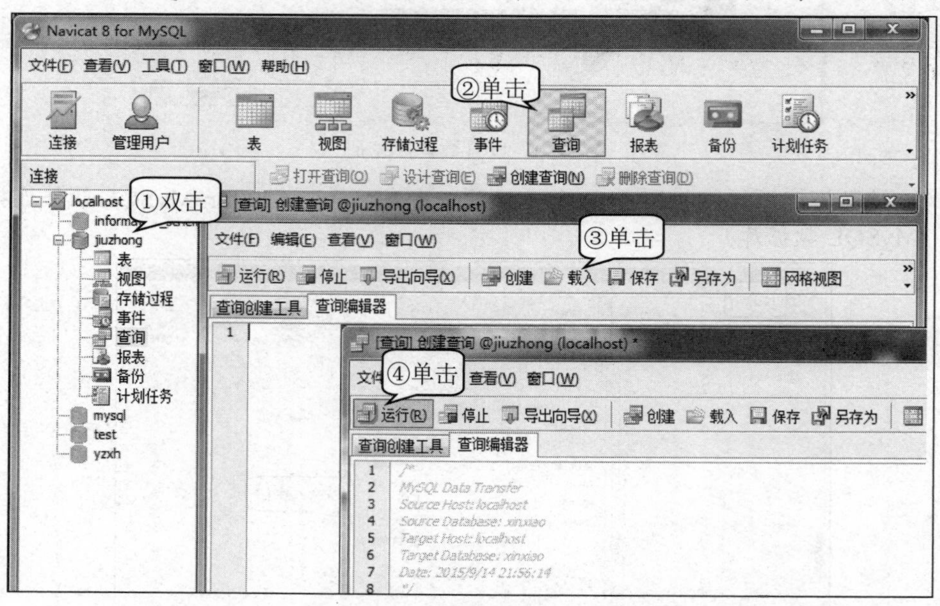

图 9-23　导入数据库数据

7. **设计管理员信息表**　按图 9-24 所示操作，设计管理员 admin 数据表的各个字段。id 字段设置自动递增，user 字段用来记录管理员姓名，pass 字段用来记录登录密码。

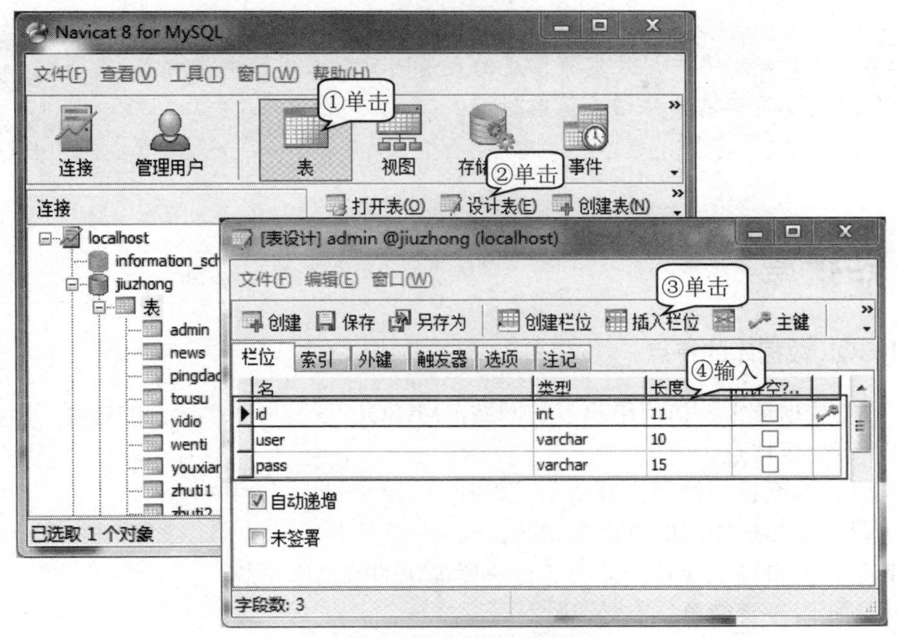

图 9-24　设计管理员信息表

8. **设计发布信息表**　按图 9-25 所示操作，输入字段名称及属性值，完成 news 表字段的设计。

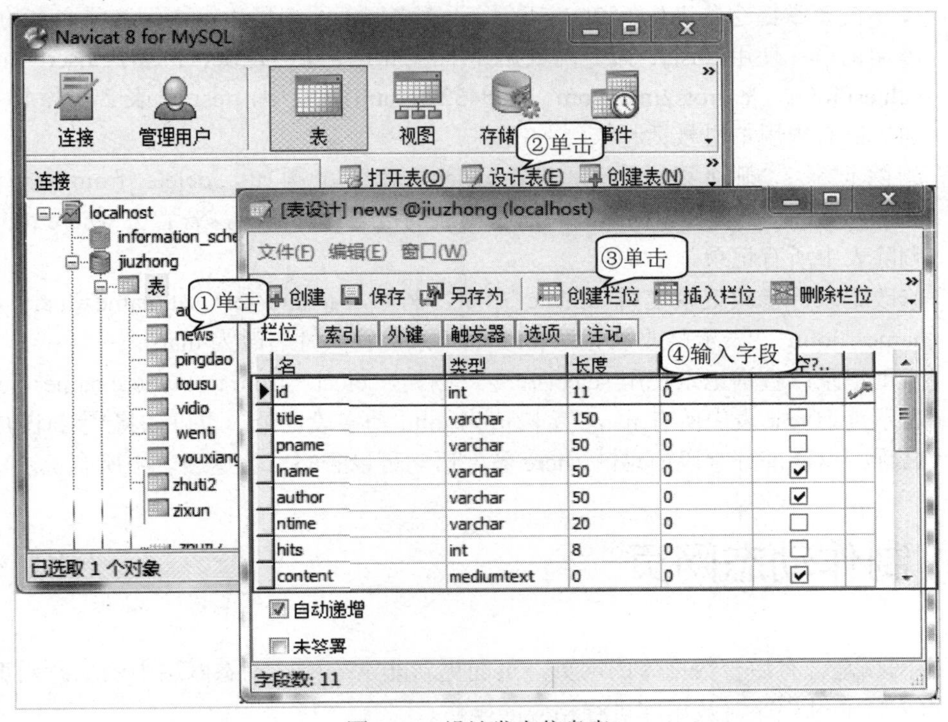

图 9-25　设计发布信息表

动态网站数据库中记录发布信息的表是网站数据库的主要内容，各个频道和网站首页都需要从该表调取数据。

知识库

1. MySQL 数据库的特点

对于一些数据量大、访问用户多的网站，MySQL 是一种非常适合的选择。MySQL 数据库具有以下主要特点。

- 同时访问数据库的用户数量不受限制。
- 可以保存超过 50 000 000 条记录。
- 其是目前市场上现有产品中运行速度最快的数据库系统。
- 用户权限设置简单、有效。

2. MySQL 常用数据表操作

动态网页对数据库的操作主要包括添加记录、删除记录、修改记录和查询记录。在实际应用中，不仅要掌握这些操作的 SQL 语句，还要掌握不同编程语言执行这些命令的函数。

- 添加记录：使用 insert 命令向数据库中添加一条新的记录，例如，insert into test values('john'，'carrots2mail.com'，5554321，null)，其中，test 是表名，各个字段添加的值必须用单引号括起来。
- 删除记录：删除记录可以使用 delete 命令，例如，delete from test where (name="john")，其中，where 后面是判断满足条件的删除，若省去 where 语句，则删除表中所有记录。
- 修改记录：修改记录使用 update 命令，例如，update test set name='mary' where name="john"，表示修改姓名为 john 的记录，将其姓名改为 mary。
- 查询记录：查询记录使用 select 命令，例如，select * from test where name="john"，表示查询 test 表中所有 name 字段值为 john 的字段记录，也可以将*字符改成字段名称，返回部分字段信息，where 条件语句可以省略，将返回表中所有记录。

9.3 制作动态网页

动态网页是含有后台数据库的网页，页面更新非常方便。动态网站中的动态网页都要连接数据库，通过程序对数据库进行相应的操作。

9.3.1　使用 PHP 连接数据库

使用 PHP 连接数据库

PHP 在 Web 开发方面功能非常强大，可以完成一款服务器所能完成的工作。PHP 还具有语法结构简单、跨平台性强、效率高、强大的数据库支持等特点。

使用 PHP 编写程序对数据库进行操作，操作之前编写程序必须成功连接到数据库才能编辑数据库。

实例 5　连接数据库

编写 PHP 程序连接 Access 数据库，将程序保存为 conn.php，在地址栏中输入 http://localhost/conn.php，测试数据库连接情况，如图 9-26 所示。

图 9-26　PHP 连接数据库

跟我学

1. **定义本地站点**　运行 Dreamweaver，选择“站点”→“新建站点”命令，新建本地站点，输入站点名称为“我们的梦想”，设置本地站点文件夹为 D:\dreaming。
2. **设置“服务器”基本信息**　在打开的“站点设置对象”对话框中，按图 9-27 所示操作，设置服务器名称、连接方法、服务器文件夹和网址。

“本地/网络”选项，实现在本地虚拟服务器中建立远程连接，也就是说，设置远程服务器类型为在本地计算机上运行的网页服务器。

3. **设置“服务器”高级信息**　在“站点设置对象”窗口中，按图 9-28 所示操作，设置“远程服务器”和“测试服务器”，完成“我们的梦想”动态网站建立。

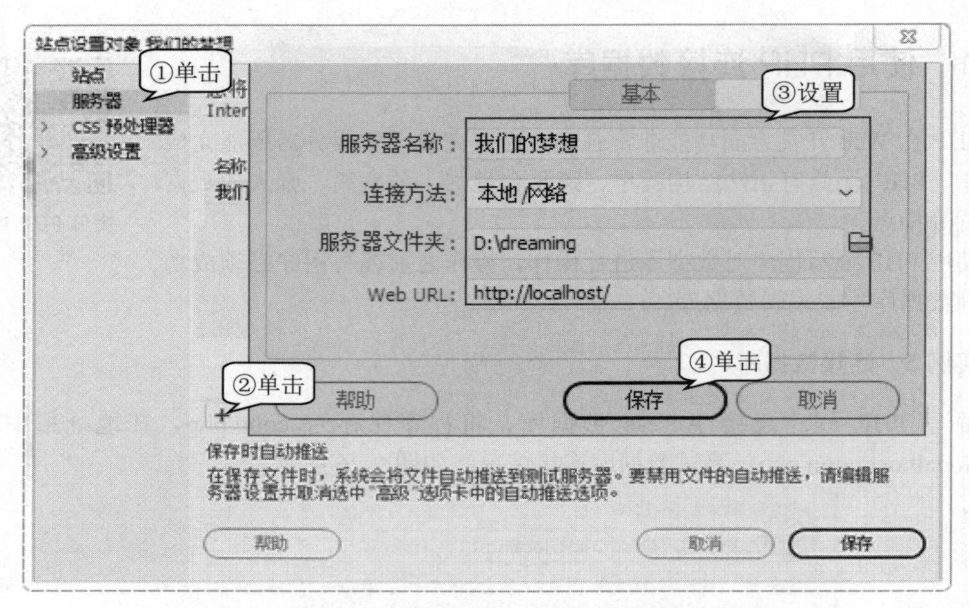

图 9-27　设置"服务器"基本信息

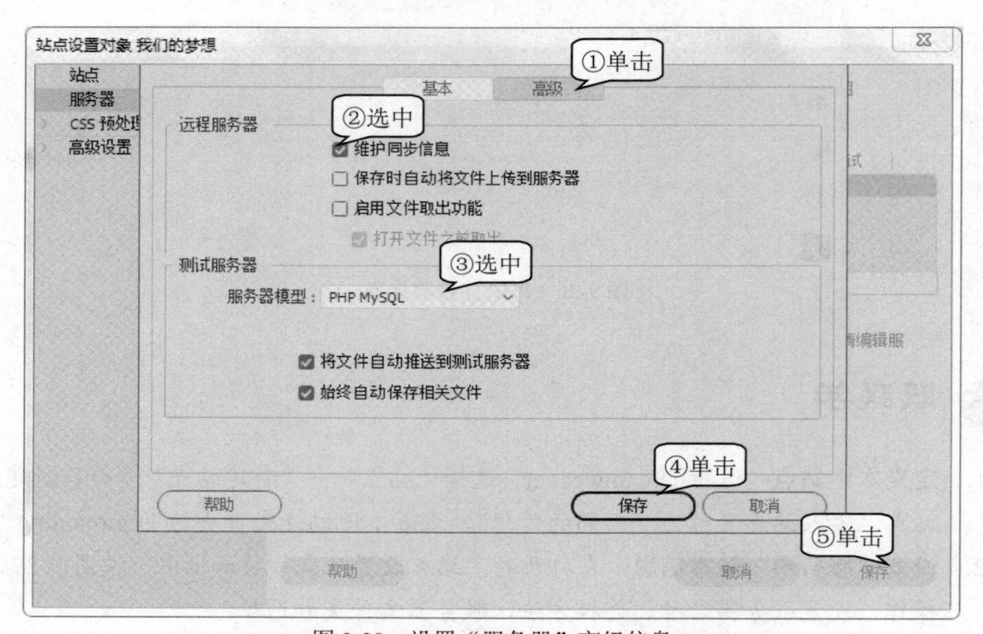

图 9-28　设置"服务器"高级信息

4. **新建动态网页**　在"文件"面板中，右击"站点"→"我们的梦想"，新建文件，重命名为 conn.php。
5. **设计类程序**　输入如图 9-29 所示的代码，创建一个类 Access 和类的数据库连接方法函数 connect()。

```
class Access{//定义Access类
    var $databasepath,$constr,$dbusername,$dbpassword,$link;
  //定义变量
  function Access($databasepath,$dbusername,$dbpassword){
  //声明类的构造函数
   $this->databasepath=$databasepath;
     //给类成员变量属性赋值
   $this->username=$dbusername;
     //给类成员变量属性赋值
   $this->password=$dbpassword;
     //给类成员变量属性赋值
   $this->connect();
     //访问类对象的连接数据库的方法
   }
 function connect(){
 //定义类连接方法
 $this->constr='DRIVER={Microsoft Access Driver (*.mdb)};
 DBQ='.realpath($this->databasepath).';';
 //将连接字符串赋值给类成员变量
 $this->link=odbc_connect($this->constr,$this->username,
                            $this->password,SQL_CUR_USE_ODBC);
 //将数据连接执行结果赋值给类成员变量
 if(!$this->link) echo "数据库连接失败!";
 //判断如果数据库连接返回值为假，则输出数据库连接失败
 return $this->link;//返回类成员变量

 }
```

图 9-29　创建 Access 类

PHP 代码注释的方法：//或#用于单行注释，/*注释部分*/用于多行注释，代码注释能够方便我们对程序的理解。

6. **创建类对象**　创建类对象 access，执行类对象方法连接数据库，输入如图 9-30 所示的代码。

```
$databasepath='students.mdb';
 $dbusername='';
 $dbpassword='';
$access=new Access($databasepath,$dbusername,$dbpassword);
```

图 9-30　创建类对象

7. **预览网页**　按 F12 键，预览网页，可以看到数据库连接的结果。

知识库

1. PHP()函数

函数就是要在编程过程中实现一定的功能，即通过代码块来实现一定的功能，PHP()

函数分内置函数和自定义函数两种类型。

- 内置函数：PHP 提供了很多内置函数，方便在程序中直接使用，常见的内置函数包括数学函数、字符函数、时间和日期函数、数据库基本操作函数等，如类 Access 的方函数中的 odbc_connect()数据库连接函数、@odbc_exec()执行 SQL 语句函数等。
- 自定义函数：库函数不能满足程序设计的需要时，我们就需要自己定义函数，方便程序的调用，提高开发程序的效率，如在定义类 Access 中的方法函数便属于自定义函数。

2. PHP 类和对象

类就是很多方法的集合，这些方法是我们在程序中经常会用到的能够实现一定功能的代码，将它们包进类里，可以提升程序的效率，减少代码的重复。

- 类的声明：在 PHP 中，声明类使用关键字 class，声明格式如下：

```
<?PHP class Access{      } ?>
```

表示声明 Access 类。

- 类成员属性：成员属性是指在类中声明的变量。声明格式如下：

```
<?PHP class Access{   var $databasepath，$constr，$dbusername，$dbpassword，$link; } ?>
```

- PHP 变量一般以$作为前缀，然后以字母 a~z 的大小写或下画线开头。
- 类成员方法：成员方法是指在类中声明的函数。在类中可以声明多个函数，所以对象中可以存在多个成员方法。声明格式如下：

```
function query($SQL){        //直接运行 SQL，可用于更新、删除数据
  return @odbc_exec($this->link，$SQL); }。
```

- 类的实例化：创建实例用于引用类的方法。声明格式如下：

```
<?PHP $Access=new Access($databasepath，$dbusername，$dbpassword); ?>
```

9.3.2 添加记录

添加记录

使用 PHP 连接成功数据库表以后，就可以通过程序执行 SQL 语句添加记录。

实例 6 添加梦想信息

打开如图 9-31 所示的“我们的梦想”页面，通过在表单中输入学号、组号、姓名和梦想信息，实现查询学生的梦想及实现方式记录的功能。

通过新建数据库，设计表单页面，然后编写表单数据处理程序，保存到站点目录文件夹，在网页地址栏中输入文件路径，填写表单，将信息添加到数据库中。

跟我学

1. **插入表单** 运行 Dreamweaver 软件，打开 index1.php，在校园图片下方先插入图层，

再单击按钮，插入表单 form1，按图 9-32 所示操作，完成属性设置。

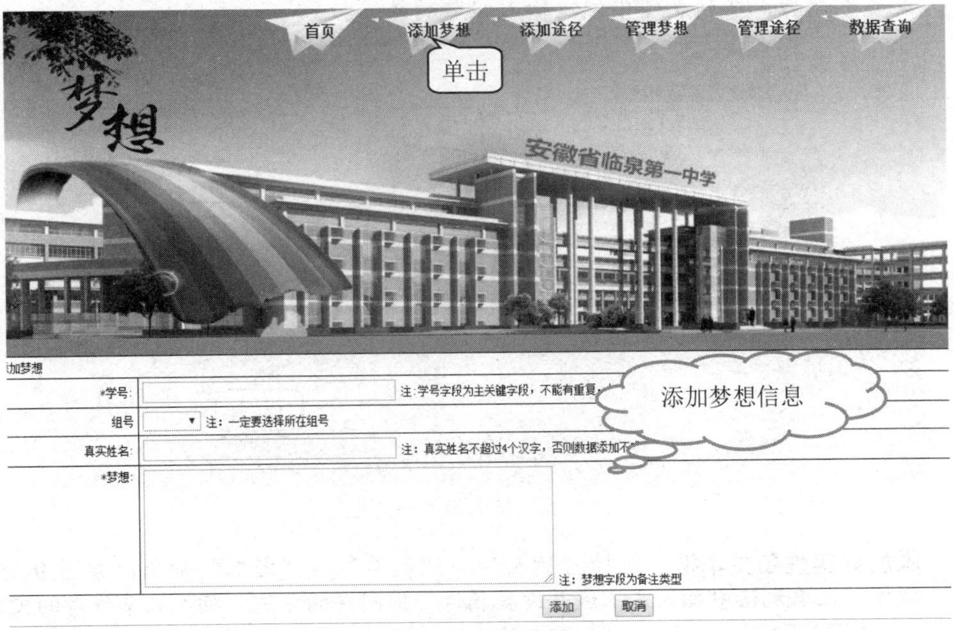

首页　添加梦想　添加途径　管理梦想　管理途径　数据查询

单击

梦想

安徽省临泉第一中学

添加梦想

*学号：　注：学号字段为主关键字段，不能有重复

组号　注：一定要选择所在组号

真实姓名：　注：真实姓名不超过4个汉字，否则数据添加不

*梦想：　注：梦想字段为备注类型

添加　取消

添加梦想信息

图 9-31　添加学生梦想信息

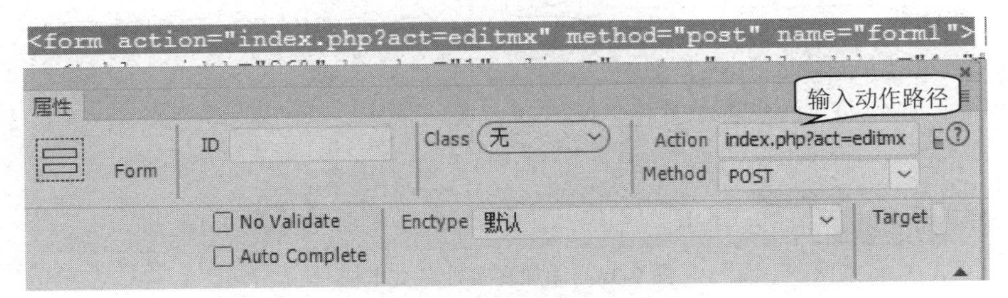

图 9-32　插入 form1 表单

2. **插入学号文本框**　将光标置于表单中，按图 9-33 所示操作，添加一个学号文本区域，并将 TextArea 文本改成学号，name 属性改为 numbers。

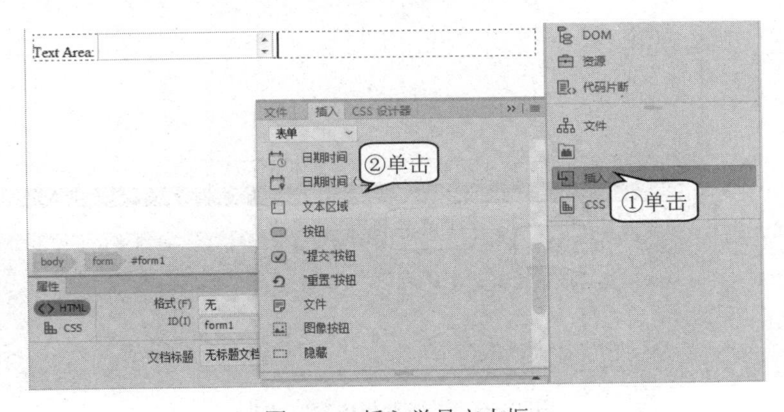

图 9-33　插入学号文本框

3. **添加组号单选框** 修改文本区域前的文本 Text Area 为组号，按图 9-34 所示操作，设置参数后，在列表值中依次输入组号的值。

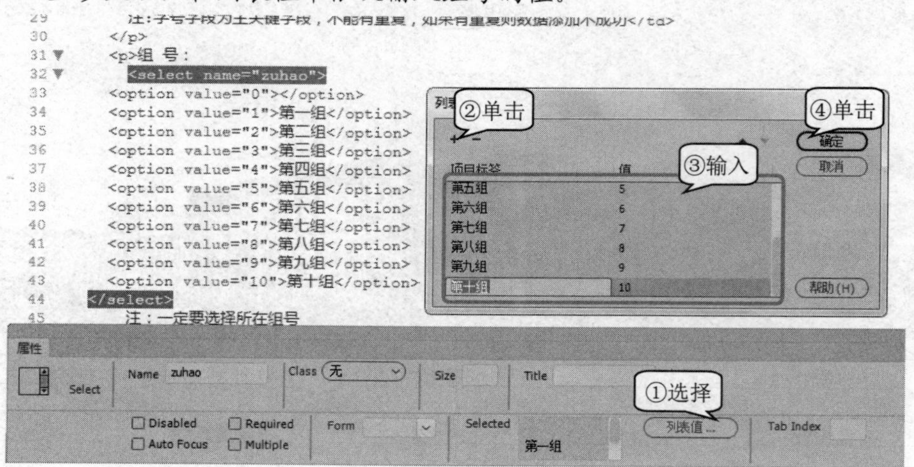

图 9-34 插入组号单选框

4. **添加真实姓名文本框** 选择“插入”→“表单”→“文本”命令，按图 9-35 所示操作，在单元格中插入文本域并设置属性。用同样的方法，插入文章作者的文本域。

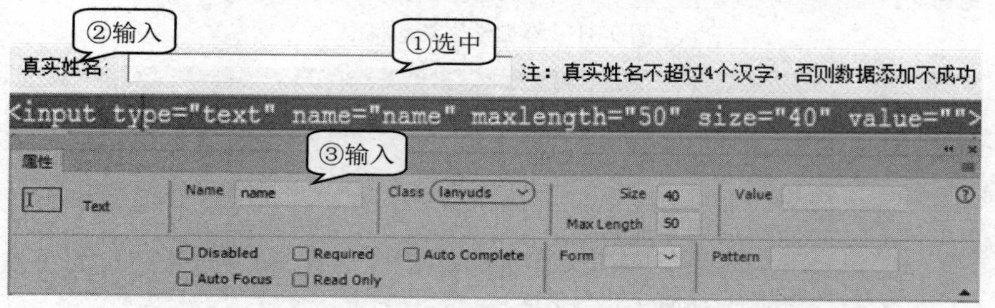

图 9-35 添加真实姓名文本框

5. **添加梦想内容文本框** 选择“插入”→“表单”→“文本区域”命令，在单元格中插入文本区域，按图 9-36 所示操作，设置 name 属性为 content。

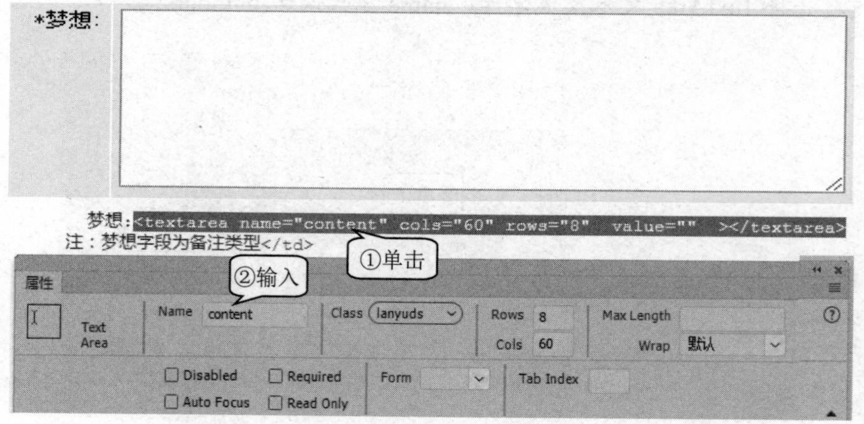

图 9-36 添加梦想内容文本框

6. **插入添加、取消按钮**　移动光标至下一行单元格中，选择“插入”→“表单”→“按钮”命令，插入“提交”和“重置”按钮，并将其value属性分别改为“添加”和“取消”。

7. **添加Access类的方法**　创建数据库类的方法，用于执行数据库操作，如图9-37所示。

```
function query($sql){       //直接运行SQL，可用于更新、删除数据
  return @odbc_exec($this->link,$sql);//@odbc_exec()函数用于执行sql语句
  }
function getlist($sql){      //取得记录列表
  $query=$this->query($sql);//调用类的方法函数query用于执行sql语句
  $recordlist=array();       //创建数组$recordlist
  while ($row=$this->fetch_array($query)){  //取得当前记录数据，有数据为真，没有数据为假
  $recordlist[]=$row;//将取得的数据赋值给数组变量$recordlist
  }
  return $recordlist;
  }
function fetch_array($query){       //取得当前指针处记录
  return odbc_fetch_array($query);   //返回记录数据
```

图9-37　添加Access类的方法

8. **编写数据处理程序模块**　表单数据通过post方法，将数据提交到index.php?act=editmx程序模块中进行处理，如图9-38所示。

```
<?php if($_GET['act'] == "editmx")//判断是表单是添加学生的梦想操作
{
    if(empty($_POST['numbers']) or empty($_POST['zuhao']) or empty($_POST['name']))
    {
        Error("非法操作选号不为空或组号没有选择或姓名没有填写...","index.php");
        die();
    }//判断是否有必填信息没有填写
    $zsd= $access->getlist("SELECT * FROM xuesheng WHERE numbers='".$_POST['numbers']."'");
  //使用类getlist方法判断是否已经添加了该学号的记录
  if($zsd)
  {
        Error("该学号学生已经添加了梦想信息，请点击管理途径链接去修改信息...","index.php");
        die();
  }
    $numbers=$_POST['numbers'];//将post的numbers文本数据赋值给变量$numbers
    $zuhao=SafeHtml($_POST['zuhao']);//将post的zuhao文本数据赋值给变量$zuhao
    $name=SafeHtml($_POST['name']);//将post的content文本数据赋值给变量$numbers
    $dream=$_POST['content'];//将post的numbers文本数据赋值给变量$dream
    $access->query("INSERT INTO `xuesheng` ( `numbers` , `zuhao` , `name` , `dream` )
    VALUES ('".$numbers."','".$zuhao."','".$name."','".$dream."')");//执行sql语句添加记录
    Error("添加成功！","index.php");//弹出添加成功提示框
```

图9-38　编写数据处理程序模块

知识库

1. 传递数据的两种方法

表单传递数据方式有POST和GET两种方法，下面介绍这两种方法的使用技巧，如图9-39所示，从属性中可以选择POST和GET方法。

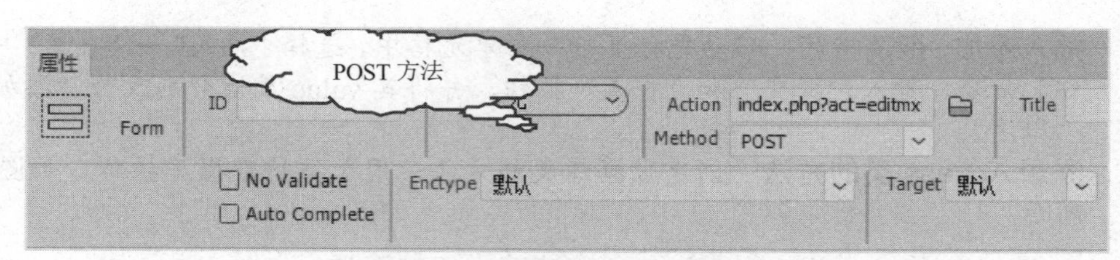

图 9-39　表单传递数据方法

- POST 方法：POST 是比较常见的表单提交方式，通过 POST 方式提交的变量不受特定变量大小的限制，并且被传递的变量不会在浏览器地址栏中以 url 的方式显示出来。
- GET 方法：通过 GET 方式提交的变量有大小限制，不能超过 100 个字符。它的变量名和与之相对应的变量值都会以 url 的方式显示在浏览器地址栏中。GET 方式通过？号后面的数组元素的键名来获得元素值，如图 9-40 所示。

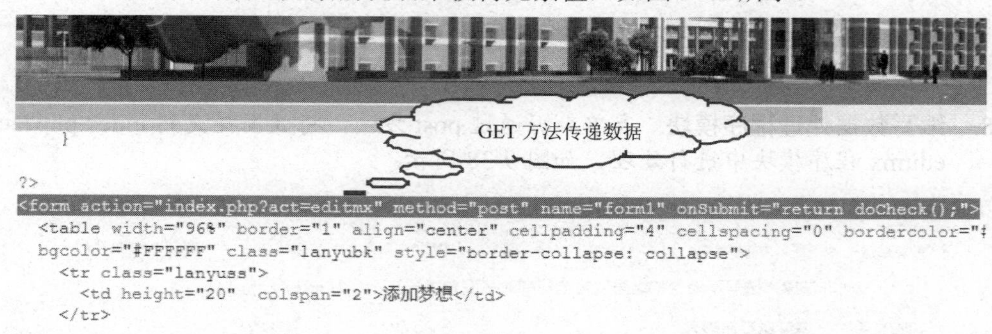

图 9-40　GET 方法传递数据

2. PHP 条件控制结构

条件控制语句可以使用 if 语句，若 if 后面的条件语句为真，则执行下面的语句，else 后面的语句是条件为假时执行的语句。

- 单一条件分支结构：if 语句作为常用的条件控制语句，格式为 if(条件判断语句){命令执行语句；}，如 if($_GET['act'] == "editmx")　//判断 get 方法提交的数据值是否是 editmx，如果为是，则执行下面插入的记录程序。
- 双向条件分支结构：如果是非此即彼的条件判断，则用 if…else 语句。其格式为：if(条件判断语句){ 命令执行语句 1；} else {　命令执行语句 2；}。
- 多向条件分支结构：在条件控制结构中，如果出现多种选择，则使用 if…else if 语句。

9.3.3　查询记录

查询记录

添加数据库记录后，就可以通过 PHP 程序执行 SQL 语句查询记录。

实例 7　查询站点信息

打开“我们的梦想”网站数据查询页面，在下拉列表中选择查询方式，输入查询内容，实现查询学生的梦想及实现方式记录的功能，制作效果如图 9-41 所示。

图 9-41　查询站点信息

运行 Dreamweaver 软件，打开半成品文件 find.php，设计表单，编写表单处理程序，显示查询结果。

跟我学

1. **打开首页半成品**　运行 Dreamweaver 软件，在“文件”面板中，双击站点文件夹中的文件 find.php，打开数据查询半成品。
2. **插入表单**　按图 9-42 所示操作，插入表单，在属性面板中输入 Action 的值为 find.php?act=findok，Method 选择 POST 方式，name 名称为 form1。

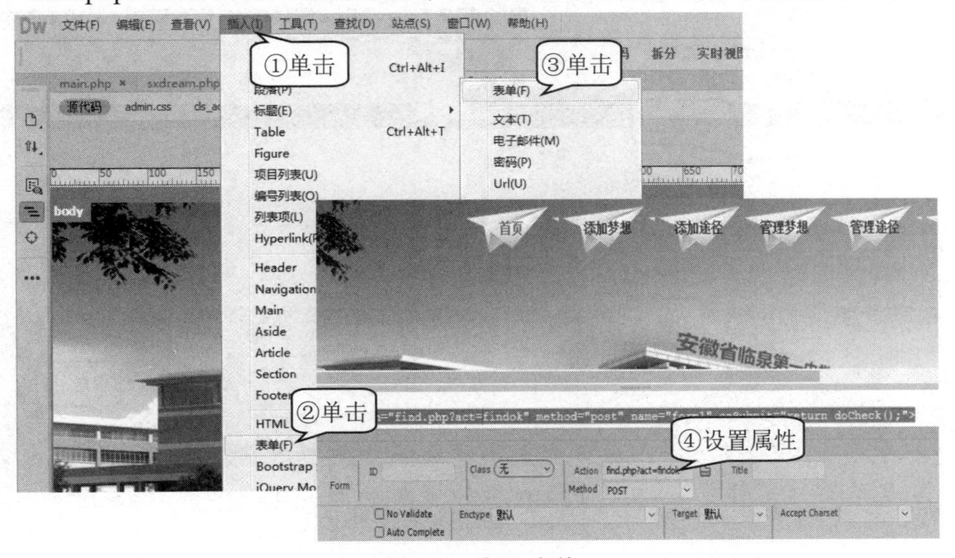

图 9-42　插入表单

如果使用 POST 方式传递数据，则 PHP 要使用全局变量数组$_POST[]来读取所传递的数据；如果使用 GET 方式传递数据，则 PHP 要使用全局变量数据$_GET[]。

3. **插入查询条件文本框** 在表单区单击，选择“插入”→“表单”→“文本”命令，在光标处插入一个文本框，按图 9-43 所示操作，并设置文本框属性，完成条件文本框的添加。

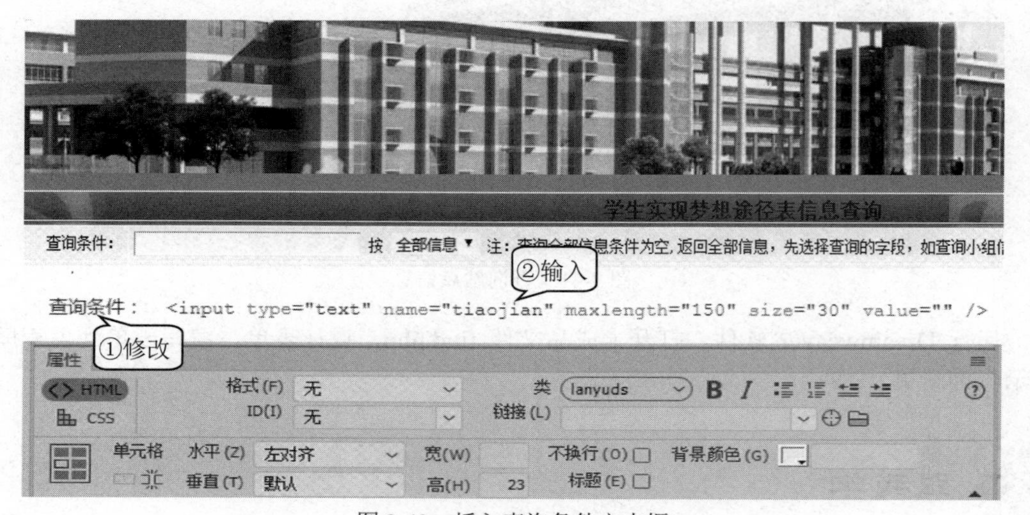

图 9-43 插入查询条件文本框

4. **插入选择框** 在表单区单击，选择“插入”→“表单”→“选择框”命令，在光标处插入一个选择框，按图 9-44 所示操作，并添加列表值。

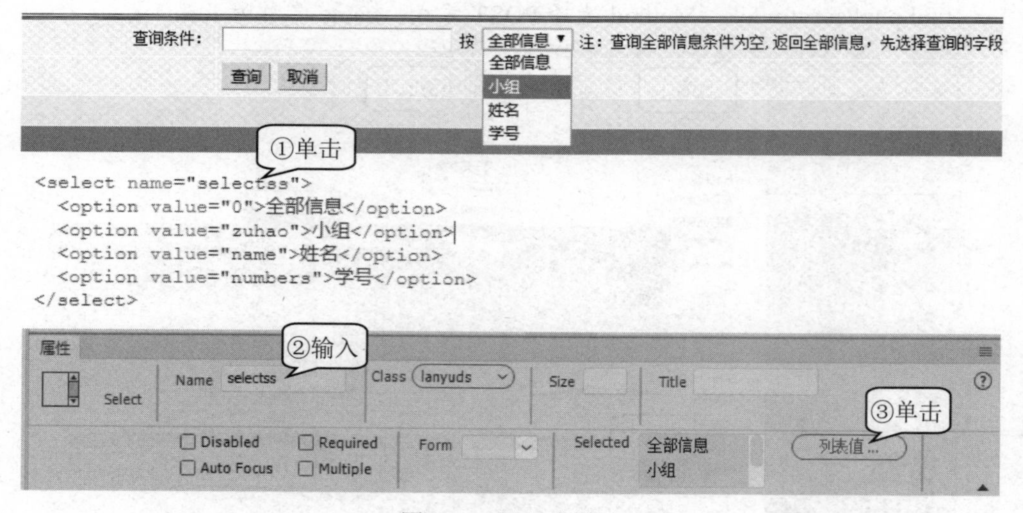

图 9-44 插入选择框

5. **插入“查询”和“取消”按钮**　在表单区单击，选择“插入”→“表单”→“提交和取消”命令，在光标处分别插入“提交”和“取消”按钮，按图 9-45 所示操作，更改其属性值。

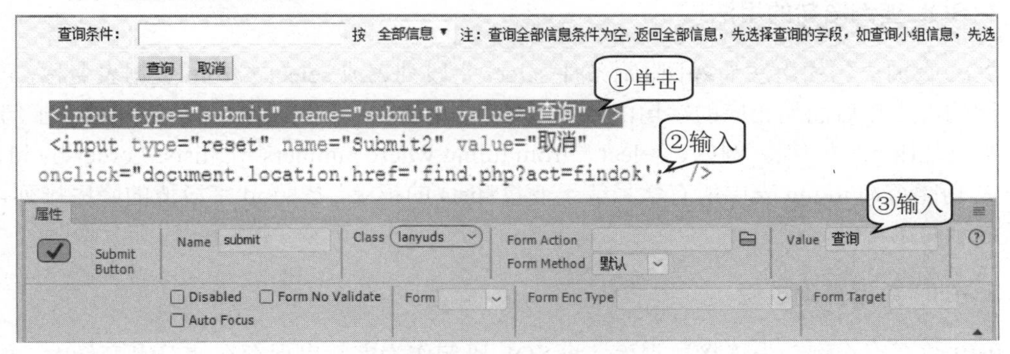

图 9-45　插入按钮

6. **查询数据处理**　按图 9-46 所示，编写查询执行程序。

```
<?php
$tiaoj=SafeHtml($_POST["tiaojian"]); //变量$tiaoj接收文本tiaojian数据
$selectss=SafeHtml($_POST["selectss"]); //变量$selectss接收选择框selectss数据
if($selectss==0 and $tiaoj=="") //判断如果选择框值为0并且变量$tiaoj值为空
{
$sqls="select * from xuesheng";//则查询xuesheng表所有数据
}else                          //否则则执行下面语句
  {
  $sqls="select * from xuesheng where ".$selectss." = '".$tiaoj."'";
  }//查询所有的条件文本框的值等于选择框值得记录
  //echo $selectss,$tiaoj;
$zhixing=$access->query($sqls) or die ("查询结果为零！请重新输入或检查查询条件");
//类对象access调用query()方法执行sql语句，返回值付给变量$zhixing
while($list=$access->fetch_array($zhixing))//判断返回记录数组不为空，输出数组值
{ ?>
<tr bgcolor="#FFFFFF">

  <td><?php echo $list["numbers"]; ?></td>
  <td><?php echo $list["zuhao"]; ?></td>
  <td><?php echo $list["name"]; ?></td>
  <td><?php echo $list["dream"]; ?></td>
  <td><?php  $sqlss="select * from tujing where numbers='".$list["numbers"]."'"
   $zhix=$access->query($sqlss);//从tujing表中查询和学号一致的途径内容
   if($lists=$access->fetch_array($zhix))
   {echo $lists["content"]; }?></td>
</tr>
```

图 9-46　查询数据处理

注意 SQL 语句中单引号、双引号和字符连接符“.”的用法，这对于初学者容易弄错。单引号中的内容直接输出；双引号中的内容会被解释，变量会变为具体值；点号为字符串连接符，连接两个字符串。

7. **保存文件**　按 Ctrl+S 键，保存查询页面文件 find.php，输入本地测试网址测试查询结果。

知识库

1. SQL 查询语句的用法

SQL 查询语句的用法为：不限制条件 select 字段列表或 select * from 数据表名称，可根据查询的需要在后面加相应的字句，如判断条件加[where 子句]， 排序加[order by 子句]，限制数量加[limit 子句]。例如，select * from tujing where numbers='".$lists."' order by id dec limit 2 功能查询 tujing 表中所有学号等于变量$lists 的记录，按照 id 字段值的降序排列，并且只显示两条记录。

2. PHP 数据查询过程

PHP 数据库查询首先连接数据库，将 SQL 语句作为字符串保存在字符串变量中，如实例中的$SQLs="select * from xuesheng"，通过类的方法$access->query($SQLs)执行查询语句，执行$list=$access->fetch_array($zhixing)获取记录指针，通过$list[字段名]数组调用字段中的内容。

9.3.4 修改记录

修改记录

在管理数据过程中，如果信息错误或需要更新，则可以通过 update 命令修改数据库信息。

实例 8 修改学生梦想信息

打开“管理梦想”页面，通过提交修改信息表单页面，修改梦想信息，如图 9-47 所示。

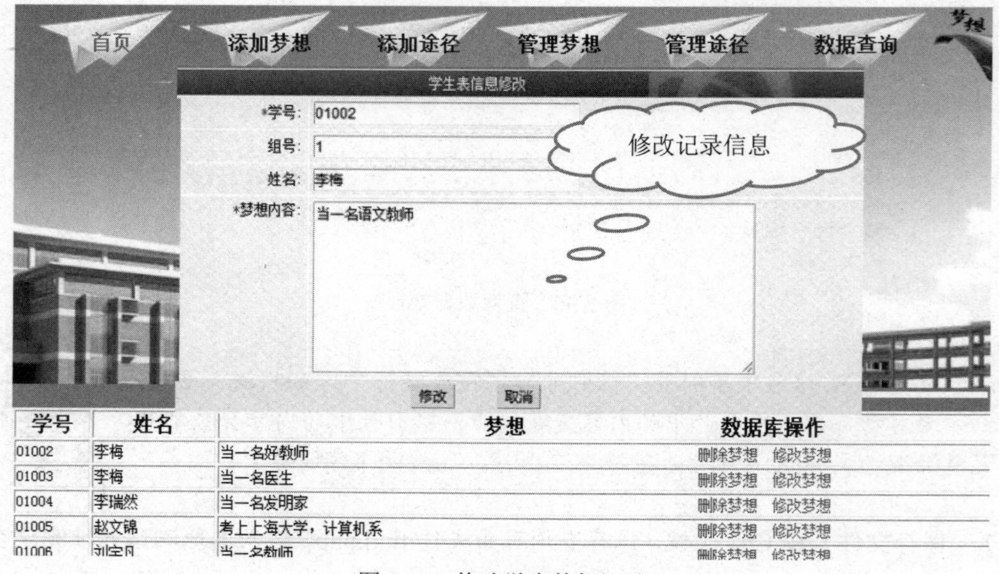

图 9-47 修改学生梦想记录

设计管理梦想列表页面，编写响应“修改梦想”超级链接表单程序模块，然后填写表单，将信息重新写到数据库中。

跟我学

1. **创建管理梦想列表**　运行 Dreamweaver，打开 main1.php，在校园图片下方先插入图层，编写如图 9-48 所示的脚本，实现 xuesheng 表中记录列表显示。

```
  <?php
  $sqls="select * from xuesheng ";//将查询语句字符串赋值给变量$sqls
$zhixing=$access->query($sqls) or die ("查询结果为零！请重新输入查询条件");
while($list=$access->fetch_array($zhixing))//当获得查询结果指针不为空时执行下面脚本
{ ?>
<tr>
    <td><?php echo $list["numbers"]; ?></td><!--显示学号-->
    <td><?php echo $list["name"]; ?></td><!--显示姓名-->
    <td><?php echo $list["dream"]; ?></td><!--显示梦想字段内容-->
    <td>
            <div align="center">
            <a href="main.php?id=<?php echo $list[numbers]; ?>&act=del"
               onClick="{if(confirm('确定要删除吗？\n\n删除之后就无法还原!'))
            {return true;}return false;}">删除梦想</a>  
                    <a href="main.php?id=<?php echo $list[numbers]; ?>&act=edit">
             修改梦想</a>  </div>
    </td> <!--通过GET方法传递id的值，和调用edit程序模块显示修改表单-->
  </tr>
<?php
}
```

图 9-48　创建管理梦想列表

2. **设计修改梦想链接**　“修改梦想”的链接地址是 main.php?id=<?php echo $list[numbers]; ?>&act=edit，在地址上使用 GET 方法，id 传递的数据是当前记录的 id 号，能够让表单显示当前记录，参数 act 传递 edit，通过 act 的值调出表单程序模块。如图 9-49 所示为使用 GET 方法对传递信息判断的过程。

```
<?php
 if($_GET['act'] == "edit")     //判断GET方法传递的参数的值是否等于edit
 {
     if(empty($_GET['id']))     //再通过空函数判断GET方法传递的id值是否为空值
     {
        Error("非法操作...","main.php?act=guanli");//如果为空值，则返回管理页面
        die();                                     //终止程序执行
     }
     $zs= $access->query("SELECT * FROM xuesheng WHERE numbers='".$_GET['id']."'");
     //执行查询所有学号等于GET方法传递的id的值
   $edit=$access->fetch_array($zs)  //获得查询结果的数组指针
 ?>
```

图 9-49　GET 信息接收和判断

3. **设计修改梦想表单**　当$_GET['act']的值为 edit 时，按图 9-50 所示设计修改梦想表单。
4. **处理修改记录程序**　按图 9-51 所示使用 POST 方法获取表单数据，执行 update 语句完成数据修改操作。

```
<form action="index.php?act=editmx" method="post" name="form1" onSubmit="return doCheck();">
    <p>修改梦想</p>
    <label for="textfield">学 号:</label>
      <input type="text" name="numbers" maxlength="150" size="40" value="<?=$edit[numbers]?>">
    </p>
    <p>组 号:
    <input type="text" name="zuhao" maxlength="50" size="40" value="<?=$edit[zuhao]?>">

    </p>
    <p>真实姓名:
      <input type="text" name="name" maxlength="20" size="40" value="<?=$edit[name]?>">
     <font color="#FF0000">*</font></p>
    <p>梦想:
      <textarea name="dream" cols="60" rows="10"  value="<?=$edit[dream]?>" ><?=$edit[dream]?>
      </textarea>
              </p>
     <p align="center">
         <input type="submit" name="submit" value="修改">
            
        <input type="reset" name="Submit2" value="取消"
        onClick="document.location.href='sxdream.php';">
    </p>
</form>
```

图 9-50　设计修改梦想表单

```
<?php if($_GET['act'] == "editok")//判断GET方法提交act的值等于editok执行下面的代码
{
    if(empty($_POST['numbers']))//如果POST方法提交的学号为空
    {
        Error("非法操作...","main.php?act=guanli");//弹出非法操作提示对话框
        die();//终止程序
    }
    $numbers=SafeHtml($_POST['numbers']);//用POST方法传递的numbers值赋值给变量$numbers

    $zuhao=$_POST['zuhao'];////用POST方法传递的zuhao值赋值给变量$zuhao
    $name=SafeHtml($_POST['name']);////用POST方法传递的name值赋值给变量$name
    $dream=$_POST['dream'];////用POST方法传递的dream值赋值给变量$dream
    $ecs=$access->query("update `xuesheng` set
    numbers='".$numbers."',zuhao='".$zuhao."',name='".$name."',dream='".$dream."' where
    numbers='".$numbers."'");//执行update语句修改数据库中表的记录
    if($ecs)//如果执行结果返回值不为零，则弹出修改成功对话框
    {
    Error("修改成功！","main.php?act=guanli");
    }
}?>
```

图 9-51　处理修改记录程序

知识库

1. SQL 查询语句 update 的用法

update 用于修改表中的记录，其语法格式为：UPDATE 表名称 SET 列名称 = 新值 WHERE 列名称 =某值；，例如，update 'xuesheng' set numbers='".$numbers."',zuhao= '".$zuhao."',name='".$name."',dream='".$dream."' where numbers='".$numbers."'"。

2. PHP 自定义函数 error()

PHP 不仅有丰富的库函数，也可以自定义函数，如图 9-52 所示，error()函数有两个变量，分别是消息和链接地址，函数功能是弹出消息对话框，当点击返回时，跳转到链接地

址参数指定的页面。

```
function Error($msg="",$url="")
{
    $refererUrl = $url ? $url : ($_SERVER["HTTP_REFERER"] ? $_SERVER["HTTP_REFERER"] : "index.php");
    echo "<br /><br /><br /><table width='50%' align='center'><tr><td style='font:normal 12px 宋体,Tahoma,Arial;text-align:center;color:#000000;background:#ffffff;border:1px #D4D4D4 solid;padding:10px'>".$msg."<br /><br /><a href='".$refererUrl."'>点击返回</a></td></tr></table>";
    die();
    return true;
}
```

图 9-52　自定义函数 error()

9.3.5　删除记录

删除记录

网站管理员经常需要对数据库中的表记录进行删除操作，删除操作使用 delete 语句，而删除通常只能删除整条记录，不能删除部分字段里的内容。

实例 9　删除梦想信息

打开“我们的梦想”页面，如图 9-53 所示，在需要删除的记录后面单击“删除梦想”链接，即可完成对记录的删除操作。

图 9-53　删除学生梦想记录

设计管理页面，然后编写删除记录程序模块，完成删除记录操作。

跟我学

1. **创建删除记录列表**　与管理梦想记录页面内容相同，需要注意的是，删除梦想 onclick 事件是一段 js 脚本，调用 confirm()函数，弹出提示对话框，如图 9-54 所示，输入删除梦想的 onclick 事件 js 代码。
2. **执行删除记录程序**　如图 9-55 所示，输入删除记录的程序模块，完成删除记录操作，保存文档，输入网址测试删除梦想记录功能。

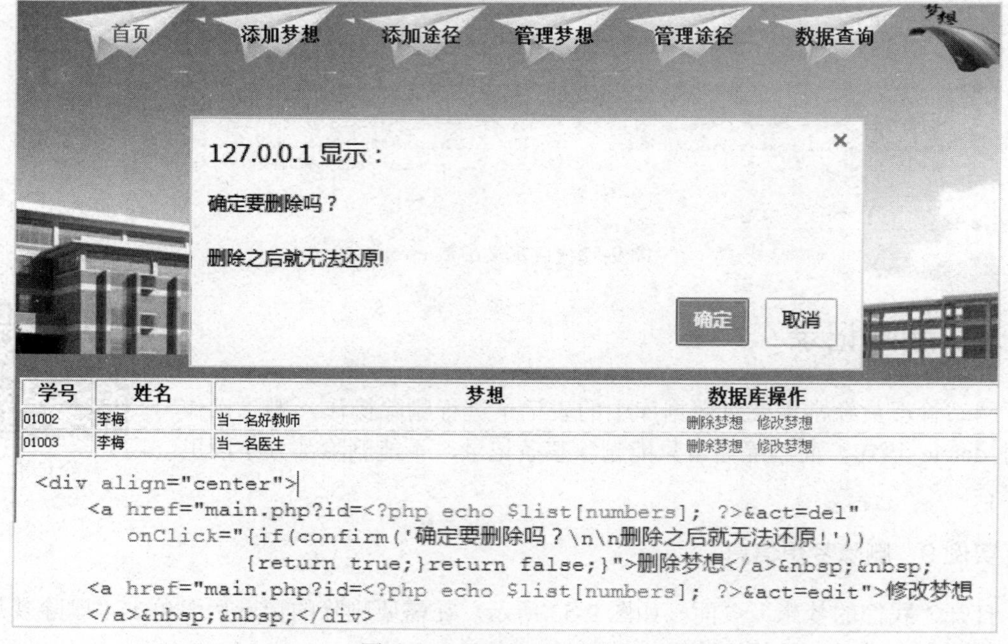


```
<div align="center">
    <a href="main.php?id=<?php echo $list[numbers]; ?>&act=del"
      onClick="{if(confirm('确定要删除吗？\n\n删除之后就无法还原！'))
              {return true;}return false;}">删除梦想</a>  
    <a href="main.php?id=<?php echo $list[numbers]; ?>&act=edit">修改梦想
    </a>  </div>
```

图 9-54　设计管理梦想页面

```
if($_GET['act'] == "del")//根据GET接收act的值若为del执行删除操作
{
    if(empty($_GET['id']))//根据GET接收id的值若为空弹出非法操作提示框
    {
        Error("非法操作...","main.php?act=guanli");
        die();//终止程序
    }
    $access->query("delete from xuesheng where numbers='".$_GET['id']."'");
    //执行删除sql语句操作，删除GET方法传递的id值等于学号的记录
    Error("删除成功！","main.php?act=guanli");//弹出删除成功对话框
    echo "删除成功";
}
```

图 9-55　执行删除记录程序

知识库

1. 删除信息 delete 语句的用法

delete 语句用于删除表中的行，其语法格式为：delete from 表名称 where 列名称 = 值。例如，实例中的删除语句：delete from xuesheng where numbers='".$_GET['id']."'，删除学号等于 GET 方法接收值的记录。若要删除所有行，则 SQL 语句为：delete * from xuesheng。

2. PHP 库函数 die()的用法

die()函数输出一条消息，并退出当前脚本，其语法格式为：die(message)，其中，message 参数可有可无。

9.4　制作动态网站案例

动态网站主要用于信息的发布，信息保存在数据库中，管理员能通过后台管理页面发布和维护信息。动态页面通过程序调用数据库信息，生成首页及各个频道和栏目页面内容。

9.4.1　站点分析

1. 网站需求分析

站点分析

需求分析是开发网站的必要环节。网站的需求分析如下。

- 主要是为了展示校园风采，发布一些通知公告和校园新闻，因此采用三级框架模式：首页—栏目列表页—内容页。
- 学校网站的游客可以浏览网站的主题内容，但不能修改和添加内容。
- 系统管理员可以登录网站后台，设置频道和栏目，发布各个栏目频道的信息。

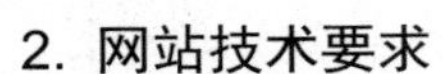

2. 网站技术要求

使用 PHP 和 MySQL 开发设计校园网站，在 Windows 操作系统下，可通过 IIS 建立职业学院站点，在校园网内可以通过 IP 地址访问站点，也可以在网站设计完成后，上传到虚拟主机空间，供访问者浏览。

实例 10　建立职业学院网站站点

动态网站需要服务器的支持，建立本地站点后，在地址栏中输入网址，才能测试动态网页的执行效果。如图 9-56 所示为建立职业学院网站 IIS 的站点。

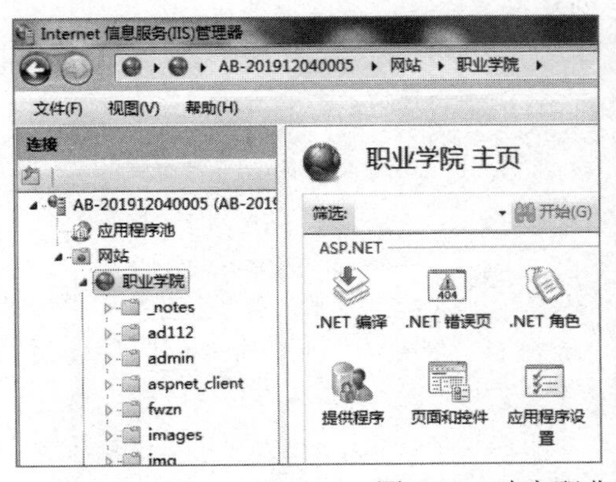

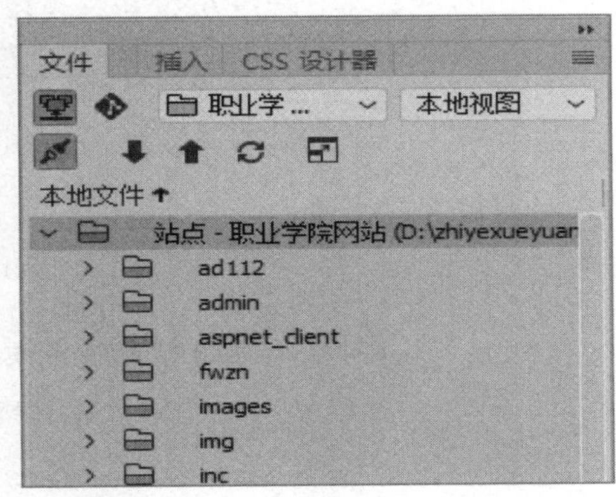

图 9-56　建立职业学院网站 IIS 的站点

首先在 IIS 创建“职业学院”站点，然后在 Dreamweaver CC 2018 站点管理中添加职业学院网站站点。

跟我学

1. **创建IIS站点** 运行IIS，按图9-57所示操作，完成IIS站点的创建。

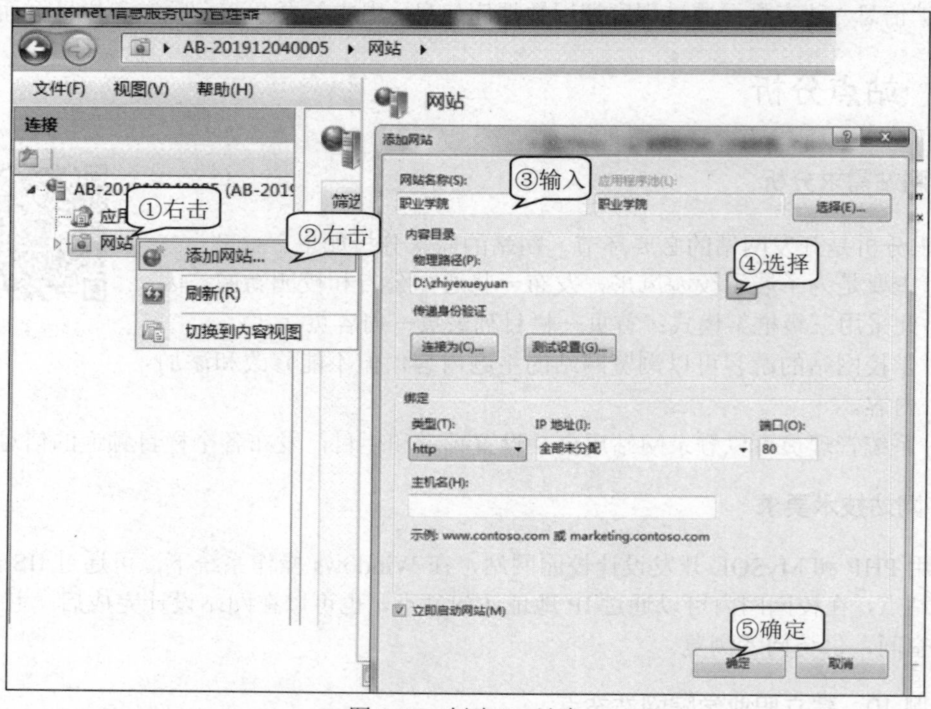

图 9-57　创建 IIS 站点

2. **建立Dreamweaver站点** 运行Dreamweaver CC 2018软件，选择“站点”→“新建站点”命令，按图9-58所示操作，创建站点。

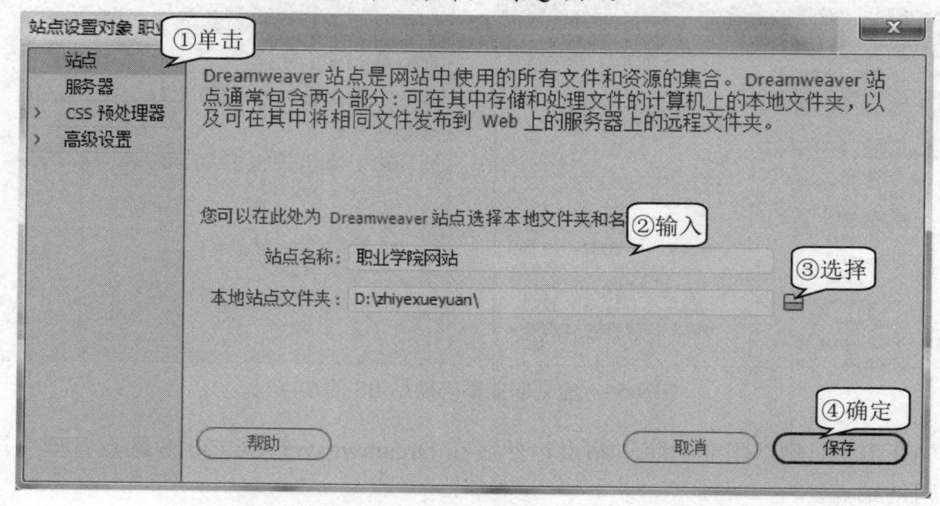

图 9-58　建立 Dreamweaver 站点

3. **新建文件夹**　按图 9-59 所示操作，完成文件夹的创建，分类管理图像、网页等文件。

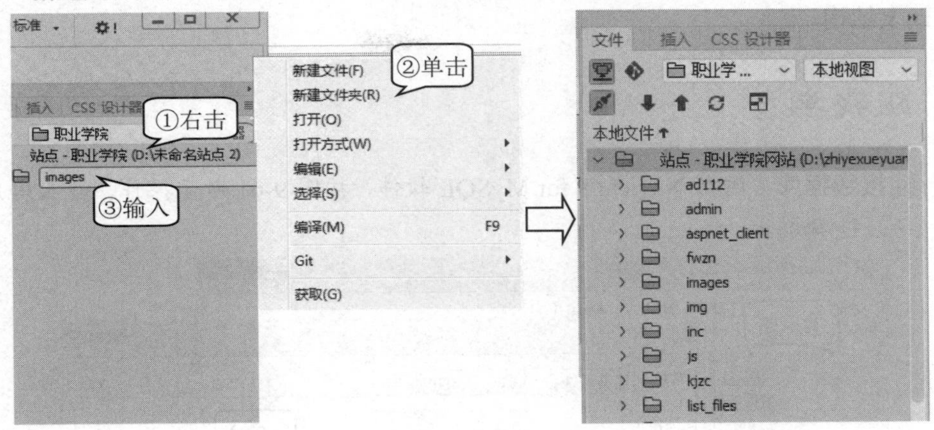

图 9-59　新建文件夹

4. **添加素材**　将收集到的图片、动画等素材，复制到 images 文件夹中。

9.4.2　设计数据库

设计数据库

网站数据库根据需要由不同的表组成，通过使用 Navicat 8 for MySQL 可以很方便地设计出我们需要的数据库。

实例 11　建立职业学院网站数据库

使用 Navicat 8 for MySQL 管理 MySQL 数据库，方便直观，不仅可以连接本地数据库，还可以远程连接数据库服务器上的数据，如图 9-60 所示。

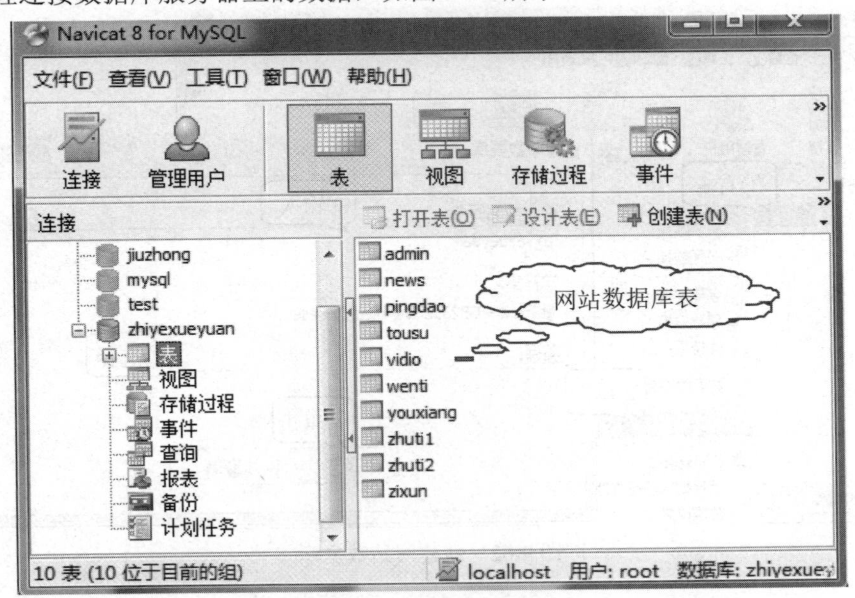

图 9-60　建立网站数据库

具体步骤：首先通过 Navicat 8 for MySQL 连接数据，创建数据库，然后设计表，通过视图创建表结构。

跟我学

1. **连接数据库** 运行 Navicat 8 for MySQL 软件，按图 9-61 所示操作，输入用户名和地址连接数据。

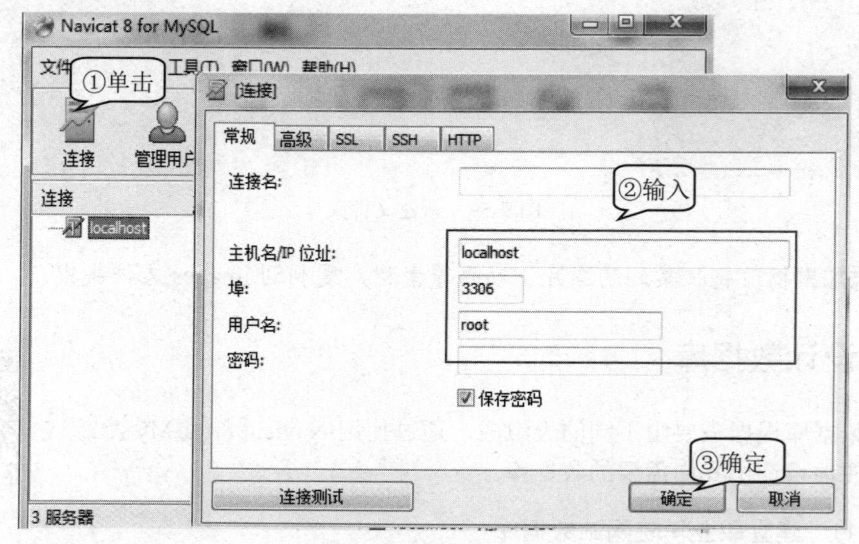

图 9-61 连接数据库

2. **新建数据库** 按图 9-62 所示操作，新建 zhiyexueyuan 数据库。

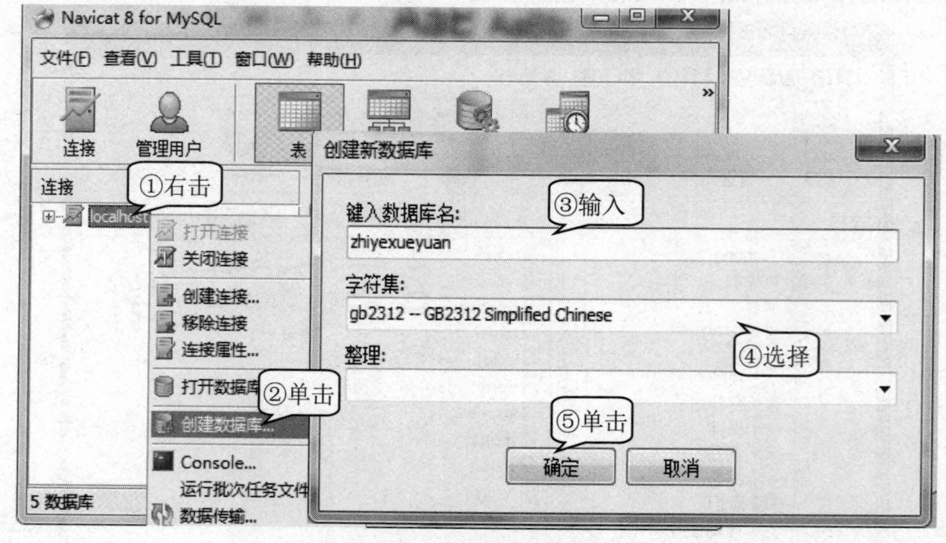

图 9-62 新建网站数据库

3. **设计数据库表**　双击新建数据库后，单击创建表，创建 admin(管理员用户表)、pindao(频道栏目表)和 news(发布信息表)，各个表的数据类型如下。

- 设计管理员信息表(admin)，如表 9-3 所示，设置表各个字段的属性。

表 9-3　admin 表

编号	字段名称	数据类型	长度	是否主关键字	字段意义
1	id	int	11	是	
2	user	varchar	10	否	管理用户登录名
3	pass	varchar	15	否	登录密码

- 设计发布信息表(news)，如表 9-4 所示，设置表各个字段的属性。

表 9-4　news 表

编号	字段名称	数据类型	长度	是否主关键字	字段意义
1	id	int	11	是	
2	title	varchar	150	否	文章标题
3	pname	varchar	50	否	频道名称
4	lname	varchar	50	否	栏目名称
5	author	varchar	50	否	作者名称
6	ntime	varchar	50	否	发布时间
7	hits	int	8	否	点击次数
8	content	mediumtext		否	发布内容

- 设计频道栏目表(pindao)，如表 9-5 所示，设置表各个字段的属性。

表 9-5　pindao 表

编号	字段名称	数据类型	长度	是否主关键字	字段意义
1	id	int	16	是	
2	pname	varchar	16	否	频道名称
3	pid	int	8	否	频道编号
4	lname	varchar	16	否	栏目名称
5	lid	int	8	否	栏目编号

9.4.3　制作首页

首页的设计灵活多样，根据不同的内容，设计不同的风格，前面章节已有详细讲述，此处不再赘述，下面我们重点讲解首页如何调用数据库中的数据。

实例 12　建立职业学院网站首页

制作首页

建立站点后，接下来的任务就是制作网站首页。通过使用表格或 DIV 进行布局规划、新建 CSS 规则、美化页面内容、编辑和美化网页内容等一系列操作，完成如图 9-63 所示的首页。

图 9-63　制作首页

首先新建 index.php 文件，设置页面属性，然后规划页面，编写程序，调用数据库数据。

跟我学

1. **新建文件**　运行 Dreamweaver 软件，在“文件”面板中，双击打开 index0.php 首页文件，另存为 index.php。
2. **编写包括代码**　选择“代码”视图，单击“插入”→PHP→“包括”命令，输入如图 9-64 所示的包括的动态网页代码。

```
<?php
include('inc/site.php');//包括一些站点信息的变量
include('inc/function.php');//包括一些常用函数
include('inc/db_class.php');//包括一些数据库类的定义
?>
```

图 9-64　编写包括代码

3. **公告调用代码**　选中公告栏目框，切换到代码视图，输入如图 9-65 所示的代码，完成公告栏调用数据库信息，生成公告列表。

```
<?php
$result=$db->query("select * from news where lname='通知公告' order by id desc limit 0,5");
//使用db类的$db->query()方法函数查询数据
 while($row=$db->getarray($result)){
//当返回结果数组不为空时，输出下面代码                          ?>
 <table width="100%" border="0" cellspacing="0" cellpadding="0" height="30">
 <tr><td width="96%" class=css>
 ·<A href="views.php?id=<?=$row[id]?>&pname=<?=$row[pname]?>" title="<?=$row[title]?>"
    target=_blank><?=CutString($row[title],15)?></a></td></tr></tr>
</table>
<?php
}
?>
```

图 9-65　公告调用代码

使用select语句可以生成栏目框里的列表，如select * from news where lname='通知公告' order by id desc limit 0,5，查询栏目名称等于通知公告的所有记录信息，并按照表id 字段降序排列限制5条记录。其他栏目框内代码类似，只要更改栏目名称即可。

4. **轮显图片代码**　轮显动画应用了js特效，输入如图9-66所示的代码，在特效代码中编写PHP代码调用数据库中的数据，完成js特效的数据库信息调用。

```
<?php
$result=$db->query("select title,pname,photo,id from news
where istop=1  order by id desc limit 0,5");
//这就是指定数据库字符集，一般放在连接数据库后面就系了
while($row=$db->getarray($result)){
?>
ati('views.php?id=<? echo $row["id"]; ?>&pname=
<?=$row[pname]?>','<? echo $row["photo"]; ?>','<? echo $row["title"]; ?>');
<?
    }
?>
```

图 9-66　轮显图片数据调用代码

5. **学校新闻栏目代码**　选中学校新闻栏目内容框，输入如图9-67所示的代码，编写PHP代码调用数据库中的数据，完成数据库信息调用。

```
<?php
$result=$db->query("select * from news where lname='学校新闻'
order by id desc limit 0,10");
while($row=$db->getarray($result)){
?>
    <table width="100%" height="26" border="0" cellpadding="0" cellspacing="0"
    background="img/line_txt_24.gif">
   <tr>
  <td width="90%" height="20" align="left" class=css><a
  href="views.php?id=<?=$row[id]?>&pname=<?=$row[pname]?>"  title="<?=$row[title]?>"
  target=_blank><img src="img/ico.jpg" width="7" height="7">
   <?=CutString($row[title],40)?>
  </a></td> <td width="28%" class=css><?=$row[ntime]?></td> </tr>
  <tr> <td background=images2/nes_line.jpg colspan=3
     height=6></td></tr> </table><?php } ?>
```

图 9-67　学校新闻栏目代码

6. **校园掠影特效代码** 选中校园掠影栏目内容框，输入如图 9-68 所示的代码，编写 PHP 代码调用数据库中的数据，完成数据库信息调用。

```
<DIV id=demo style="OVERFLOW: hidden; WIDTH: 983px; HEIGHT: 140px">
<TABLE cellPadding=0 align=left border=0 cellspace="0">
 <TBODY>
 <TR>
 <TD id=demo1 vAlign=top>
   <TABLE cellSpacing=0 cellPadding=0 width="100%" border=0>
   <TBODY>
    <TR>
<?php
$result=$db->query("select * from news where lname='校园风光' order by id desc limit 0,9");
while($row=$db->getarray($result)){?>
<TD style="PADDING-RIGHT: 5px; PADDING-LEFT: 5px; PADDING-BOTTOM: 0px; PADDING-TOP: 0px"
 align=middle width="50%">
    <A href="views.php?id=<?=$row[id]?>" target=_blank>
<IMG style="BORDER-RIGHT: #666666 1px solid; BORDER-TOP: #666666 1px solid;
BORDER-LEFT: #666666 1px solid; BORDER-BOTTOM: #666666 1px solid"
     height=126 src="<?=$row[photo]?>"
width=180></A></TD><? }?> </TR></TBODY></TABLE></TD>
<TD id=demo2 vAlign=top></TD></TR></TBODY></TABLE></DIV>
```

图 9-68　校园掠影调用代码

7. **保存文件** 选择“文件”→“保存”命令，保存首页文件。

其他栏目，如教育教学、走进学院等首页栏目，调用编写都是相似的，不同之处在于查询语句的查询条件中的 lname 字段等与栏目名不同。

9.4.4　制作列表页面

制作列表页面

列表页面主要用于频道或栏目页面内容的展示，不仅有文字列表，也可以显示图片列表，这里主要用到了数据查询操作，查询对应的栏目信息列表，将标题和时间按降序显示出来。

实例 13　建立职业学院列表页面

站点首页完成后，接下来的任务就是分栏目页面的制作，栏目页主要以栏目列表和图片混排的方式，效果如图 9-69 所示。

打开 list0.php 文件，另存为 list.php，在原来的版面基础上，编写导航栏目列表代码和当前栏目列表代码。

图 9-69　制作栏目列表页面

跟我学

1. **打开文件**　运行 Dreamweaver 软件，在“站点管理”面板中，双击打开 list0.php 列表文件，另存为 list.php。
2. **导航栏目列表**　单击左侧导航栏目区域，编写如图 9-70 所示的代码，实现导航栏目列表的制作。

```
<?php
$result=$db->query("select * from pingdao where pname='".$_GET[pname]."' ");
while($row=$db->getarray($result)){
?>
 <table width="100%" border="0" cellspacing="0" cellpadding="0" height="32">
<tr>
  <td width="96%" height="32" align="center" background="img/11.jpg" class=css><A
 href="../list.php?lname=<?=$row[lname]?>&pname=<?=$row[pname]?>"
  target=_blank>
 <?=CutString($row[lname],20)?>
 </a></td>
  </tr>
 </table>
 <?php  } ?>
```

图 9-70　制作栏目列表页面

3. **当前栏目列表**　单击列表区域，编写如图 9-71 所示的代码，实现当前栏目列表显示的功能。
4. **实现列表分页**　分页效果需要包括分页类 fy.php 文件，按图 9-72 所示操作，编写调用类的方法实现分页效果，具体类代码查看素材中 inc 文件夹下的 fy.php 文件。

```
<?php
$result=$db->query("select * from news
where lname='$nid'order by id desc limit $offset,$num");
while($row=$db->getarray($result)){
?>
<tr>
 <td width="531" height="37"  valign="top" class="STYLE11"
     style="padding:8px 8px 8px 8px;">
  ·<a href="views.php?id=<?=$row[id]?>&pname=<?=$row[pname]?>">
     <?php echo $row[title]; ?></a><br />          </td>
 <td width="120"  valign="top"  style="padding:8px 8px 8px 8px;">
<?php echo $row[ntime];?></td> </tr><TR>
 <TD background=../images/bg_xx.gif colSpan=2 height=1></TD></TR>
 <TR>
<TD background=../images/bg_xx.gif colSpan=2
 height=1></TD></TR><?php }?>
```

图 9-71　当前栏目列表代码

```
<?php
session_start();//创建新的会话
include('inc/site.php');//包括一些站点信息的变量
include('inc/function.php');//包括一些常用函数
include('inc/db_class.php');//包括一些数据库类的定义
$nid=$_GET["lname"];//GET方法获取栏目名称
$page=isset($_GET['page'])?intval($_GET['page']):1;
//这句就是获取page=18中的page的值，假如不存在page，那么页数就是1。
$num=12;
$total=$db->getcount("select * from news where lname='$nid'");
//统计记录总数，赋值给变量$total
if($result=$db->getfirst("select * from news where
lname='$nid' and istop=1 order by id desc"))
//如果有置顶的记录，则总数减一
{
$total=$total-1;
}
//页码计算
$pagenum=ceil($total/$num);          //获得总页数,也是最后一页
$page=min($pagenum,$page);//获得首页
$prepg=$page-1;//上一页
$nextpg=($page==$pagenum ? 0 : $page+1);//下一页
$offset=($page-1)*$num;   ?>

<?php
include 'inc/fy.php';        显示分页链接
$page=new page(array('total'=>$total,'perpage'=>$num));
echo $page->show(3);
?>
```

图 9-72　实现列表分页代码

PHP 是开源的开发工具，网上有很多的功能类，可以在版权许可范围内使用这些类，以提高我们开发网站的速度。

9.4.5　制作内容页面

制作内容页面

动态网站的内容页面是超级链接打开的当前记录的页面，用于显示记录内容字段的详细内容。

实例 14　建立职业学院网站内容页面

动态网站可以只有一个内容页面，通过 GET 传递 id 值，程序根据 id 值，执行查询操作，调取数据库中的记录信息，显示在动态内容页面上，效果如图 9-73 所示。

图 9-73　建立职业学院网站内容页

打开已经设计好的网页版面，选中需要编写代码的内容区域，编写数据库查询程序，并将内容显示在内容框中。

跟我学

1. **打开文件**　运行 Dreamweaver 软件，在“站点管理”面板中，双击打开 views0.php 列表文件，另存为 views.php。
2. **编写阅读数代码**　将光标定位到页面开始位置，输入如图 9-74 所示的代码，实现更新阅读次数统计功能。
3. **编写显示内容代码**　选择内容信息显示框，输入如图 9-75 所示的代码，实现发布内容信息的显示功能。
4. **保存网页**　按 F12 键浏览网页后，保存网页。

```
▼ <?php
include('inc/site.php');//包括一些站点信息的变量
include('inc/function.php');//包括一些常用函数
include('inc/db_class.php');//包括一些数据库类和方法的定义
$nid=$_GET["id"];//通过GET方法传递超链接记录的关键字
$teachedit=$db->query("select * from news where id='$nid'");
//查询id等于链接传递id值的记录
$show=$db->getarray($teachedit);//获取查询结果的记录数组
$hits=$show[hits]+1;//将原记录中的数加1赋值给$hits变量
$db->update("update news set hits='$hits' where id='$nid'");
//修改记录的点击数值
?>
```

图 9-74　更新阅读次数

```
<?php
$result=$db->query("select * from news where id='".$_GET[id]."'");
//查询与GET传递id值相等的记录
while($row=$db->getarray($result))
{
?>
 <TABLE cellSpacing=0 cellPadding=3 width="100%" align=center border=0
         class="lb2" >
<TBODY>
<TR><TD class=STYLE19 align=middle><? echo $row[title]?></TD> </TR>
<TR> <TD style="COLOR: #333333" align=middle bgColor=#86d2f7
              height=22>发布时间：<? echo $row[ntime]?>  [字号：<A class=link33
              onclick=zoom(16); href="javascript:;">大</A> <A class=link33
              onclick=zoom(14); href="javascript:;">中</A> <A class=link33
              onclick=zoom(12); href="javascript:;">小</A>]
        阅读次数：<? echo $row[hits]?></TD>
         </TR>
         <TR>
           <TD height=8><p><? echo $row[content]//输出content字段内容信息
               ?></p></TD></TR>
```

图 9-75　编写显示内容代码

9.4.6　制作管理页面

制作管理页面

动态网站的管理后台必不可少，而管理后台的主要功能就是对数据库中表的记录进行修改、删除、添加操作。

实例 15　建立职业学院网站管理页面

动态网站需要管理后台，方便管理员对网站数据信息进行管理和维护，管理员通过管理后台，对数据库信息进行管理和维护，如图 9-76 所示。

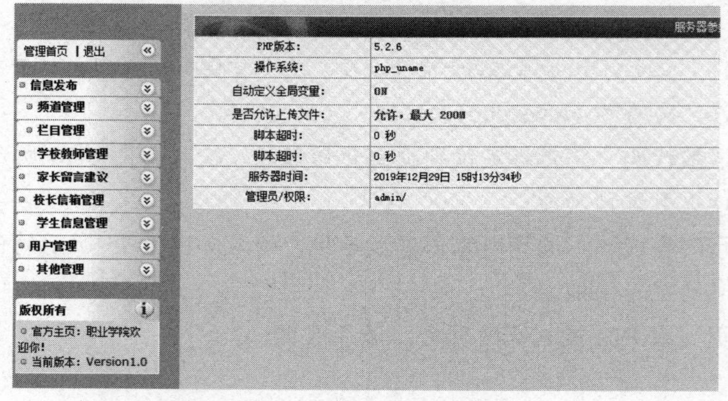

图 9-76　网站后台管理页面

网站后台设计，首先设计登录界面，只能有管理员权限的用户才能对网站进行管理，其次设计管理网站用户和管理发布信息的功能。

跟我学

1. **制作登录界面**　运行 Dreamweaver 软件，打开文件 admin/login0.php，另存为 admin/login.php，按图 9-77 所示操作，完成登录页面设计。

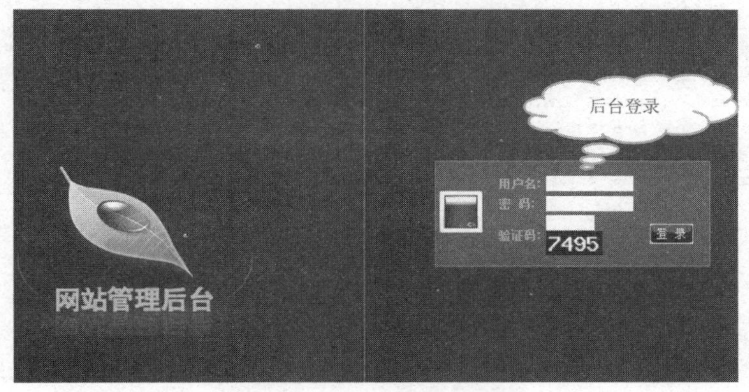

图 9-77　网站后台登录页面

2. **验证登录程序**　登录 form 表单提交给页面执行，单击左边功能菜单，具体操作在右边框架显示，按图 9-78 所示编写显示代码。

```
<?php
session_start();//检测创建会话
include('../inc/site.php');//包含站点信息变量
include('../inc/db_class.php');//包含数据库类
include('../inc/function.php');//包含一些常用的PHP自定义函数
$user1=htmlspecialchars($_POST["user"]);//将变量用POST传递来的数据赋值
$pass1=htmlspecialchars($_POST["pass"]);//将变量用POST传递来的数据赋值
$number1=htmlspecialchars($_POST["number"]);//将变量用POST传递来的数据赋值
if (empty($user1))//判断用户是否为空
  {echo ("<script type='text/javascript'>
  alert('用户名不能是空的');history.go(-1);</script>");
  exit;}
if (empty($pass1))//判断密码是否为空
  { echo ("<script type='text/javascript'>
  alert('密码不能是空的');history.go(-1);</script>");
  exit;}
if (empty($number1))//判断验证码是否为空
  { echo ("<script type='text/javascript'>
  alert('验证码不能是空的');history.go(-1);</script>");
  exit;}
if ($number1 != $_SESSION['code'])//判断验证码是否正确
echo ("<script type='text/javascript'>
alert('验证码输入不正确');history.go(-1);</script>");
if(!$user=$db->getfirst("select * from admin where
user='".$user1."' and pass='".$pass1."' "))
    //数据库查询是否用户名和密码正确
  { echo ("<script type='text/javascript'>
   alert('用户名或密码不正确');history.go(-1);</script>");
  }//如果不正确，则返回登录页面
else
  { $_SESSION['username']=$user[user];//用户名赋值给会话变量username
  ;$_SESSION["super"]=$user[super];//将权限变量赋值给变量super_
  echo "<meta http-equiv=\"refresh\" content=\"0;URL=admin.php\">";
   //跳转到admin.php刷新页面
 }
?>
```

图 9-78　验证登录程序代码

3. **设计管理界面页面** 管理页面分为左右框架的方式，单击左边功能菜单，具体操作在右边框架显示，输入如图 9-79 所示的代码，完成管理页面 admin.php 代码的编写。

```
<?php
session_start();//创建session会话
?>
<?php include('../inc/site.php');//设置站点变量信息?>
<?php include('islogin.php'); //判断管理员是否正确登录?>
<html>
<head>
<title><?php echo $sitename; ?>_管理中心</title>
<meta http-equiv="content-type" content="text/html; charset=gb2312">
<meta http-equiv="Content-Language" content="zh-CN">
<link href="images/Admin_Css.css" rel="stylesheet" type="text/css">
</head>
<frameset rows='*' id='Frame' cols='185,*' framespacing='0'
          frameborder='no' border='0'>
<frame src='left.php' scrolling='auto' id='left' name='left'
       noresize marginwidth='5' marginheight='5'><!--左侧页面框架-->
<frame src='main.php' name='main' id='main' scrolling='auto'
       noresize marginwidth='0' marginheight='0'><!--右侧页面框架-->
</frameset>
<noframes>
```

图 9-79 管理框架页面代码

4. **设计管理列表页面** 运行 Dreamweaver 软件，打开 left0.php 文件，管理菜单采用 js 折叠菜单特效，在原来的基础上更改菜单名称，链接 target 属性只有设置为 main，才能在右侧框架中打开，如图 9-80 所示。

```
<table cellpadding=0 cellspacing=0 width=158>
<tr>
<td height=20 class=menu_title
    onmouseover=this.className='menu_title2';
    onmouseout=this.className='menu_title';
   background="images/title_bg_show.gif"
    id=menuTitle1 onClick="showmenu_item(1)">
    <img src="images/bullet.gif" alt width="15"
         height="20" border="0" align="absmiddle">
    <strong>信息发布</strong></td> </tr>
      <tr> <td style="display:none;" id='menu_item1'>
  <div class=sec_menu style="width:158">
        <table width="103%"  border="0" align="center"
               cellpadding="0" cellspacing="0">
          <tr><td height="4"></td></tr>
          <tr> <td height="20"><img src="images/bullet.gif"
   alt width="15" height="20" border="0" align="absmiddle">
  <a href="news.php?act=add" target="main">发布信息</a></td>
   </tr> <tr>
            <td height="20"><img src="images/bullet.gif"
   alt width="15" height="20" border="0" align="absmiddle">
    <a href="news.php?act=list" target="main">信息管理</a></td>
          </tr> </table>
  </div></td></tr> </table>
```

图 9-80 管理列表页面代码

5. **设计用户管理**　用户管理功能由user.php实现，由两部分组成，当act值为add时，显示添加功能；当act值为list时，输入如图9-81所示的代码，实现网站的用户管理功能。

```
if($_GET['act']== "add"){?>
<form action="user.php?act=addok" method="post" name="form1"
      onSubmit="return Validator.Validate(this,2)">
<table width="98%" align="center" border="1" cellspacing="0"
       cellpadding="4" class="lanyubk"
       style="border-collapse: collapse">
<tr class="lanyuss"><td height="20"  colspan="2">添加用户</td>
</tr><tr class="lanyuds">
<td width="39%" align="left" style="padding:0px 8px;">
 <strong>用户名：</strong><br />
 长度限制为4－12字节,并以字母开头.</td>
<td width="61%" align="left"><input type="text"
 name="user" size="20" maxlength="12"
dataType="Username" msg="用户名不符合规定" />
  <span class="STYLE3">*</span></td> </tr><tr class="lanyuds">
<td align="left" valign="top" style="padding:0px 8px;">
    <strong>密码(至少5位)：</strong><br />
请输入密码，<br />请不要使用任何类似 '*'、' ' 或 HTML 字符</td>
<td align="left"><input type="password" name="pass"
size="20" maxlength="20" dataType="LimitB"
msg="密码不符合安全规则" min="5" max="20" />
 <span class="STYLE3">*</span></td>
 </tr><tr class="lanyuds">
 <td align="left" style="padding:0px 8px;">
     <strong>确认密码：</strong><br />
   <td align="left"><input type="password" name="cuserpass"
  size="20" maxlength="20"
 dataType="Repeat" to="pass" msg="两次输入的密码不一致" />
   <span class="STYLE3">*</span></td>
 </tr></table>
 <table width="98%" border="1" align="center"
        cellpadding="4" cellspacing="0"
        class="lanyubk" style="border-collapse: collapse">
 <tr class="lanyuqs"><td height="23" align="right"
 colspan="2"><p align="center">
   <input type="submit" name="submit" value="新增会员">
        
   <input type="reset" name="Submit2" value="取消"
 onClick="document.location.href='user.php?act=list';">
   </p></td></tr> </table></form>
 <?php
 }
```

图9-81　管理用户代码

9.5 小结和习题

9.5.1 本章小结

动态网站能够实现网站的统一风格，基于数据库的网站系统，管理和维护效率高，可以和浏览者实现交互。本章主要介绍了在 IIS 7 下运行 PHP 和 MySQL 站点的安装配置方法，以及使用 PHP 编写程序对数据库调用数据的基本操作方法，具体包括以下主要内容。

- 站点环境的搭建：站点环境的搭建是关键部分，包括 IIS 7、MySQL 和 PHP 的安装及配置等。
- PHP 连接数据库：通过设计数据库的操作类、创建类的方法连接数据库，避免了每个页面都重复操作。
- 添加数据库记录：使用 insert 语句添加数据库记录，格式固定，但注意标点符号不能有错误，否则无法执行 SQL 语句。
- 查询数据库记录：查询数据库记录分为条件查询和非条件查询，首页调用数据记录通常采用按照自增字段 id 逆序的方法，这样最新的记录就会排在列表的前面。
- 修改数据库记录：修改数据库的记录使用 update 语句，主语为 SQL 语句的格式。
- 删除数据库信息：删除数据库信息使用 delete 语句，可以删除表和某条记录。
- 制作动态网站：分析动态网站、设计数据，开发动态网站首页、列表页和内容页。

9.5.2 本章练习

一、思考题

1. 使用类的方法操作数据库和直接使用 PHP 库函数对数据库操作相比较有什么优点？

2. 处理表单的方式有哪些？各有什么特点？

二、操作题

1. 根据所给的网站素材，创建站点，导入数据库到 MySQL 中，收集自己学校的资料并将其更改为自己学校的系网站或社团网站。

2. 设计一个 PHP 开发的简单的班级留言板小程序，数据库采用 MySQL，功能要求如下：能够通过用户名和密码登录留言板，能够添加、查询、修改和删除自己的留言信息。

第10章

网站建设与发布

在完成本地站点所有页面的制作工作后，整个网站并不能直接投入使用，而是必须经过全面、系统的测试。当网站能够稳定地运行后，才能将站点上传到已经准备好的服务器空间中。

为保证网站正常发布，要做好硬件和软件平台的建设，包括申请服务器空间和管理、申请域名和管理、选择合适的服务器操作系统和数据库管理系统，并进行网站的远程测试和上传工作。此外，单位或个人网站，都需要提供相关认证材料，到域名注册机构、工信部和公安部门分别进行登记认证。认证通过后，网站即可正常访问。

网站发布后，要及时进行维护，包括更新内容、网页版面的调整及栏目的设置等，以增加访问量。另外，根据主办方和访问者的需求，优化网站功能和相关的网页代码等。

为增加网站的访问量，还要积极地做网站的宣传和推广工作。

本章将从网站硬件、软件平台的建设，测试和上传站点，维护和优化网站，宣传网站，推广网站5个方面介绍相关的知识和操作方法。

本章内容：

- 申请空间和域名
- 建设网站软件环境
- 测试和上传站点
- 发布和维护网站
- 宣传和推广网站

10.1 申请空间和域名

网站制作完成后，应该在网上申请一定大小的远端服务器空间，方便将站点文件夹上传到远端服务器上。之后，再为网站注册一个域名，并做好域名解析。

10.1.1 申请网站空间

申请网站空间

在互联网中，网站空间就是存放网站内容的空间。网上免费空间受试用期和相关功能的限制，正规网站一般不选用这种方式，而是选择购买网站空间，购买后，注册商一般会给空间分配至少一个 IP，这里的 IP 就是域名要解析的 IP。

实例 1　中小学信息技术教育网申请空间

在中网科技网首页，为“中小学信息技术教育网”申请网站空间。

跟我学

1. **会员注册登录**　进入中网科技网，按图 10-1 所示操作，单击“注册”文字链接，进入会员注册页面，填写会员注册信息，注册成功后，再单击“登录”文字链接，进行会员登录。

图 10-1　会员注册登录

2. **选择云服务器**　在中网科技首页，按图 10-2 所示操作，选择要订购的云服务器。

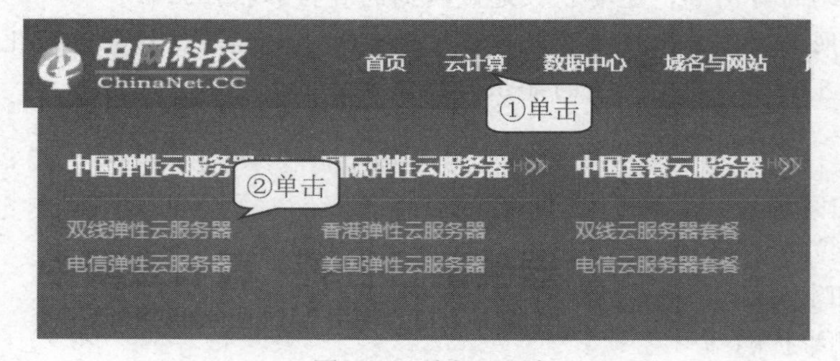

图 10-2　选择云服务器

3. **订购服务器**　按图 10-3 所示操作，选择服务器的硬件配置，立即订购云服务器。

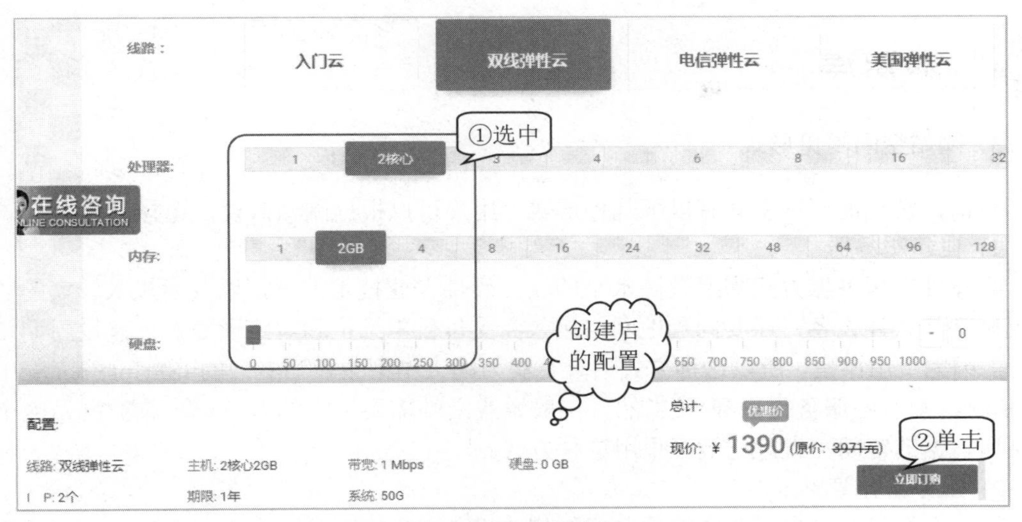

图 10-3 订购服务器

这里订购的云服务器是一年期的，下一年若要继续使用，则需要续费。

4. **完成购买** 在支付页面中，通过支付为会员账号中充值对应的现价，进行支付，完成云服务器的购买。

5. **远程登录服务器** 选择“开始”→“所有程序”→“附件”→“远程桌面连接”命令，按图 10-4 所示操作，远程登录云服务器。

图 10-4 远程登录服务器

知识库

1. 网站空间常见形式

目前，常见的网站空间有以下几种形式，用户可以根据网站需要，选择一种形式。

1) 自建服务器

自建独立服务器方式需要较高水平的软、硬件专业技术人员，以及要投入较大的资金购置硬件和软件设备，还要向当地网络接入商支付日常维护和线路通信费，建设周期相对较长。因为费用昂贵，所以这种方式适合有实力的大中型企业和专门的ISP(Internet Service Provider，互联网服务提供商)。当然，一般游戏网站需要独立的服务器，企业网站或个人网站所占据的空间不大，一般不采用这种方式。

2) 服务器托管

服务器托管是将自己购置的服务器及相关设备，托管到具有完善机房设施和运营经验的网络数据中心内，以便使系统达到安全、可靠、稳定、高效运行的目的。这种方式适合中小型企业和一些游戏网站使用。

3) 服务器租用

服务器租用方式，是指用户无须自己购置设备，而是租用服务商提供的硬件设备，由服务商负责基本软件的安装、配置，并保证基本服务正常运行。相对于前两种方式，服务器租用方式的费用有所降低，适合中小型企业和一些游戏网站使用。

4) 虚拟主机

虚拟主机指的是将一台运行在互联网上的真实主机资源，划分成多个“虚拟”的服务器，每一个虚拟主机都具有独立的域名和完整的Internet服务器功能，每个用户承受的硬件费用、网络维护费用、通信线路的费用都大幅度降低，是目前常见的网站空间方式之一。它适合一些企业和个人网站使用。

5) 云服务器

云服务器又叫云计算服务器或云主机，使用了云计算技术，整合了数据中心三大核心要素：计算、网络与存储。云服务器基于集群服务器技术，虚拟出多个类似独立服务器的部分，具有很高的安全性和稳定性。当出现故障时，云服务器能够一键恢复故障前的所有数据，从而保证数据永久不丢失，是目前常见的、受欢迎的网站空间方式之一。

2. 选购服务器的原则

网站发布时，要考虑站点存放在什么样的服务器上。选购服务器，一般来说，要遵循以下四个原则。

1) 稳定性原则

对于服务器而言，稳定性是最为重要的。为了保证网络的正常运转，首先要确保服务器的稳定运行，如果无法保证正常工作，将造成无法弥补的损失。

2) 针对性原则

不同的网络服务对服务器配置的要求并不相同。例如，文件服务器、FTP 服务器和视频点播服务器要求拥有大内存、大容量和高读取速率的磁盘，以及充足的网络带宽，但对 CPU 的主频要求并不高；数据库服务器则要求高性能的 CPU 和大容量的内存，而且最好采用多 CPU 架构，但对硬盘容量没有太高的要求；Web 服务器也要求有大容量的内存，对硬盘容量和 CPU 主频均没有太高要求。因此，用户应当针对不同的网络应用，选择不同的服务器配置。

3) 小型化原则

除了为提供一些高级的网络服务不得不采用高性能服务器外，建议不要为了将所有的服务放置在一台服务器上，而去购置高性能服务器。第一，服务器的性能越高，价格会越昂贵，性价比也就越差；第二，尽管服务器拥有一定的稳定性，但是，一旦服务器发生故障，将导致所有的中断；第三，当多种服务的并发访问数量较大时，会严重影响响应速度，甚至导致系统瘫痪。

因此，建议为每种网络服务都配置不同的服务器，以分散访问压力。另外，也可购置多台配置稍差的服务器，采用负载均衡或集群的方式满足网络服务需求，这样，既可节约购置费用，又可大幅提高网络稳定性。

4) 够用原则

服务器的配置在不断提升而价格在不断下降，因此，只要能满足当前的服务需要并适当超前即可。当现有的服务器无法满足网络需求时，可以将它改为其他对性能要求较低的服务器(如 DNS、FTP 服务器等)，或者进行适当扩充，或者采用集群的方式提升其性能，然后，再为新的网络需求购置新型服务器。

3. 云服务器购买的一般流程

云服务器的购买一般是“注册用户→在线支付→购买云服务器”，实时开通。开通后，登录用户管理区→云服务器管理→管理→预装操作系统，可以选择 Windows 2003、Windows 2008、Windows 2012、Cent OS 6.5 等操作系统，系统安装需要 10~25 分钟，系统安装完成后，就可以通过远程连接进行其他应用操作。

10.1.2　注册域名

网站制作完成后，需要将站点文件夹上传到远端服务器上，这样接入互联网的所有用户都可以浏览网站。在站点上传之前，应该在网上为网站注册一个域名，申请一定的空间。国内外有许多正规的大型域名申请机构，在域名注册时，只要选择一家机构申请即可。

注册域名

实例 2　中小学信息技术教育网注册域名

在中网科技首页，为“中小学信息技术教育网”注册域名为 ahjks.cn，并介绍注册域名的一般过程。

跟我学

1. **查询域名是否被注册** 单击首页顶部导航栏中的“域名与网站”文字链接，进入域名注册页面，按图 10-5 所示操作，注册后的会员(申请人)需要先查询拟注册的英文域名是否已经被注册。

图 10-5 查询域名是否被注册

2. **选择域名注册** 在查询结果页面中，按图 10-6 所示操作，选择合适的域名类型进行注册。

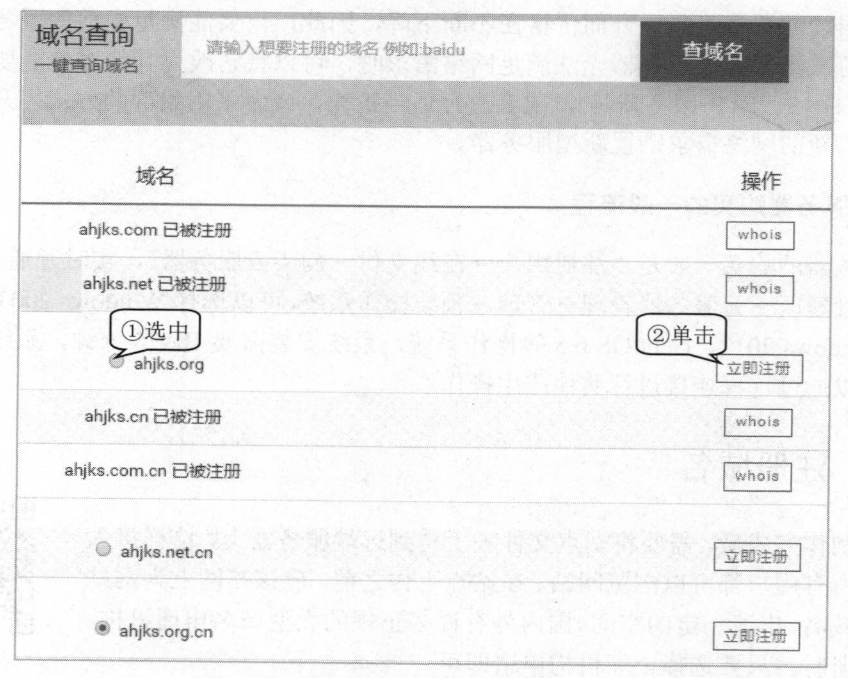

图 10-6 选择域名注册

3. **填写域名注册信息** 在域名注册信息页面中，根据提示，按图 10-7 所示操作，如实填写相关信息，单击“到下一步”按钮后，再填写注册人相关信息，完成域名注册。

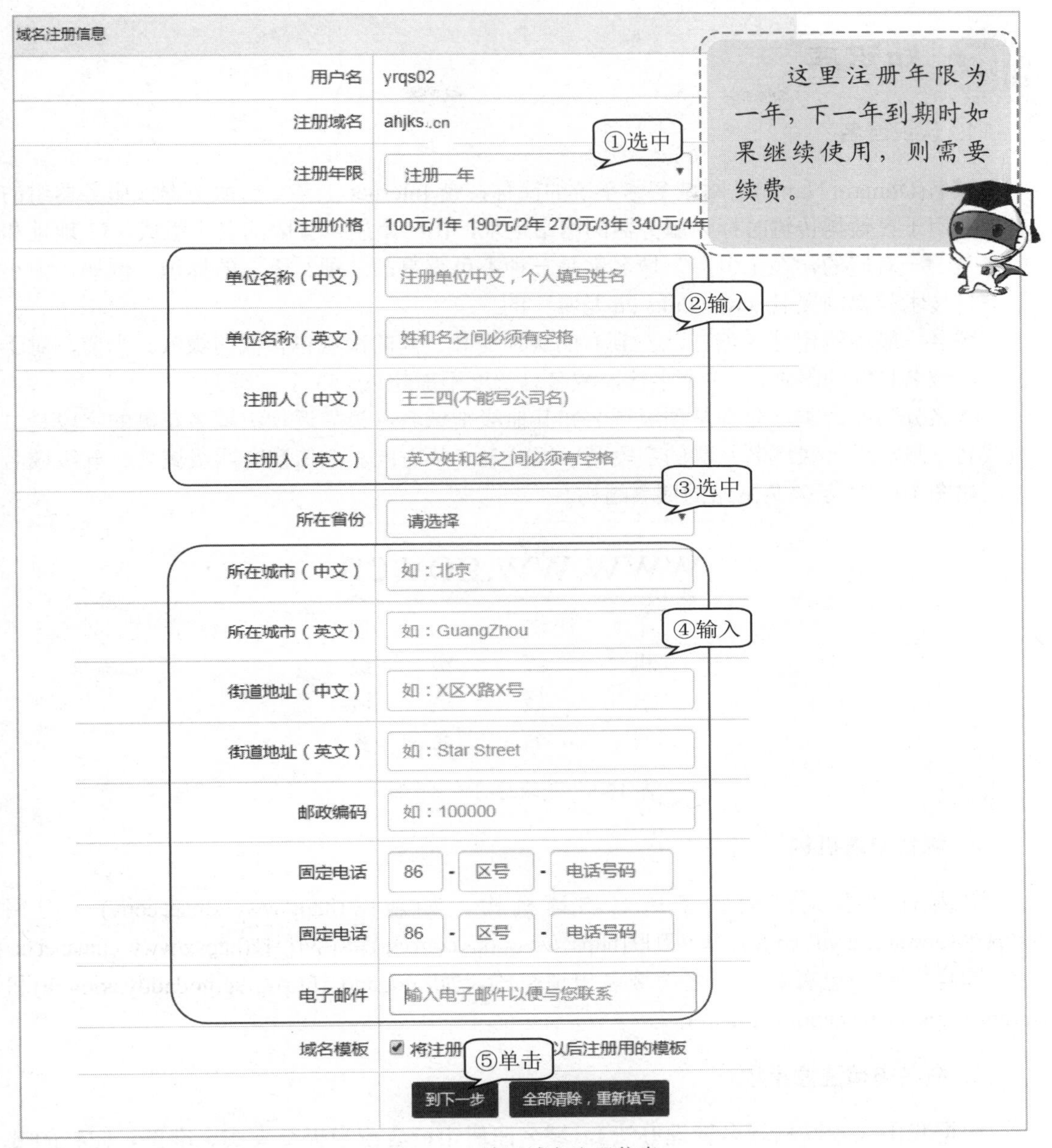

图 10-7　填写域名注册信息

此时注册的域名并没有生效，申请人还需要将营业执照或单位组织机构新代码证电子照和其复印件等有关资料，寄至域名注册服务提供商，待审核通过后域名才真正注册成功。

知识库

1. 认识域名

域名(Domain Name)是网域名称系统的简称，是 Internet 上某一台服务器或服务器组的名称，用于在数据传输时标识服务器的网络地址，由一串用点分隔的名字组成。IP 地址和域名是一一对应的，在全世界，域名都是一种不可重复的、独一无二的标识。例如，中小学信息技术教育网域名 www.ahjks.cn 是唯一的。

域名一般不能超过 5 级，从左到右的级别变高，高的级域包含低的级域。当前，对于每一级域名长度的限制是 63 个字符，域名总长度不能超过 253 个字符。

域名分为两大类，分别是顶级域名和其他级别域名。最靠近顶级域名左侧的字段是二级域名，最靠近二级域名左侧的字段是三级域名。从右向左，依次有四级域名、五级域名等。如图 10-8 所示为某网站的域名结构。

www.	ww.	gov.	cn
主机名	三级域名	二级域名	顶级域名

图 10-8　某网站的域名结构

2. 域名申请机构

国内有许多正规的大型域名申请机构，如新网(http://www.xinnet.com/)、万网(https://wanwang.aliyun.com/)、新网互联(https://www.dns.com.cn/)和中网科技(https://www.chinanet.cc/)等。同样，国外也有非常著名的域名申请机构，如 godaddy(https://sg.godaddy.com/zh)和enom(https://www.enom.com/)等。

3. 域名申请注意事项

根据我国《互联网域名管理办法》，域名注册申请者应当提交真实、准确、完整的域名注册信息，对于未实名验证审核的国内域名，域名提供机构将暂停域名的解析功能。

目前，国内英文域名和中文域名仅限企业用户和单位注册，个人用户不能注册。

4. 域名注册的一般流程

国内中英文域名注册的一般流程如图 10-9 所示。

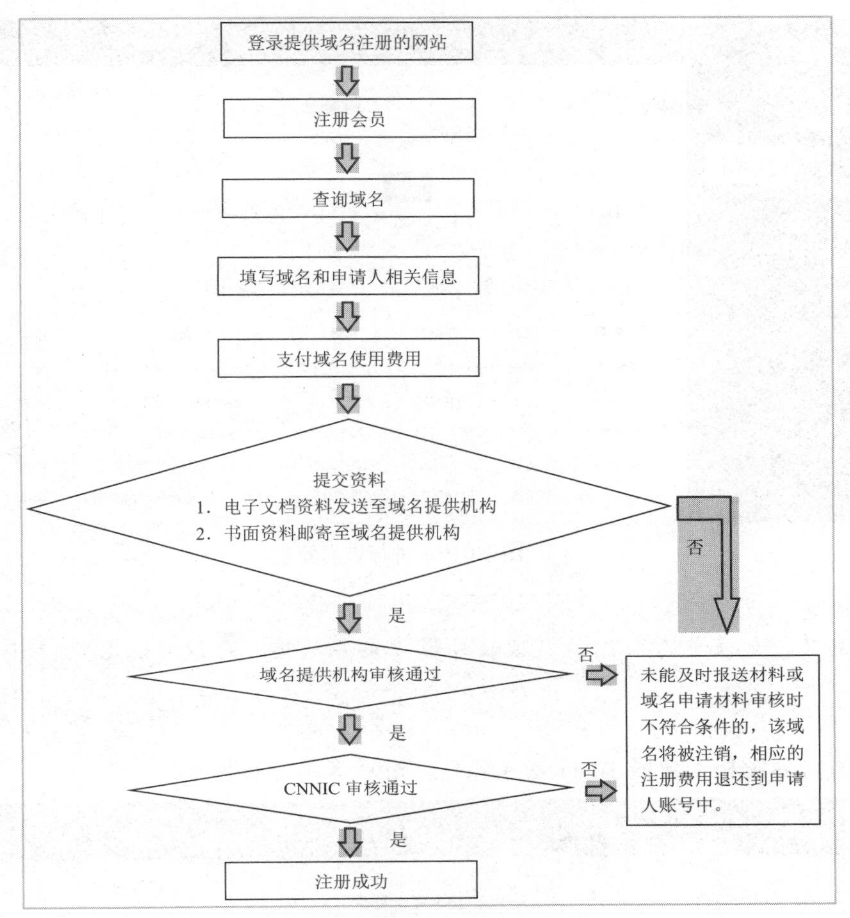

图 10-9　域名注册的一般流程

10.1.3　解析域名

解析域名

域名注册成功后，需要对申请到的域名进行管理，将其解析到服务器 IP。

实例 3　中小学信息技术教育网域名解析

在中网科技首页，将“中小学信息技术教育网”域名 ahjks.cn 解析到申请到的云服务器 IP 中。

跟我学

1. **进行域名管理**　在会员中心页面，按图 10-10 所示操作，对域名进行管理。

图 10-10　进行域名管理

这里，如果单击右侧的“延长期限”文字链接，可以对域名进行续费。

2. **设置域名解析**　按图 10-11 所示操作，对域名进行解析。

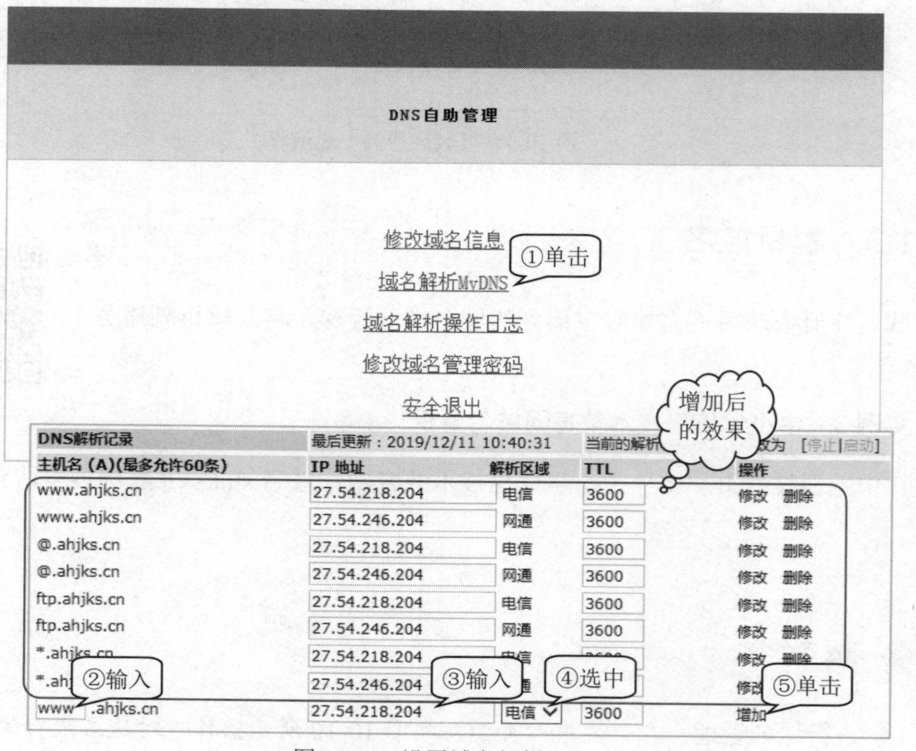

图 10-11　设置域名解析

操作完成后，本系统的 DNS 服务器是立刻生效的，但全球 DNS 刷新需要 2~72 小时生效。

知识库

1. 域名解析

域名解析是把域名指向网站空间 IP，让人们通过注册的域名可以方便地访问到网站的一种服务。域名解析也叫域名指向、服务器设置、域名设置或反向 IP 登记等。通俗地说，域名解析就是将好记的域名解析成 IP，这种服务由 DNS 服务器完成，是把域名解析到服务器固定的 IP 地址。

2. 主机名(A 记录)解析

在图 10-11 中，主机名(A)(最多允许 60 条)，其中的 A 是指 A 记录，是用来指定主机名(或域名)对应的 IP 地址记录。A 记录解析是指域名解析选择类型为“A”，其线路类型选择“全部”或“电信”“网通”，记录值选择空间商提供的服务器 IP 地址，TTL 设置默认的 3600 即可。主机名(A 记录)中的符号含义简单说明如表 10-1 所示。

表 10-1　主机名(A 记录)中的符号含义

属　性　值	含　　义
@	代表不带 www 的域名，如 ahjks.cn
*	是泛解析(包含除 ahjks.cn 外的所有二级域名)
www	表示 www.ahjks.cn 的解析
ftp	表示 ftp.ahjks.cn 的解析

10.2　建设网站软件环境

网站硬件平台建设好后，接着要建设软件环境，从而为网站正常发布创造良好的系统环境。其具体包括安装网络操作系统、网站系统平台和数据库管理系统等。

10.2.1　安装网络操作系统

安装在服务器上的网络操作系统常见的有 Windows 和 Linux。这两种操作系统目前有很多版本，其中 Windows 要选用 Server 版的，如 Windows 2003 Server。

实例 4　安装 Windows 2003 Server

购买到云服务器后，一般服务商已经预装好了一种网络操作系统。当然，我们也可以根据网站的需要，重新安装网络操作系统。下面我们在云服务器上预装 Windows 2003 32 位带 IIS+PHP5.4，安装好后，远程登录，桌面效果如图 10-12 所示。

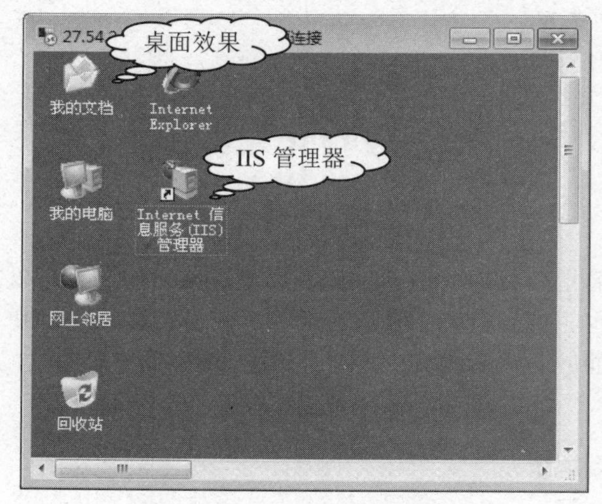

图 10-12　云服务器桌面效果

跟我学

1. **管理云服务器**　进入“中网科技”会员中心，按图 10-13 所示操作，可以管理购买到的云服务器。

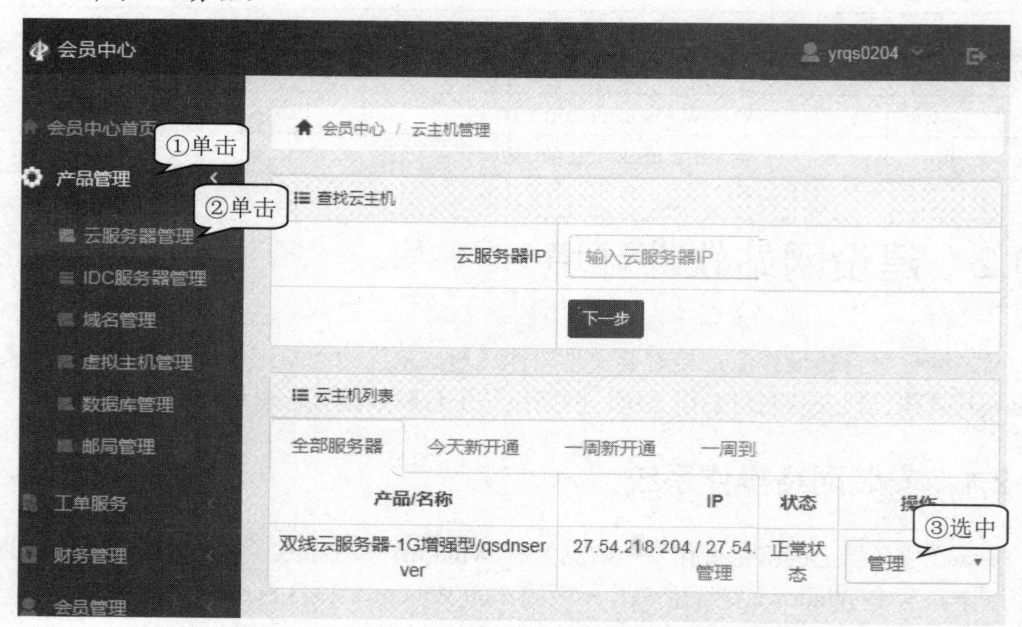

图 10-13　管理云服务器

2. **预装操作系统**　按图 10-14 所示操作，预装云服务器操作系统。

图 10-14　预装操作系统

3. **远程登录**　预装成功后，远程登录云服务器，登录成功后，看到的桌面效果如图 10-12 所示。

知识库

1. 服务器操作系统

服务器操作系统又称为网络操作系统，对比普通个人桌面版操作系统来说，服务器操作系统需要在一个具体的网络环境中，承载配置、稳定性、管理、安全、应用等复杂功能，而服务器系统则处于网络中的中心枢纽位置。选择一款合适的服务器操作系统的重要性不亚于服务器硬件配置选择。

当前主流的服务器操作系统主要分为 Windows Server、UNIX、Linux、NetWare 四大类。

2. Windows Server 系统

Windows Server 是为单用户设计的，推广最好，是用户群体最大的服务器系统。其版本又可分为 Windows NT 4.0、Windows 2000、Windows 2003、Windows 2008、Windows 2012、

Windows 2016 等。其中，Windows 2003 在操作的易用性上进行了升级，安全性是目前所有 Windows Server 系统中最高的，线程处理能力、硬件的支持、管理能力都有了大幅的提升，是目前服务器操作系统中主流的操作系统之一。

3. Linux 系统

Linux 是基于 UNIX 系统开发修补而来的，源代码的开放使其稳定性、安全性、兼容性非常高。在软件的兼容性方面，Linux 是不及 UNIX 的，但它的源代码是开放的，其源代码便于使用者优化和开发，因此深受众多服务器管理人员的喜爱。

10.2.2 搭建网站系统平台

搭建网站系统平台

在服务器操作系统环境中，为制作好的网站搭建软件平台，能让网站系统正常运行，方便用户访问网站信息。.NET 框架是 Microsoft 的软件开发框架，它提供了一个受控的编程环境。现在，一些网站系统也是在.NET 软件平台上架构的。

实例 5 安装.NET 2.0

“中小学信息技术教育网”网站程序是建立在.NET 2.0 平台上的，在云服务器中安装.NET 2.0 后，在站点属性中就能显示如图 10-15 所示的.NET 版本信息。

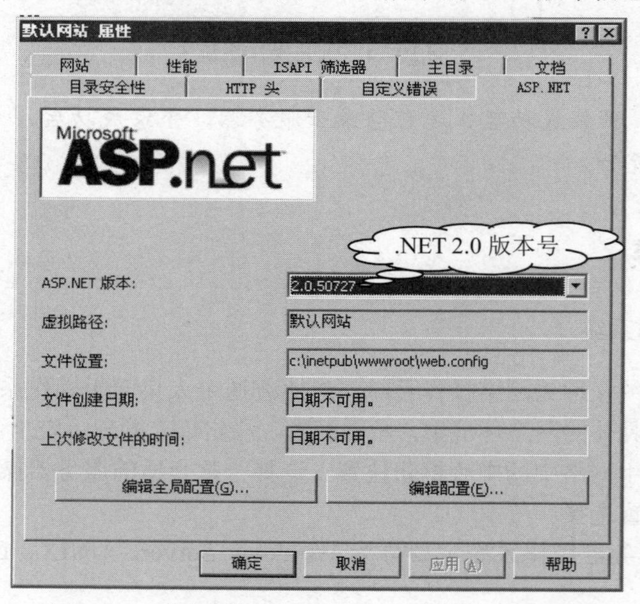

图 10-15 站点属性中显示的.NET 2.0 版本号效果图

.NET 是微软当代的操作平台，它允许人们在其上构建各种应用方式，使人们尽可能通过简单的方式，多样化地、最大限度地从网站获取信息，以解决网站之间的协同工作。

跟我学

安装.NET 组件包

首先安装.NET 2.0 可发行组件包，为网站提供架构平台。

1. **下载运行安装包**　在浏览器地址栏中输入网址：https://www.microsoft.com/zh-CN/download/details.aspx?id=1639，打开下载页面，按图 10-16 所示操作，下载 32 位.NET 2.0 安装包，运行。

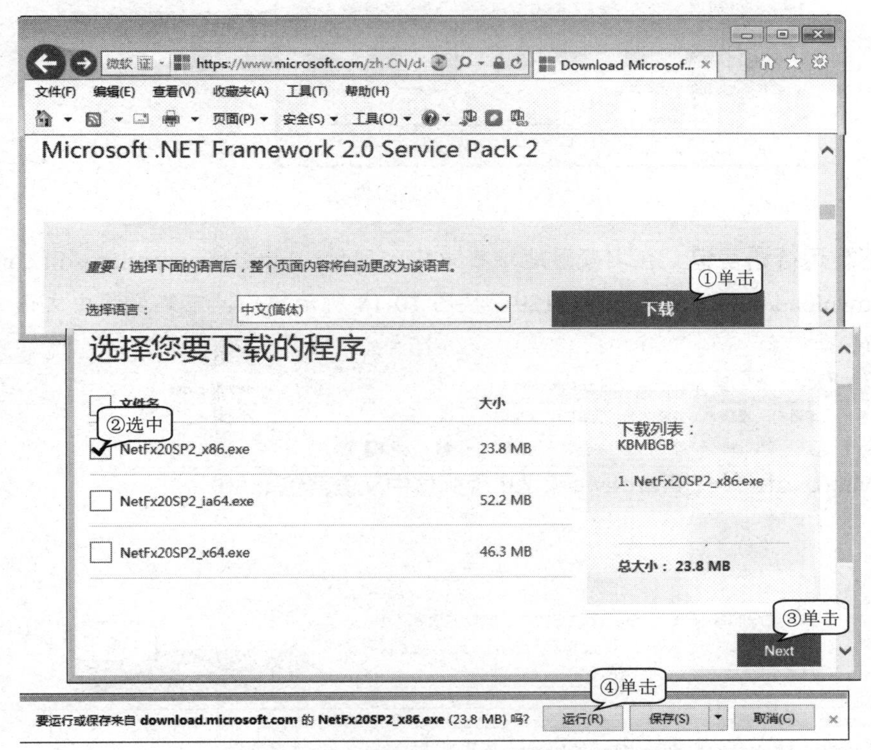

图 10-16　下载 32 位.NET 2.0 安装包

2. **安装组件包**　按图 10-17 所示操作，进行安装，单击“完成”按钮，完成安装。

安装.NET 语言包

上框中安装的.NET 2.0 是英文的，本框安装其简体中文语言包，使之成为中文。

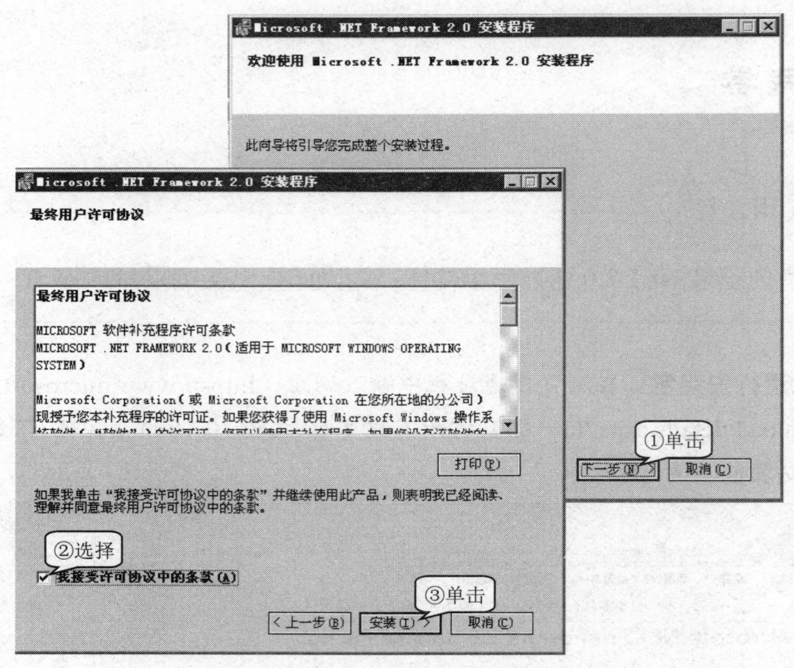

图 10-17　安装组件包

1. **下载运行语言包**　在浏览器地址栏中输入网址：https://www.microsoft.com/zh-cn/download/details.aspx?id=18129，按图 10-18 所示操作，下载安装中文语言包。

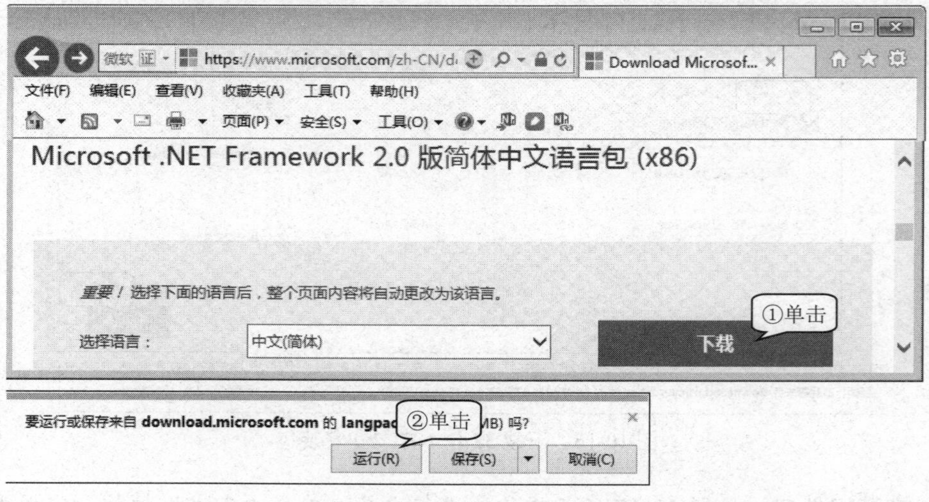

图 10-18　下载运行语言包

2. **安装语言包**　按图 10-19 所示操作，进行安装后，单击“完成”按钮，完成安装。

3. **查看版本号**　在站点属性里，可以查看到.NET 2.0 安装成功后的版本信息，如图 10-15 所示。

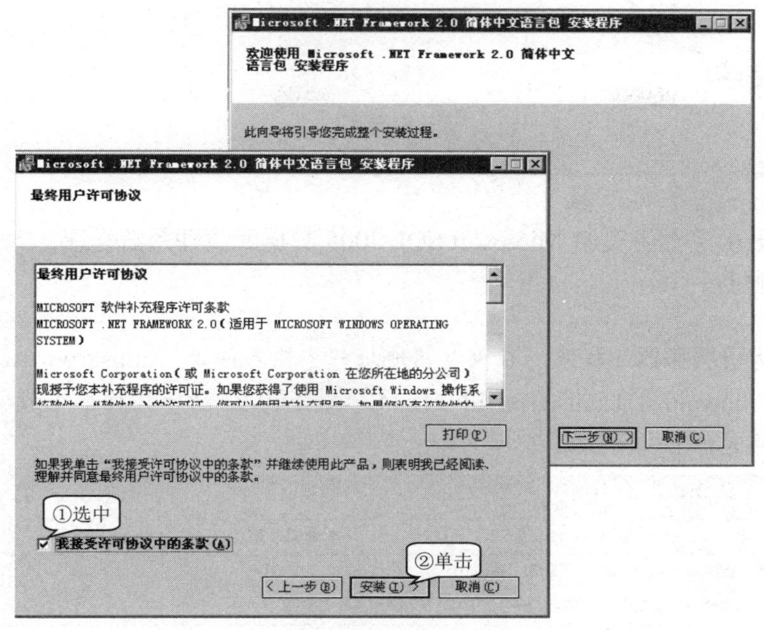

图 10-19　安装语言包

10.2.3　安装数据库管理系统

安装数据库管理系统

数据库(Database)是按照数据结构来组织、存储和管理数据的仓库，各种类型的数据库系统在很多领域能得到广泛的应用。网站数据库，就是动态网站存放网站数据的空间。网站数据可以通过网站后台，直接发布到网站数据库，又能把这些数据调用到前台页面显示。

实例 6　安装 Microsoft SQL 2005 Server

“中小学信息技术教育网”是动态网站，使用的数据库系统是 Microsoft SQL 2005 Server。在云服务器中安装，运行后显示对话框如图 10-20 所示。

图 10-20　数据库管理系统程序对话框

跟我学

安装服务器端程序

在云服务器端安装 Microsoft SQL 2005 数据库管理系统程序，为网站提供数据库服务。

1. **下载运行服务器端程序** 在浏览器地址栏中输入网址：https://www.microsoft.com/zh-CN/download/details.aspx?id=21844，按图 10-21 所示操作，下载安装服务器端程序并运行。

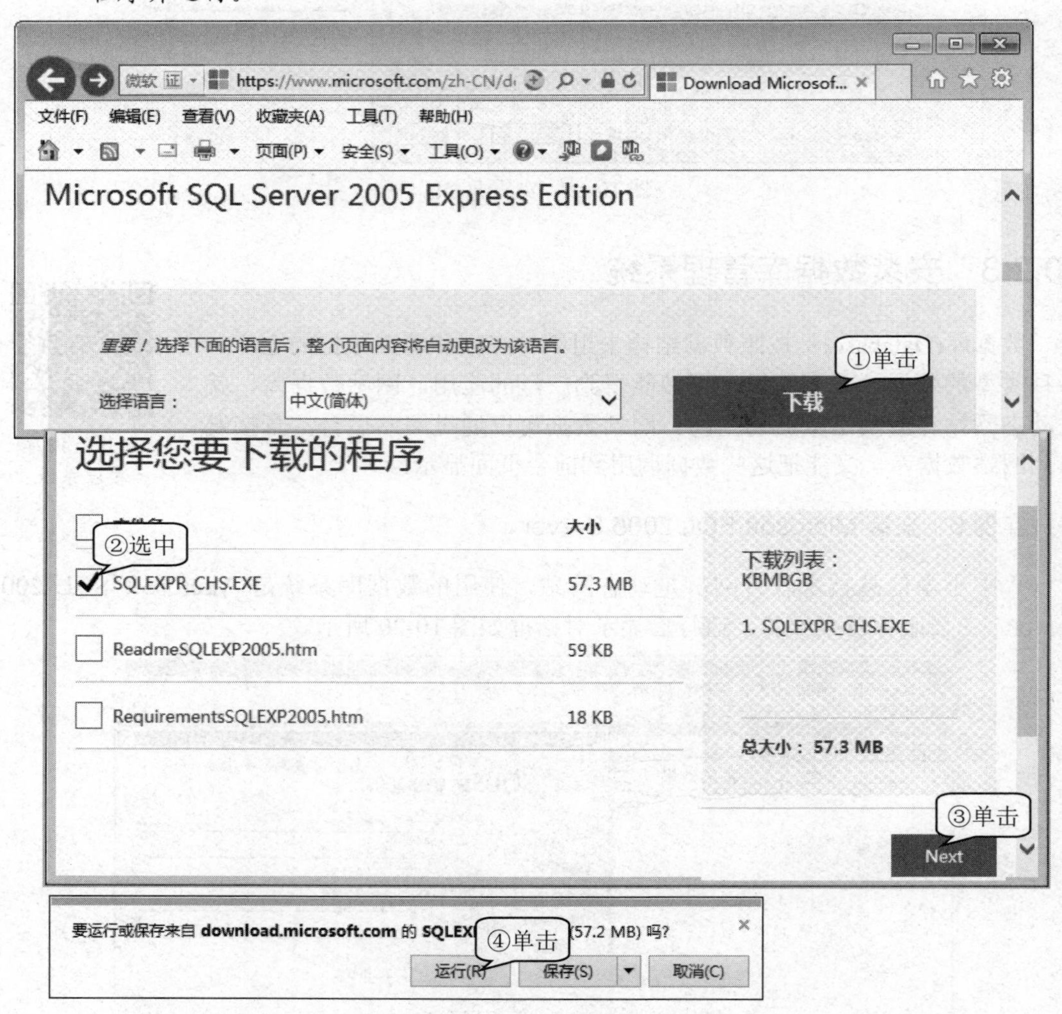

图 10-21　下载运行服务器端程序

2. **安装程序**　服务器端程序下载好后，按图 10-22 所示操作，安装程序。

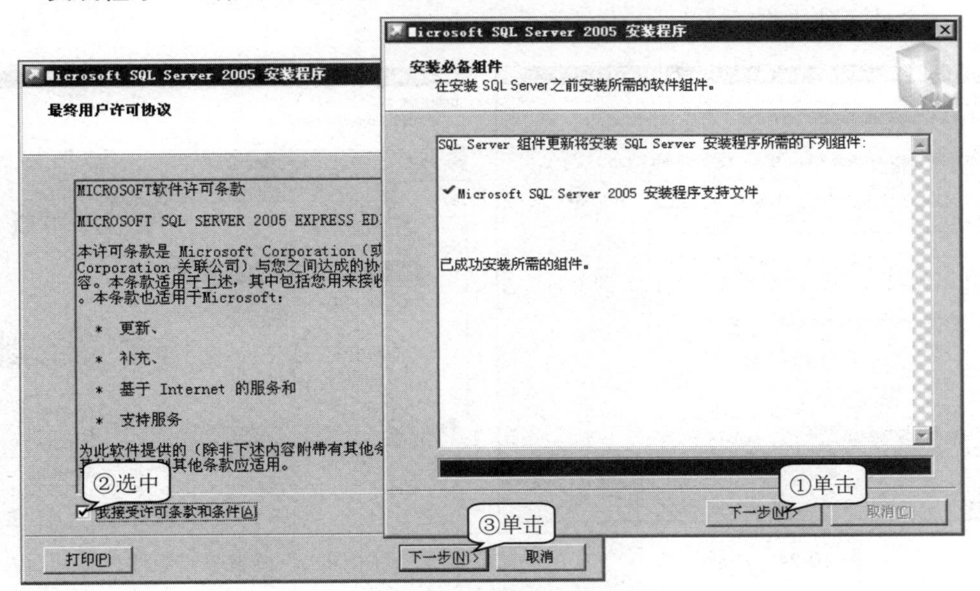

图 10-22　运行安装程序

3. **检查系统配置**　安装程序在扫描计算机的配置后，按图 10-23 所示操作，系统配置检查。

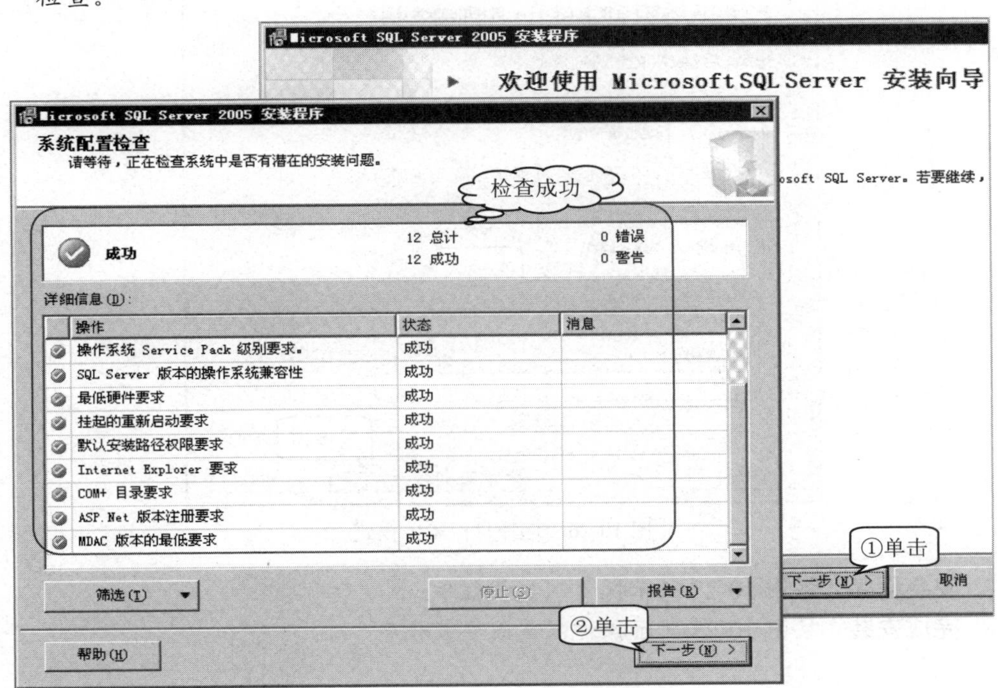

图 10-23　检查系统配置

4. **注册信息**　安装程序在扫描计算机的配置后，按图 10-24 所示操作，注册信息。

5. **选择安装组件和路径** 按图 10-25 所示操作，选择安装客户端组件和数据库服务到指定的文件夹中。

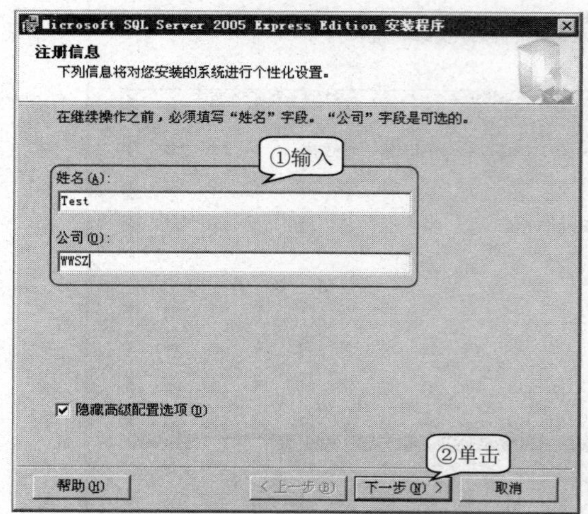

图 10-24 注册信息

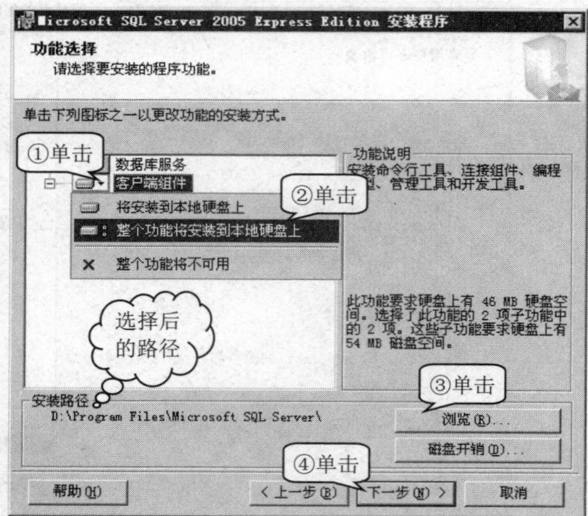

图 10-25 选择安装组件和路径

6. **选择身份验证模式** 按图 10-26 所示操作，开始安装。

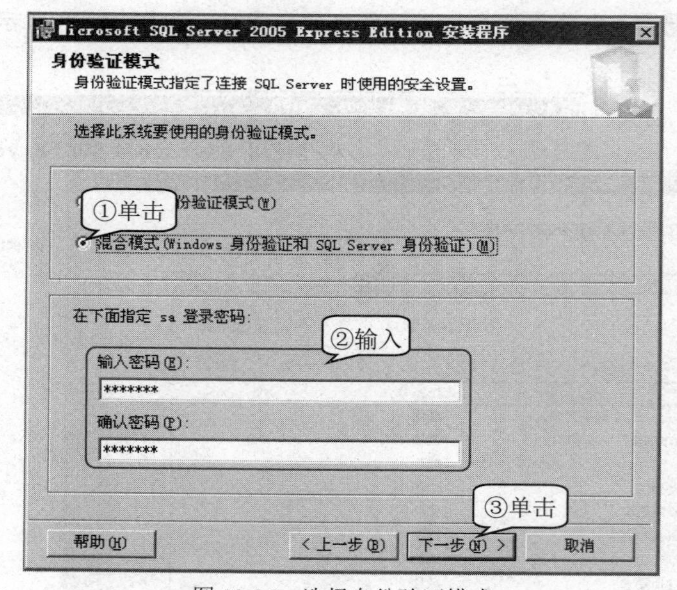

图 10-26 选择身份验证模式

7. **安装程序** 按图 10-27 所示操作，安装程序。

8. **完成安装** 按图 10-28 所示操作，完成安装程序。

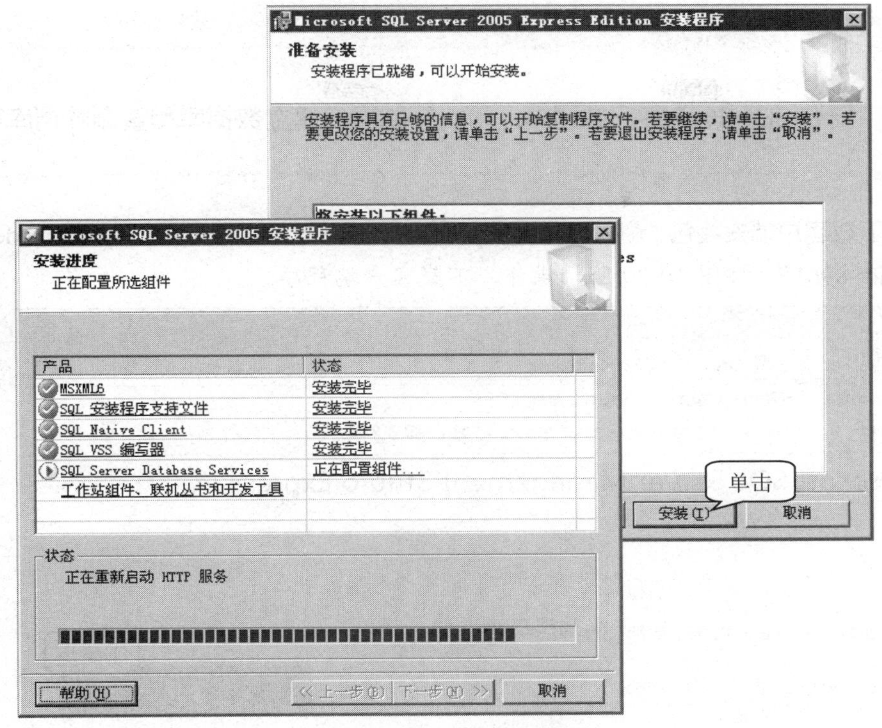

图 10-27　安装程序

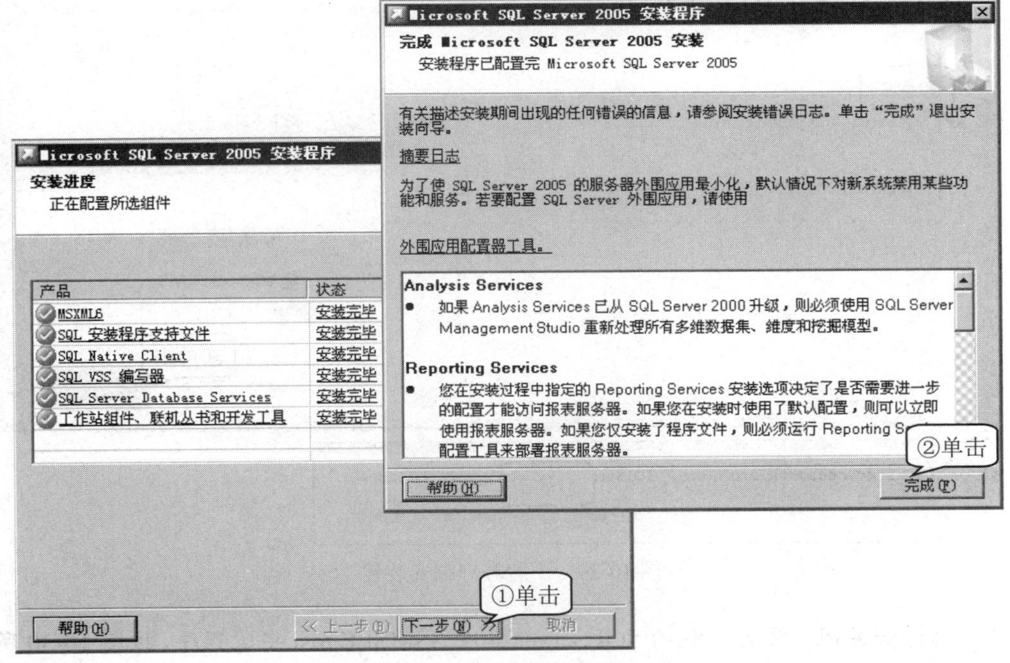

图 10-28　完成安装

安装 SQL 2005 客户端程

安装 SQL 2005 客户端程序，可以帮助用户建立数据库和查询数据库等。

1. **下载客户端安装包** 输入网址：https://www.microsoft.com/zh-CN/download/details.aspx?id=8961”，按图 10-29 所示操作，下载客户端程序。

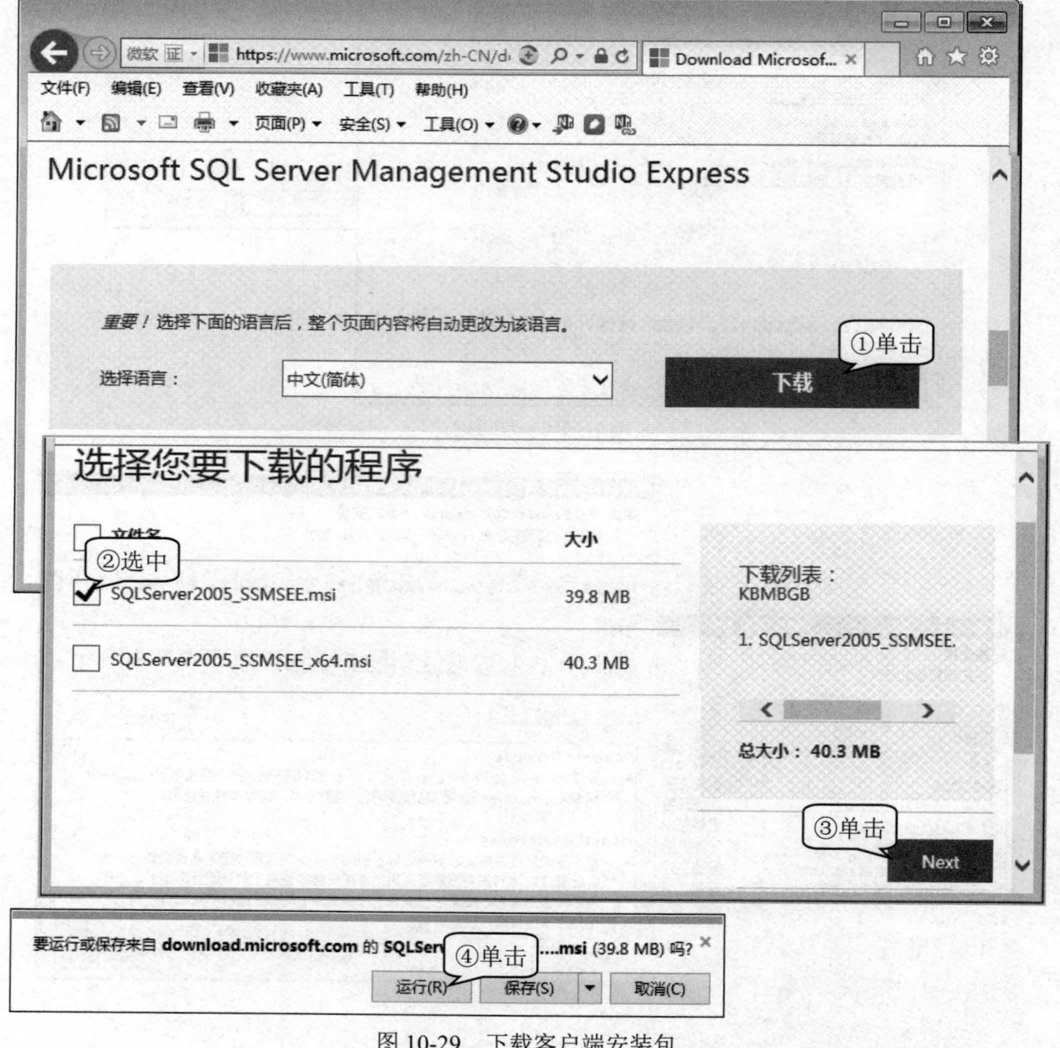

图 10-29　下载客户端安装包

2. **运行安装包** 运行下载的 SQLServer2005_SSMSEE.msi 安装程序，按图 10-30 所示操作，运行安装程序包。

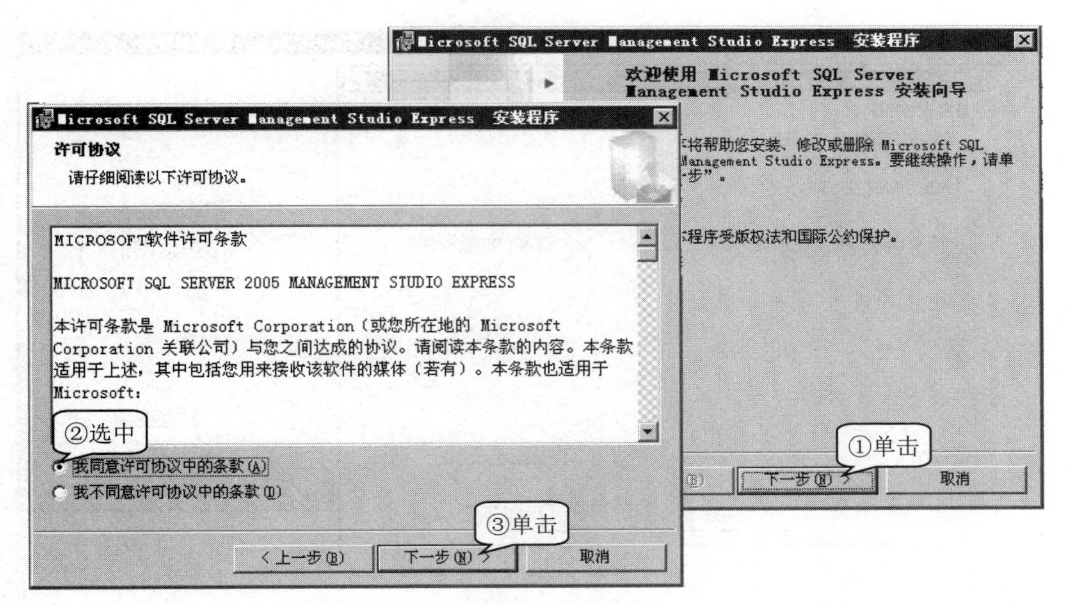

图 10-30　运行安装包

3. **注册信息**　按图 10-31 所示操作，注册信息。

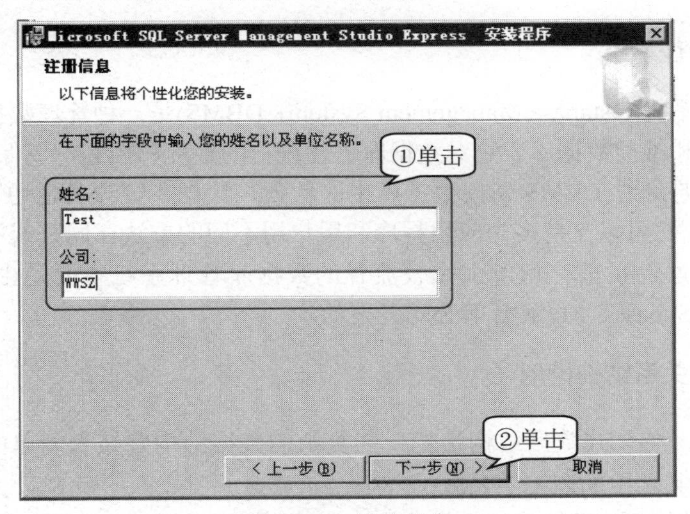

图 10-31　注册信息

4. **进行安装**　安装程序在扫描计算机的配置后，按图 10-32 所示操作，注册信息，最后，单击弹出的安装图中的“完成”按钮，完成安装。

5. **运行数据库管理程序**　单击开始按钮，选择“所有程序”→ Microsoft SQL Server 2005 → SQL Server Management Studio Express 命令，运行数据库管理程序，显示管理程序窗口如图 10-20 所示。

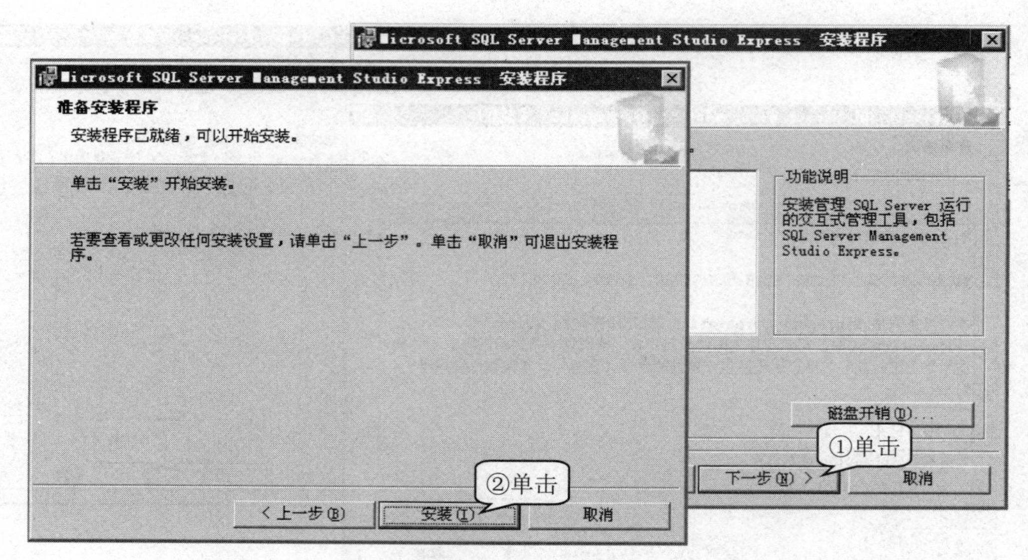

图 10-32　进行安装

知识库

1. 数据库管理系统

数据库管理系统(Database Management System，DBMS)是一种管理数据库的大型软件，用于建立、使用和维护数据库。它对数据库进行统一的管理和控制，以保证数据库的安全性和完整性。用户通过 DBMS 访问数据库中的数据，数据库管理员也通过 DBMS 进行数据库的维护工作。它可以支持多个应用程序和用户用不同的方法在同时或不同时刻去建立、修改和询问数据库。目前，市场上比较流行的数据库管理系统主要是由 Oracle、IBM、Microsoft，以及 Sybase、MySQL 等公司开发的。

2. 数据库的关系结构模型

在数据库中，关系式数据结构是把一些复杂的数据结构归结为简单的二元关系(即二维表格形式)，如某单位的职工关系就是一个二元关系。

由关系数据结构组成的数据库系统被称为关系数据库系统。在关系数据库中，我们对数据的操作几乎全部建立在一个或多个关系表格上，通过对这些关系表格的分类、合并、连接或选取等运算来实现数据的管理。Oracle、SQL、MySQL 和 Access 数据库就是关系型数据库。

3. Oracle 数据库

Oracle 数据库，是甲骨文公司的一款关系数据库管理系统。它是在数据库领域一直处于领先地位的产品，是目前世界上流行的关系数据库管理系统，系统可移植性好、使用方便、功能强，适用于各类大、中、小、微机环境。它是一种高效率、可靠性好的、适应高吞吐量的数据库解决方案，一般应用在银行、金融、电信、制造业、政府、大企业等管理系统中。

4. SQL 数据库

SQL(Structured Query Language)是具有数据操纵和数据定义等多种功能的关系型数据库语言，具有交互性特点，能为用户提供极大的便利，能充分利用 SQL 语言提高计算机应用系统的工作质量与效率。SQL Server 数据库包括 Microsoft SQL Server 及 Sybase SQL Server 两个子数据库，是政府和企业必备的管理系统。比较复杂的网站系统，如使用 ASP、ASPX 语言开发比较复杂的网站系统，一般使用 Microsoft SQL Server 数据库管理系统。

5. MySQL 数据库

MySQL 是一种开放源代码的关系型数据库管理系统，使用最常用的结构化查询语言 SQL 进行数据库管理。现在很多网站的数据库都是使用 MySQL。

其优点是安装配置简单、开源免费、数据仓库系统、日志记录系统、嵌入式系统(嵌入式环境对软件系统最大的限制是硬件资源非常有限，而 MySQL 在硬件资源的使用方面可伸缩性非常强，而且 MySQL 有专门针对嵌入式环境的版本)等。使用 PHP 语言开发比较复杂的网站系统，一般使用 MySQL 数据库管理系统。

6. Access 数据库

Microsoft Office Access 是由微软发布的关系数据库管理系统。在很多地方得到广泛使用，如小型企业、大公司的部门。其用途体现在两个方面：一是用来进行数据分析，Access 有强大的数据处理、统计分析能力，利用 Access 的查询功能，可以方便地进行各类汇总、平均等统计；二是用来开发软件，例如，Access 可用来开发如生产管理、销售管理、库存管理等各类企业管理软件，其最大的优点是易学，非计算机专业的人员也能学会，而且成本低。

10.3　测试和上传站点

网站制作完成后，需要经过反复测试、审核、修改，直到无误后才能上传站点，然后在服务器端正式发布。其实，在网站建设过程中，就要不断地对站点进行测试，并及时解决所发现的问题。

10.3.1　测试浏览器兼容性

浏览器的种类越来越多，IE、Firefox、百分、搜狗、360 和 Opera 等浏览器对 CSS 的支持性也越来越高，在符合标准的基础上，它们却还存在着差异。因此，网页制作人员只有不断地进行测试，才能让页面正确显示在各个浏览器中。

实例 7　浏览器兼容性检查

在默认情况下，浏览器兼容性检查功能可以对 Chrome、Firefox、IE、Netscape、Opera 和 Safari 浏览器进行兼容性检查，如图 10-33 所示为检查出来的问题。

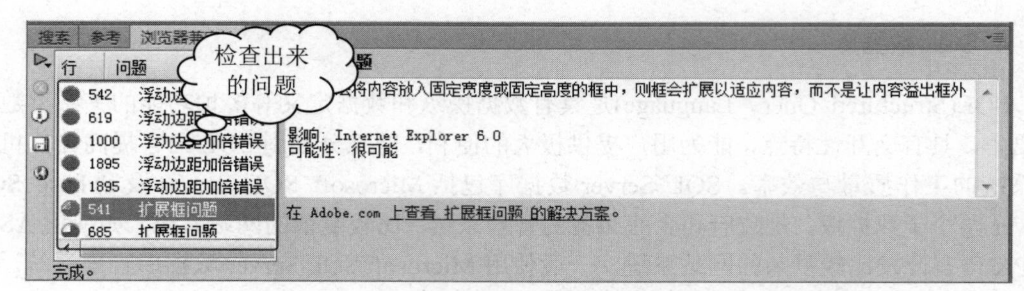

图 10-33 浏览器兼容性检查

Dreamweaver 提供浏览器兼容性检查功能，可以帮助设计者查找有问题的 HTML 和 CSS 部分，并提示哪些标签属性在浏览器中可能出现问题，以便对文档进行修改。

跟我学

1. **打开结果面板** 运行 Dreamweaver 软件，打开“中小学信息技术教育网”首页文档 index.asp，选择“窗口”→“结果”→“浏览器兼容性”命令，打开“结果”面板。
2. **设置目标浏览器** 在“结果”面板中，按图 10-34 所示操作，选择最低版本，设置目录浏览器。

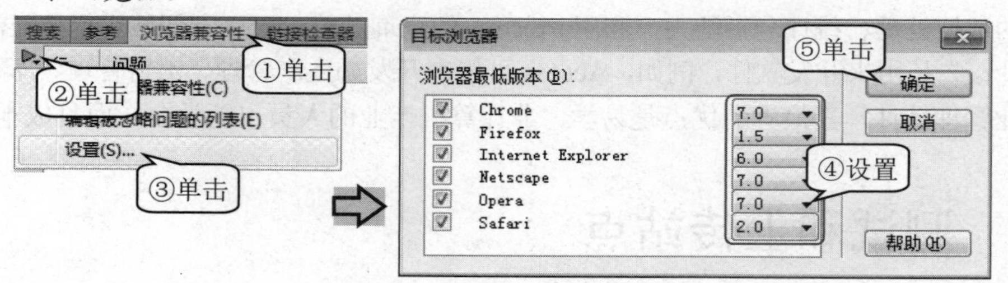

图 10-34 设置目标浏览器

这里版本检查过后，还可以在各个浏览器右边的下拉菜单中选择要检查的其他版本。

3. **检查浏览器兼容性** 按图 10-35 所示操作，检查浏览器兼容性。

检查到问题时，问题前面会有一个填充圆，四分之一填充的圆表示可能发生，完全填充的圆表示非常可能发生。双击问题，将自动快速定位到该问题所在的位置，供设计人员进行修改。

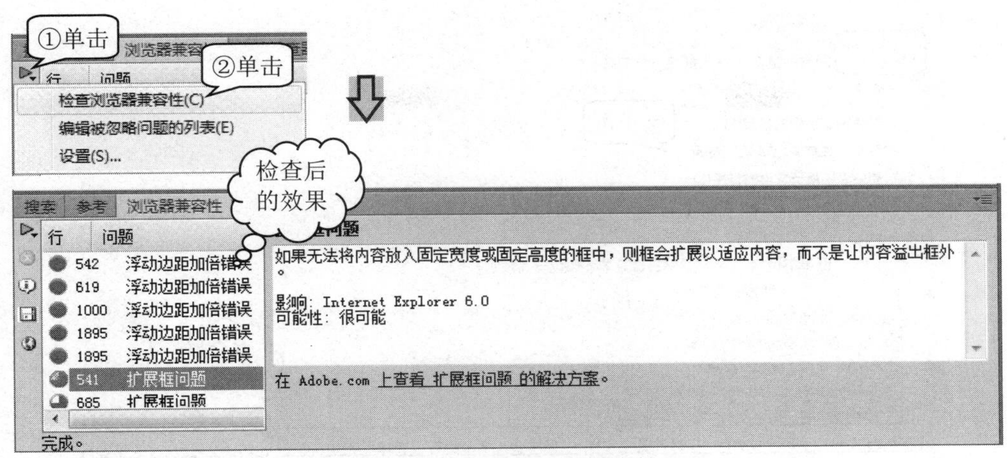

图 10-35　检查浏览器兼容性

10.3.2　测试链接

在浏览网页时，时常遇到“无法找到网页”的提示，其一般是由链接文件的位置发生变化、被误删或文件名拼写错误而造成的。为避免这种无效链接，我们在本地测试和远程测试时，都要认真检查是否存在无效链接，以便及时改正。

实例 8　检查和修复链接

在 Dreamweaver 中检查“中小学信息技术教育网”首页的链接，如图 10-36 所示，对有问题的链接进行修复。

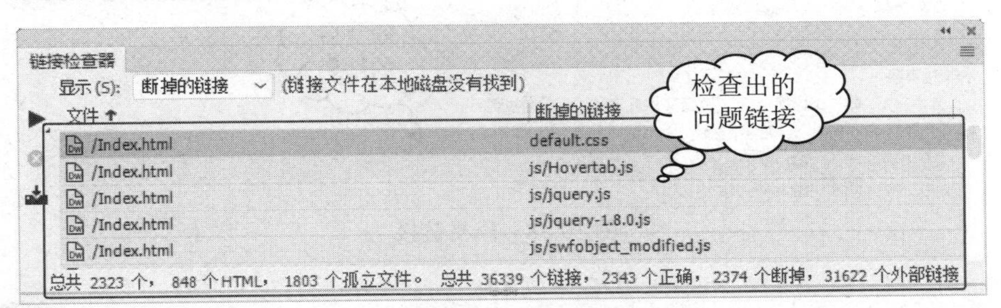

图 10-36　检查和修复链接

跟我学

1. **打开结果面板**　运行 Dreamweaver 软件，打开“中小学信息技术教育网”首页文档 index.html，选择“窗口”→“结果”→“链接检查器”命令，打开“结果”面板。
2. **检查链接**　在“结果”面板中，按图 10-37 所示操作，检查整个当前本地站点的链接。

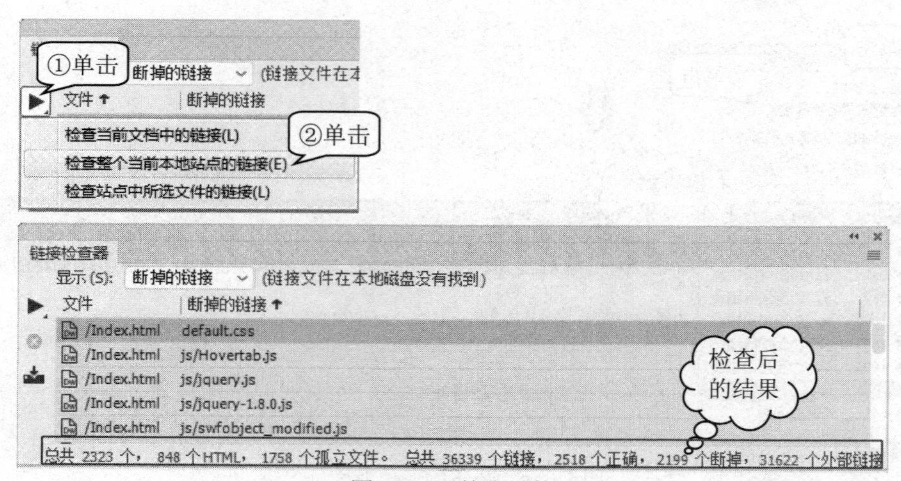

图 10-37 检查链接

3. **修复链接** 在“链接检查器”面板中，按图 10-38 所示操作，输入正确的链接地址。

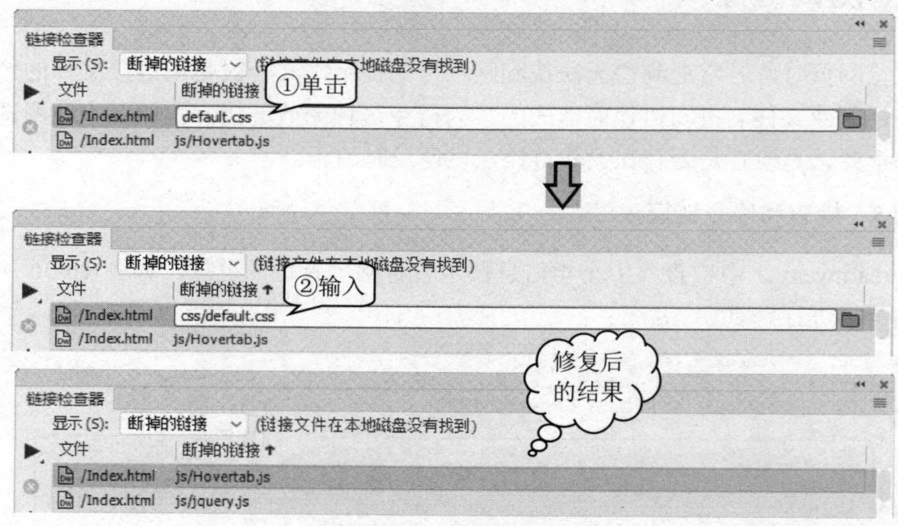

图 10-38 修复链接

对站点中检查出来的问题链接，可以直接在“链接检查器”面板中修复链接，也可以在属性面板中修复链接。

10.3.3 上传站点

上传站点

测试完成后，通过网络将网站文件夹复制到远程 Web 服务器上，这一过程即为上传站点，方便网站对外发布。上传站点一般是通过 FTP 类软件连接到 Web 服务器后进行上传的，也可以通过 Dreamweaver 的站点管理器进行上传。

实例 9　上传“中小学信息技术教育网”站点

用 FileZilla 软件上传“中小学信息技术教育网”站点到远程 Web 服务器上，以便发布，如图 10-39 所示。

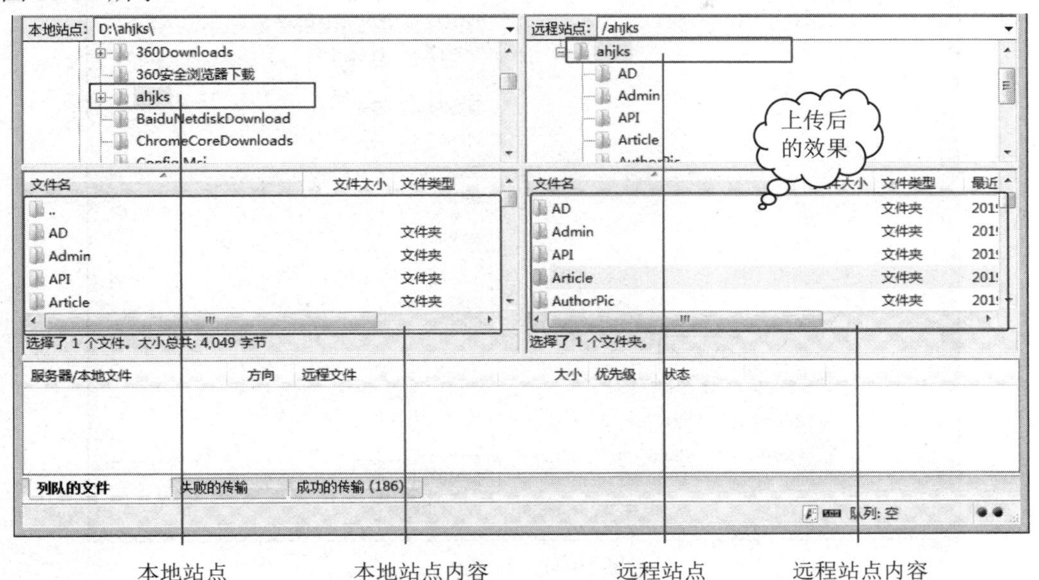

图 10-39　上传站点

跟我学

1. **下载并打开软件**　在浏览器地址栏中输入https://filezilla-project.org/，按图10-40所示操作，下载并打开FileZilla客户端软件。

图 10-40　下载并打开软件

2. **新建站点** 运行 FileZilla 软件，在打开的对话框中，选择“文件”→“站点管理器”命令，按图 10-41 所示操作，新建站点 ahjks。

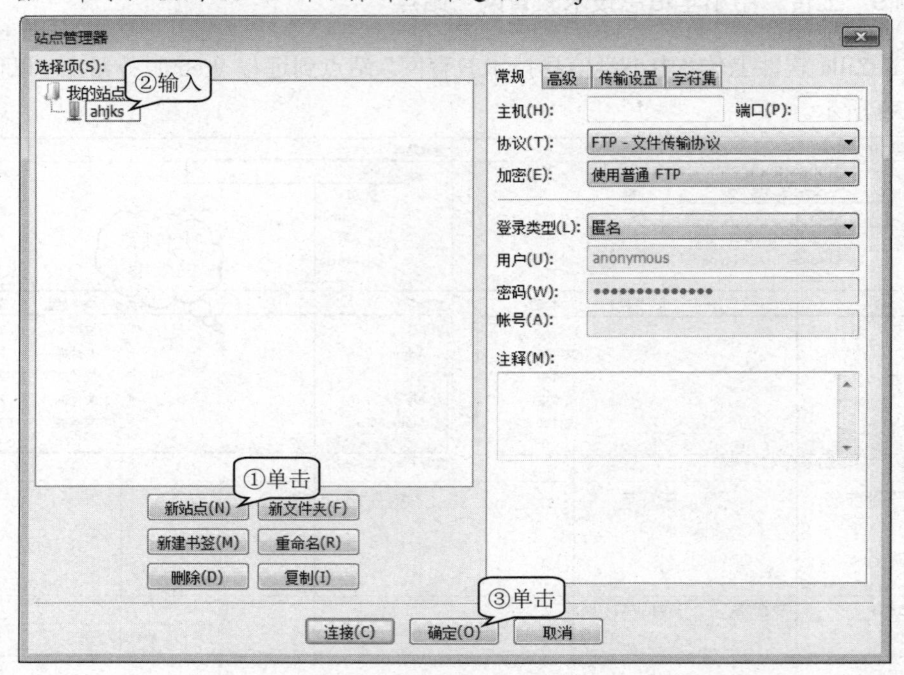

图 10-41 新建站点

3. **设置站点** 在“站点管理器”对话框中，按图10-42所示操作，设置站点的相关信息。

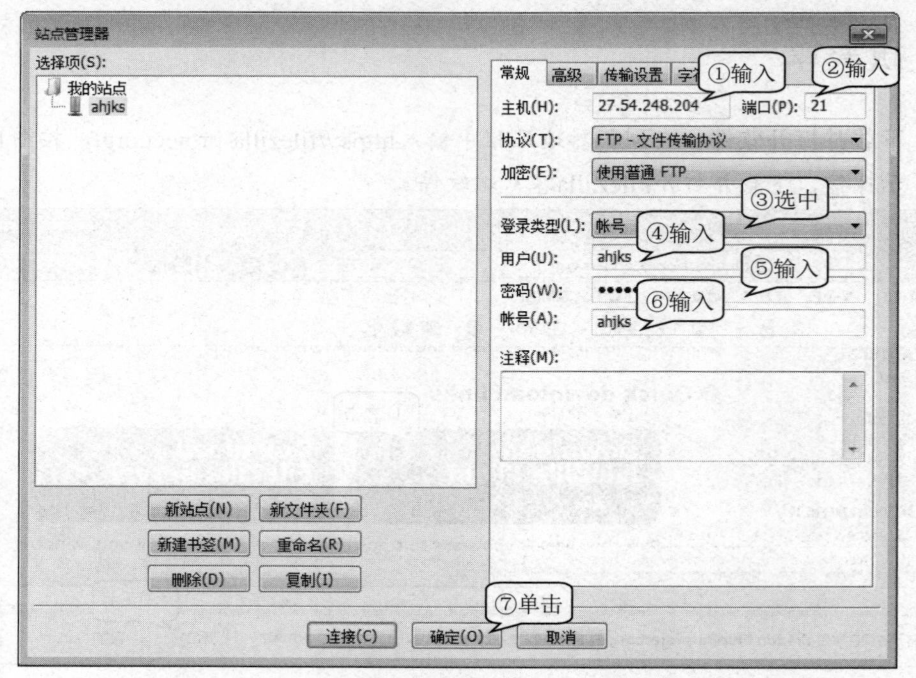

图 10-42 设置站点

4. **上传站点文件**　在"站点管理器"对话框中选择站点 ahjks→"连接"命令，按图 10-43 所示操作，上传站点及其文件。

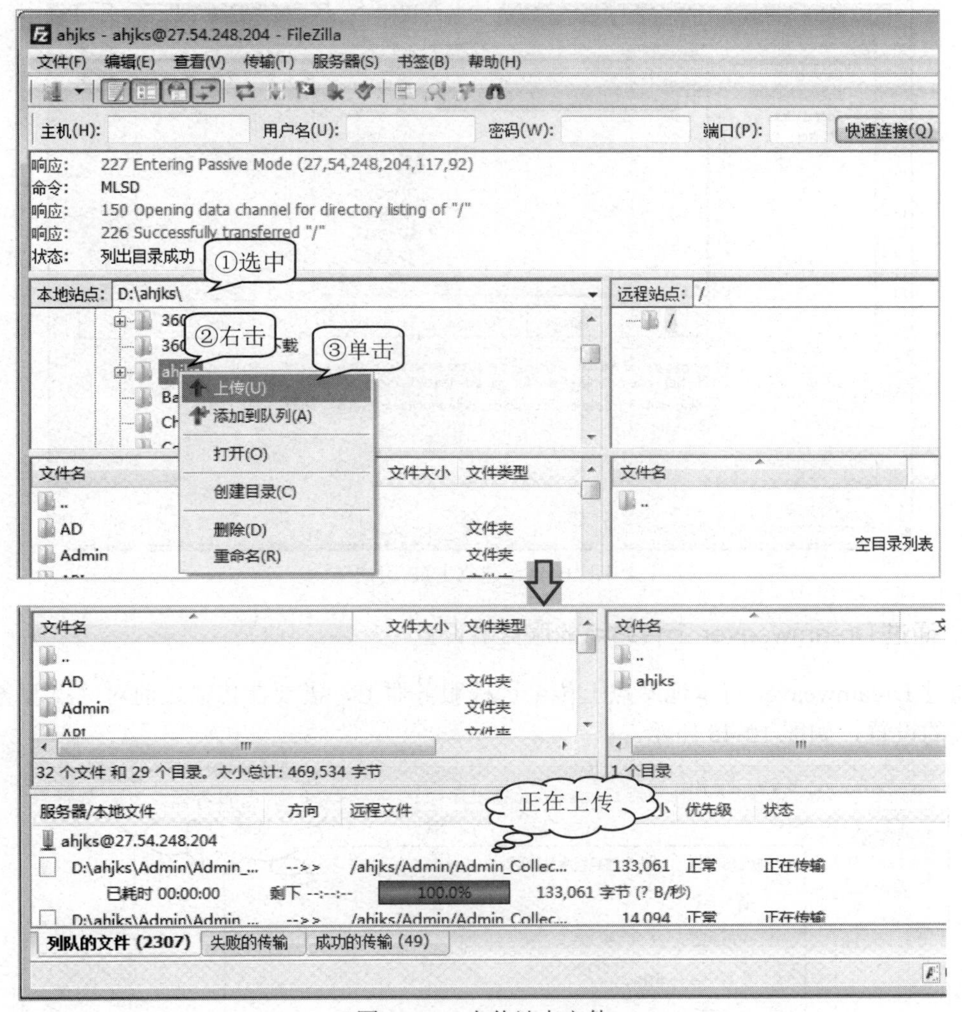

图 10-43　上传站点文件

知识库

1. 建立 FTP 用户

上传站点前，必须事先在服务器端安装好文件传输的服务程序，如 FileZilla Server、Server-U 等，并在服务程序中建立 FTP 用户，如图 10-44 所示的用户 ahjks，设置好该用户的共享文件夹及其权限。

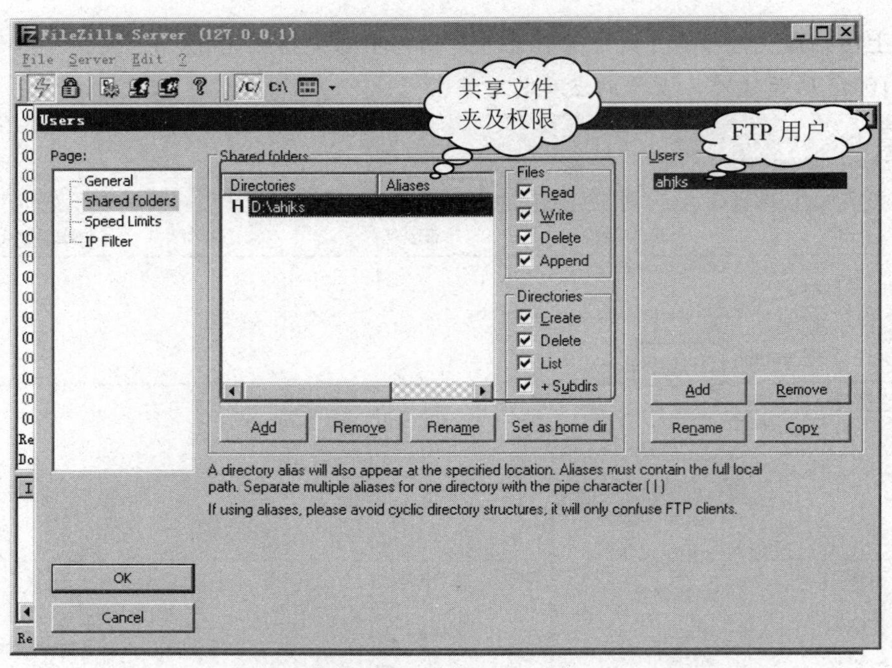

图 10-44　建立 FTP 用户

2. 通过 Dreamweaver 上传站点的服务器设置

通过 Dreamweaver 将本地站点上传至远程服务器上，需要在传输之前对站点服务器进行相关的设置，如图 10-45 所示。

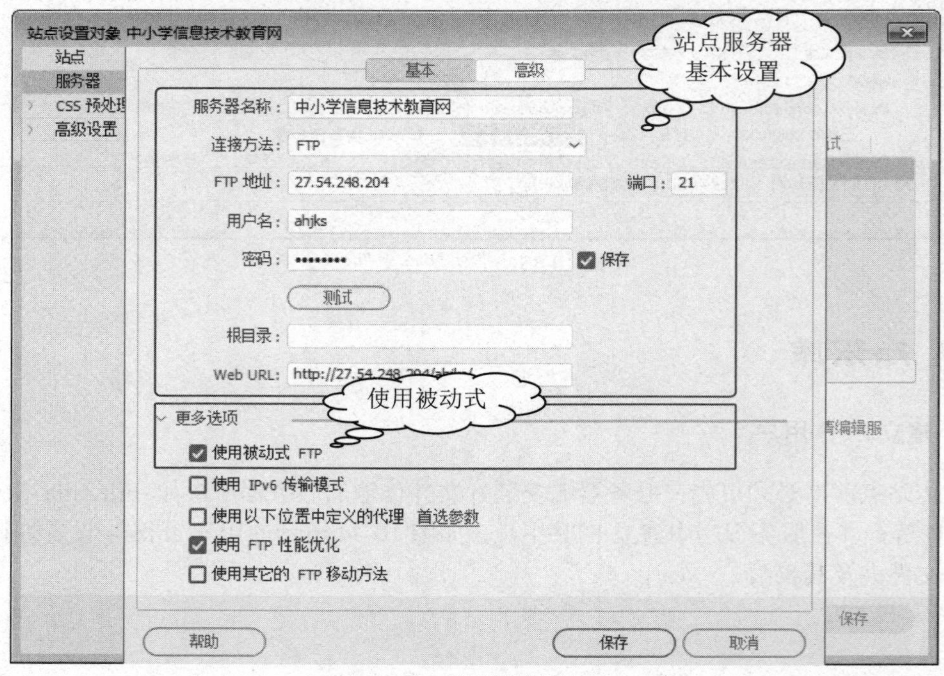

图 10-45　设置站点服务器

10.4　发布和维护网站

站点上传后，在 IIS 中通过设置站点的相关参数，网站才能正常发布，浏览者才能看到网站信息。网站发布后，还需要长期维护和更新，这样才能保证网站正常运行和获得更多的访问量，实现其价值。

10.4.1　发布网站

发布网站

发布网站要在服务器端 IIS 中新建站点，设置站点相关参数，连接数据库等。

实例 10　发布“中小学信息技术教育网”

我们以“中小学信息技术教育网”为例，介绍网站发布的一般过程，发布后的网站效果如图 10-46 所示。

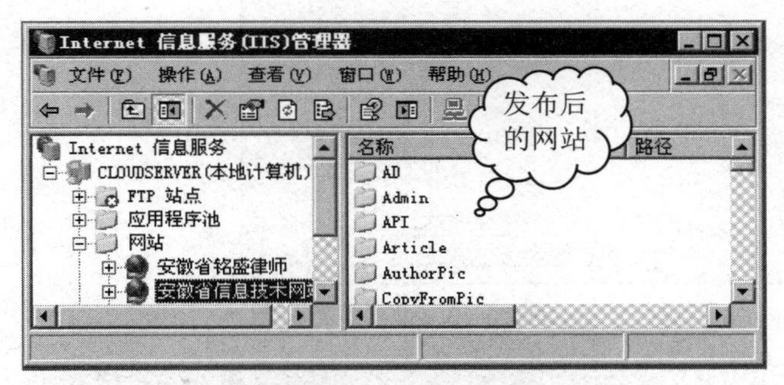

图 10-46　发布网站

跟我学

新建和配置网站

在 IIS 管理器中，新建网站，设置 IP 等相关参数，选择主目录，并配置相关信息，指定首页，设置用户权限。

1. **新建网站**　在服务端打开 IIS 管理器，按图 10-47 所示操作，新建站点，输入站点描述。
2. **设置 IP 和端口**　按图 10-48 所示操作，指定网站的 IP 地址和端口。

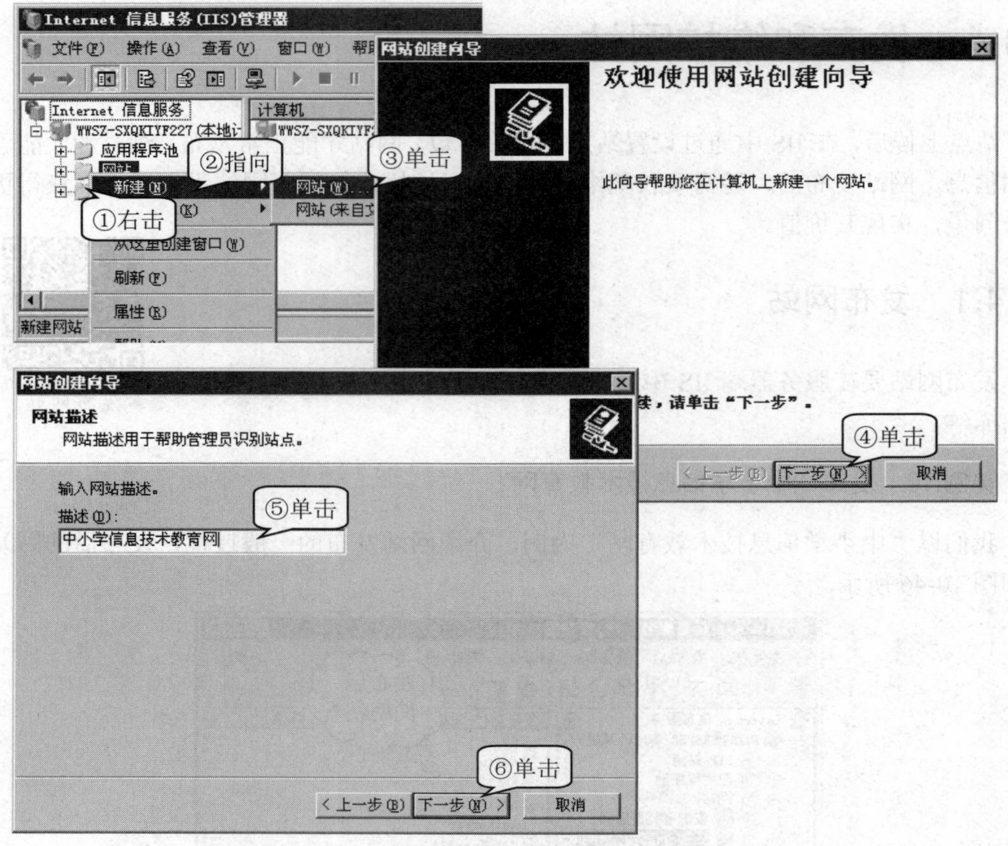

图 10-47 设置站点参数

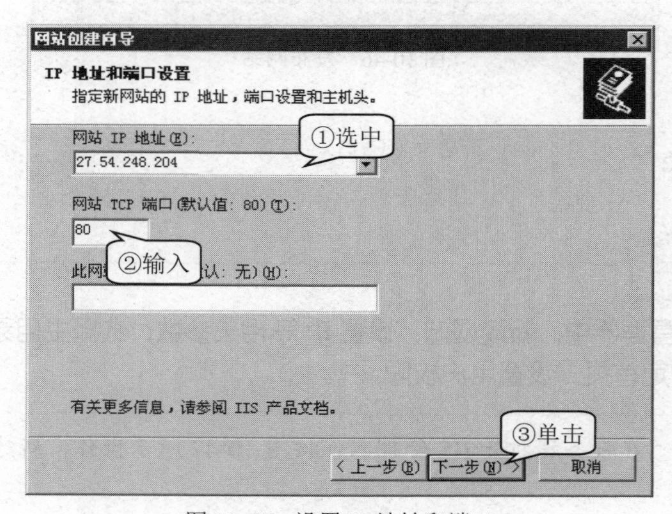

图 10-48 设置 IP 地址和端口

3. **指定主目录** 按图 10-49 所示操作，指定网站的主目录。

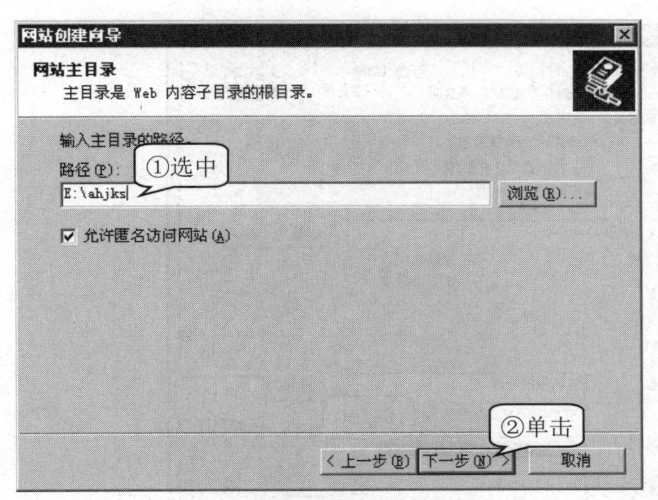

图 10-49　指定主目录

4. **设置网站访问权限**　按图 10-50 所示操作，设置网站访问权限，完成网站创建。

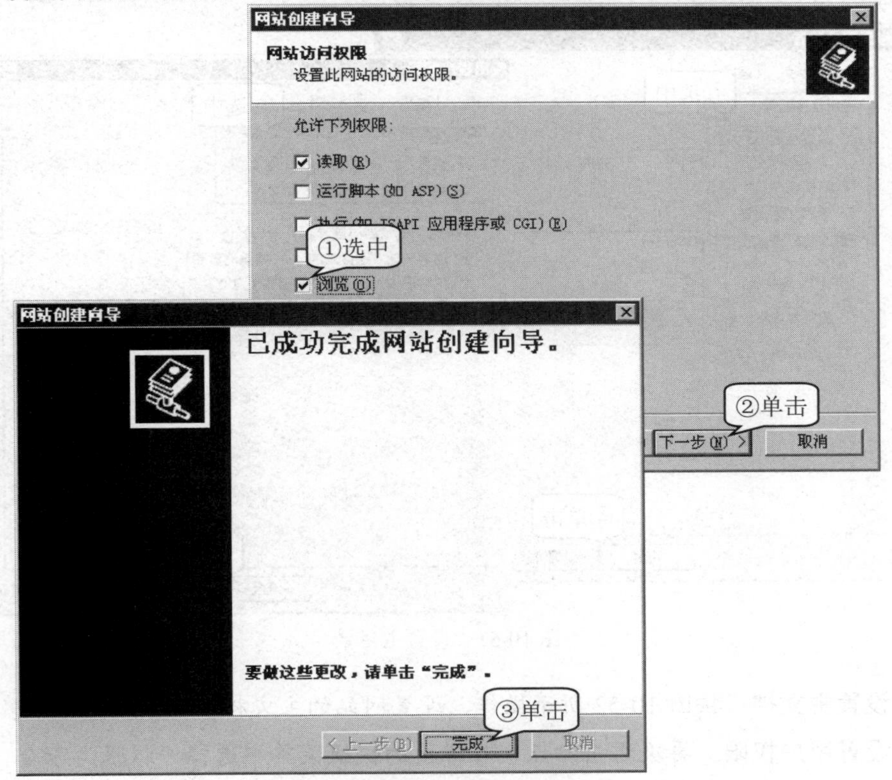

图 10-50　设置网站访问权限

5. **设置主目录**　右击“中小学信息技术教育网”站点，在弹出的快捷菜单中选择“属性”命令，在打开的对话框中单击“主目录”，按图 10-51 所示操作，设置主目录。

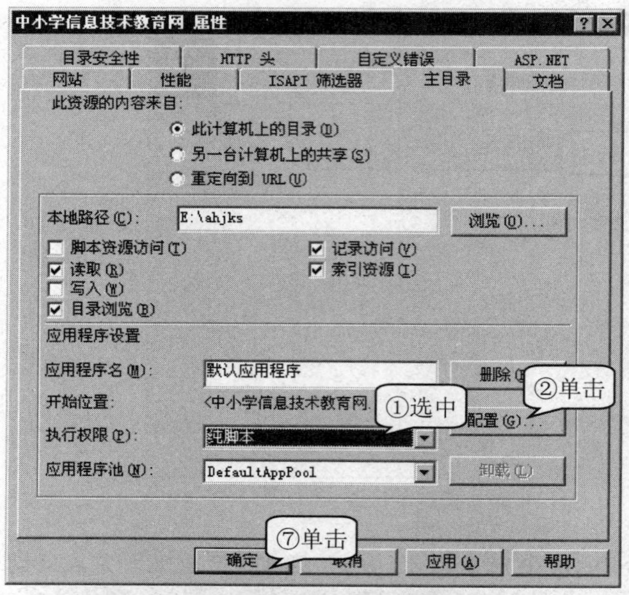

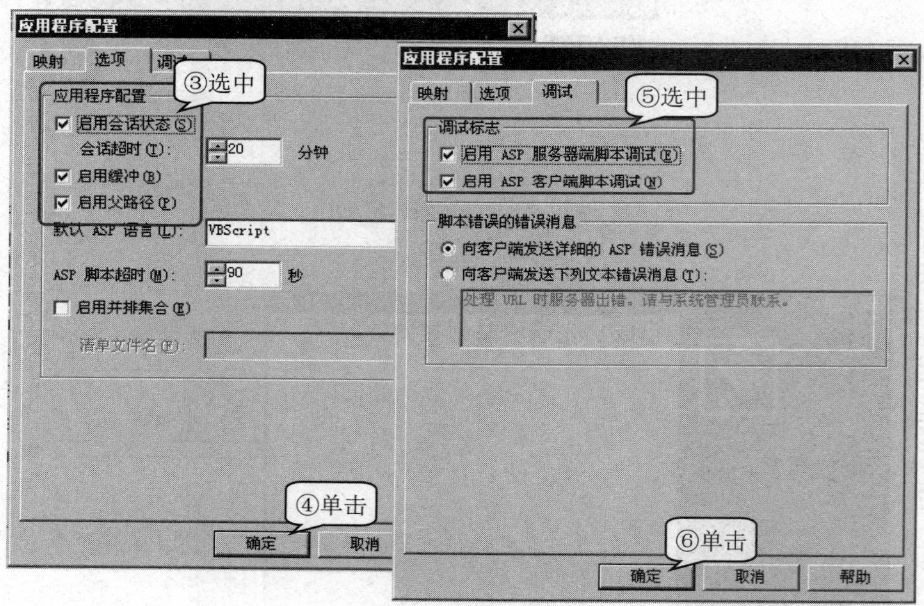

图 10-51　设置主目录

6. **设置主文档**　按图 10-52 所示操作，设置网站的主文档。

7. **设置用户权限**　再次右击站点，在弹出的快捷菜单中选择“权限”命令，在打开的对话框中，按图 10-53 所示操作，添加访问用户，并设置其权限。

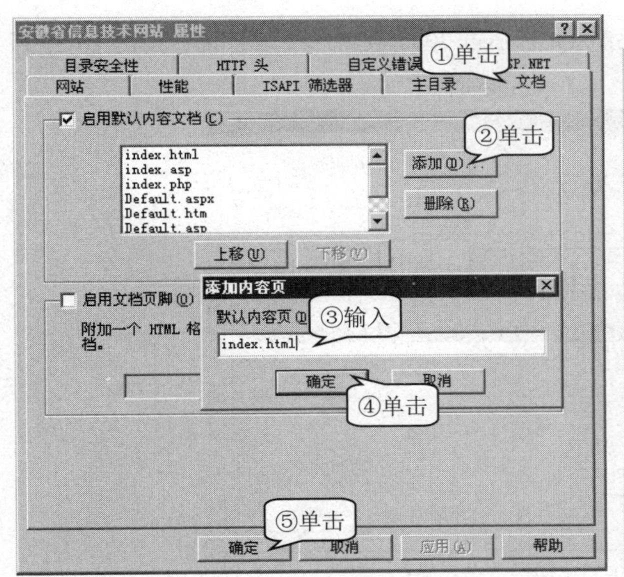

图 10-52　设置主文档

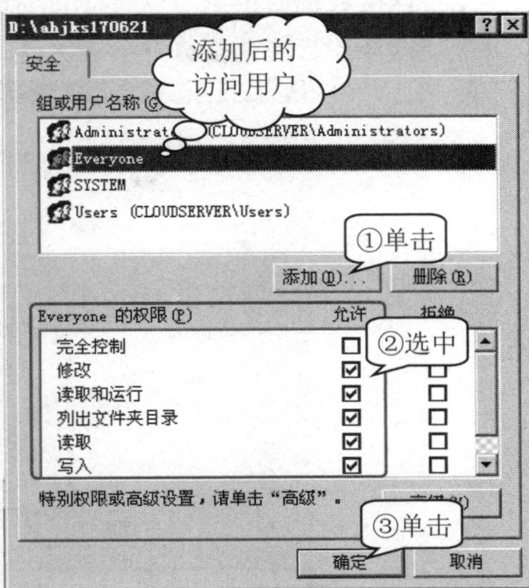

图 10-53　设置用户权限

8. **设置 Web 服务扩展**　按图 10-54 所示操作，设置 Web 服务扩展。

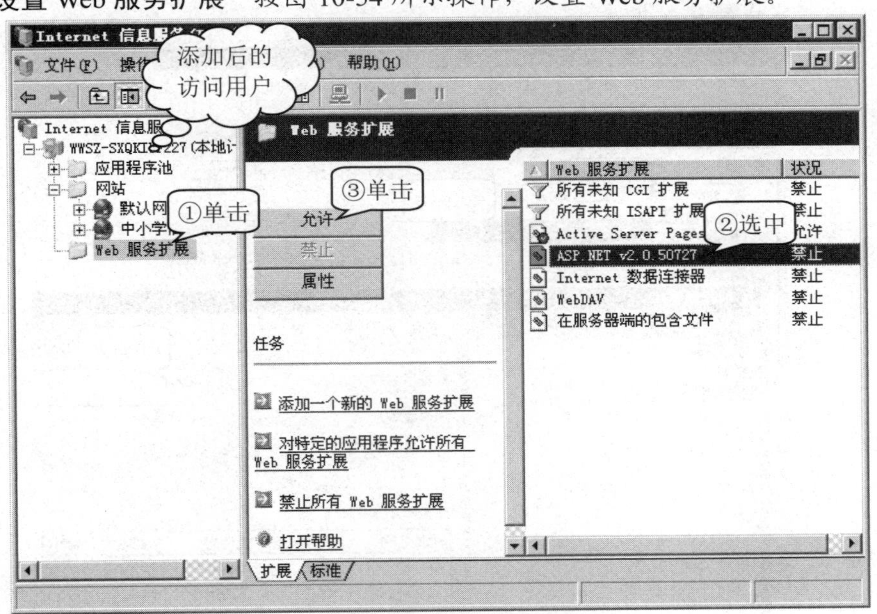

图 10-54　设置 Web 服务扩展

连接数据库

在云服务器端，让网站系统连接安装 Microsoft SQL 2005 数据库管理系统程序，为网站提供数据库服务，让网站能够被正常访问。

1. **连接数据库系统** 运行 Microsoft SQL Server 2005 数据库管理系统，按图 10-55 所示操作，登录数据库管理系统。

图 10-55 连接数据库系统

2. **新建数据库** 按图 10-56 所示操作，新建数据库，名称为 ahjks，再单击“确定”按钮，完成新建数据库。

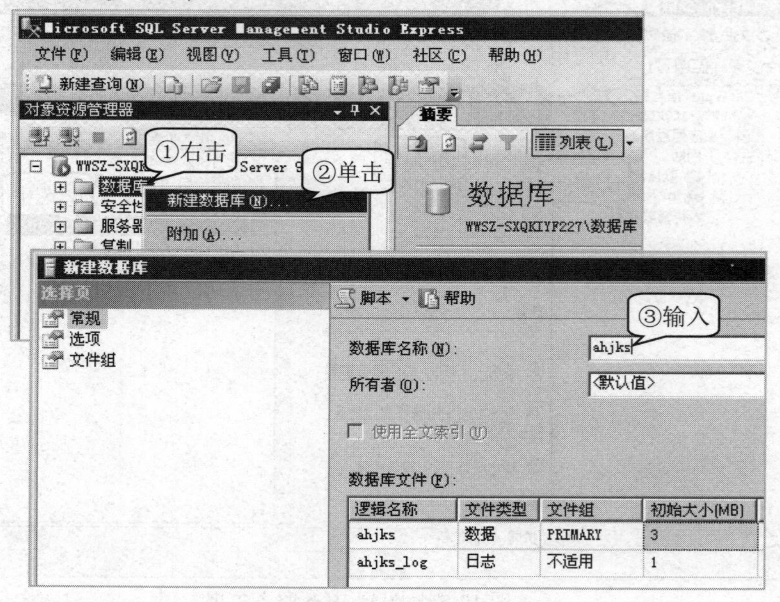

图 10-56 新建数据库

3. **新建登录名** 按图 10-57 所示操作，新建数据库登录名。

因为安装的数据库 SQL Server 2005 是免费版的，所以这里要取消“强制实施密码策略”，否则会显示错误。

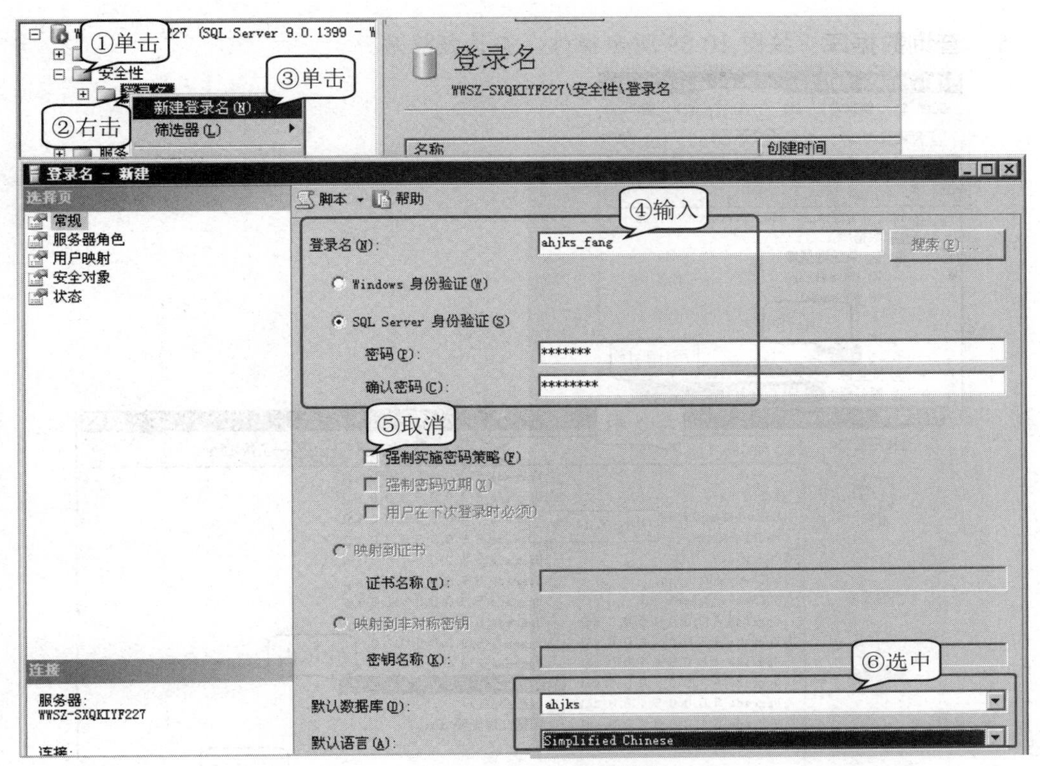

图 10-57　新建登录名

4. **设置用户映射**　按图 10-58 所示操作，设置用户映射。

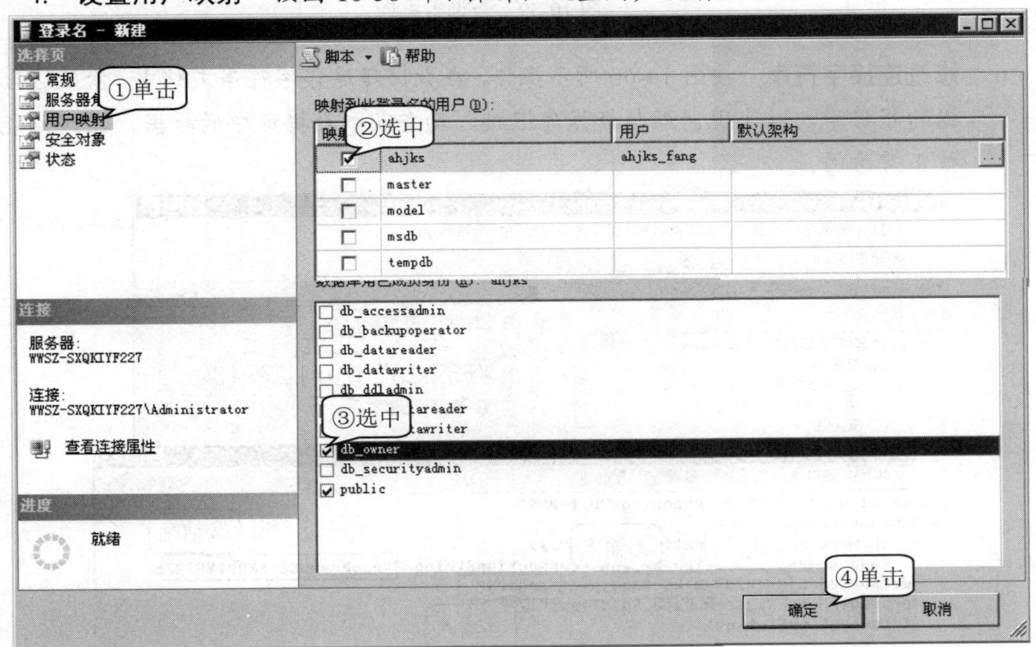

图 10-58　设置用户映射

5. **查询数据库** 按图 10-59 所示操作，查询数据库。

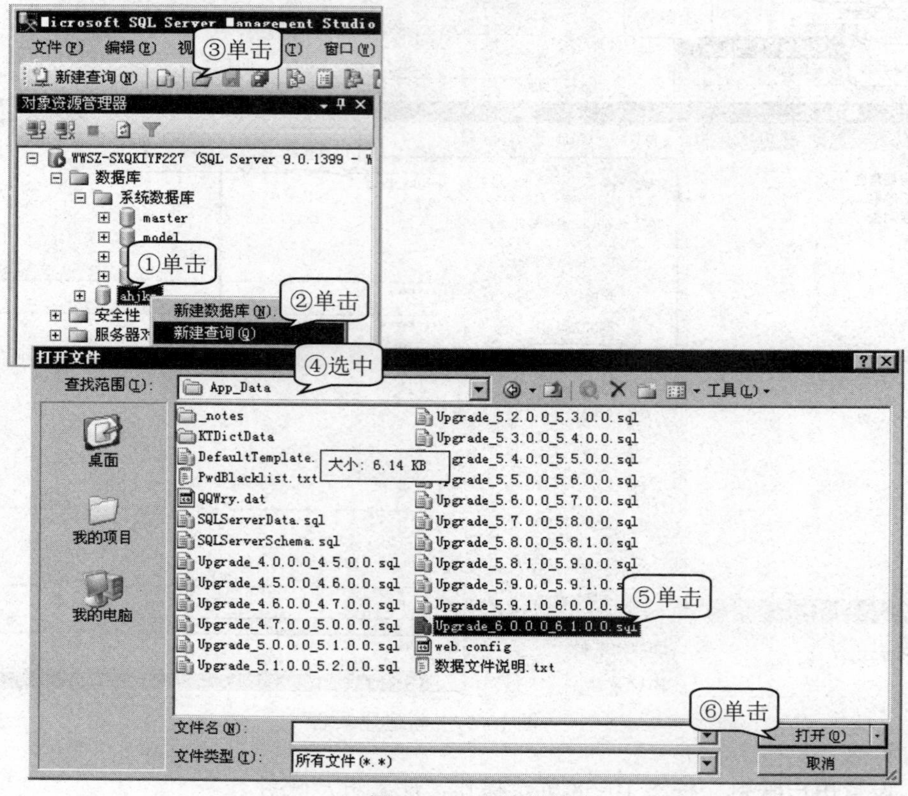

图 10-59 查询数据库

6. **修改连接字符串** 按图 10-60 所示操作，在数据库连接字符串文档中，修改连接数据的字符串，以实现网站与数据库连接，动态获取数据库中的数据，让网站能够被正常访问。

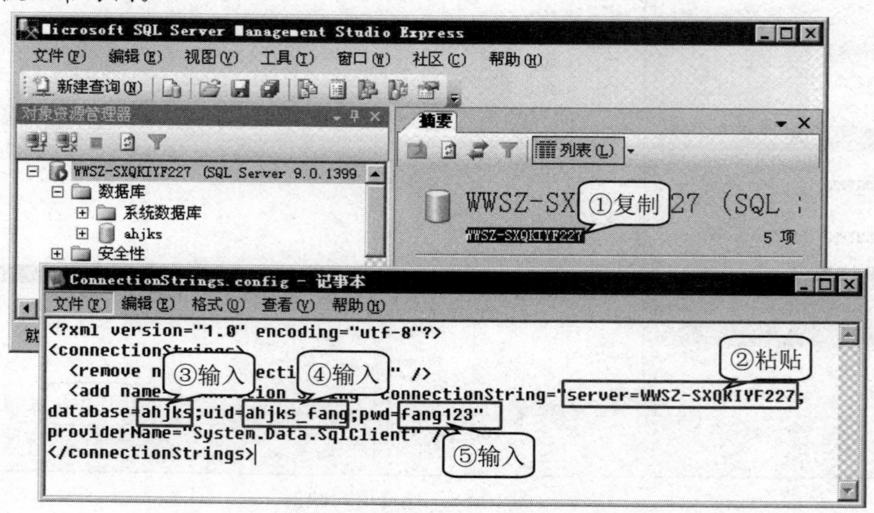

图 10-60 修改连接字符串

10.4.2　维护网站

网站发布后，其后期维护的事务很多，如网页版面的修改、功能改进、安全管理、数据备份和内容的更新等。下面具体介绍常见的维护工作。

1. 服务器及相关硬件的维护

服务器、路由器和交换机及通信设备是网络的关键设备，对这些硬件的维护主要是对其运行状况进行监控，以确保网站 24 小时不间断地正常运行，发现问题及时解决。租用的服务器等设备一般由代理商维护。

2. 操作系统的维护

操作系统并不是绝对安全的，服务器操作系统的设置合理，可以保证网站长期良好运行。要及时为系统更新升级，操作系统中的应用软件应该少而精，以防止各软件之间相互冲突，也能避免因软件存在漏洞而引起被攻击的危险。

3. 网站内容更新

网站内容更新得越多越快，搜索引擎便会认为网站生机勃勃，在提供给搜索者信息的同时，搜索引擎会认为网站值得推荐，网络自然被排在搜索结果的前列。下面以企业网站为例，介绍网站内容更新需要注意的内容。

(1) 更新企业动态、产品信息，完善相关内容。

(2) 网站原有栏目内容的增添与完善。随着网站的运行与推广，企业会考虑增添某些功能，或者添加更多的产品或服务信息。

(3) 风格和版面布局的更新调整。风格是一个网站或企业的形象，风格和版面布局的调整，可以是全部改版更新，也可以是局部栏目和页面上的改进，但不宜频繁变动。

(4) 及时回复客户留言和疑问的解答。

4. 数据备份

服务器硬件可能会损坏、断线或被黑客攻击，在无人值守的实际网络环境中，这种安全问题常常会发生。为避免损失，我们需要备份网站数据，对经常更新内容的网站来说，定期备份数据库更为重要，这样能“有备无患”。

10.5　宣传和推广网站

在互联网高速发展的时代，一个成功的网站不仅依赖其建设的水平，还要进行有力的宣传和推广，以实现其价值最大化。

10.5.1 宣传网站

对网站进行宣传的途径很多，用户可以根据实际情况选择一些便捷又有效的方法进行宣传。

1. 大众传媒宣传

大众传媒宣传主要是指通过电视、户外广告、报纸杂志及其他印刷品等方式进行宣传，让客户能在短时间内加深对网站的了解。

2. 使用元信息标签宣传

在网页开头的元信息(Meta)标签中填写关键词，关键词要大众化，要与网站信息等相关，要尽量多写一些。例如，企业生产的是电冰箱，关键词可以设置为电冰箱、家电和电器等，尽量将大类的名称都写进去，不要简写为“冰箱”，要写全名，便于搜索引擎搜索。

3. 直接向客户宣传

我们可以通过业务员与客户洽谈时直接将公司、企业网站的网址告诉客户，或者打电话告知等。

10.5.2 推广网站

推广网站是指通过网络技术和方法将网站推广出去，达到一定的知名度，从而产生经济效益。常见的方法有以下几种。

1. 搜索引擎推广

搜索引擎推广是指利用搜索引擎、分类目录等具有在线检索信息功能的网络工具进行网站推广，这种推广形式有多种，常见的有搜索引擎优化、关键词广告、关键词竞价排名、网页内容定位广告等。例如，百度推广，是百度国内首创的一种按效果付费的网络推广方式，简单便捷的网页操作即可给企业带来大量潜在客户，有效提升企业知名度及销售额。

2. 电子邮件推广

电子邮件推广是指以电子邮件的方式将会员通信、电子刊物等广告发送给用户，增强与客户的关系，提高品牌的诚信度。但也不能滥发邮件，否则会给用户留下不好的印象，对提升网站的访问量没有实质性的帮助。

3. 交换链接推广

在具有互补优势的网站之间，通过交换链接可以建立起简单的合作，在各自的网站上放置对方网站的 Logo 或网站名称，并设置对方网站的超链接，使用户可以从合作网站中发现自己的网站，达到互相推广的目的。这是新兴网站推广的有效方式之一。

4. QQ、微信、微博和二维码推广

在微信、QQ、微博中，发表观点是一种很好的网站推广方式。此外，利用智能手机扫描条形码或二维码进行传递站点信息，也是非常好的推广方法。

10.6 小结和习题

10.6.1 本章小结

本章从一个网站域名的申请、服务器空间租用、服务环境的配置、测试网站、上传站点及发布网站几个方面，系统、详细地介绍了网站建设和发布的过程。此外，本章对发布后的网站如何进行维护和推广，也做了详尽的介绍。

- 申请空间和域名：主要介绍了网站空间的申请方法和域名的注册方法，以及域名注册时需要提供的相关实证材料等。
- 建设网站软件环境：着重介绍了服务器端的操作系统安装、IIS 管理器的安装、数据库管理系统的安装和运行，以及相关服务软件的安装和注意事项等。
- 测试和上传站点：主要介绍了网站测试的方法，通过修改代码，使网站兼容常用浏览器，对错误的链接进行修复。
- 发布和维护网站：详细介绍了网站发布的一般过程，数据库连接的基本方式，以及网站维护的内容和方法。
- 宣传和推广网站：着重介绍了网站宣传和推广的方法和途径，以提高网站的访问量，提升网站的知名度，从而实现价值最大化。

10.6.2 本章练习

一、选择题

1. http://www.baidu.com 中的百度网站域名是(　　)。

A. com　　B. http
C. baidu.com　　D. www.baidu.com

2. cuteFTP 软件工具的作用是(　　)。

A. 网站上传　　B. 后台开发
C. 版面设计　　D. 动画制作

3. 网站维护工作包括了多方面的内容，其中不包括(　　)。

A. 维护网站的层次结构和既有的设计风格，永远不变
B. 及时更新、整理网站的内容，保证网站内容的实效性
C. 定期清理网站包含的链接，以保证链接的有效性
D. 及时对用户意见进行反馈，并做相应的改进，以及随时监控网站的运行状况

4. 如果在 Amazon.com 网站上买过书，并再次访问该网站时，网页上可能会建议你购买几种你可能喜欢的书，这属于 Amazon.com 网站的(　　)。

A. 销售个性化　　B. 网站推广
C. 内容选择　　D. 内容的更新

5. 网站合法运营必须要备案，备案的部门是(　　)。

A. 财政部　　B. 国务院
C. 工业和信息化部　　D. 商务部

6. 域名中的.cn 是指(　　)。

A. 中国　　B. 商业
C. 政府　　D. 教育

7. 在企业网站系统中，最重要的是(　　)。

A. 系统　　B. 文件
C. 硬件　　D. 数据

8. 一个接入 Internet 为整个社会提供的计算机网络系统，其运转受到严格控制的关键设备是(　　)。

A. WWW服务器　　B. 主机
C. 路由器　　D. 交换机

9. 网站改版是指(　　)。

A. 重新设计后台代码　　B. 变换网站版面风格
C. 更新网站内容　　D. 改变网站颜色

10. 新浪网站的域名是 www.sina.com.cn，其中主机名是(　　)。

A. sina　　B. com
C. cn　　D. www

二、判断题

1. 运行在互联网上的网站，所采用的域名是唯一的。(　　)
2. 中国互联网地址资源注册管理机构是中国信息产业协会(联网信息中心)。(　　)
3. 域名转发的功能是将域名或域名下的二级域名转发到另一个指定的网址中。(　　)
4. 申请域名前，要先检查自己的域名是否已经被注册。(　　)
5. 免费空间与收费空间具有相同的功能。(　　)
6. 域名申请成功后，我们要添加一条 B 记录，将域名指向空间的 IP 地址。(　　)
7. 数据备份是为了保障系统和相关数据出现故障和损坏或遗失时对其恢复和再现。(　　)
8. 网站内容经过审核、公司领导签字批准后，就进入了更新与维护的操作阶段。(　　)
9. 简单地说，网站推广就是指如何让更多人知道你的网站。(　　)
10. 电子邮件推广具有快捷、便宜的特点。(　　)